① (a) ルリビタキの青色オス，(b) オリーブ褐色オス，(c) メス．オスは年齢により色が変わる delayed plumage maturation と呼ばれる現象を示す．褐色オスとメスの見分けはきわめて難しい（森本元 撮影）．
② シジュウカラのヒナ．親の警戒声をたよりに巣箱を飛び出し，ヘビの侵入を回避する（鈴木俊貴 撮影）．
③ クサトベラのコルク型 (a) と無コルク型 (b) の果実．写真は果肉の半分を除去した断面（栄村奈緒子 撮影）．
④ コチドリの擬傷行動．親鳥は傷ついた振りをして外敵の注意をひき，巣やヒナから遠ざけようとする（内田博 撮影）．

⑤ 南大東島で初めて見つかったヨシゴイの巣（松井晋 撮影）。
⑥ モズの巣と卵。両親は抱卵期と育雛期の約30日間，巣で子育てをする（遠藤幸子 撮影）。
⑦ カレドニアセンニョムシクイ。托卵鳥のヒナを排除する（岡本勇太 撮影）。
⑧ ガサワラオオコウモリ（杉田典正 撮影）
⑨ 巣箱で繁殖する樹洞営巣性鳥類。(a) 夫婦で行動しているスズメ，(b) コムクドリのオス，(c) 首をねじるアリスイ（加藤貴大 撮影）。

野外鳥類学を楽しむ

上田恵介 編

海游舎

まえがき —— 巣立った 21 人

　私はこの 3 月に立教大学を定年退職しました。あっという間の大学教員生活でしたが，振り返ると，この 27 年間に私の研究室から数多くの若い研究者が巣立って行きました。この本は，私の研究室で一緒に鳥を研究して学位（修士も含む）を取った（または取りつつある）彼ら，彼女ら 21 人の研究対象の鳥（コウモリと虫と植物もありますが）について，研究の面白さと鳥類の野外研究への取り組みを自由に書いてもらったものを 1 冊にまとめたものです。

　各論文の内容は各自が院生・ポスドクとして，上田研に在籍していたときに行った研究を柱に，フィールドワークの話を交えての研究紹介ですが，そのなかには研究データだけでなく，たっぷり研究の苦労話が入っています。これから鳥の研究を志す高校生，大学生はもちろん，多くの若い研究者たちが共感するような内容がいっぱい盛り込まれています。上田研や私の個人的な思い出に触れた箇所もありますが，それも単なる思い出話ではなく，随所に研究とは何か，大学における研究とはどうあるべきかがしっかり語られています。楽しんで読んで下さい。

　さて，ここで執筆者の紹介をします。

　齋藤武馬君，愛称「タケマック」。玉川大学の出身です。内部進学した相川君，染谷君とともに研究室の初めての修士でした。当時，院生がまだあまり持っていなかったアップルのコンピュータを使っていたから，名前の武馬（たけま）にマックが付いてタケマックになりました。清里でミソサザイの一夫多妻の研究をしようと始めたのですが，ヒナのデータがなかなかとれないので，途中で「メボソ問題の解明」にテーマを変更し，博士論文もメボソで完成させました。これまで 1 種だと思われてきたメボソムシクイがじつは 3 種に分かれるという日本の鳥類分類学の大きな成果は彼の努力によるものです。一緒に日本全国をメボソの捕獲に回りました。

　ルリビタキを富士山でずっと研究している森本君は，東邦大学から博士課程に入学してきました。タケマックより学年は下だったのですが，タケマッ

クが修士を余分に行っている間に，いつの間にか学年は森本君が上になりました。彼と田中君と私の3人，後に修士の金子君と富士山の須走口5合目をフィールドに，5月から8月の繁殖期はほとんど毎日，5合目の森の中を歩き回って巣探しをしていました。彼らが車に泊まって生活をしていたので，私はときどき美味しいものを差し入れに通って，5合目の駐車場にテントを張って，一緒に巣探しをしました。

遠藤（菜緒子）さんは，弘前大学でハゼなど魚類の研究をしていた佐原先生のところから，私の研究室に来ました。来た最初からテーマを決めていて「ゴイサギをやります」ということだったので，そのまま弘前のフィールドを使って，ゴイサギ研究に取り組んでもらいました。遠藤さんはゴイサギが好きだそうです。私はサギ類はあまり好きではないので（ごめん！），「あんなのどこが可愛いの？」と言って，遠藤さんからきつく反論されていました。

田中啓太君は立教大学の文学部心理学科の卒業です。なぜ心理学から鳥の研究へ？　と疑問に思われるかもしれませんが，彼は人の心理から社会，政治までを自然科学の言葉で語りたいという希望を持っていたようです。いまでいう進化心理学の分野です。けれどそんな研究室は日本にはありませんでした。しかし私の研究室は行動生態学（ウイルソンが唱えた社会生物学）の研究室です。社会生物学というのは生物の行動から社会までを，適応度の概念（ダーウィン進化学の発展形）で説明しようとする生物学の分野で，提唱者のウイルソンは『社会生物学』のなかで，ヒトの社会までも射程に入れて論じました（だからアメリカでは遺伝決定論者というレッテルを貼られて，とくに左翼陣営の科学者から厳しく批判されました）。田中君のやりたかったことは人の社会生物学だったようです。けれどまずは野外の動物で，しっかり方法論を身につけようと，私と話していて研究室にやって来たのです。彼は托卵をするカッコウ科のジュウイチを材料に，富士山で森本君とともにルリビタキの巣探しを精力的に行い，ジュウイチのヒナによる宿主の視覚的操作の研究をScienceに掲載しました。

濱尾章二さんは，ずっと高校の生物の先生をしながら鳥の研究をして，立教大学に学位を申請して学位を取りました（院生として在籍して学位を取る課程博士に対し，論文博士と言います。より審査が厳しい！）。調査地は荒川の河川敷。バードウォッチャーがよく集まる（旧）浦和市大久保の秋ヶ瀬地区

で，水田と放棄耕作地のヨシ原がモザイク状に点在している地域で，湿地性の鳥がたくさん観察できます。濱尾さんはコヨシキリの配偶システム研究をテーマにして，5月から8月の繁殖期には，毎朝，学校の始まる前，朝の5時頃に調査地にきて，ヨシ原に脚立をたてて観察や巣探しをしていました（私はその頃，同じ場所で内田博さん，松田喬さんらとカッコウの捕獲を一緒にしたり，ヨシゴイ，バンなどを調べていました）。

植田睦之君は最初，日本野鳥の会の研究センターに勤めていて，その後，バードリサーチという NPO 法人を立ち上げて，いろんな楽しいプロジェクトを全国的にすすめている多才な人です。彼はツミとオナガの研究で論文博士を申請して，学位を取りました。この研究はとても面白く，Animal Behaviour という動物行動学の一流雑誌に論文が掲載されました。私は昔，この雑誌に投稿してリジェクトされたことがあるので，彼には頭が上がりません。研究のアイデアにとても優れた人だなと思います。

杉田典正君は鹿児島大学から大学院にやって来ました。大学院の面接で，生命理学科の先生から，「君はコウモリの研究をしていて，将来何をするつもりですか？」という質問を受けました。杉田君，しばらくの沈黙の後で，「コウモリやります」と答えました。これが受けて，その後，何人かの先生から「コウモリ君はどうしてる？」と聞かれることがありました。オガサワラオオコウモリのねぐらで根気よく観察を続けた研究はアメリカの哺乳類学会誌をはじめ，いろんな学術誌に掲載されています。

高橋雅雄君は金沢大学から来ました。修士までは水田に棲むチドリの仲間のケリの研究をしていました。博士のテーマは，希少種であるオオセッカの行動生態学でした。オオセッカは日本全国で 2500 羽程度しかいない鳥で，しかも分布がまったく局所的で，青森県の仏沼と，岩木川と利根川の3つの比較的大きな繁殖地を除けば，ごく少数が繁殖するだけの小さな生息地しか知られていません。彼は実家が青森の八戸なので，繁殖期はずっと仏沼に通って，オオセッカの繁殖分布の謎に迫る研究を行いました。

鈴木俊貴君は森本君と同じく東邦大学から博士課程に入りました。私の『鳥はなぜ集まる？』を読んでくれていて，それで私の研究室を選んだそうです。軽井沢の東邦大学の山荘を拠点に，巣箱を掛けてシジュウカラの研究をしていました。彼はシジュウカラの警戒の鳴き声が，ヒナやつがい相手に異

なった意味を伝えることができるという画期的な発見をしました。昆虫や他の生き物も好きで，4年生の卒論を櫻井さんと一緒に擬態のテーマで指導してもらいました。こういういい院生がいると，教員は楽ができます。

　三上修君は東北大学の河田雅圭さんの研究室で仏沼の鳥類群集の研究をしていて博士号をとって，そのあと九州大学で研究生を経て，日本学術振興会の特別研究員（ポスドク）として，立教大学に来ました。立教大学に来てから三井物産の助成金を取ってスズメプロジェクトを立ち上げ，スズメの研究を始めました。このプロジェクトは日本におけるスズメ減少の原因を突き止めようという総合的な研究で，全国に4つの調査地を設定しての調査が始まりました。松井君と笠原さんはこのスズメプロジェクトのポスドクとして，研究室に来てくれました。プロジェクトはさらに森本君や修士の加藤君，4年生を巻き込んで大きく広がりました。

　笠原里恵さんは信州大学から東京大学に進み，チドリ類やカワセミ類など，千曲川の河川の鳥たちの群集生態や保全生態学的研究を行ってきた経歴を持っています。以後，持ち前のマネージメント能力を発揮して，研究室の要としてがんばってくれました。福島原発の事故のあと，松井君と一緒に汚染地域の鳥類調査に関わってくれて，筑波大学の渡辺守先生，フランスの A. P. Moller とアメリカの T. Mosseau のチーム，フランスの IRSN のチームとさまざまな共同調査を行ってくれました。今も私の片腕として，とても頼りになる研究室メンバーです。

　松井晋君は大阪市立大学からスズメプロジェクトのポスドクとして来てくれました。彼は子供時代からの鳥好きで，日本野鳥の会大阪支部報の私の連載をずっと読んでいてくれたそうです。大阪市立大学時代は南大東島でモズを研究していました。笠原さんと2人でスズメ研究と，福島の原発事故後の調査の中心メンバーとなって仕事をしてくれました。

　上沖正欣君は四国の愛媛県出身です。高校生のときから日本鳥学会の大会に参加してポスター発表をしていました。それで大学から私の研究室に来たいということで，1年生から生命理学科に入学しました。博士課程の院生で1年生からずっと生命理学科の学生だったのは，佐藤君と上沖君の2人だけです。彼はじつは研究室に来る前から，とても面白いテーマを温めていました。それはヤブサメの「夜鳴き問題」です。それまで誰も知らなかったことです

が，4月に渡って来たヤブサメが一晩中，飛びながら鳴いているというのです。あのヤブサメがそんなことやってるのか？　と，彼から話を聞いたとき，私も驚きました。四国でのフィールドワークの後，北海道へ行って，ヤブサメの野外調査を続けました。

　佐藤望君は立教高校から入学して来た立教ボーイで，上沖君と同じ1年生からの生命理学科の学生です。なぜかスペインが好きで，最初に研究室に来たときに言った言葉が「スペインで鳥の研究をしたいんです」でした。「スペインで研究の予定はないけど，ダーウィンでなら研究できるよ」ということで，オーストラリアのダーウィンのマングローブでセンニョムシクイ類とそれに托卵するアカメテリカッコウの研究を始めました。ここでの幸運な発見が宿主によるテリカッコウのヒナ排除でした。カッコウのヒナが宿主の巣から排除されるという世界で初めての発見です。ここから彼の熱帯のテリカッコウ類と宿主のセンニョムシクイ類の托卵をめぐる攻防研究がスタートしたのです。

　栄村奈穂子さん。姓は栄村（えいむら）と読みますが，「えむら」でいいですということで，皆，「えむら」と呼んでいました。鹿児島大学野鳥研究会出身です（学部は知らない）。小笠原で種子散布に関する植物群集の研究をやってきて，私も種子散布に関わっていると知って，ドクターから研究室に来ました。テーマはクサトベラという南の海辺に生える植物の種子散布です。このクサトベラ，鳥に運んでもらうタイプの種子と海流散布に適した種子をつけるという変な植物です。私も初めて彼女から聞いたときには「エーッ，そんなんあるの？」と驚きました。うちの研究室は女性のほうが酒好きで，研究室で仕事が一段落したときには「えむら，飲もか？」と，よく一緒にワインを飲んでおりました。

　遠藤幸子さんも鈴木君と同じ東邦大学の出身です。おなじく軽井沢でモズの研究に取り組んでいました。修士時代はモズの巣場所選択，うちの研究室に来てからしばらくは，モズが大きい鳥も小さい鳥も見境なしに襲う行動について調べ，博士論文ではオスからメスへの求愛給餌というテーマに取り組みました。夏の間はずっと軽井沢のフィールドに下宿して，精力的に野外調査に取り組んでいました。

　櫻井麗賀さんは京都大学の動物行動学の研究室でドクターを取ったあと，

研究員として私の研究室に所属していました。彼女は京都大学では蛾に対するスズメの捕食という，自然界の食うもの−食われるものの関係を行動学的に解明する研究をしており，研究室に来てからは鈴木君と一緒にアゲハチョウの幼虫の擬態について調べ，4年生の卒論研究の面倒もみてくれていました。

　岡久雄二君は研空室に来る前から富士山でのキビタキの生態研究というテーマを決めていました。それから5年間，富士山の青木ヶ原樹海での過酷なフィールドワークをやってのけました。上田研で一番のハードなフィールドワーカーと言えば彼でしょう。後にニューカレドニアでのテリカッコウ研究が始まったときにも，宿主のジェリゴンの巣探しは彼の巣探し能力なしには実現しなかったと思います。

　加藤貴大君も1年生から生命理学科の学生です。どちらかというと，控えめで静かな学生なので，自分を主張する連中の多い上田研でやっていけるかなと，ちょっと心配しましたが，スズメプロジェクトの重要なメンバーとして，秋田県大潟村の調査地を担当して，いいデータをとってくれました。私が定年なので，彼は総合研究大学院大学の博士課程に進学しましたが，今年も大潟村の調査地に卒論生を4人も受け入れてくれて，研究指導をしてくれました。現在もスズメ研究を続け，なぜスズメの卵は孵化率が低いのかという，生態学的にとても面白いテーマに取り組んでいます。

　橋間清香さんは，どうしても鳥の研究がしたいと，山口大学の修士課程を途中で辞めて，立教大学の修士課程に入り直した人です。加藤君と同じ，秋田県の大潟村のフィールドで，巣箱を使う鳥たち，とくにアリスイの生態を研究しました。修士で卒業して就職しましたが，彼女の研究はアリスイとその主食のアリをめぐる面白い研究です。

　徐敬善（セオ・キョンソン）さん。研究室ではファーストネームで「キョンソン」と呼ばれていました。2013年にスウェーデンのLundで開催された国際行動生態学会に参加したとき，彼女と初めて出会いました。ソウル大学でカササギの研究をしているジェイさんのチームのメンバーで，日本の私のところで行動生態学の研究をしたいということでした。ソウル大学のカササギチームとはじつはずっと前から交流があり，院生たちを日本の鳥学会に招待して講演してもらったり，我が家に泊まってもらったりしていたので，もちろん二つ返事で受け入れを承諾しました。ドクターの大学院の試験は，修士

論文の発表と今後の研究計画について学科の教員全員で面接をするという形式ですが，キョンソンは全員の高い評価で入学を許可されました。ただし1つ問題がありました。私がその時点で定年まで残り3年だったので，学科の先生方から「上田先生のところはいつも4～5年かかるようだけど，3年で学位を出せますか？」と何回も念を押されました。彼女は来てすぐに調査地を軽井沢に定めてオオルリの構造色の研究に取り組みました。「華奢な女の子」というイメージだったのですが，なかなかどうして，軽井沢のフィールドでは朝早くから日没まで，傾斜の急な渓流沿いの崖を登って，オオルリの巣探しを果敢にやっていました。

　鳥類の生態や行動に関する研究は，野外での長期間にわたる調査活動を必要とします。また鳥やフィールドごとにいろんな工夫も必要です。この本にはそうした野外で苦労してデータをとった経験をもとに，一人ひとりが新しく考案した捕獲方法や野外実験のデザイン，ちょっとした役に立つアイデアなども盛り込んでいます。こうした情報は，これからの若い研究者にとって，とても役に立つと思います。

　2016年9月1日

上田　恵介

目　次

1　ルリビタキを中心とした富士山での長期野外研究
**　　—— その背景にある上田研究室の歴史——**　　　　　　　（森本　元）

　　はじめに ……… 1
　　上田研究室，その歴史 ……… 2
　　研究者を目指すなら……… 5
　　上田恵介の「ええんちゃう」……… 9
　　富士山での長期研究とルリビタキのオス間闘争 ……… 12
　　おわりに ……… 20

2　メボソムシクイの研究と私と上田先生 —— 上田研で過ごした思い出——
　　　　　　　　　　　　　　　　　　　　　　　　　　　　　（齋藤武馬）

　　はじめに ……… 23
　　悩んだ研究テーマ ……… 25
　　メボソムシクイの分類の研究 ……… 27
　　苦戦した博士号の取得 ……… 31
　　学生の面倒見のよい上田先生 ……… 33
　　おわりに ……… 34

3　人為的な環境，水田におけるゴイサギの生態　　　　　（遠藤菜緒子）

　　はじめに ……… 35
　　水田における人の営み ……… 36
　　調査地である津軽平野南部の水田環境 ……… 38
　　津軽平野南部で分かったゴイサギの生態 ……… 40
　　ゴイサギの生息状況 ……… 41
　　ゴイサギの採食生態と水田の生物たち ……… 42
　　上田研での研究 ……… 45
　　野外調査編 ……… 46
　　研究室編 ……… 48
　　ゴイサギの採食場所決定要因 ……… 49
　　おわりに ……… 53

4　ジュウイチのヒナの騙し戦略と感覚生態学　　　　　　（田中啓太）

　　はじめに ……… 55
　　黎　明 ……… 55
　　ジュウイチとの出会い ……… 56
　　研究開始 ……… 57
　　山口さんとの出会い ……… 60

実験をする勇気 ……… 60
ISBE in Jyväskylä（ユヴァスキュラ）……… 62
研究の成就 ……… 64
感覚生態学の夜明け―上田研編 ……… 68
いざ，聖地ケンブリッジへ ……… 69
感覚生態学に本格参入 ……… 73
鳥たちが見ている「異次元」の色 ……… 78
未来へ！……… 81
自由が生かす運 ……… 81
おわりに ……… 82

5　コヨシキリのオスの配偶戦術　　　　　　　　　　　　　（濱尾章二）
プロローグ ― 査読者からの手紙 ……… 83
荒川河川敷のコヨシキリ ……… 84
意外なものまね鳥 ……… 86
さえずったり，さえずらなかったり ……… 89
婚姻システム ……… 92
おもしろく，大きな疑問 ……… 94
つがい外受精 ……… 96
時間とともに変化するオスの労力配分 ……… 99
お父さんの仕事 ……… 101
論文にせなあかん ……… 103

6　ツミの巣の周りで繁殖するオナガの生態と行動
――「朝飯前鳥類学」のすすめ――　　　　　　　　　（植田睦之）
はじめに ……… 105
まずはツミを見る ……… 105
仕事をしながらの研究 ……… 107
オナガの利益を野外実験で確かめる ……… 108
多少無理してもツミのそばが良い？……… 109
繁殖時期はツミ次第 ……… 111
楽までできるツミの巣の周りのオナガ ……… 113
明らかにできなかったこと ……… 115
変わりゆくツミの繁殖状況 ……… 115
時代にあわせて変わるオナガ ……… 118
なぜオナガだけが？……… 120
おわりに ……… 122

7　太平洋の孤島，小笠原でのオオコウモリ研究　　　　　　（杉田典正）
はじめに ……… 123
コウモリ ……… 126
オオコウモリ ……… 129
オガサワラオオコウモリ ……… 130
オガサワラオオコウモリのねぐらの季節変化と繁殖サイクルの関係 ……… 132
コウモリだんごの保温と配偶機会への役割 ……… 139

目　次　　xiii

　　　コウモリだんごと気温の関係 ……… 141
　　　コウモリだんごと配偶システムの関係 ……… 143
　　　おわりに ……… 146

8　オオセッカの同種誘引 ── 行動学的視点で繁殖分布の謎に迫る ──
（高橋雅雄）

　　　はじめに ……… 147
　　　オオセッカの魅力と謎 ……… 147
　　　オオセッカとの出会いと研究の始まり ……… 150
　　　野外調査の妙技 ── 観察と巣探し ……… 151
　　　オオセッカの巣の形態と営巣環境 ……… 155
　　　3タイプの巣の意義 ……… 158
　　　オオセッカが集まる行動学的メカニズム ……… 159
　　　検証実験の手法 ……… 160
　　　同種誘引による繁殖地新設 ……… 163
　　　おわりに ……… 164

9　カラ類の音声研究10年間の軌跡
（鈴木俊貴）

　　　はじめに ……… 165
　　　野外研究の幕開け ……… 165
　　　カラ類との出会い ……… 167
　　　初めてのフィールドワーク ── コガラが餌場で鳴く理由 ……… 168
　　　利他的に見えるコガラの行動 ……… 169
　　　やはり群れを餌場に呼んでいる？ ……… 170
　　　混群に参加することのメリット ……… 171
　　　餌場に仲間を集めるメリット ……… 172
　　　上田恵介先生との出会い ……… 173
　　　上田研究室へ ……… 174
　　　シジュウカラの音声研究，最悪の幕開け ……… 175
　　　ヘビの存在を示す声 ……… 177
　　　巣箱の改良 ……… 178
　　　シジュウカラの警戒声 ── 捕食者の種類をヒナに伝える ……… 179
　　　つがい相手にも捕食者の種類を伝える ……… 181
　　　その後の研究 ……… 183
　　　おわりに ……… 184

10　スズメプロジェクト ── スズメ研究誕生の裏話とその広がり ──
（三上　修）

　　　はじめに ……… 185
　　　立教大学の雰囲気 ……… 186
　　　鳥の研究では昆虫の研究には敵わない？ ……… 187
　　　打算的な精神から生み出された無邪気なスズメ研究 ……… 189
　　　スズメ研究がウケタ！ ……… 192
　　　上田研の一日，そしてワイン事件 ……… 193
　　　スズメプロジェクトの誕生 ……… 195
　　　スズメ研究の波及効果 ……… 198

上田研で学んだこと ……… 200
おわりに ……… 202

11 河川の鳥たちのご近所づきあい —— 鳥との関係，人との関係 —— （笠原里恵）
はじめに ……… 203
河川と人とのつながり ……… 203
信州大学教育学部生態学研究室 ……… 204
川の漁師，小さなカワセミと大きなヤマセミの棲み分け ……… 206
親鳥たちの子育てメニューを知る方法 ……… 209
ヤマセミと釣り人の関係 ……… 215
砂礫地の忍者，イカルチドリとコチドリ，ときどきイソシギ ……… 218
イカルチドリとコチドリと河原の人々 ……… 223
おわりに ……… 225

12 島はやっぱり面白い —— 南大東島の自然と鳥 —— （松井　晋）
はじめに ……… 227
太平洋に浮かぶ大東諸島 ……… 228
南大東島の気候と台風 ……… 232
南大東島の開拓の歴史 ……… 233
南大東島の動物相 ……… 234
いくつかの新しい発見 ……… 238
おわりに ……… 242

13 テリカッコウとその宿主の托卵を巡る攻防 （佐藤　望）
はじめに ……… 243
カッコウの托卵 ……… 243
托卵を巡る共進化 ……… 244
カッコウの托卵の謎 ……… 245
カッコウ以外のカッコウ類の異なる共進化パターン ……… 246
研究のきっかけ ……… 247
ダーウィンでの生活スタート ……… 248
托卵された巣の発見 ……… 249
宿主によるヒナ排除の発見 ……… 250
大学院に進学 ……… 250
卵をあえて受け入れている？……… 251
舞台はニューカレドニアへ ……… 254
ニューカレドニア調査 ……… 256
カレドニアセンニョムシクイのヒナの色 ……… 257
おわりに ……… 259

14 ヤブサメの複雑な隣人関係 （上沖正欣）
はじめに ……… 261
ヤブサメの夜鳴きに惑わされた学部〜修士時代 ……… 262
難しい調査地選定 ……… 265
北の大地での新たなスタート ……… 266

目　次　　　　　　　　　　　　　　　　　　　　　　　　　　xv

　　　　巣探しに翻弄された野外調査 ……… 268
　　　　ヤブサメの複雑な隣人関係に巻き込まれた博士課程 ……… 271
　　　　鳥のペアは複雑な事情を抱えた仮面夫婦 ……… 273
　　　　見えない血縁関係を見たい ……… 275
　　　　DNA解析から見えてきたヤブサメの複雑な隣人付き合い ……… 277
　　　　おわりに ……… 279
　　　　　　コラム　ツツドリに騙されたヤブサメと私 ……… 270

15　南の島巡りで見つけたクサトベラの変わった種子散布戦略　　　（栄村奈緒子）
　　　　はじめに ……… 281
　　　　種子散布 ……… 282
　　　　クサトベラ ── 種子散布に関わる果実の二型 ……… 282
　　　　クサトベラとの出会いから研究テーマの設定まで ……… 284
　　　　島巡り調査 ── 海岸タイプごとの二型の出現頻度の違い ……… 287
　　　　果実二型の種子散布能力の違いを調べる試み ……… 290
　　　　おわりに ……… 294
　　　　　　コラム　研究室に住むウズラ「うっずー」 ……… 293

16　両親で子育てをするモズの繁殖生態を追う
　　── 親鳥と巣を襲う捕食者の戦い ──　　　　　　　　　　（遠藤幸子）
　　　　はじめに ……… 295
　　　　オスもメスも子育てをするモズ ……… 295
　　　　調査地軽井沢 ……… 296
　　　　モズの繁殖を追いかける ……… 297
　　　　植物の棘を利用して，捕食回避？ ……… 299
　　　　巣に近づくときは慎重に ……… 301
　　　　新たな研究テーマとの突然の出会い ……… 301
　　　　おわりに ……… 303

17　キビタキの生態研究　　　　　　　　　　　　　　　　　（岡久雄二）
　　　　はじめに ……… 305
　　　　世界から見たキビタキの位置づけ ……… 305
　　　　富士山でのキビタキの調査 ……… 307
　　　　キビタキの繁殖生態 ……… 311
　　　　論文執筆と海外からの反応 ……… 314
　　　　キビタキの羽色の研究 ……… 315
　　　　未解明の研究課題 ……… 318
　　　　おわりに ……… 319

18　糞や葉に化けるアゲハチョウ ── 鳥の目を欺く昆虫 ──　　　（櫻井麗賀）
　　　　はじめに ……… 321
　　　　捕食者としての鳥 ……… 321
　　　　昆虫の体色 ……… 322
　　　　研究仲間 ……… 323

xvi 目 次

ナミアゲハの幼虫の体色変化 ……… 324
さなぎの捕食回避戦略 ……… 328
アオスジアゲハの幼虫 ……… 330
アオスジアゲハのさなぎ ……… 330
ミカドアゲハのさなぎ ……… 331
おわりに ……… 334

19　巣箱を使う鳥たちの観察：大潟村の樹洞営巣性鳥類
その1．スズメの研究 ── 孵化しない卵の謎 ──　　　　（加藤貴大）

はじめに ……… 335
上田研究室に入った理由 ……… 335
都市のスズメの巣はどこ? ……… 336
新調査地「秋田県大潟村」 ……… 338
大潟村の鳥たち ……… 339
スズメの未孵化卵の謎 ……… 340
胚の死亡率の性差 ……… 343
巣箱による繁殖密度の操作 ……… 345
卵が胚発生しない原因 ……… 348
おわりに ……… 350

20　巣箱を使う鳥たちの観察：大潟村の樹洞営巣性鳥類
その2．アリスイとアリの研究　　　　（橋間清香）

はじめに ……… 351
初めてのフィールドワーク！ ……… 351
アリスイはアリの種類を選んでいるのか ……… 352
野外調査の楽しみ，苦労 ……… 358
上田先生，研究室の思い出 ……… 359
おわりに ……… 360

21　オオルリの繁殖生態と美しい構造色の羽　　　　（徐　敬善）

はじめに ……… 361
軽井沢のオオルリの繁殖生態 ……… 361
メスの美しい鳴き声は悲しい泣き声 ……… 364
軽井沢でオオルリの野外調査 ……… 365
野外調査の楽しみ ……… 369
美しい構造色の羽 ……… 371
羽の構造と構造色の羽のナノ構造 ……… 372
おわりに ……… 375

引用文献 ……… 376
あとがき ……… 392
索　引 ……… 394

ルリビタキを中心とした富士山での長期野外研究
── その背景にある上田研究室の歴史 ──

(森本 元)

はじめに

　2015年度をもって，立教大学上田研究室は幕を下ろした。本書は上田先生が定年退職するにあたって企画された1冊であり，各章では上田先生にゆかりのある執筆者たちが，おのおのの研究と上田先生との思い出について書いている。私自身も長年にわたって，青い鳥であるルリビタキ（図1）の研究を中心として山地鳥類や都市鳥の研究を続けてきた。その中でも，今回は同じ種であるのに色が異なるルリビタキの青色オスと褐色オス間でのオス間闘争にまつわるエピソード（Morimoto *et al.* 2006）を紹介したい。これは，性的二

図1（a）青色のルリビタキオス，（b）オリーブ褐色のルリビタキのオス。本種オスに見られる色彩二型は，年齢依存で生じる羽色の違いによるものである。メスは褐色オスに極似。口絵 ① も合わせて参照のこと。

型という同種の雌雄の外観が異なる進化に関する性選択の研究結果である。

　だがそれ以上に，この章では上田研究室について記そう。鳥類学研究の面白さを語るのは他の執筆者へゆずりたいと思う。本章は，立教大学上田研究室の歴史を皆さんへ紹介できるせっかくの機会なので，しばしおつきあい願いたい。

上田研究室，その歴史

　大学の研究室について詳しく知らないという読者も多いだろうから，まずは大学のシステムを説明しよう。大学の研究室というのは，教員が1〜3名であることが大半で，立教大学は1教員1研究室の大学だ。教員以外は，卒業論文として鳥を調べている学部学生（卒論生と呼ばれる），大学院で鳥の勉強をしている大学院修士課程の大学院生，そして博士号を取得するために研究をしている博士課程の大学院生，さらにはポスドク（ポストドクターの略）と呼ばれる，博士の資格をすでにもっている任期付き有給研究員，さらに無給研究員である特別研究員や客員研究員，研究生（学生期間が終わった後も研究継続のために籍を取得）で構成されている。卒論生は大学4年生である。大学によっては3年生から卒論を開始するケースがあるが，立教大学では4年生時の1年間のみだ。野生動物を研究している多くの研究室では，卒論生が研究を続けて進学したいと考えて，そのまま同じ研究室で大学院生になることが一般的である。しかし，上田研究室はこの他校で当たり前のことが当てはまらず，卒論生はもっぱら学部だけで卒業してしまうのだ。

　じつは，上田研究室は他大学から進学してきた大学院生以上のメンバーによって構成されていた。上田研所属の卒論生が研究室を変えずに大学院へ進学した例は上田研究室15年近い歴史の中でわずかに3名のみ。1人はヤブサメ研究をしている上沖正欣君。彼は上田先生の元で研究がしたいと大学受験し，大学院進学もした初めての学生だ。もう1人はスズメ研究（加藤ら2013）における私の共同研究者である加藤貴大君，最後に海外のカッコウ類の研究で目覚ましい成果を上げ，巣の隠蔽色論文（Sato *et al.* 2010）では共同研究者でもある佐藤望君である。もうひとつ，生命理学科ではなく，化学科から修士課程で上田研に進学して来た院生が2人いる。秋ヶ瀬でヨシゴイの研究をした成井康貴君と西表島のアカショウビンを研究した矢野晴隆君だ。立教大

学の卒論生の大半はそのまま就職したり，鳥学以外の異分野へ専門を変えて，学内学外の他の研究室へ移ってしまう。これにはちゃんとした理由がある。じつは上田研究室が所属していた立教大学理学部には生物学科などの自然環境系の学科が存在しない。これが最大の原因であろう。他の大学であれば，理学部生物学科や農学部環境系コースといったように，動物や自然環境を学習できる学部・学科があり，それらに興味をもった学生たちがたくさん集まっていて，おのずと，卒論生後に学内の大学院へ進学して生物の勉強を続けていく。しかし，立教大学ではそうはいかない。

　上田研究室のある生命理学科はもともと化学科生命理学コースという化学科内の1つの専門コースだった。つまり生物学でも農学でもなく，化学そのものであり，受験生は化学専攻で受験・入学してきた人たちなのである。野生動物への興味はほとんどないという学生が大半なのだ。前述の上沖君は稀な例なのである。なにせ，上田研究室に所属するまでの大学4年生になるまで，行動学や生態学の授業はあまり受けられないのに生化学や生物物理学の勉強をして何年も過ごさないといけないのだ。野生動物を研究している研究室が，理学部生物学科や農学部などに設置されていることはあっても，化学科所属というのは，私はほかに知らない。そんな化学科学生の中から，化学以外のことを卒論でやってみたいという人たちが卒論時に上田研究室を選んでいたのである。化学科生命理学コースは，のちに化学科から独立して生命理学科というバイオサイエンス系の学科に変わったのだが，野生動物に興味がない学生たちが受験してくるという状況は同じであった。それゆえ，生物への興味が浅い卒論生の多くは進学せずにもっぱら卒業と同時に就職するか，他の分野の大学院へ進学して上田研を離れていく。

　一方，鳥学で著名な上田先生の指導を受けながら大学院へ進学したいという学生が，他の大学から受験して立教大学の大学院へ入学してきた。もちろん，他大学や学内の他の研究室でも，学外からの大学院受験者は普通にいるが，学内出身者のほうが多いことが一般的だろう。他大学出身の院生やポスドクばかりで構成されている，立教大学内ではめずらしい研究室が上田研なのであった。どうしてこんな状況なのか，化学系学科に野鳥の研究をする研究室があるのか，不思議に思う読者もいるだろう。これには，ちゃんと背景がある。一昔前の大学には，どこでも教養部という全学部共通の授業を行う

部署があった。教養部は国の方針転換によって多くの大学で廃止された。その際，もともと教養部（立教大学では一般教育部と呼ばれていた）の教員だった上田先生は，こうした組織の改廃に伴って学内での所属が変更になったのだが，生物系の学部がない立教大学では化学科所属になり，前述した状態が発生したのである。バイオサイエンス系を抱えていた化学科は，立教大学理学部内では，それでもまだ生物系に近い学科だったのだそうだ。そんなあまり恵まれていない（?）状況であっても，上田先生のご活躍により，多くの人たちが上田研に集まってきた。立教大学内の他の研究室では進学しても修士課程までで卒業してしまう学生が多いなか，博士課程学生が学内で飛び抜けて多いことも上田研究室の特徴だった。結果，上田研究室は，学科内でトップクラスに人数が多かった。

　上田研究室で最初の院生は，メボソムシクイを研究している齋藤武馬君だ（現山階鳥類研究所研究員）。彼と同期の修士課程学生数名，そして学振特別研究員という国の行っている若手任期付研究員（通称名は学振ポスドク）として当時在籍していた高木昌興さん（現北海道大学教授）が最初期のメンバーである（齋藤さんの第2章も参照されたい）。そしてその翌年に私が上田研究室に出入りするようになるが，同年には日本野鳥の会研究員だった植田睦之さん（現バードリサーチ代表）が1年間在籍した。さらに翌年になると，私と遠藤菜緒子さん（ゴイサギの研究者。3章参照）が初めての博士課程学生として上田研究室に加入した。その後，修士課程を卒業した齋藤さんやジュウイチを一緒に研究することになる田中啓太君が博士課程に入学したり，ヤマガラを研究テーマとして九州大学で博士号を取得した山口典之さん（現長崎大学准教授）が学振ポスドクとして着任したり，修士課程に在籍しカラスを研究していた高木憲太郎君が日本野鳥の会に就職した後に，当時の上司である植田さんとともにバードリサーチを立ち上げたり，本書の執筆者の1人である濱尾章二さん（現国立科学博物館動物研究部脊椎動物研究グループ長，当時は高校教師）や植田さんが論文博士という制度で博士号を上田先生の下で取得したり…というのが，上田研究室における初期の大きな人の流れである。学振ポスドクは，その後，サイチョウの研究者である北村俊平さん（現金沢県立大学准教授）や，スズメの研究者の三上修さん（現北海道教育大学准教授）が在籍。所属した学振ポスドクは以上の計4名だった。その過程で本書の執筆者

図2 最初期の上田研究室メンバー。写真は2002年のもの。写真左端が筆者。中央に上田先生。博士課程院生・ポスドクは，上田先生の左横が遠藤菜緒子，上田先生後が山口典之，山口の左が齋藤武馬，右が田中啓太，各諸氏。ほかは同研究室所属の修士課程，学部過程学生である。

である多くの学生たちが大学院に入学してきたり，学振以外の制度を利用したポスドクの人たち（本書執筆者の松井君や笠原さん）も在籍し，年々，上田研究室は右肩上がりに人数が増え研究活動も盛んになり，どんどん活気づいていった（図2）。

　私はというと，結果的にもっとも長く上田研究室に関わらせてもらった。西暦2000年頃の上田研究室は，狭い1つの部屋に机5つと実験台1つだけ。弁当を食べている事務机の真横にあった実験台でDNAの実験をしているという，とても小さな研究室だったのだが，最後には部屋4つで人数は2桁，独立した実験室をちゃんと持つ学内でも屈指の大所帯となった。

研究者を目指すなら

　この本を手にとるような人は大きく2つのタイプに別れるのではないだろうか。1つは進化生物学や行動学という学問分野に興味があり，その材料として鳥を選んだという人。もう1つは鳥が好きで，鳥に関係することなら何

にでも興味があるという人。この本は上田恵介先生の退職記念本であるし，タイトルがタイトルなので，おそらく本書の読者の皆さんは「鳥に興味があって読んでいる」という人ばかりだろう。だから，これら2つの違いはピンとこないかもしれないから，ちょっと説明しておきたい。たとえば行動生態学に強く興味を持っている人の中には，形態学やバードウォッチングにはあまり興味がないという人がいる。極端なところでは，研究対象の種には詳しいが日本産鳥類の他の鳥の名前は知らない，という学生がいるのである。バードウォッチングが趣味だという読者の中には，これにビックリする人もいるかもしれない。

　鳥類の研究者が，だれしもバードウォッチングに興味があるわけではないのだ。「年齢の識別方法はこうで，羽毛の形はこうで…」といったようなバードウォッチャーに共通の興味が，必ずしも，鳥類学者すべてに当てはまるわけではない。その逆に，鳥に関することなら何でも興味があるという人もいる。いわゆるバードウォッチングが趣味の人はこっち派だ。このタイプの中には，タンチョウやアホウドリの保護活動には興味があるけど，進化学や行動学への興味は強くないということもありうる。ちょっと気をつけてほしいのは，これらはあくまで例え話，極端な例だということだ。実際の鳥の研究者は，鳥にもほかの動物にも興味があるし，進化にも形態やバードウォッチングにも興味があるだろう。ただし，どこに重点を置いているか，趣味ではなく研究としてどこを扱うかは，人によって異なる。要は興味のバランスの問題である。野生動物の保護活動に引かれているなら，別に鳥にこだわらずさまざまな環境保全活動に関わりたいだろうし，行動生態学が好きなら鳥に限らず虫や哺乳類などさまざまな動物へ幅広く興味を示すべきだろう。

　そして学者を目指すなら，そのような広い視点で勉強をすべきである。しかし，勉強を始めたばかりの若い学生は，最初はそこまで視野を広げることは難しいのが一般的ではなかろうか。何より，こうした違いがあることさえ，よく分かってないだろう。ただ鳥が好きで，鳥の研究をしてみたい。深く考えていなかった，という学生もいるはずだ。そんな学生がいるのかって？はい，います。それは私です…。コレが若さか…。当時の私は，バードウォッチングはしないが鳥を研究する大学院生がいることに驚いたものです。

　立教大学へ進学する前にハクセキレイの足の怪我の研究をしていた私は，

学会発表など人前で自分の研究を話す機会があるたびに，「なんでそれが面白いの？」，「そんな研究をして意味があるの？」などと言われたことがあって，けっこう凹んだものだ。私が学生だった頃は，ちょうど，日本国内で保全生物学は学問としてまだ確立しておらず，「保全は学問ではない」といった意見すら耳にした時代だった（なお，その後，保全生物学はきちんと学問として認知されており，そのような批判は現在ない）。私はハクセキレイ以外では，スズメやドバトといった都市鳥を研究対象にしていた。今でこそ，三上さんの研究の成果により，スズメの研究は当たり前に世間から受け入れられているが，当時はこうした身近な鳥の研究はかなり不人気だった印象だ。

　これら都市鳥に興味がある一方で，ずっと子供の頃から慣れ親しんだ森林性の鳥類の研究をしたいとも考えていた。写真や絵や印刷といった「色」に興味があったことも，鳥の色に引かれていた理由の1つである。そんな中，「性選択」という現象に興味をもち，ルリビタキの色の不思議を研究したくて，博士課程からは「ルリビタキの色彩二型」を調べたいという強い衝動に駆られたのだ。博士課程に進学したいというより，ルリビタキの研究をしてみたいというのが進学の動機であった。そして，博士課程受験のために，上田研究室の門を叩いたのであった。

　最初のタイプ分けに従うなら，私は純粋な「鳥屋」だ。つまり後者である。バードウォッチングが好きで子供の頃から鳥を見ており，その延長線上で鳥類学者を目指したという類いである。学部生の頃の私は，「行動生態学って何ですか？」，というような学生だったと思う。最適採餌戦略や繁殖戦略よりも，羽毛の微細構造や年齢の識別のほうへの興味が強い，という学生だった。もともと生き物や自然全般が好きな昆虫少年だったのだが，出身小学校にバードウォッチングの部活があり，小学校3年生時に入部したことが鳥に関わった始まりだ。虫やトカゲや魚といった動物に毎日のように触れていたことに加えて，環境省の標識調査が行われている環境が近くにあったことも手伝って，鳥は他の動物と同じくらい身近な生き物だった。

　このようなありがたい環境は，幼少の頃から可愛がって下さった地元の野鳥の会の諸先輩の皆さんのおかげである。のちにルリビタキの精巣サイズに関する解剖学的研究（Chiba *et al.* 2011）を一緒に行った千葉晃先生（元日本歯科大学教授）はその一人である。そんな鳥好き少年だった私だが，最初から鳥類学

者を目指していたわけではない。経済的なことなどで悩み，大学卒業時には，進学と就職で迷って普通に就職活動を行った。ちょうど就職氷河期，失われた20年と呼ばれる時期の最初期だ。内定をもらった企業もあったのだが，最終的には研究を諦めきれずに，大学院への進学を選んだ。最初に所属した研究室は東邦大学の長谷川博先生の研究室だ。長谷川さんは，一度は絶滅したと考えられていたアホウドリの保護を行って絶滅から救った世界的にもすごい人…なのだが，白状すると，じつは私は長谷川さんの指導を受けたくて大学受験したわけではない。大学へ入学したときは，研究者になりたいとか，ならないとかを考えていなかった。そんな未来のことまで考えられない，現実的な問題と感じ取れない，大学受験だけで手いっぱいな精神状態で大学へ進学したのが実際だ。「大学生活で生き物の勉強をできたらいいなぁ」くらいの思いで入学したのである。今も続けている前述のハクセキレイの研究は，この学部・修士課程で卒論と修論としてまとめた。

　学生だという読者の中には，現在の所属している研究室で，ずっと勉強を続けたいと考える人もいると思う。しかし，所変われば千差万別。価値観を広げるためにも，いろんな組織を経験することも選択肢の1つだ。当時，長谷川さんは教授になる前だったので博士課程学生を指導できる立場になかったことや，私が行動生態学へと研究の方向性を変えたことから，立教大学で上田研究室に所属することを希望して大学院博士課程受験を決断した。立教大学を選んだきっかけは，上田先生が中心となって毎月開催している鳥の勉強会「鳥ゼミ」だった。鳥ゼミは上田先生が立教大学へ着任した頃から，東京大学の石田健先生らと協力して，在籍中にずっと開催され続けた，誰でも参加可能な勉強会である。鳥のイベントの情報が日々流れ込んでくる現在とは異なり，今では信じられないかもしれないが，インターネットがそれほど発達しておらず，E-mailがようやく一般的になり始めた当時，こうした場は貴重であった。当時の私は学外とのつながりに飢えていた。なにせ鳥の勉強をする場がものすごく乏しかったのだ。長谷川さんが所属する東邦大学の研究室は「海洋生物学研究室」だったので，他の先生（現風呂田利夫東邦大学名誉教授）や，その指導を受けていた先輩たちや同期は，貝や魚といった海洋生物を研究していた。

　ちなみに，こうした人たちが教えてくれたさまざまなことは，鳥に関係し

ないことであっても，今の私の研究の基礎になっている。鳥以外の材料や分野に触れることは，視野が広がるし，学者になるためには重要な知識や経験だ。当時の東邦大学では，昆虫・鳥・哺乳類といった動物を研究対象にすると長谷川さんの指導学生になるという流れだったのだが，学生で鳥を材料に選んでいたのは私だけだった。つまり，東邦大学での卒論生・修士大学院生という数年間の間，私は鳥の研究をしたいのだが，その勉強をたった1人で行うしかない，周りは虫や海洋生物など，鳥以外を研究する先生や学生という状況だった。長谷川さんはアホウドリだけでなく，学会に出ないことでも有名人だったので，私は学会や研究者の勉強会への参加はいつも1人だった。そんなこともあり，私にとって鳥の研究は1人で行うものだったのである。なにせ，当時の指導教員である長谷川さん自身が，たった1人で毎年，無人島の鳥島でアホウドリの研究を行っているのだ。そんな研究スタイルしか知らない門下生の私が，それが当たり前だと考えるようになったのは，道理であろう。

上田恵介の「ええんちゃう」

　そんな私には，上田さんのもとを訪ねたときから驚きの連続だった。ハクセキレイの研究でいくつか失敗をしていた私は，その教訓を生かして研究計画を立てて早めに準備を進めていた。具体的には，修士課程1年生のうちにルリビタキ研究の予備調査を行い，博士論文に備えたのである。結果的に，修士2年生の時点は，修士論文で研究していたハクセキレイ研究と，新たに始めたばかりのルリビタキの研究の両方を行った。多くの大学院生は，修士課程で行っていたテーマを発展させて博士課程での研究を進める。しかし，私はハクセキレイの保全学的研究から，ルリビタキの性選択という行動生態学研究へと，まったく違う内容への変更だ。これにはけっこう不安を感じていた。博士課程の短い数年という期間だけで，きっちりと研究が仕上がるのか，はたして博士号を取得できるのか。こうしたテーマ変更に伴う心配を感じながらのハクセキレイ・ルリビタキという二足の草鞋であった。

　そんな思いとともに「博士課程を受験したいんです」と上田さんのもとへ相談に訪れたのは，たしか修士1年生の終わり，修士2年生になる数ヵ月前だったと思う。ルリビタキ研究を行いたい旨を伝えると，上田さんの返事は

「OK」だった。小心者の私にとって，進学の打診は勇気が必要な行動，清水の舞台から飛び降りるような気持ちでの打診だったのだが，上田さんは拍子抜けするほど簡単に受け入れて下さった。「では1年後の博士課程入学を目指して準備をします。今はルリビタキの予備調査をしています…」と言いかけた私。1人で準備をしっかりやりますから，受験合格の際には指導して下さい，というつもりでの発言だった。そんな私へ上田さんは，こんなことを話し始めた。「ジュウイチの翼角の研究がしたくて，去年からチャレンジしているが，うまくいっていない」，「ジュウイチを探してコルリを材料にチャレンジしたが，コルリでは厳しそう」，「ジュウイチはルリビタキに托卵するはず。それを研究したい」，「ジュウイチも，ルリビタキの副テーマとして研究すればいいと思う」，「学生をつけるので面倒を見てやってほしい」，との提案だった。これには正直なところ，じつはかなり戸惑った。なぜなら，これまで私が受けてきた「研究は独学で行え」という大学院生教育の方向性・教育方針と大きく違っていたからだ。修士課程までに私が受けた教育スタイルは，崖からたたき落とされ，頑張って昇っていくと，また落とされるという感じだ。基本は全部自分でやる，研究は1人で行うもの，他人を頼るな，というものだ。そんな価値観でいた自分には，上田さんが行った「院生に他の学生の面倒をみさせる」という提案にはとても驚いた。結果的に，これは私が多くの学生指導経験を積むことにつながり，自分自身の勉強，よい教育体験となった。

　ほかにも上田研では新しい体験の連続だった。研究をするためにはお金がかかる。上田さんは「予算は何とかするから心配するな」とも言って下さった。研究に必要な予算は一定額が研究室から支給されるが，足りない分はアルバイトなどをして自分で用意する必要がある。大学院生の生活は，とにかく苦しいのである。アルバイトで研究費を用意しなくてはいけないのは変わりなかったが，研究室から出してもらえる金額が，それまでとはずいぶん違った。ハクセキレイの頃はお金がネックとなり，遠くの調査地での研究は難しかったし，ビデオカメラといった高額な機材をなかなか買えず，研究の必要経費を稼ぐためにアルバイトに多くの時間を使ったり，とれるデータは目視に頼るしかなかった。遠く離れた富士山で高山鳥であるルリビタキのさまざまな研究ができたのは，上田研の支援のおかげである。前の研究室では，「自分のことは自分で」，「研究予算は自分で稼いでこい」というスタイルだっ

たので，それが常識と思っていた自分には真逆の価値観に感じられ，とても
大きなカルチャーショックを受けた。上田さん自身が学生の頃にお金で苦労
したそうで，それもあってなのだろうか，できるだけ必要な予算を出してく
れようとしていたことは，金銭的だけでなく精神的にも，とても大きな支え
になった。

　泥臭い話だが，研究において，お金は重要な要素なのだ。なお，東邦大学
や長谷川さんの名誉のために記しておくと，無い袖を振れないのは当然であ
る。長谷川研も援助可能な限界まで出してくれていた。ただ，組織の違いが
あったというだけである。世の中，お金がすべてとは言わないが，お金がな
いとできないことがある。悲しいかな，必要分の予算を用意できなければ，
できない研究がある。なお，私が経験した2つの真逆のような研究・教育方
針は，どちらが間違っていてどちらが正しいということはない。どちらも正
しいし，どちらも大事だ。私の現在の研究スタイルの根幹は，一見，真逆に
見える長谷川さんと上田さんから学んだものが混在したものが基礎になって
いる。

　上田さんは，とても気さくでフットワークが軽い。学生の野外調査へよく
手伝いに出かけていた。手伝うと同時に，現地での指導を行う。富士山での
私の調査にも，ある年は，週末などを中心に学生を連れてよく来てくれた。
普段は1人で調査していても，そのときは，数名で一緒に巣探しなどの作業
をするのだ。このように研究室全体で助け合ってチームで研究を行う点は，
上田研の特徴だ。これも私にとってはカルチャーショックだったし，これに
も最初はかなり戸惑った。だって，根が「ぼっち」な僕は，1人でバード
ウォッチングしてたんだから。今にして思い返すと，チームでの研究スタイ
ルに馴染むまで，しばらく時間がかかったと思う。そんな私が気持ちよく研
究ができたのは，まさに上田さんのおかげである。

　書いてよいことか悩ましいが，研究者は「我」が強い人が多いと思う。自
分自身を棚に上げての発言だが，キャラがたっている人が多いのではなかろ
うか。加えて，昔は「誰と誰は仲が悪い」とか「馬が合わない」とか，そう
いったことが，どこの研究室にもあったように思う（時代が変わったのか，今
の若い人たちはそうではないようにも感じる）。これも個性のぶつかり合い
だったのだろう。しかし不思議なくらい，上田研究室にはそれがなかった。

皆が仲良しなのだ。仲良しというのは語弊があるかもしれない，正確には，けんかにならない，仲たがいしない，険悪な人間関係が存在せず，穏やかな人間関係がずっと存在する，というほうが正確だろう。最初は，「たまたまそういう気質を持つ人たちが集まったのだろう」と思っていたが，そうではなく，上田研究室の雰囲気や人間関係は，上田さんの人間力の結果だと確信している。所属学生などの研究室メンバーが入れ替わっても，ずっとずっとそうだった。15年近くにわたって上田研究室を内部から最初から最後まで一番長く見てきた私なりの結論である。これは上田さんの人柄，他者を引き付ける上田恵介という人徳のなせる業だ。研究に集中できる心地よい人間関係の存在は，仕事を進めるための重要な要素である。おかげで，豆腐メンタルな僕でさえ，長年にわたって伸び伸びと研究ができた。これは上田さんの優れた人となりのおかげだと思っている。

　なお，本文中で「上田先生」が途中から「上田さん」になっているのは，そのほうが上田先生の人がらを表せるように思うから。しっくりくるのだ。じつは私は，普段も上田先生という呼び方と上田さんという呼び方が混じってしまう。これはもともと私が他大学出身で上田さんの学生ではなかった頃に，「上田さん」と呼んでいた頃のなごりでもある。

　ついでに上田さんの指導方針についても触れておく。要領が悪く筆が遅い私の研究を叱ることなく根気よく見守ってくれた。私はどっちかというと，地味にコツコツと仕事を進めるタイプで，他者のサポート役で共同研究することが多い。上田さんは，学生の主体性を尊重する指導スタイルで，締めるところは締めてくれるが，その締め方は，あまりキツくない。いわゆる褒めて伸ばすタイプの教育者である。「泣くまで叩くから這い上がれ」といった厳しい指導教育が当たり前だった価値観を受けて育ってきた私や三上さんの世代からすると，当時は珍しい指導者だったと思う。多くの上田研の学生にとって，この点もありがたかったことだろう。相談するとたいていのことには，笑いながら口癖の「ええんちゃう」と賛成して後押ししてくれた。「ええんちゃう」は，魔法の言葉なのだ。

富士山での長期研究とルリビタキのオス間闘争

　研究において調査地の選択は重要なポイントの1つである。なにせ，観察

図3 高山で毎年約4ヵ月の長期野外生活．ときどき山を下りて食材などを調達し，山上に戻っての車中泊である．写真は天日干し中の車内．右半分とトランクに機材，助手席を倒して睡眠スペースにしている．

対象の鳥がたくさんいなければ，研究は成り立たない．サンプル数が稼げなければ，統計処理ができない．そこで修士1年生の頃から，ルリビタキ研究のために，自分の研究に適した場所を探してさまざまな場所を訪れては予備調査を行い，最終的に富士山を調査地に決めた（図3）．要因は，まあまあ近くで，高い標高までのアクセスが容易だったからだ．なにせルリビタキは標高1500m以上の亜高山帯の森林で繁殖する鳥である．めっぽう研究しにくい鳥だ．観察者が山の上で暮らさないと調査が成り立たないのである．なお，富士山は「他の山よりまだマシ」というだけで，他の鳥種の研究状況に比べれば，調査がやりにくいことは変わりない．

　富士山での野外調査生活は過酷だった．朝，日の出前に起きて，日の入りまでぶっ続けで森に入って，毎日，調査を続けた．4月の終わりから，9月の初めまでの約4ヵ月間．これを毎年だ．その間は，ずっと車で寝泊まりしていた（図4）．公共交通機関どころか人家もない山の上では，車は必須装備である．とはいえ，車内での生活はいろいろ不便が伴う．一番辛いのは，立ち

図4 春先の山中でルリビタキ調査中の筆者。4月に麓で桜が咲く頃，高山ではまだ積雪があり，その量は腰より高い年もある。

上がれないことだろう。狭い，苦しい，平らじゃない。雨の日などは車内で横になり続けるしかなかった。この睡眠環境の悪さが原因で30歳頃にぎっくり腰をやってしまったのだが，それまでは若さに任せた体力と気力で結構どうにかなっていた。夕食はいつもレトルトカレー，4ヵ月，ほぼ毎日食べ続けていた。不思議とカレーは飽きない食べものだ。すごいぞ，カレーライス。当時は，食事内容よりも調査時間をいかに確保するか，食事時間を短く抑えるかが気になっていたものである。日の出から日の入りまでずっと調査をしては，睡眠時間が短すぎてときどきぶっ倒れる，こんな生活を山の上でずっと続けていた。今にして思うと，気力・体力ともに勢いのあるあの頃だからできた研究だった。

こんな車中生活を続ける私を，齋藤武馬君などは冗談めかして「ホームレス大学院生」と呼んだことがある。これは当時，「ホームレス中学生」という小説・映画が流行っていたことにひっかけたジョークであった。山の上での野外調査生活を続けながら，1週間から2週間に1回くらいのペースで大学や自宅のある首都圏へ1日だけ戻っていたのだが，その移動経路はずっと一

般道だった。片道に，おおよそ 7〜9 時間かかる。今はもう，お金にものをいわせて高速道路に使ってしまう。これが大人のやり方だ。お金より時間が大事，時は金なり。しかし，当時は睡眠時間を削ってでもお金を節約して，どうにかやりくりしていた。そもそも「やりくり」以前の状態というのが正しく，どうやりくりしたところで高速道路に乗るようなお金はなかった。学生はそういうものだろう。

　こうして長時間の運転をしているといろいろな場面に遭遇する。私のボロ車は，走行中にブレーキが効かなくなったことが数度あったのだが，これは毎日山登りという，通常ではあり得ない負担をかけすぎた走行が原因だと思えてならない。平地を走る分には問題ない車であっても，山に来ると負担に耐えられずにどんどん壊れていくという印象だ。実際，毎年，登山者の車が何台も故障していた。ほかにも，タイヤが 1 年で磨り減ってしまうので毎年買い直しだったり，目の前でスピンしたトラックに道路をふさがれたり，メラメラと炎上する車の横をすり抜けたり，坂道を走ってきた車が煙を噴いて山の下へ落っこちていったり，土砂崩れで道路を塞がれたり，一般の人から不調になった車を直してほしいと頼まれたり，山ならではの仏さんとご対面などなど，漫画か冗談みたいな場面に何度も出くわした。皆さん，呪いの藁人形を見たことありますか？　私はあります…。これも野外調査の醍醐味なのだろうか。刺激的なイベントは，これまでの研究人生を通じて，もうお腹いっぱいだ。普通の人の一生分以上は味わったと思う。スリリングな生活は，もういらないぞ。人生は，平穏が一番である。

　そんなキツイ野外調査や車中生活であっても，人間，住めば都である。どんどん慣れて，調査はどうにかなるものだ。ルリビタキの研究は，1970 年前後に信州大学で少し行われたことがあったが，その後はまったく研究がなかった。この研究を始める前に，鳥学会などで当時を知っている人たちに，「ルリビタキを研究したいんです」と相談してみたのだが，返ってきた答えはどれも「あの鳥は巣が見つからないよ」，「難しいのではないか」というものだった。巣が見つからないから，研究としてサンプル数が集まらず成り立たないそうだ。なるほどと思った反面，自分でやってみないと分からないと思ったのも事実である。

　実際に自分でチャレンジしてみると，たしかに見つかりにくいが，経験を

積めばどうにかなるという手応えだった。一方で，多くの人から「ルリビタキは観察しやすい鳥だよね」とも言われたが，これは冬のルリビタキが人前に出てきても逃げないので，その印象が強いためだろう。実際は，そんなことはなく，繁殖期のルリビタキはとても警戒心が強く，観察が難しい。結局，あちこちで聞いた事前情報は，当てはまることもあればそうでないものもある玉石混淆であった。何事も自分で試してみることが大事ということかもしれない。

　そんなこんなでルリビタキの基礎生態を調べるかたわら，ジュウイチの研究をした当時の卒論生と私で巣探しをしているうちに，あっという間に1年目の調査を終了した。結局，最初の年に見つけることができたジュウイチの托卵は少なすぎて，卒論生のジュウイチの研究はうまくいかなかったのだが，翌年に大学院へ入学してきた田中君がジュウイチ研究を大学院での研究テーマに選び，一緒に研究をすることとなった。私が寄生される側のルリビタキを，彼は寄生するジュウイチを研究するということで，2人で長年，一緒に山にこもった。私がルリビタキのように春先に山に上がり，1ヵ月ほど遅れて彼がジュウイチのように山にやって来て，夏の終わりに先に山を下っていくのは，ルリビタキとジュウイチという研究対象の生態の違いを反映していた。彼のすごい活躍で，ジュウイチの翼角の黄色いパッチがヒナのくちばしを模倣しているのではないかという，上田さんのアイデアは大きく花開いた（たとえば，Tanaka *et al.* 2005。田中君による4章も参照のこと）。ジュウイチの研究は田中君でなければできなかった仕事だろう。彼の研究者としての優れた実力を一番近くで見ていて，勢いと才能ある研究者というのは，こういう人なんだなと感じ，とても刺激をもらったものだ。また齋藤武馬君は，同じ山好きとして，ときどきメボソムシクイのデータをとりにきたり，巣探しを手伝ってくれた。

　研究室の皆が優れた成果を上げるなか，結果がなかなか出なかった私は正直苦しんで焦っていた。ルリビタキはオスに二型がある珍しい鳥だ。雌雄で姿や形が違うことを「性的二型」という。一般的に性的二型は，性選択の結果だと考えられている。たとえば，より派手なオスのほうがメスに好まれることや，オス同士の争いによって，メスにはないオスの派手さが進化したという理論は，ダーウィンが考えだした性選択メカニズムとして有名だ。そし

て実際，多くの小鳥では，オスが派手でメスは地味である。温帯域の小鳥は一般的に，生まれた翌年の春には繁殖期に入り，繁殖に参加する。このときには，生まれた年に雌雄とも地味な種であっても，繁殖に必要な派手な羽の発現が間に合って，オスは派手になっているのである。大事なことなので繰り返そう。普通の小鳥では，初めての繁殖期である1歳時，オスは派手でメスは地味。

　しかし，ルリビタキには不思議な点がある。それは，オスに見られる羽色二型である。若いオスはメスそっくりなオリーブ褐色の外見で，高齢なオスのような全身が青色ということはない（口絵①，図1）。つまり，初めての繁殖期に，オスは派手な青色の羽を発現させない，間に合ってないのである。これは，羽衣遅延成熟（delayed plumage maturation; DPM）と呼ばれる現象である。私は，ほかの鳥に見られないこの珍しい特徴に着目して，ルリビタキの研究を始めた。研究を開始した当初は，きっと青いオスと褐色のオスには生態にも明確な違いがあるだろうと期待していた。しかし，その読みは大きく外れてしまう。調べても調べても，両者の間にあまり大きな違いを見つけられなかったのだ。褐色のオスも普通にメスとつがって，子育てをしていたのである。「褐色のオスは，若いゆえに繁殖できていないのではないか，だから褐色なのではないか」などとルリビタキの研究を始める前には妄想・予想していたが，こうした予想はガラガラと崩れ去っていった。

　科学とは論理的に物事を客観視する行為だ。だから研究者はその視点で論文を書くのだが，ここにおいては1つ大きな問題がある。「無いことは証明できない」ことである。それゆえ，比較という方法を用いる場合は，どうしても大きな差を発見したときのほうが論文になりやすい。学術的新規性を求められる博士研究生活において，当時の私は暗中模索といった状況だった。

　そんな私だったが，野外でオス同士のなわばり争いを観察するなかで，あることにひっかかった。どうも青いオスと褐色のオスの争いが奇妙なのだ。何というか，本気で戦っていないような印象を受けたのである。寒い雪山にこもってじっと観察をしていると，ルリビタキのオス間闘争に決まったパターンがあることに気がついた。まず最初に，お互いが脇羽を膨らませるようにしながら警戒声を出して威嚇行動を始める。それがさらに激しくなると，今度は普段とは違うすごいスピードで相手をビュンビュンと追い回す「追い

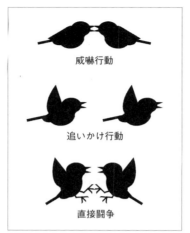

図5 ルリビタキの争いは，お互いに向かい合って相手を威嚇する行動から始まり，素早く飛び回り相手を追い回す追いかけ合い，さらには突き合いなどの身体的な接触を伴う直接闘争へとエスカレートする。

かけ合い」へと争い方が激しくなる。ここではまだ，身体的接触を伴っていない間接闘争である。しかし，争いがさらに激しくなると，空中で相手につかみかかり，ひどいときには互いが絡み合うように地面に落っこちてまでもつかみ合って突き合う「直接闘争」へとエスカレートするのだ（図5）。いわば，怒鳴り合いから始まったケンカが，追いかけ合いになり，最後は殴り合いにまで発展すると言えるだろう。最後は，どちらかが自分のなわばりに逃げ帰って終わる。この争い方が，オスの色によって違っていたのである。同じ色同士，つまり「青色 対 青色」と「褐色 対 褐色」においては，まさにそのように争いが進んでいた。図6のとおり，闘争方法別の発生頻度を見ると，身体的接触を伴う直接闘争がもっとも多い（図6a, 6c）。

　一方で，異なる色のオス同士の争いである「青色 対 褐色」では，様子が違っていた。モヤモヤしていた私は，それまでとりためたデータをひっくり返して分析を進めたところ，異なる色同士のオスの争いでは，直接闘争がほとんど発生せず，中途半端な争いである「追いかけ合い」で終わっていたのだ（図6b）。さらに分析を進めると，オスの色にかかわらず，オス同士が争っていることも分かった。つまり，ルリビタキのオスは相手の色にかかわらず，

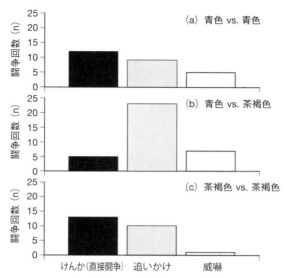

図6 ルリビタキのオス間闘争における，色の組み合わせと闘争方法の違い．同色同士の争い（青色 vs 青色または茶色 vs 茶色）では，もっとも激しい争いである直接闘争にまで発展するが，異色同士（青色 vs 褐色）では，追いかけ合いまでで争いが終了する．

なわばり争いを始めていた．まとめると，ルリビタキのなわばりオスは，争いそのものを避けず相手の色にかかわらず争い始めるが，お互いの色の組み合わせによって，激しく争うか中途半端に終わらせるかが変わっていたのである．これは，おそらく実力差がはっきりとしている異色同士の争いでは，簡易的な儀式的争いで済ませているのだろう．

　鳥同士の直接闘争は，ときには出血を伴う，命を失いかねない危険な行動である．また，激しく争えば，お互いに消耗してしまい，繁殖活動においては不利が生じるだろう．実際，現場でも激しい争いのあと動けなくなってしまったオスがいた．そのオスは，翌日にはなわばりを失い，いなくなってしまった．しかし，最初から見た目や雰囲気で争いの結果が予想できそうなときは，少し争うだけでどのような結果に行き着くのか，鳥たちは互いに分かってしまうのかもしれない．同じ色同士であれば互いの実力差が分からず，かつ拮抗していて，ガチンコ勝負をしなければ，お互いの実力差を明確化できないかもしれないが，優劣がはっきりしている関係ならばそこまで激しく

争わずに済むのだろう。少なくとも，ルリビタキが互いの色の違いを視覚信号として利用していることは確かだろう。オス同士の争いは，性選択における同性内選択（淘汰）と呼ばれるメカニズムだ。ルリビタキの羽色二型の進化において，このオス同士の争いが，その原動力として働いているのではないかと私は考えている。

おわりに

　ご紹介したルリビタキ研究の結果が，さまざまな経験と体験を背景にして得られたことは，現在の私の知的欲求の基礎となった。結果的に20年近くルリビタキをはじめとした山地鳥類研究や，都市鳥研究を続けられている。今ではルリビタキだけでなく，富士山全体の鳥を研究対象としている（『富士山バードウォッチングガイド』（文一総合出版）参照）。これまでの研究成果は一見，関係がないように見えるかもしれないが，じつは相互に関連がある。研究者にとっての長期研究とは，現実に同じことを続ける，というだけでない。異なる複数の研究をしているように見える研究者であっても，その背景には何かしらのつながりがあるのだと思う。

　そして，そこには人のつながりもある。ここで，私の共同研究における上田研究室関係者について，もう少し触れておきたい。このルリビタキのオス間闘争の共同研究者であった山口典之さんは，尊敬する先輩であり，上田研メンバーを鍛えてくれた先駆者だ。ポスドクとして統計手法や研究計画法などさまざまな面で，現代的な行動生態学の教育をしてくれた。博士課程時代の私にとっての先生は，上田さんと山口さんだったと言えるだろう。スズメの研究の第一人者である三上修さんは気心の知れた友人だ。彼が九州大学から上田研に移籍後，スズメ研究に誘ってくれた（たとえば，三上・森本 2014）ことで，ハクセキレイから続く都市鳥への興味を再燃させることができたし，山地に生息する鳥類の研究ばかりだった自分の活動範囲を広げてくれた。また，助成金の支援を受けて我々2人で副代表を務めたスズメプロジェクトというスズメの生態を解明する研究を始めたことで，松井晋君や笠原里恵さんという優秀な若手研究者2人をポスドクとして迎えることができ，加藤貴大君なども加わり，良いチームで研究ができた（三上さんの第10章を参照）。途中，福島の原発事故が起きたのはちょっと想定外だったけど…。

おわりに 21

　キビタキの共同研究者（たとえば，Okahisa *et al.* 2013）である岡久雄二君は，とても優れた実力ある若手の1人だ。じつは何名かの若手研究者と一緒に富士山麓でキビタキの研究を始めたが，うまくいっていなかった。一時は，バードリサーチの高木憲太郎君と私の2人だけが活動している状況になってしまい，細々と開店休業状態で毎年わずかなデータをとり続けているだけ，という悲惨な状態になっていた。そこに，岡久君がキビタキ研究をやりたいと手を挙げてくれた。最初は他大学の学部生だった彼は，その後，立教大学上田研究室に進学してくれて，キビタキで博士号を取得した。また，オオルリ研究の共同研究者である博士課程学生のキョンソンさん（徐敬善）も，一緒に研究したいと上田研に進学してきてくれた1人だ。ルリビタキの生態研究に始まった私の興味は，その後，羽の内部構造を調べる発色メカニズムの研究へと発展した（たとえば，Ueta *et al.* 2014）。ルリビタキの青色は構造色という色素によらない仕組みによるものだ。今は，双眼鏡だけでなく電子顕微鏡や光学顕微鏡も使いながら，物理学者など他分野の共同研究者の人たちと協力してさまざまな鳥の発色メカニズムを調べている。この構造色に興味をもっていたキョンソンさんが私に連絡してきたくれたことが，オオルリ研究開始のきっかけの一つとなった。

　センニョムシクイの巣の論文で一緒だった佐藤望君は，大学院時代の後輩である。海外での研究を主体にしている彼は，上田先生の海外研究チームの1人として大活躍している。長年，隣の席だった高橋雅雄君とはオオセッカの羽色論文（Takahashi *et al.* 2010）やコジュリンの研究を一緒に行ってきた。『日本鳥類目録（改訂第7版）』（日本鳥学会）の出版にあたっては，日本鳥学会目録委員会の立教チームとして私や松井君，笠原さんとともに，かなり過酷な仕事だった目録の作業を頑張ってくれた。共同研究者ではないが，本書の執筆者である杉田典正君は長年の上田研メンバー，櫻井麗賀さんや栄村奈緒子さん，橋間清香さんは，私が博士号取得後も上田研に机をもらっていた頃の同室メンバー，鈴木俊貴君や遠藤幸子さんは同じ東邦大学出身の後輩である。鈴木君の大活躍と勢いに，田中君のときにも感じたオーラが重なって見えたことを記しておく。

　国立科学博物館研究員時代に所属させてもらった西海功さんは，科博が新宿にあった頃からDNA実験でお世話になっており，上田研メンバーでDNA

を扱う人は漏れなく，西海研に出入りさせてもらっていた。ルリビタキの DNA プライマーを開発する研究（Saito *et al.* 2006）を一緒に行った齋藤大地君もこの人脈での共同研究者だった。また，日本野鳥の会での研究員職では自然保護室長である葉山政治さんやバードリサーチの植田さんや高木君と一緒に仕事をすることが多いが，上田さんは最近日本野鳥の会の副会長に就任しており，何かと関係が深い。

　自分を支えてきてくれた多くの人々に感謝するとともに，こうして改めて振り返ると，私の人脈は上田先生を介したものが多数であることがよく分かる。まさに上田さんの人としての魅力があっての結果だろう。上田恵介という人を一言で表すなら，上田さんが中心となって長年開催し続けた「鳥ゼミ」がオープンな交流の場だったように，鳥にまつわるさまざまな人々をつなぎ導く「ハブ」が上田恵介であると，私は思う。

2

メボソムシクイの研究と私と上田先生
── 上田研で過ごした思い出 ──

(齋藤武馬)

はじめに

　上田恵介先生のお名前は，私が中学生の頃から知っていた。当時私は鳥少年で，日本野鳥の会の東京支部に入会し，鳥仲間とつるむわけでもなく，1人で探鳥会などに参加して熱心に鳥を見ていた。その当時，よく鳥の本を読んで勉強していたわけなのだが，その中で，『鳥はなぜ集まる？―群れの行動生態学』(東京化学同人) や『一夫一妻の神話―鳥の結婚社会学』(蒼樹書房) など，上田先生のご著書は，最先端の鳥学の研究を一般向けに分かりやすく紹介した本として当時から有名だった (図1)。図鑑やバードウォッチング啓発本に飽き足りた鳥少年からすると，それらの本を読んで，周りの人よりもちょっと物知りになったような気になったものだ。文面を見ると分かりやすく，親しみある文章で，しかも関西弁！　もちろん，当時は先生にお会いしたことはなかったわけだが，後に大学院に進学するときに初めて先生とお会いしたとき，この先生が書いていたのかと納得できた。

　そんな私も大学へ進学するようになるが，学部では農学部の昆虫学研究室に所属し，ミツバチの研究で卒論を書くことになった。だから，鳥を見るのはあくまで趣味のままだった。大学を出た後，一般の就職活動もせずブラブラしていたが，それは鳥の研究を本格的に勉強したいと考えるようになっていたからだった。そこである日，千葉県我孫子市にある「我孫子市鳥の博物館」で行われた，山岸哲先生によるマダガスカルオオハシモズ類のご研究の講演を聞きに行った。その後，なぜか隣にある山階鳥類研究所を見つけて，

図1　中学生の頃出会った上田先生のご著書。

玄関前をうろうろしていた。そうしたら、中から職員の方が出てこられたので、「鳥の研究ができる大学院を探している」と、うろついていた事情を説明したところ、快く中に案内して下さった。その方が、現在山階鳥研の広報室長をされている平岡考さんだった。今から考えると、よくもそんなどこの馬の骨とも分からない怪しい若者を建物の中に招き入れてくれたものだと思う。その際、平岡さんは日本鳥学会が発行している、当時紙媒体で配布されていた「鳥学ニュース」を見せて下さった。どうも立教大学の上田研で院生を募集しているという。そこで思い出した。「あ、子供の頃、読んだ本の著者の先生だ！」と。

そこで先生に会うため、新潟大学で行われた、日本鳥学会に初めて参加し、上田先生の姿を必死に探した。先生のお顔は本のプロフィール紹介などで見て知っていたので、すぐに分かった。先生にお会いして、大学院を受験したいという意思を伝えたところ、「ええよ。試験あるけど。頑張って！」のようなお言葉をそのときかけて下さったように記憶している。当時、どうやったら鳥の研究ができるのか、暗中模索だった自分にとって、とても安心した気持ちになったのを覚えている。

その後、私は何とか立教大学の院試をパスし、上田研のメンバーとなった。1998年の4月のことである。当時の上田研は、現在ほど学部生や院生がたくさんおらず、当時ポスドクだった高木昌興さん（現北海道大学教授）を含めても5人しかいなかった（図2）。しかも全員男。色気もなく、今と違って男臭

図2 上田研最初期のメンバーの記念写真。上田先生を囲んで。

い研究室だった。それに，研究室は現在の建物とは違う所にあって，部屋も狭く，私と内部から進学した院生が上田研にとって初めての院生だった。

悩んだ研究テーマ

　さて，大学院に入って何を研究しようか悩んでいた。学部では，ミツバチの配偶システムの研究で卒論をまとめた。簡単に説明すると，ミツバチのコロニーにいる1匹の女王蜂は，結婚飛行の際多数のオス蜂と多回交尾をするため，コロニー内の働き蜂の集団には，いくつもの異父集団ができる。それを遺伝的に検出し，蜂群内または蜂群間でそれらの父性の数が時期または群れによって変化するのかを調べるという内容だった。

　このように，上田研に入る前から，行動生態学，とくに配偶システムについて興味があったのだが，上田先生のご専門の1つが鳥類の配偶システムに関する研究だったので，自分も鳥類，とくに小鳥類の繁殖生態を研究したいと思うようになった。そこでまず始めに，山梨県の清里高原でミソサザイの繁殖生態を研究することになった。清里高原にはキープ協会という立教大学と関連の深い宿泊施設があるので調査地として適していた。ミソサザイは一

夫多妻の配偶システムを持ち，オスが複数の巣を造ってメスを呼び込むという生態を持つので，先生が博士課程で研究されていた，セッカと似た繁殖生態の鳥である。この調査地に上田先生は時々来て下さり，先生から野外調査の基礎を学んだ。とくに捕獲技術に関しては，先生からカスミ網の張り方，網にかかった鳥の外し方，標識足環の付け方など，基本的なことを一通り学んだ。

　当時私が院生の始めの頃は，鳥類標識調査の標識調査員（鳥類標識調査とは環境省が行う事業で，その管理，運用を山階鳥類研究所に委託している。標識調査員は通称，バンダーと呼ばれ，特別な訓練を受けないとなることができない）の資格をもっていなかった。そのため，技術が未熟で，先生からお借りした標識足環一束（約リング100個ほど！）を川に流してしまい，先生が始末書を書く羽目になってしまったこともある。このことについて，先生にはご迷惑をかけてしまった。残念ながらこのテーマはそう続かず，現在も論文になっていない。

　次に当時国立環境研究所におられた永田尚志さん（現新潟大学教授）とコジュリンの繁殖生態を研究した。茨城県神栖市の利根川沿いの河川敷で繁殖する，コジュリンについて，胴長を履いて毎日暑い思いをしながら捕獲したり，足環がついた鳥を観察したりしていた。しかし，このテーマも自分はあまり視力が良くないこと，足環の付いた鳥を一日中観察する根気が続かないことから，継続を断念した。しかし，このテーマについては，幸い途中までのデータについて，現在永田さんと論文を執筆する相談をしている。

　これらの研究テーマを研究しながら，私は上述の鳥類標識調査員（バンダー）の資格をとるため，積極的に全国の網場に通っていた。全国のバンダーが年に一度集まって標識調査についての成果を発表する「標識大会」というのが行われるが，その大会にもよく参加していた。大会が始まる前から泊まり込みで行って，その地域の網場で捕獲を手伝い，大会を迎える頃には地元のスタッフのようになって大会を迎えたりしていたものである。このようにして，いろいろな網場で標識調査の技術を習得するために修行を積んでいたのだが，渡り鳥の中継地でバンディングをしている各地のバンダーさんたちから，「ジジロ，ジジロとさえずるメボソムシクイが渡り時期に日本列島を通過するが，どこの繁殖地の鳥なのか，その正体がまったく分からない」という

疑問があることを聞いた。これは研究テーマになると，上田先生は思ったのだろう。私にそのテーマを研究しないかと持ちかけて下さった。こうして，私はメボソムシクイを材料とした研究を行うことになった。このとき，すでに修士2年生，1999年の話である。修士課程でメボソムシクイの研究を開始したが，修士論文では残された課題も多かったため，引き続き博士課程でも同じ研究テーマを継続することになった。以下，私の博士課程の研究テーマである，メボソムシクイの分類に関する研究について，紹介したい。

メボソムシクイの分類の研究

　メボソムシクイという鳥は，日本国内では，標高1200〜2500 m付近の亜高山帯で繁殖する夏鳥で，非繁殖期は東南アジアなどに渡って越冬する。この鳥の世界的な繁殖分布域はとても広く，西はスカンジナビア半島からロシア北部の大部分の地域を経てアラスカ西部まで分布し，日本の個体群は分布域の中でもっとも南に位置する。この広域な分布域のためか，従来の分類では，もっとも多く分けて7つの亜種（亜種とは種の下の分類カテゴリーで，地域的に形態などの違いが区別できる地域集団を言う）がいるとされ，複数の亜種を持つ多型種としてこれまで認識されてきた。

　このうち，本州以南の亜高山帯で繁殖し，「ゼニトリ，ゼニトリ」と聞きなしされる，さえずりを持つ鳥は，亜種メボソムシクイ *P. b. xanthodryas* である。登山をする人には馴染みがある鳥かもしれない。一方，渡り時期には日本よりさらに北方地域で繁殖する鳥が通過するが，それらの鳥は「ジジロ，ジジロ」と3音節でさえずる鳥で，『日本鳥類目録（改訂第6版）』（日本鳥学会）によると，渡り時期に通過する亜種は，基亜種コメボソムシクイ *P. b. borealis* であるとしている。しかし，海外の文献をよくよく調べてみると，基亜種は，スカンジナビア半島から極東ロシアのユーラシア大陸に広く分布し，「ジジロ，ジジロ」とはさえずらず，まったく異なるさえずりを持つとなっているのだ。では，渡り時期に通過する「ジジロ」と鳴く鳥はどこで繁殖する鳥で，いったい何者なのだろうか？　そこでこの鳥の正体を探るべく，メボソムシクイの繁殖地のほぼ全域のDNA試料を収集し，または繁殖個体を捕獲して，DNA配列を調べようと試みた。また，それと同時に外部形態の計測，繁殖期にオスのさえずりを録音して個体群間の違いを調べた。

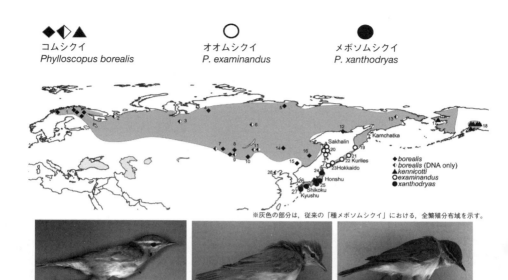

図3 メボソムシクイ上種における各3種の遺伝的グループの違いと外見の写真。Saitoh *et al.* (2010) を改変。

　まずは種や亜種の分子系統解析に適するとされる，ミトコンドリア DNA，チトクローム領域（一部その他の部位も解析）を用いて，個体群間の配列の違いを調べた。その結果，3つの明確に異なるグループに分かれることを明らかにした（図3）。さらに，これらのグループ間の分岐年代を計算すると，それぞれが約250〜190万年前に遡る古い年代に分岐したことが推測された (Saitoh *et al.* 2010)。

　DNA で明らかとなった3つのグループ間で，外部形態に違いがあるか調べるために，おもにオス成鳥について翼長，尾長，跗蹠長，くちばしの長さや幅，初列風切最外羽 (P10) と最長初列雨覆羽の長さの差を計測した。統計解析を用いて3つのグループが形態学的に判別できるか解析したところ，一部の個体を除いて，そのほとんどの個体で判別が可能であるということが分かった (Saitoh *et al.* 2008)。

各調査地でオスのさえずりを録音したところ，DNAによるグループ分けと一致する，3つの異なる種類のさえずりが認められた（図4）。この違いは人間の耳で聞いてもはっきりと分かる違いである。つまり，グループA（亜種コメボソムシクイ，スカンジナビア半島から極東ロシアを経てアラスカ西部に分布する個体群）は同じ音素が連続的に発せられる単純な歌で「ジィジィジィジィジィジィ」と鳴き，グループB（亜種オオムシクイ，ロシアカムチャツカ半島，千島列島，知床半島に分布する個体群）は「ジジロ，ジジロ」と濁った3音節，グループC（亜種メボソムシクイ，本州以南に分布する個体群）は「ゼニトリ，ゼニトリ」と4音節で構成されるさえずりの特徴を持っている。また，地鳴きについても同様なグループ分けで違いが認められた（Alström *et*

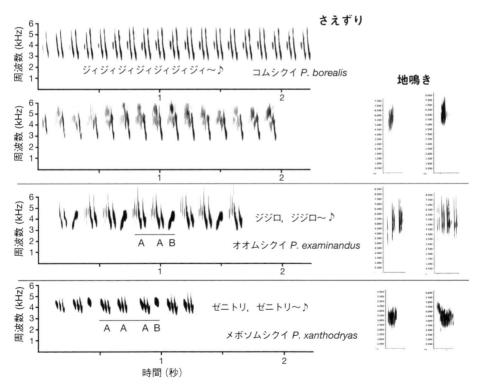

図4　メボソムシクイ上種各3種のさえずりと地鳴きの違い。AとBは、さえずり内の音の構成要素を表す。Alström *et al.* (2011)を改変。

図5 イギリス自然史博物館トリング分館でメボソムシクイの剥製の計測をする筆者。

al. 2011)。

　これらのDNA，外部形態，音声の違いを根拠として，複数の亜種を整理し，3つの独立種に分けるという分類の再検討を行うことにした。そのため，私と共同研究者でスウェーデンの鳥類学者 Per Alström 博士は，イギリス自然史博物館トリング分館と，アメリカ自然史博物館に行って（図5），そこに所蔵されているタイプ標本（分類の基準となる標本）からDNAを抽出し，その配列を現在生息する個体のものと比較した。その結果，まったく新しい学名をつけるといった大きな変更はなく，亜種小名を種小名に格上げするだけで済むことが分かった。さらに，これまでの先行研究も考慮して，種和名についても再検討を行った。その結果，従来1種だったメボソムシクイは，コムシクイ *Phylloscopus borealis*，オオムシクイ *P. examinandus*，メボソムシクイ *P. xanthodryas* の3つの独立種に分割されるという，新しい分類学的見直しを論文に発表した（齋藤ら 2012）。このことから，従来いわれていた1種の「メボソムシクイ」は，分割された3種を含む「メボソムシクイ上種」と呼ぶことになった。結果として，「ジジロ，ジジロ」とさえずる鳥の正体は，このオオムシクイであることが明らかとなった。これらの分類学的見解は，世界の主要な鳥類種のチェックリスト（IOC World Bird List, Gill & Donsker

2015) ですでに採用されているほか、最新の『日本鳥類目録（改訂第7版）』（日本鳥学会）でも採用されている。

苦戦した博士号の取得

　結局，上記の研究を完成させるには，10年以上の歳月が必要となった。そもそも大学院に修士と博士で10年間も在籍したにもかかわらず，在学中には博士論文を提出することができなかった。私は博士課程取得退学後，運良く山階鳥研で働くことができたのだが，博士号は働きながら「論文博士」として提出し，やっと取得することができた。修士の頃，研究テーマを転々とし，できの悪い学生だった私を見捨てることなく，気長な目で見て下さった上田先生には今でも感謝してもしきれず，先生に足を向けて寝ることができない（先生のお宅の方角は分からないのだが…）。

　また，この研究は，多くの外部の研究者のサポートがあって行うことができた。とくに国立科学博物館の西海功さんは，DNA分析のノウハウの指導と実験施設の場所をご提供下さっただけでなく，研究内容そのものにもアドバイスして下さった。西海さんの研究室は当時，新宿の科博分館にあったのだが，私は研究室にいるよりも科博にいるほうが楽しかった（？）せいか，立教

図6　ロシア極東部マガダン州のツンドラ地帯で野外調査を行う筆者。北方生物諸問題研究所のDorogoy博士と。

図7 2014年，立教大学で行われた国際鳥類学会議（IOC）でのスナップ。執筆者をはさんで向かって左が Per Alström 博士，右が Urban Olsson 博士。

大学の研究室にはいないで，ほとんど科博にいたぐらいであった。

また，DNA サンプルを収集するため，国内外の地域に野外調査に頻繁に出かけていたが，これについても外部の研究者の方々にお世話になった。2001年には初めてロシアのサハリンに植田睦之さん（現バードリサーチ代表）のオオワシの調査に同行させてもらい，海外で繁殖するメボソムシクイ（広義の）を間近に見ることができた。その後，幸運にも立て続けに，ロシア極東部のカムチャッカ半島やマガダン（図6），モンゴルに野外調査に行くことができ，山階鳥研の茂田良光さんや米田重玄さんにお世話になった。これらの野外調査で DNA サンプルを収集することができたことは，私の博士論文をまとめるうえで，重要な意味を持っている。海外の研究者では，前出のスウェーデンの鳥類学者 Per Alström 博士と，同国の Urban Olsson 博士も，私の博士論文をまとめるにあたって欠かせない存在である（図7）。彼らは私が持っていない地域の DNA データを補強してくれただけではなく，常に論文そのものの内容についてもアドバイスをくれる良きパートナーであった。一方，日本国内においてもさまざまな場所で捕獲調査を行ったが，その先々でいろいろな方にお世話になった。とくに北海道の知床半島における調査では，中川元さん

（元斜里町立知床博物館館長）にお世話になり，日本国内で唯一，オオムシク
イが知床半島で繁殖することを突き止めた。

　これら多くの方々を紹介して下さったのも，じつは上田先生の人脈の広さ
に起因するところが大きい。このように大学院生時代の私は，さまざまな場
所に行き，ほとんど研究室にはいなかっただけでなく，多くの外部の研究者
の方々と一緒に研究をさせてもらっていたわけである。このように先生は，
よい意味で私を「放任」して下さっていたのだが，いま考えると先生の大ら
かご性格のおかげだと思っている。先に，標識リングを川に流して先生にご
迷惑をかけたことは書いたが，そのほか，サハリン調査のとき，私は捕まえ
たメボソムシクイに，持っていた日本の標識リングを付けてしまい，そのた
め先生は山階鳥類研究所の標識センターから怒られ，またも始末書を書かさ
れたことを後から知った。上田先生にはいろいろなご迷惑をおかけしたのを，
今でも申し訳なく思っている。

学生の面倒見のよい上田先生

　上田先生は，学生たちそれぞれのフィールドの様子をよく見に来て下さっ
た。私の調査に関して言えば，四国の石鎚山や九州の祖母山に登って，鳥を
捕獲し，血液サンプルを取ってきて下さったりした。学生自身はその場に行
かず，指導教官，しかも教授にサンプルを取りにいってもらうなんて，今考
えるとなんて図々しい学生なんだと自分でも思う。でも先生は山に登るのが
お好きなので，私の代わりに調査に行って下さったのだと勝手に都合よく解
釈している。上田研では，富士山５合目の須走口が主要な野外調査地の１つ
となっていた。先生は，私と同時代に院生の時間をともにした森本元君や田
中啓太君と一緒に，ルリビタキの巣を探したり，ジュウイチの托卵を見つけ
たりするためによく来て下さった。岩手県八幡平のフィールドでは，先生が
奥様やお子さんたちを連れて来て下さり，バーベキューを振る舞って下さっ
たりした。先生はフィールドの天才でもある。この八幡平での調査では，ホ
シガラスを捕獲したいと何日も格闘していたが，頭のよいホシガラスはなか
なか捕まえることができなかった。しかし，先生が調査地に来られたとき，
あそこに網を張ると捕まるから網を貸してくれとおっしゃった。そこでしば
らく時間が経つと，「捕まえたで！」と言って，本当に鳥を手につかんで持っ

てこられたのである。そのときは本当にびっくりしたが，鳥の通り道を的確に判断して網を設置し，見事鳥を捕まえた，先生の観察眼はさすがだなと一同感心したのを覚えている。

おわりに

　このような人とのつながりは，野外調査にとどまらず，学内の上田研においても，作ることができた。その機会は，月に1回行われていた「鳥ゼミ」の場である。鳥ゼミでは，外部の研究者や院生，時には上田研の学生が研究発表を行い，参加者全員でお互い議論を深めて，学問的知識を広めるのが目的の勉強会である。そのような場で私は，学外の院生や研究者など，多くの知り合いを作ることができた。これも先生の「来る者拒まず」のご性格が皆を集わせる場を作ったのだろうと思う。先生のご定年後，立教大学の上田研でこのような集まりの拠点がなくなってしまうのは，寂しいことだと思う。

　このように無事大学院を卒業し，就職し，学位が取れ（順序が普通と逆だが），論文を出すことができたのも，上田先生や周りの方々のサポートのおかげである。この場を借りて，深く感謝お礼申し上げたい。最後に，上田研で過ごした10年間はいろいろな意味において，私の人生のうちで欠かすことができない期間であり，大きな財産になったと思っている。きっとこのことは上田研で学んだ他の仲間たちも同じように感じているに違いない。

人為的な環境，水田におけるゴイサギの生態

(遠藤菜緒子)

はじめに

　私の生まれ育った場所は，里山で田んぼの多い環境だった。小学校までは子供の足で15分ほどかかったが，田んぼの中をとおる砂利道を毎日通った。田んぼの風景は季節により大きく変化する。春のある日，冬の間乾いていた田んぼに水が引かれると，空を映す大きな鏡になる。イネが育つ夏になると，風がイネを揺らして緑の波が生まれた。秋にイネが刈られた田んぼからは，土と米の強い香りがした。冬の登校時は，田んぼの土が霜柱で大きく盛り上がり，畔から少しだけ足を踏み入れて割った。動物たちも季節とともに変わる。夏の通学路では，田んぼの畔からカエルが急に跳び出して，驚かされた。ヤンマが自分に向かって一直線に飛んできて，直前で進路を変えるのもこの時期だ。秋には，金色の稲穂の海のあちこちでイナゴが跳ねていた。鳥を見始めたのが大学に入ってからなので，残念ながら鳥についてはほとんど覚えていない。

　高校では生物部に入っており，飼っていたヘビのために，家の近所の田んぼに1人で行って，登校前にカエルを採った。道路を挟んで山側にヤマアカガエル *Rana ornativentris* が，平地側にトウキョウダルマガエル *Pelophylax porosus porosus* がはっきりと分かれて生息していた。脚のない奇形のカエルが多かった。農薬を知ったのはこの頃だった。それ以来，田んぼに生えるセリやヨモギを食べるのをやめた。

　ゴイサギ *Nycticorax nycticorax* の研究を始めたのは，学部4年生の卒業研究

のときだ。それから博士号の学位を取るまで本種の採食生態について研究を続けた。子供の頃の私には田んぼは自然そのものだったが，ゴイサギを研究するなかで，人の手によって維持された人為的な環境であることを強く意識するようになった。私は子供の頃から動物が好きだったので，動物と私たち人とのつながりについて知りたかった。私たちが何気なく行っている日々の営みは，他の生物にいったいどれほどの影響を与えているのだろうか。人の意志で操作される水田で，ゴイサギはそれに対応するために，どのように暮らしているのだろう。この疑問が私の研究の原点である。

　水田地帯を舞台とした鳥類の採食生態研究が面白いのは，まず，先に述べたように人間の社会に関係している点である。そのため，研究を通して人間活動のあり方とその自然界への影響を知ることができる。それに加えて，対象の生物と食物連鎖でつながる他の生物との相互関係を具体的に見ることができる点がある。生態学の教科書には，「生物はつながり合って生きている」という表現がしばしば見られる。私は知識としてこのことを知っていたが，実際に野外調査を通して，ゴイサギにつながる生態系の姿をはっきり理解したとき，この自然界の仕組みを初めて知ったようなとても新鮮な感動を覚えた。

　ゴイサギは水田地帯やその中を流れる河川などで，魚類やカエル類などを採食している。しかし，よく考えるとゴイサギの食物である魚たちにはそれぞれの種に特有の生態があり，それに従って暮らしている。魚たちは食物を食べるために移動し，河川の増水で下流へ流され，繁殖のために遡上する。ゴイサギはそういった魚を食べるために，採食する場所や時間を選び，その魚を採りやすいようなやり方で捕食する。生物同士の関係は，単に隣り合って生じる受け身のものではなく，それにより行動を変化させ，時には進化を引き起こすほど大きな影響力のあるものなのだ。鳥類の採食生態を研究することは，生態系という大きな枠の中でさまざまな生物の生き様を見ることにつながっている。

水田における人の営み

　日本における水田面積は，私が学位を取った 2007 年には 253 万 ha（本地と畦畔）（農林水産省生産流通消費統計課。作物統計調査。農林水産省。http://www.maff.go.jp/j/tokei/kouhyou/sakumotu/index.html，参照 2015-12-22）

で，森林原野を除く国土のおよそ 20％を占めていた（国土交通省。平成 19 年
度土地所有・利用の概況。国土交通省。http://tochi.mlit.go.jp/?post_type=
generalpage&p=1178，参照 2016-6-15）。これは 1 億 2700 万人の人口 1 人当
たりにしてもおよそ 200 m² で，家一軒の建築面積に十分である。実際には水
田周辺の用水路や農道などを含めたこれ以上の面積が，日本国土の中で人の
手によって管理される水田地帯として機能している。

　一般的な農法（石谷 2009）では，春になるとまずトラクターで耕起し，田
に水を入れる。これにより，乾燥した大地は一気に水環境に変化する。代掻
きをして，水と泥をよく混ぜてから，田植えをする。田植え直後は田を深水
にし，苗の活着後は保温や水温の調節のために朝晩で水位を変える。イネの
茎数が増えたら，水をとめてしばらくそのままにし，乾燥してきたら水を入
れるという工程を繰り返す間断灌水を行う。イネの成長とともに見えていた
水面がだんだんと見えなくなってくる。イネ丈が十分大きくなった頃に，イ
ネの茎数を増やして倒伏を防ぐために，田から水を抜く中干しを行うことも
ある。場所によっては，土にひびが入るほど乾かす。その後，再び間断灌水
を繰り返し，出穂後 30 日程度まで続けたら，水を落としてイネを刈る。

　水田形態は，現代になり大きな変容を遂げた（森 2007; 水谷 2007）。かつて
の水田は水をためやすいように等高線に合わせて畔を作った。そのため 1 枚
当たりの水田は土地の傾斜に合わせた複雑な形を取らざるをえず，小面積
だった。しかし戦後，農業基本法が制定され，食料増産のために政府主導
による土地改良と農地の統合が進められた結果，もともとあった本来の土地の
形にとらわれない大面積の田が作られるようになった。現在では 30 アール（3
反）の田が普通で，さらに 1 ha 以上の大規模な田も造成されるようになって
きた。

　水田の水利についても大きな変化が起こった。以前は土を掘って作った素
掘りの小川を通して田んぼに水を引いていたのが，現在ではそれがコンク
リートで覆われた水路となり，さらに場所によっては閉鎖されたパイプの中
を通した水を，田に設置された蛇口をひねって出すような設備も作られた。
排水に関しても，かつては取水路と排水路が一緒だったが，現在では明確に
分かれて，さらに田から地中に染み込んだ水を暗渠により排水しているところ
もある。そのため，田と河川との間での直接的な水のつながりがなくなってし

まった。田の排水が完全になったことで、かつては腰まで泥につかって行っていた過酷な田植え労働が軽減され、トラクターや田植機、コンバインなどの機械による大幅な省力化が実現された。

以上に見てきたように、水田は耕作工程によって1年の間でも季節的に水環境や植生が大きく変化し、また人の産業活動に対応して時代においても大きく変容するなど、人為の影響を強く受ける環境である。

調査地である津軽平野南部の水田環境

私は青森県の弘前大学で学士および修士を取得した後、博士課程後期課程の院生として立教大学に入学した。立教大学に移ってからも、それまでの知見の上にデータを積み重ねたかったので、弘前市が位置する津軽平野南部で継続して調査を行った。

調査地は南・東・西の三方が山地に囲まれた平野であり、山々から流れ出す豊富な水を利用した水田地帯となっている（図1）。見渡す限り水田地帯が広がり、平野の中央部では土地の高低差はほとんど見られない。その中に、ポツリポツリと寺社林や屋敷林、リンゴ畑が点在した。人がすむ町や集落は、弘前市の中心部を除けば、水田地帯に浮かぶ島のようなものだった。とくに小さな集落では、水田と住宅との境はあいまいで、集落の真ん中に田んぼが

図1 津軽平野南部水田地帯の風景。

調査地である津軽平野南部の水田環境　　　　　　　　　　　　39

図2　集落を貫くように流れる灌漑用水路。

図3　集落沿いの田は水が残ったままになっている。

あり，灌漑用水路が貫くように存在していた（図2）。平野部には，岩木川，平川，浅瀬石川の3つの大きな河川が南北，東西に流れている。その間を大小の用排水路が網の目状につないでいる。

　調査地は大規模な穀倉地帯であるため，半数以上の田が30アール以上に圃場整備されていた。しかし，水路に関して言えば，素掘りの水路とコンク

リート化されたものとが入り混じった状態で、調査していた当時はパイプライン化された田はほとんどなかった。排水に関しても、暗渠もあったが、側溝に直接排水しているところもかなり残っていた。耕作期以外は田から完全に水が落ちる乾田がほとんどで、排水が完全でない田や面積の狭い田は、集落にはさまれた場所などの宅地計画地に残っていた（図3）。

この辺りでは、4月下旬から5月中旬にかけて代掻きと田植えが行われる。寒い地方なので、日中は水を浅くして温度を上げ、夜間もしくは寒い日はイネが冷たい空気に当たらないよう深水管理をする。多くの田で、6月下旬から7月上旬に中干しが行われる。9月上旬に落水を始めて、稲刈りは9月から10月中旬だった。

津軽平野南部で分かったゴイサギの生態

私はゴイサギが好きだ。青灰色と白の余分な所のない色合い、のどから腹にかけての「てろっとした」カーブが何といっても絶妙だ。ゴイサギは基本

図4　藪の中にわずかに見えるゴイサギ。

的には夜行性であり，日中に見かけるときは，薄暗い藪の中に隠れていることが多い。双眼鏡でじっくりと探して，その体の一部をわずかに見つけることができたときは，興奮もひとしおである（図4）。先に述べたように，卒業研究からゴイサギの研究を始めたが，卒業研究では集団レベルでのゴイサギの採食生態を，修士課程では電波発信機を用いて個体レベルでのゴイサギの採食生態を研究した。以下に，立教大学に進学するまでに得た研究成果を踏まえて，この調査地におけるゴイサギの生態をまとめてみる。

ゴイサギの生息状況

　鳥類の生態を研究する際に，調査地の選定は非常に重要である。津軽平野南部の調査地としての利点の1つは，私が研究していた当時，集団繁殖するほかのサギ類がいなかった点である（少数のササゴイ *Butorides striata* を除く）。そして飛行中のサギ類をゴイサギ以外の種と判別する手間が省けること，後に述べる吐き戻し調査でゴイサギとほかの種とのものを区別する必要

図5　ゴイサギのコロニー。

がないこと，水田でゴイサギを探すときに目立つシラサギのほうに目がいってしまう不都合がないことなどがあげられる。後に兵庫県でサギ類の調査を行ったが，アオサギやダイサギばかりに目がいき，ゴイサギを採食場所で確認することがほとんどできなかった。

この調査地のもう1つの利点は，ゴイサギがまとまった数で生息していた点である。コロニー（集団繁殖地）は最小のものが5羽，たいていが500～1300羽の大コロニーで，毎年2～4ヶ所に形成されていた（図5）。1998年から2001年には調査地の繁殖期におけるゴイサギの生息個体数は985～1820羽だったと推定される。そのためコロニーの発見も容易であり，採食場所で本種を見つけることも頻繁にできた。

ゴイサギの採食生態と水田の生物たち

ゴイサギは，基本的には夜行性の性質を持つ。非繁殖期のねぐらで観察していると，日没の30分後くらいをピークに次々と採食場所へと飛び立っていく。ゴイサギの個体に電波発信機を装着して追跡した結果では，毎日の日没後の出発時間は，数分範囲の誤差の正確さだった。夜を通して採食し，日の出前にねぐらへと戻ると，日中はじっとしたまま，ほとんど音もたてずに過ごす。

一方，繁殖期のコロニーでは，日中にも出入りする個体が見られる。個体追跡の結果では（Endo *et al.* 2006），個体の日周期活動が段階的に変化することが明らかとなった。観察されたのは，（1）1日中コロニーにいる日と，1日中出かけている日が交互にある「2日周期活動」，（2）朝に出かけて日没前に戻り，日没後にまた出かけて日の出前に戻るという，ほぼ1日中出かけている「半日周期活動」，（3）短い時間間隔で出たり戻ったりを繰り返す「無周期活動」，（4）夜間のみ出かける「夜行性の活動周期」の4つの活動パターンだった。この変化は，繁殖ステージと関係があると考えられるが，密集した林内で繁殖していたために個体の繁殖ステージを確認することができなかった。ちなみに，動物園のペンギンなどの屋外飼育水槽で，日中にゴイサギを見かけることがある。これはペンギンに与える餌を横取りするためである。ゴイサギは正確な日没時の飛び立ちを見せる反面，食物を得ることができる時間に合わせて柔軟に行動を変えることもある。

さて，ねぐらやコロニーを飛び立ったゴイサギはどこに行くのだろう。およそ3ヵ月間にわたって個体追跡できた3個体から分かったことは（遠藤2007），ゴイサギの個体それぞれは，毎回だいたい同じ場所に採食に行っているということだった。その中で少しずつ場所を移動するが，およそ2ヶ月間にわたりほぼ同じ場所で採食していた個体もいた。そして時々大きく採食場所を替えることがあったが，新しい場所はコロニーから見て，それまでの採食場所と同じ方向であることが多かった。また，一度行かなくなった場所へ再び戻る行動も観察され，ゴイサギの個体は採食場所に関してかなり保守的であると考えられた。

　それではゴイサギは何を食べているのだろうか？　ゴイサギの食物内容は，コロニーやねぐらの下に入り，成鳥やヒナが吐き出したものを拾う吐き戻し調査で調べた（遠藤・佐原2000）。大雑把だが，調査地における5月頃から7月にかけてのゴイサギの食物を知ることができた。まず，個体数でもっとも多かったのはドジョウ *Misgurnus anguillicaudatus* で，季節に関係なく見られた。重量でもっとも多かったのはフナ類 *Carassius* sp.で，各月を上・中・下旬に分けてその変化を見ると，6月下旬からは常に見られた。フナ類は個体数は少ないものの，ドジョウに比べると1尾当たりの重量が大きい。ウグイ *Tribolodon hakonensis* およびオイカワ *Opsariichthys platypus* といった河川に生息する魚類は，6月下旬以降のみ見られた。カエル類に関しては，成体は季節にかかわらず吐き戻しに出たが，5月中旬と6月下旬に卵，7月中・下旬に幼生が見られた。昆虫類と哺乳類は，5月上旬以前と7月中旬以降に出現した。なお，哺乳類は，6月下旬にも見られた。

　日本における稲作の歴史は古く，縄文時代の末から続くと言われている。はじめは谷地や河川流域の低湿地が水田とされた。この時代の水田は，自然湿地をそのまま田として利用したものだった。そのため，それ以前から自然湿地を生息場所にしていた生物は，そのまま田に生息するようになったという（守山1997）。古墳時代に入ると，自然湿地以外にも水田が求められるようになり，灌漑が行われるようになった。しかし，ここで作られた水田もまた自然の仕組みに沿う形のものとして残った。湿地を生息地とする生物のくらしを見てみよう。春，雪解けにより山地の際や窪みに水たまりができ，カエル類やサンショウウオの産卵場所となる。谷川や河川からあふれた水が自然

湿地に流入し，一時的な水域を形成する。増水は河川の魚類に湿地内への遡上を誘引する刺激となる。水が引くと，取り残された湿地は，小魚や稚魚の安全な棲み場所となる。浅い水たまりには，それらの小魚を捕食するような比較的大型の魚類は定住できないからである。水が残っている間に，カエル類の卵は孵り，幼生が育ち，水が完全に干上がる頃には脚が生えて陸上に上がる。水田の耕作行程で，春先に水が引かれること，耕作期の間は浅く水が保たれていることは，人為的な作業であるが，まさにこの自然の仕組みと一致している。

　ゴイサギの食物の中に見られた生物の多くは，こういった水田の仕組みに対応した生活をする生物である。ドジョウは水田地帯でもっとも多く見られる魚類である。彼らはエラ呼吸だけでなく皮膚呼吸できるため，田んぼの水が多少干上がっても泥の中で生きていくことができる。フナ類は通常は小川や池などにすんでいるが，繁殖のために田の中まで入り，大型魚類のいない安全なゆりかごに子供を預ける。吐き戻しの中に見られたフナ類には腹に卵を持つものが多く見られた。カエル類では，成体だけでなく，発生時期が限られている卵と幼生（オタマジャクシ）も食べられていた。これらのことから，水田の営みに対応した生活を行っている生物を，ゴイサギは巧みに利用していることがうかがえる。

　また，ゴイサギは，水田耕作工程に伴う環境変化に対応して，季節的に食物となる生物種を切り替えていた。津軽平野では，4月下旬から5月中旬に田に水を入れる。それ以前の水田は乾燥しているわけだが，この時期には，陸上性の哺乳類と昆虫の成虫が多く食べられていた。昆虫は，とりわけコオイムシ *Appasus japonicus* が目立った。中干しの行われる6月下旬から7月上旬にかけても同様に，水田は一時的に水がなくなる。この頃は，田の畔などに生息するヒミズ *Urotrichus talpoides* やハタネズミ *Microtus montebelli* といった哺乳類が食べられていたほか，河川に生息する魚類が多く食べられるようになった。先に述べた個体追跡調査では，確認された採食場所のほとんどが水田だったが，1個体だけが中干しの時期である7月上旬から中旬にかけて，水田地帯に隣接する河川の堰堤で観察された。水田地帯は多様な環境がモザイク状に配置されており，ゴイサギはそれらの環境をうまく使い分けていると考えられた。

もう1つ，興味深いことが分かった。ゴイサギは基本的には夜行性だが，繁殖期になると昼夜ともに採食するようになる。採食場所は，夜間は水田地帯，日中は河川が多いという傾向があった。水田地帯で採食されたと考えられるドジョウやカエル類は夜行性であり，加えてフナ類の産卵もおもに夜間に行われる。これに対して，河川で採食したと考えられる魚類は，日中に遡上する傾向がある。ゴイサギは食物となる生物の活動性に合わせて，昼夜で採食環境を切り替えていたのである。

　以上，見てきたように，ゴイサギの食物となる生物は人為的な環境である水田の営みにあった暮らしをしている生物である。ゴイサギは，それらの生物をその生態や出現の時期に合わせて巧みに使い分けていた。ゴイサギの各個体が，自分の採食場所をあまり替えないのは，水田地帯には多様な生物が生息しており，狭い範囲の中でもそれらを使い分けることで十分に食物を得ることが可能だからだと考えられた。

上田研での研究

　これまでの研究で，ゴイサギはコロニーからおよそ13 kmの範囲で採食し

図6　田植え直後の水田での採食。

ており，各個体はある一定の期間にわたって同じような場所で採食している
ことが分かった。しかし，いったい何を基準に採食場所を決めているのだろ
うか？　コロニーから13 km 範囲内にあるゴイサギの潜在的な採食環境は，
水田だけでなく，河川，小川，灌漑用水路などがあり，それらの多様な環境
がモザイク状に存在している。また，水田地帯は人工的な環境であり，圃 場
整備状況や耕作者の耕作方法の違いといった人為的な影響により，採食に影
響するさまざまな環境条件が存在する。昔ながらの田んぼと近代化された水
田で，ゴイサギの利用パターンは異なるのだろうか。加えて，水田地帯は，
水環境やイネの成長状態などが季節によって大きく変動する。上田研在籍時
の研究テーマは，このような空間的・時間的に変動する環境の中から，ゴイ
サギがどのような基準で採食場所を選択しているかを明らかにすることだっ
た（図6）。

野外調査編

　調査を行った年にもっとも規模の大きかったコロニーの半径10 km 範囲を
1 km×1 km の平方区に区切り，ゴイサギの採食環境に含まれない山地を除
いた平野部の区画の中から，18区間を任意に選択して調査区画とした。各調
査区画内の水田地帯を，2時間を目安にくまなく歩き回り，ゴイサギのいた
場所と個体数とを記録した。全調査区画を6月上旬（6月2〜9日），6月中旬
（6月12〜22日），6月下旬（6月25日〜7月3日）および7月（7月10〜25
日）の計4回調査した。7月以降は，イネの背丈が高くなり，ゴイサギの発見
が困難になったため調査しなかった。調査は，ゴイサギの目視が可能な8時
半〜18時の間に行うようにした。ゴイサギは本来夜行性なので（Cramp &
Simmons 1977; Voisin 1991; McNeil *et al.* 1993）夜間の調査を行うべきだが，
人の生理的な能力の制約から観察できなかった。ただ，先に述べた個体追跡
調査の結果から，1 km^2 レベルでは昼夜でほぼ採食場所に違いがないことが分
かっていたので，問題はないと考えた。
　では，どのような要因がゴイサギの採食場所の決定に関与しているのだろ
うか。水田地帯は季節によって水位が複雑に変動すること，植生が変化する
ことを先に述べた。また近代化によって1枚の田の面積や水路の構造，排水
方法などが大きく変化してきた。こういった水田構造の変化は，ゴイサギの

野外調査編　　　　　　　　　　　　　　　　　　　　　　　　　　　　　　47

表1　ゴイサギの採食場所決定に影響すると予測し計測した要因とその理由

計測した要因		選定した理由と予測
地理要因	(1) コロニーからの距離	コロニーからの距離が近いほど，飛行コストが少なくて済む。また，給餌が必要な時期には時間コストを削減することができる。
	(2) 調査区画内の水田面積	水田面積が広いほど採食できる環境が多い。
	(3) 調査区画内の人工環境面積	住宅地や道路などの人工環境が少ないほど，危険が減少する。
	(4) 調査地内の水域面積	河川や湖沼の存在により，採食環境の選択肢が増える。
	(5) 河川までの距離	河川に近いほど，水田と河川2つの環境を使い分ける（遠藤・佐原 2000）ことができる。
食物量	(6) 田の水口と小溝の底との落差	食物量を直接測定することができなかったため，食物となる生物量と密接な関係がある水路の構造を示す1つの指標として用いた。落差が大きいほど食物量が少ないと予測。
採食効率	(7) イネ丈（最大値／最小値）。交互作用を考慮し片方を用いた	イネは，採食個体を捕食者の目から隠す効果と，逆に，イネが繁茂しすぎることで水面が見えにくくなり，採食が困難になるという可能性がある。
	(8) 田の最大水位	ゴイサギは，水中にある餌の採食成功率がやや低いことが報告されており（Katzir *et al.* 1999），水位が深いほど採食効率が低下すると予測。
	(9) 田の最小水位	
撹乱要因	(10) 人の数	人の存在は，採食行動を妨げる要因となる。

　食物である水田の生物量に影響を与えていると考えられる。こういったことを踏まえて，ゴイサギの採食場所選択に関与する要因を予測し（表1），それらの要素を調査地や地図上で計測して解析に用いた。

　さて，実際に調査してみると，1つの調査区画はわずか1 km^{2}の広さで，1 kmと言えば人が歩いて15分ほどの距離であり，くまなく歩き回ってもそうたいした時間ではない。のどかな田園の田んぼ，農道や畦道をてくてくと歩き，時々立ち止まってイネ丈や水位を測定する。しかし，これが意外に過酷だった。生まれて初めてぎっくり腰になったのがこのときで，本来あるべき5月のデータがないのはそのためだ。調査の遅れが焦りとなって，今にして思うと，調査を楽しむ余裕はまったくなかった。そして，7月になりイネが成長してくると，ゴイサギを正確に見つけることができているのか不安になった。

ゴイサギは夜行性なのに日中の調査だけでいいのだろうか，大丈夫だと思っ
たはずだが迷いがよぎる。そんなストレスだらけの調査だった。

研究室編

　野外調査は2年で終えた。博士後期課程は通常は3年で終了するものだか
らだ。しかし，実際には，研究室での戦いは長きにわたった。その反省は個
人的な不徳の致すところなので省略し，研究室での経験で参考になりそうな
点だけ紹介しよう。

　私は上田研の博士後期課程としての初めての入学者だった。入った当初は，
上田先生の居室と共同実験室が1つしかなかった。そんな体制が大きく変
わったのは1年が経った頃だった。上田先生の居室が新しくなったほか，学生
の居室，実験室ができ，ポスドクの先輩，博士後期課程，前期課程，4年生の
各学年がそろう大きな研究室となった。そして，研究室の正式なゼミのほか
に，自主ゼミを開いて本当にたくさん勉強した。統計の勉強会では，粕谷英
一氏の『生物学を学ぶ人のための統計のはなし ― きみにも出せる有意差』
（文一総合出版），Grafen & Hails の *Modern Statistics for the Life Science*
（Oxford University Press）を用いて輪読を行った。恥ずかしながら今思えば，
上田研に入った時点の私は統計をほとんど知らなかった。そのため，この輪
読に多大な時間と労力をかけた。その甲斐あって今では，平均値や標準偏差，
回帰分析についてざっと説明することはできるし，統計フリーソフトRの簡
単な統計であれば使えるようになった。ポイントは自分の無知を恥じずに分
かるまで聞くこと。年齢を重ねると，これがなかなか難しくなる。先輩や同
輩のみなさんが呆れながらも最後まで，懇切丁寧に説明をしてくれたおかげ
だと思っている。ほかに，Alcock の *Animal Behavior: An Evolutionary
Approach, 7th ed.*（Sinauer Associates Inc.）や雑誌 Trends in Ecology & Evolu-
tion を使った生態学と英語の勉強会を行った。これらに加えて，英語が書け
るようになるための勉強会も行った。短い文章を主語，動詞，形容詞，副詞
などに分けていくという単純なものだったが，長い説明文章を英語で書くこ
とが求められる中で，これらの品詞をはっきり使い分けることができるよう
になったことは，英語を書くこともちろん日本語で説明するときにも非常
に役に立っていると考えている。

研究室での年月は苦しいことは山ほどあったが，鳥ゼミの参加者をはじめ，さまざまな研究者とお話をできるようになったことは今でも宝となっている。また，研究室のメンバーには時にはアドバイスをもらい，時には議論を戦わせ，ずいぶんと鍛えてもらったことに感謝している。

ゴイサギの採食場所決定要因

　調査結果について述べると，調査地で確認されたゴイサギの個体数は延べ202羽で，6月下旬が70羽ともっとも多かった。6月上旬の確認個体数は38羽，6月中旬は60羽，7月は34羽だった。水田面積当たりの密度（羽/km^2）は，調査区画Nでは常に高く，調査区画E, I, J, L, P, Q, Rでは季節的な増減があった。このことから，調査区画によってゴイサギの個体数が異なること，すなわち，ゴイサギはまんべんなく水田を利用しているのではなく，よく採食する場所とそうでない場所とがあることが明らかとなった（図7）。

　それでは，この違いはどのような要因によるものだろうか。観察された各調査区画内のゴイサギの個体数と表1の各要因の値との関係を，一般化線形モデル（GLM）によって解析した。ゴイサギの個体数はカウントデータであるため，ポアソン分布を想定して解析を行った。始めにゴイサギの個体数を従属変数とし，測定した要因すべてを独立変数として投入し，次に有意性が見られた変数のみで回帰を行った。季節によってゴイサギの個体数に影響する要因が異なる可能性があると考え，解析は調査期間ごとに行った。P値はχ^2分布から求め，有意水準は0.05とした。解析はすべて，Rバージョン2.3.1（http://www.r-project.org/）を用いて行った。

　GLM解析の結果は表2にまとめた。それぞれの期間について，採用された変数について解説する。6月上旬には，コロニーからの距離とイネ丈の最小値が影響を与えていた。コロニーからの距離は，遠いほどゴイサギの個体数が多いという結果が得られた。この時期は，卵の孵化が始まる時期であり，ヒナはまだ小さく給餌をそれほど必要としない。時間的に余裕があるため，ゴイサギの親はより良い採食場所を求めて遠くまで行っていた可能性がある。イネ丈の最小値は，高いほどゴイサギの個体数が多かった。6月上旬のイネ丈の最小値の平均は20.5±3.9 cm（n＝60）で，まだ水面が露出している。水面の光の反射を軽減するために，何種かのサギ類では，水中の獲物を狙うときに頸を体の

3 人為的な環境，水田におけるゴイサギの生態

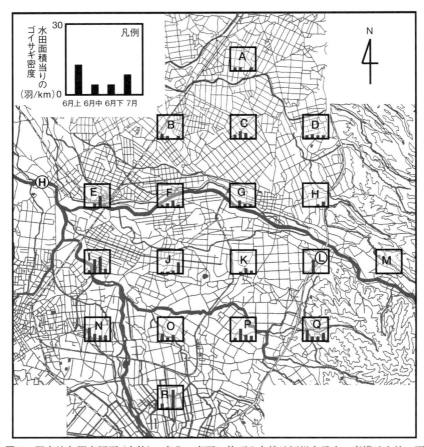

図7 調査地と調査区画（太枠）。南北，東西に伸びる太線は河川を示す。東端は山地，西端下方が弘前市市街地，中央の格子状に線が描かれている範囲は水田地帯。○はコロニーの位置を示す。太枠内の棒グラフは水田面積当たりのゴイサギ密度で，左上の凡例に従う。

中心からずらす行動（head tilting）(Krebs & Partridge 1973; Kushlan & Hancock 2004) を行うことが知られている。ゴイサギでは head tilting はほとんど観察されない。彼らは水面の反射の処理能力が低く，水中の標的が深く，もしくは遠くなったときに採食効率が劣る（Katzer et al. 1999）。ゴイサギは本来夜行性であり，強光下での採食効率を高める方向へは適応しておらず，イネにより光の反射が軽減された環境を選んでいた可能性が考えられる。

表2 ゴイサギの個体数を説明する変数

独立変数	傾き	標準誤差	偏差	自由度	P 値(<|Chi|)
6月上旬（残差＝19.101, df＝14）					
コロニーからの距離	0.353	0.089	17.403	1, 14	＜0.001
イネ丈の最小値	0.127	0.037	10.581	1, 14	0.001
人の数	0.122	0.075	2.641	1, 14	0.104
6月中旬（残差＝29.742, df＝14）					
コロニーからの距離	−0.236	0.072	10.747	1, 14	0.001
水田面積	0.0004	0.0001	16.733	1, 14	＜0.001
水域面積	0.001	0.0003	11.557	1, 14	0.001
6月下旬（残差＝58.091, df＝15）					
水田面積	0.0003	0.00007	24.418	1, 15	＜0.001
田の最小水位	0.150	0.054	7.376	1, 15	0.007
7月（残差＝25.07, df＝14）					
河川からの距離	0.281	0.117	5.629	1, 14	0.018
田の最小水位	−1.901	0.989	5.153	1, 14	0.023
人の数	−0.144	0.051	9.458	1, 14	0.002

　6月中旬には，コロニーからの距離，水田面積，水域面積といった地理的な要因のみがゴイサギの分布に影響を与えていた。とりわけ水田面積の影響が大きく，採食環境の量に対応してゴイサギが分布していたと考えられた。また6月上旬とは反対にコロニーからの距離が近いほどゴイサギの個体数が多かった。この時期はヒナが大きくなってたくさんの食物が必要となるため，飛行の時間コストを抑えていた可能性がある。実際に6月中旬に観察された個体数は延べ60羽であり，6月上旬（38羽）のおよそ1.6倍と採食に費やす時間が長いことが考えられた。水域面積には調査区画内の河川面積が含まれている。魚類は下流から水田へと遡上してくるため，河川や小川などに隣接している場所では，魚類の供給源が近いことによって食物量が豊富なのかもしれない。

　6月下旬には，水田面積と水田の最小水位が影響していた。前者については6月中旬の説明に準ずる。田の最小水位が高いほどゴイサギ個体数が多かった点については，この時期は中干しが始まる時期であるため，水が残っている田を選択して採食していた可能性が考えられる。

　7月には，河川からの距離と水田における人の数が影響していた。河川までの距離に関して検定を行った理由は，遠藤・佐原（2000）により本種が日中

図 8 河川堰堤は足場が多く，魚を捕食するのに都合が良い。

と夜間とで採食環境である河川と水田地帯とを使い分けている可能性が示唆されていたからである．このことが正しければ，両環境間を移動しやすい河川に近い水田地帯がより選択されることが予測される（図 8）．本結果はこの予測に反しており，その理由は分からなかった．また，人の数が少ないほどゴイサギの個体数が多いという結果は，人による撹乱を避けたことによると考えられる．この時期は，人の数がとりわけ多かった（延べ 100 人；6 月上旬：63 人；6 月中旬：35 人；6 月下旬：55 人）．

　水田地帯は人為的な環境であり，耕作過程により水環境，植生などが季節的に大きく変わる．また，圃場整備といった近代化により，水田の形態も多様になった．それらの要因がゴイサギの採食場所選択にどのように影響するかをここでは調べた．予想どおり，イネ丈や田の水位がゴイサギの分布に影響を与えていたことが明らかとなった．これら以外にも地理的な要因，人の数といった要因の影響が分かった．しかし，水田の近代化の影響は認められなかった．近代化は，ゴイサギの食物となる水田の生物量と密接に関係していると言われており（成末・内田 1993; 端 1998; 藤岡 1998; 田中 1999），ひ

いてはゴイサギの個体数に影響していると考えられる。水路の構造を示す1つの指標として，ここでは「田の水口と小溝の底との落差」を用いた。ゴイサギの主要な食物である魚類（ドジョウ，フナ類）は，繁殖期に河川から水路を伝って水田へと遡上するため，水田の水路の構造は水田地帯における魚類の生息量に影響を与える可能性がある（端 1998）。とくに水路との落差が大きい水田では，魚類が水路から水田内に遡上しにくくなるため，生物量が少ないと言われている（片野 1998; 端 2005）。それにもかかわらず影響が見られなかった理由としては，水田地帯に生息するゴイサギの食物生物は魚類だけでなく，両生類や昆虫類，哺乳類とさまざまな種類が含まれ，「田の水口と小溝の底との落差」という指標だけではゴイサギの採食に影響する水田の構造を表しきれていなかったと考えられる。

おわりに

私は冒頭で，水田地帯を舞台にした研究の面白さを，人間社会と野生動物との関係，生物同士の相互関係を知ることができる点だと言った。みなさんは上田研で行ったこの研究結果を読んで，それを感じとることができただろうか。私はこの研究が完全な失敗だったと考えている。たしかに，統計解析により何某かの結果は得られたが，その内容は雑然としていて，ゴイサギがどのような普遍的なルールに基づいて行動しているのかについて，はっきりとしたイメージがつかめなかった。また結果の解釈も憶測ばかりだ。私が犯した大きな間違いは，統計に頼りすぎたことだった。机の上だけで考えて機械的にデータをとり，ゴイサギという生物をしっかりと観察することを忘れてしまっていた。そのため，上記のような点を研究の面白さと考えていた私には，物足りない結果となってしまった。もちろん既存のデータを使い統計手法を工夫することで新たな発見を求める研究もあり，その発展は目覚ましい。だが，流行に乗ればいいというわけではなく，研究者にはそれぞれに好みの研究手法があっていいのだと，研究が終わってからようやく気づいた。

私は，院生が多かったときに，上田先生の居室に机を持ったことがあった。上田先生は「忙しい，忙しい」と言いながら部屋に戻ってきて，またすぐ出て行ってしまう。お休みの日は，たびたび山に行かれていたようだ。いつ仕事をしているのかと思うのだが，いつもあっという間に仕事を終わらせて，

また誰かから頼まれた仕事を「ええよ」と引き受けてしまう。院生たちは，はらはらしながらそれを見守っていた。研究室の公式のゼミでは，みんなが好き勝手に交わす議論をじっと聞いていて，最後にずばっと「こうなんちゃう」とアイデアを発表する。私がゴイサギの群飛行動について妄想を語ったときも「渡りの衝動なんちゃう？」と一蹴されて，ひどく動揺した。それと同時に，上田先生の中にある確固とした鳥類学の知識とそこから生み出される予測の確かさに脱帽するしかなかった。長年にわたりきちんと鳥を見続けている研究者はこうも違うのかと思った。私はいまだに周囲に流されてその域に達していないが，対象となる鳥をじっくりと観察することを忘れないと心に決めている。

　学位を取得してから9年が経った。私が大学にいた当時からその気運はあったが，今や水田地帯は生物の生息場所として，農村景観の創出源として，その多面的機能が重視される時代となった。水田に魚道を取り付ける取り組みや，ふゆみずたんぼといった保全策も普及してきた。その一方で，「攻めの農業」に向けて，ますます水田経営の集約化が推し進められるだろう。水田は，国土の相当な面積を占めるだけでなく，日本という国の風土の骨格となってきた。しかしながら，それは人為的な環境であり，社会情勢によって簡単に変容しうる。水田地帯は，ゴイサギの暮らす場所でもあり，生物たちの営みがそこにある。

4

ジュウイチのヒナの騙し戦略と感覚生態学

(田中啓太)

はじめに

　ジュウイチのヒナは，翼の裏側に口の中と同じ鮮やかな黄色の皮膚が裸出した部分があり，翼を持ち上げて揺らし，餌を運んできた仮親に対してその裸出部を誇示する。日本で鳥の研究や動物の行動・生態に興味があって，ジュウイチを知らない人は稀だろう。ひょっとしたら世界でも稀かもしれない。ジュウイチという鳥の生態は，それほどに不思議で，進化という神のいたずらが創り出した傑作という以外にない。私は上田先生のおかげで，幸運にもこの鳥を研究するという栄誉を授かった。そんなジュウイチの前では，私などは単なる幸運すぎた媒体にすぎないが，それでもその研究にまつわる紆余曲折をこの場で紹介させていただきたいと思う。

黎　明

　初めて上田先生とお会いしたとき，私は根無し草だった。心理学科を漠然とした疑問を持ちながら卒業し，闇雲に生物学の道を志していたときのことである。もちろん，それには今でも正当化できる理由があった。少なくとも，当時私が学んだ心理学は，分かりやすく言えば「こころ＝脳＝コンピュータ」という図式が根底にあり，人間の体は細胞でできており，1個1個の細胞には核酸が格納されているという事実はないがしろにされていた。本当にそれで人間の心を考えて良いのか？
　上田先生にお会いし，行動生態学という学問の存在を教えていただいた。

薦めていただいたのは，上田先生が訳された『行動生態学を学ぶ人に』（蒼樹書房）である。原書第2版の山岸・巌佐訳（1991）を手に入れて貪るように読んだ。分かりやすく言えば，神の啓示だった。こんなに面白い学問がこの世に存在していたなんて…。その事実に衝撃を受けた。ヒトであれ，他の動物であれ，何らかの意思決定をするとき，「モチベーション」（バイアスと言ったほうが適当かもしれない）が存在する。それは長い進化の歴史を経て作り上げられたものであり，その出処は脳であるとは限らない。少なくとも私は行動生態学に対し，そういう前提の上に成立している学問だと感じた。そして，それがもっとも私が知りたかったことでもある。この時点で私は生まれ変わり，そして行動生態学者になった。

ジュウイチとの出会い

当時，私が研究したかったのは，人間であった。人間の行動生態学が研究したかった。しかし，紆余曲折あって上田研に所属することになり，思い悩んでいる私に先生がかけて下さった言葉は，「ウィルソンにしろ，ドーキンスにしろ，人間のことを考えている人も最初は鳥だの虫だのを研究していたわけで，まずは鳥を研究すればええんちゃう？（それが生物学やで）」だった。至極当然だと思った。もちろん，鳥の研究に引き付けられていなかったわけではなかったし，手っ取り早く行動生態学ができるのであれば，そのほうが良かった。こうして私は鳥屋になった。ゼミで先輩方の研究計画を拝聴し，森本元さんが富士山で始めたという，ルリビタキの性選択の研究が面白そうだなと思った。でも自分は何をすれば良いのだろう。

そんなとき，また神からの預言である。「田中君（関西弁のイントネーションで），カッコウの仲間でジュウイチって鳥がおんねんけど，かくかくしかじか，これ研究せえへん？」とジュウイチのヒナの行動に関する説明を受け，研究対象にすることを打診された。もちろん即決した。「やります」。何て面白い鳥なんだ。

覚えておいていただきたいのは，この時点では，私はただの素人だったということである。たしかに幼少期は鳥が好きだった。両親は教育に関してはlaissez-faire（自由放任）だったので，幼稚園の年長になっても読み書きなどは特別教わっていなかった。しかし，当時わが家には鳥の図鑑が2冊あり，1

冊はひらがな，もう１冊はカタカナで種名が表記してあった。ボロボロになるまで２冊を読み比べ，さらに姉に種名を読んでもらい，その結果，「教えていないのに平仮名と片仮名を同時に読めるようになった！」と両親を驚かせた。鳥の種名で私は日本語の読み書きを学んだのだ。そんな生い立ちの秘密があるので，名前を聞けばだいたいどんな鳥か分かる。とはいえ，小学校以来バードウォッチングなどしたこともなければ，興味もなかった。今にして思えば，最初に先生からジュウイチの話を伺って「面白い」と思えたことが，そもそも驚きである。それほどジュウイチのヒナのあの行動は面白いとも言えるわけだが。

　ところが，いざジュウイチを対象にすると，研究として成立させるのは現実的にはやはり多少無理があった。致命的な欠陥があったのだ。サンプルサイズである。ただでさえ巣を見つけるのがたいへんな鳥の巣を見つけ，しかもそのうちの何割がジュウイチに托卵されるのか。ジュウイチのヒナを見つけるのは天文学的な確率と言っても過言ではない。実際，私がジュウイチを始める前，何人かの卒論生がジュウイチの研究をトライしていたが，見つかったのはほんのわずかの卵だけだった。修士１年の春の鳥ゼミとして開催された研究計画発表会で，そのシーズンで見込まれる例数について質問され，あっけらかんと「１羽」と答えたとき，参加なさっていた植田睦之さんや石田健さん，濱尾章二さんなどは，さぞ心もとなかったのだろう。呆気にとられた顔をまだ覚えている。

研究開始

　とにかく，さまざまな人たちの心配をよそに私はジュウイチの研究をすることになった。富士山の須走５合目での野外調査はやはりたいへんだった。キャンプをしに行っているわけではないので，車中泊にレトルトの食事と，人が好んでするような生活ではない。とくに修士１年の最初の頃は，まだあまり覚悟もできておらず，博士論文を書くための調査をしていた森本さんをたびたび失望させた。

　しかし，幸いにも私が専攻の前期の講義から解放された頃，富士山のルリビタキたちも繁殖に本腰を入れ始め，ルリビタキに托卵するジュウイチの繁殖も必然的にピークを迎え，そして私も自分の研究に本腰を入れ始めた。托

卵された巣もチラホラと見つかり始めていたが，幸運なことに，最初にジュウイチのヒナを発見したのは私だった。内田博さんに手伝ってもらい捕獲したジュウイチの成鳥に電波発信機を背負わせ，アンテナを振り回して追跡していたその最中，ルリビタキのオスに警戒されたのだ。その頃はルリビタキの生態もある程度分かってきていたので，巣があると判断し，テレメ追跡を中断して巣探しを始めた。そのときの心象風景は拙著 (2014) の冒頭で描写してあるので，そちらをお読みいただきたい。今でもまだあの巣の中にいたのがジュウイチのヒナであることが分かったときに感じた心のざわつきは記憶に焼き付いている。そして，まさにこの巣で撮影されたヒナの映像から起こしたのが図1の写真や図である。

　自分の研究対象を自分の手で触ることは，研究のモチベーションを高める原因としてはもっとも大きいものだろう。最初の年でジュウイチのヒナを直接触ることができたのは，非常に幸運だったと言える。それまでは研究どころか実体すら曖昧だった存在が，まさに自分の掌の中にあるのだ。そして，巣立ち間際のジュウイチのヒナは，信じられないほど可愛かった (図1c)。そのヒナが巣立ってしまうと，その喪失感から私は何かに追いかけられるように托卵された巣を探し始めた。文字どおり，東富士の1合目から5合目までを駆けずり回り，這いつくばってルリビタキの巣を探した。ルリビタキの巣も，ジュウイチの卵もたくさん見つかったが，見ることができたヒナは結局最初のヒナと，2合目辺りで見つけた，すでに巣立ったヒナの2羽だけだった。

　実績は残したと言える。森本さんと私，そして当時卒業研究のために富士山に調査に来ていた須藤君，アメリカから来ていた調査ボランティアのAaron君，そして上田先生で，合わせて70巣近いルリビタキの巣を見つけたが，その大半は私が見つけた。思えば幼少の頃，綺麗な卵の入った小鳥の巣を生で見るのは，私にとってかなわなかった夢のまた夢であり，30歳近くになって，それを実現したわけだ。私は（少なくともルリビタキに関しては）数ヵ月で巣探し名人になった。

　この見つけた巣の数は大きな自信になった。これは行ける！　研究として成立させる算段が付いた。私はジュウイチの研究に完全に没頭し始め，シーズンオフの間の数ヵ月，野鳥の会研究センターでのアルバイトから帰宅すると，深夜まで研究計画のパワーポイントとにらめっこをするのが毎晩寝る前

研究開始 59

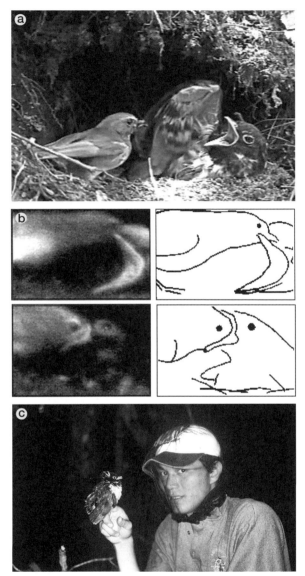

図1 (a) 翼のパッチを仮親に誇示するそのジュウイチのヒナ。Science に掲載（Tanaka & Ueda 2005）。(b) 翼のパッチに誤って給餌を試みる仮親。Journal of Avian Biology に掲載（Tanaka *et al.* 2005）。(c) 巣立ち直前の，そのジュウイチのヒナと。ブヨ対策でネットをかぶっている。森本さん撮影。

の日課になった。どうやったらこの謎を解けるか，そのためには何をすべきか，それがばかり考えて過ごした。思えば，ここがジュウイチ研究の本当のスタート地点だった。

山口さんとの出会い

4月になり，いつものように上田研に行くと，Windows のノートパソコンをカタカタ言わせて仕事をしている，知らない人がいた。お互い挨拶はなし。それが九州大学で学位を取られ，学振 PD として赴任してきた山口典之さんとの出会いだった（その後，研究費が交付されると真っ先に最新の Mac のデスクトップパソコンを導入なさっていた）。学振 PD として君臨する山口さんのおかげで，ゼミには緊張感が芽生えた。

私ももう修士 2 年で，単なる素人から素人に毛が生えた程度には成長した。そんな私の研究計画を聞いた山口さんは，研究対象やテーマにはあまりの面白さに度肝を抜かれ，実験計画にはまったく逆のベクトルで度肝を抜かれたのではないかと思う。そのとき，修士 2 年にして初めて「箱ヒゲ図」というものの存在と，「実験には対照区が必要」ということを教えていただいた。分かりやすく言えば，山口さんのお力添えで，ジュウイチの研究は「科学」へと昇華した。理路整然とした考え方をできるようになることは研究を行ううえで非常に重要であり，山口さんにはまさにその考え方というものを伝授していただいた。そして，私は実験へと突き進んでいくことになる。当時はまだ結婚していなかった妻に教えてもらい，新宿ルミネの地下にある舞台用の化粧品屋に，実験でジュウイチのヒナに塗るための顔料を買いに行った。

実験をする勇気

たとえどんな実験でもイヤなものである。実験の日程が近づいてくると，もう逃げ出したくなる。実験魔の鈴木俊貴君を除けば，日本の鳥類学者で実験を好んで行う人はほとんどいない。多分皆実験が嫌いなのだろう。でも，それは私もそうだ。今でも嫌だし，これからも好きになることはないだろう。実験なんかしたくない。理想は誰かが私の手足となって私が言ったとおりに実験を実施してくれることである。しかし，自分の研究ならやはり自分で実験をしなければならないし，科学を実践するために実験は必要不可欠である。実験

は，何かを知りたいと思ったとき，それを知るために人間の脳が作動させる，思考回路そのものである。そして，実験こそが行動生態学が発展してきた道でもある。決めたからにはジュウイチの実験も完遂しなければならない。当時はさほど意識をしていたわけではないが，強い決意で私は実験を始めた。

　現場でないとなかなか想像しづらいと思うが，実験をしているととにかく大事なものを忘れる。1本しかないボールペンだったり，必要な機材であったり，なぜか決定的なものを忘れる。一度，100mを超える標高差の急峻な山肌を一気に登らなければならないという，実験を行った巣の中でも一，二を争うアクセスがたいへんな巣で実験を行っていたとき，やはり忘れ物をしてしまった。朝，対象の巣でヒナに実験処理をしてビデオを仕掛け，昼にテープとバッテリーを交換し，夕方に機材の回収に行くのがおもな作業だった。昼になり，録画しているテープが終わりになるタイミングを見計らって山を登り，いざテープ交換をしようとすると，バッグには交換用の新しいテープが入っていない。選択肢は1つ，今来た道を往復することである。登山ルートではあるものの，あまりに急すぎて，下山道としてしか使われていないこの道を，である。さて，車に戻り，テープをひっつかんで巣に戻った。すると，今度は替えのバッテリーが入っていない…。何ということだ。さすがにもう単なるミスではない。4時間しか持たないバッテリーを作ったメーカーを，こんな所に巣を造ったルリビタキを，そんな巣に托卵したジュウイチを，そんな巣を見つけてしまった自分を，そして何よりついさっき，持ち物にバッテリーを確認しなかった自分を呪った。

　しかし，それでも実験は続けなければならない。その後のことはよく覚えていないが，絶望感と戦いながらもう一度車に戻り，替えのテープとバッテリーがバッグに入っていることを二度確認し，巣に戻った。道すがら，下山道を降りてきた登山客の方にすれ違いざま声をかけられた。
　「おい兄ちゃん，大丈夫か？　顔が真っ白だぞ！？」
顔面蒼白になっていたのだ。じつはこのとき，奨学金の支給のタイミングから経済的に逼迫しており，食料を買うことすらままならない状況で，文字どおり飲まず食わずの状態で調査を行っていたのだ。さらに，当時私が使っていた車は義兄からタダでもらったホンダのシビックで，小回りは利くが，車中泊をするとなると足を延ばして寝ることもできない，「住空間」とはかけ離

れた車であった。当然の帰結ではあるが，自分では気づかずに体力の限界に達していたのだ。

それからは実験を行っているときは，とにかく休むことにした。テープ交換以外はとにかく寝る。食事以外は何もしない。不思議なことに，それでも実験を行うと肉体的にも精神的にも疲弊しきってしまうので（そして忘れ物もする），やはり実験は何としても避けたいものである。高校時代の部活の試合を思い出した。練習よりも明らかに運動量は少ないはずなのに，練習よりも疲労は重い。そこまでして実験を遂行する理由は，言うまでもなく，科学は人生をかけるものだからだ。

ISBE in Jyväskylä（ユヴァスキュラ）

さて，博士2年になり，実験も終了し，無事に有意差も出たので，その結果を引っさげ，国際学会デビューをすることになった。それも本丸とも言うべき国際行動生態学会（ISBE）である。口頭発表で申し込んだが，最初は審査に通らずにポスター発表に回された。しかし，実行委員長だった Johanna Mappes からメールが届き，補欠繰り上げになったが口頭に回るかどうかを打診された。もちろん，二つ返事でお受けした。そもそも補欠になったことさえ驚きのひどい英語で書かれた要旨だったとはいえ，とにかく，ジュウイチという鳥にふさわしい，口頭発表を勝ち取ることができた。ただし，課題はやはり山積である。調査を中断してフィンランドに行くため，発表準備はもう現地で何とかするしかない。

ここで登場するのが沓掛展之さんである。沓掛さんは東京大学理学部生物学科出身のエリートで，当時，学振 PD としてケンブリッジ大学の Tim Clutton-Brock の研究室に在籍し，南アフリカでミーアキャットの研究をしていた。簡単に言えば日本代表クラスの若手研究者である。共通の知人を介して知り合った沓掛さんには，会場のあるユヴァスキュラで初めてお会いした。そして，パブで飲んだあと，知り合ったばかりにもかかわらず発表練習に付き合ってもらったのだ。そしてここでもまた人の度肝を抜いてしまった。ジュウイチに魅せられた沓掛さんはどういう言い回しが受けるか，どうやったら英語が下手なのを利点（笑い）に変えられるか，最後にこれを言うと受けるよとか（実際そうだった），献身的に発表準備を手伝ってくれた。そんな間

もずっと「いいな，いいな〜，僕もこんな研究したいな〜」と羨ましがり続けていたのが印象的だった。いずれにせよ，このタイミングで沓掛さんが発表を直してくれていなければ，結果は違ったものになっていただろう。

座長は Nick Davies だった。言わば教祖である。托卵研究だけでなく，行動生態学自体も創始者の1人と言える，生きる伝説である。ジュウイチの話

図2（a）エクスカーションでレイククルーズからのバーベキュー。(b) 船上で Nick，高須さんと。

はすでに知られていたので，発表前に私に近寄ってきて，

「やあ，君が Keita だね。発表楽しみにしているよ」

それが Nick との出会いだった。発表が終わった後もやはり呼び止めてくれ，

「発表素晴らしかったよ。論文，どこに投稿するの？　nature？（うん，やっぱり）。じゃあ僕を査読に指定してね」

　今，彼の人柄を知ったうえで思うのは，ものすごい評価のされかたである。もちろん，それがジュウイチのすごさだが，Nick はそれ以来，いまだにずっとジュウイチの大ファンで，ことあるごとにジュウイチの話をしたがり，本を書くたびに写真の使用の打診がくる。昨年も一般向けの托卵鳥の本を出版されており，そこでもやはりジュウイチの写真が使われている。

　発表は大盛況だった。これについてはその年の日本動物行動学会のニュースレターに拙文が載っているので，興味のある方はお読みいただきたい。おそらく，ISBE 史上，一，二を争う鮮烈なデビューだっただろう。拍手喝采で口頭発表を終えた後，大げさでなく，会場ですれ違う人の文字どおり 1/3 ぐらいに「面白かった！！」と声をかけていただいた。ユヴァスキュラのパブで，ガリガリに痩せ，スキンヘッドで革ジャンを着た，ヤク中のネオナチみたいな若者に話しかけられ，刺されるのかと思ったら

「発表面白かったよ！」

　緊張感から解き放たれ，ほぼ白夜のためまだ明るい深夜のユヴァスキュラの街を，疲労困憊＋ほろ酔いで歩いてホテルに帰っているときに押し寄せてきた「ホーム感」は，それまでの人生で感じたことのないものだった。行動生態学って，なんて素晴らしいんだ…！（図2）

研究の成就

　研究は学術論文になって初めて成就するものである。科学は人類が歴史を通して行ってきた情報の蓄積であり，万人に読める形で発表してはじめてその目的は達せられる。そして，数ある学術誌の中でも nature は憧れの雑誌だった。それまで nature には密かに何度も投稿していた。ダメ元だったし，受理されることもなかったが，構成や図の配置，投稿作業など，いつか本番を投稿するときに少しでも受理されやすい原稿を作れるよう，予行演習を重ねていた。あまり頼りにならない英文校閲業者などではなく，ホンモノの専

門家に見てもらうための根回しも抜かりなかった。当時，托卵業界では飛ぶ鳥を落とす勢いだったケンブリッジ大学の Rebecca Kilner（通称 Becky）が，奈良女子大学の高須夫悟さんを介して連絡をくれ，何度かメールでやり取りをしていた。そして ISBE のとき，沓掛さんにお願いして間を取り持ってもらったのだ。彼女とは口頭発表のセッションが同じだったので，自力で挨拶ができる最後のチャンスである発表の日の朝，無事に直接話すことができた。そのときは世間話をして終わったが，学会の期間中にもう一度アポイントをとり，改めて論文の原稿，そしてカバーレターを見てくれるよう，お願いした。

　さて，そろそろ人に見せても恥ずかしくない程度には仕上がってきたので，改めてメールで Becky にお願いをし，原稿を読んでもらった。もちろん，それだけではなかったが，彼女のアドバイスは「短くして Brief Communication にしたほうが良いと思うよ」というものだった。しかし私はそのアドバイスを聞かなかった。普通の雑誌だったら原著論文に相当する内容を，たった1ページで表現することは無理があるように思えたし，同時に Brief Communication ではなく，Letters にしたいというこだわりもあった。結果はエディターリジェクトだった。当時は投稿規定に書いてあった，「面白そうだから，短くしたら Brief Communication で検討するよ」というフォローも一切なしの，再投稿不可のリジェクトである。

　もちろん，Becky のアドバイスに従っていたからといって，確実に nature に受理されたかどうかはまったく分からない。しかし，自分の原稿を読み返してみると，明らかに無駄な情報が多々含まれていた。意識してかは分からないが，彼女はこれを指摘してくれていたのだろう。そして，その冗長さを生み出したのは「こんなに面白いんだからちょっとぐらい …」という奢りだった。当時，nature はインパクトファクターでは Science に抜かれていたとはいえ，憧れでもあり，目標でもあったので，再投稿不可のリジェクトは取り返しのつかない失敗と敗北であった。だからみなさん，「（ジュウイチの研究は）nature に載った」と間違えないで下さい。密かに傷ついています。とにかく，nature や Science に限らず，高インパクトの雑誌に載るのは，1語，いや1文字でも無駄は許されない，ギリギリの戦いであることを身をもって学んだ。

　気を取り直し，Science への投稿準備を始めた。命を懸けた努力の結果が

たったの1ページになってしまうのは少し悔しかったが，もうリジェクトはされたくないので，2500語から削りに削って800語まで縮め，引用文献も苦渋の選択で6本を選んだ。こんなに削ぎ落としてもまだ内容が保たれていたことは驚きだった。ここまで来るともう迷いはなかった。そこで，少しだけ心に引っかかっていたカバーレターを大幅に書き直した。いざというとき，自分を信じる（他人任せにしない）ことはとても大切である。このカバーレターは企業秘密ということで門外不出にしているが，読んだ人はあまりの攻めっぷりに必ず驚くほど，なぜジュウイチの研究が重要なのか，科学にどんな貢献ができるのか，その思いの丈を全力で綴った。そしてScienceに投稿。不思議と査読に回るまでのことはあまり覚えていない。ただ，査読の1人には当然Nick Daviesを指定し，そして，匿名ではあったが1人の査読者はISBEの話を出していたので，間違いなく彼に回ったのだろう。結果はmajor revisionだったが，修正というよりはむしろ解説（rebuttal）が必要だっただけで，さほど大きな改訂もなく受理に至ったと思う。

　比較的たいへんだったのはむしろ受理後だったと言える。800語に収めるのはかなりたいへんだったにもかかわらず，編集者はまだ容赦なく削れと言ってくる。具体的に「この1文がちょっと冗長だから…」とかではなく，漠然と「全体的にちょっと長ったらしい印象を受けるから，もうちょっと短くしてね〜」といった，軽いノリである。それも24時間以内に…。鼻血が出そうだったが，何とか乗り切った。出版が決まってからは迅速で，受理から約1ヵ月，2005年4月29日，先に受理されていた論文をぶっちぎりで追い抜いての発表となった（Tanaka & Ueda 2005）。

　この論文は，本ではNick（Davies 2015; Davies *et al.* 2012）やMartin Stevens（後出; Stevens 2013, 2016），そして何とあのRobert Trivers（Trivers 2011）にも引用していただいているが，引用論文数自体はさほど多くない。残念ながらせっかく載せてくれたScienceのインパクトファクターに貢献はできていないのだ。とはいえ，自己弁護になるが，このジュウイチの研究の価値はインパクトファクターでは測れないものなのではないかと思う。研究というより，ジュウイチの生態自体と言ったほうが適切かもしれないが，ジュウイチの生態が世に出て10年経ったが，やはりこんな鳥はまだ見つかっていないと思う。ミゾゴイのヒナもジュウイチと同じように翼を使って「分身の術」

をしている可能性があるし（川名 2009），ハイイロモンキタイランチョウのヒナは毒毛虫に擬態していることが分かった（Londoño *et al.* 2014）。しかし，ミゾゴイのヒナは，翼の裏側にはちゃんと羽が生えており，口の中と同じ色の皮膚が裸出しているようなことはなく，「分身の術」をしている決定的な証拠があるとは言えない。また，タイランチョウのヒナはいわゆるベイツ擬態で，ジュウイチのように相手に理解させるには 1 から 10 まで説明が必要な，「何と形容して良いか分からない騙し戦略」ではない。そして何より，ジュウイチが独特なのはその「説明が難しい騙し戦略」のインパクトである。言葉にはできないが，ジュウイチの行動は見る人に衝撃を与える何かを持っているのだ。

　ジュウイチの行動のインパクトを示す，私が密かに楽しんでいる周囲の人のある行動をここで紹介したい。研究関係の友人や知人が私を誰かに紹介してくれるとき，当然のことながら本来は私自身が自分の研究を話すべきである。しかし，もちろん全員ではないが，その紹介してくれている友人・知人は，「あ，私が説明しちゃっても良いですか？」などと言いながら，ジュウイチの行動を，身振りを交えて説明し始めるのだ。そしてそれをもっともよく行うのが Nick である。みんな，ジュウイチの行動を誰かに教えたいのだ。これは研究者冥利に尽きる。辛い思いをして実験を完遂させた苦労が報われたように感じられる。一方，引用してくれている論文の中でも，稀にまったく関係のないテーマの論文に引用されていることがある。さすがにそれは多少無理があるのでは？　と，つい思ってしまうが，その心意気は非常に嬉しい。ただ，今までで一番嬉しかった評価は，高校の生物の先生をしている知人からいただいたもので，「ジュウイチのビデオを授業で見せると，生徒たちの食いつきが違う！」という，教育現場からの肉声である。

　ジュウイチのヒナの実験は研究としてはもっとも注目される形で発表することができた。それを達成するうえで，功名心がなかったと言えば嘘になる。やはり，良い雑誌に受理されて，評価されたいというのはモチベーションとして大きかった。またしても自己弁護になるが，研究者だった母方の祖父は，「研究だって一山あててやろうという気持ちがなければうまくいかない」と言っていたそうである（と父から何度も聞かされた）。この言葉はついミーハーで高インパクトファクターの雑誌に走ってしまう自分を赦してくれた。

とはいえ，モチベーションはそれだけではなかった。日本に生まれ，ひょんな巡り合わせから日本周辺にしか生息していないジュウイチを研究対象としてしまった以上，このすごさを何としても世界に知らしめなければならないという使命感は，比重として一番大きかったと思う。

　私はこういった使命感こそ，研究を成就，つまり論文を受理させるうえで必要不可欠なモチベーションであり，それはジュウイチのようなレアケースに限らず，どんな研究にも当てはまると思う。たとえどんな論文でも，受理されるのは簡単ではない。極端に言えば，査読者なんてしっかり査読原稿など読んでおらず，ささっと表面的に読んで，あくまでも査読者本人の知識の範囲内で，それらしいことを言っているだけで，納得できるリジェクトの根拠など査読者10人に1人いれば良いほうである。もちろんこれは必ずしも査読者の態度に問題があるということではなく，暇な研究者などこの世には存在しないし，どんな査読者も限られた時間の中，最善を尽くしている。

　査読者が読んで正しく理解できなかったということは，それは表現方法にも問題があるということである。とはいえ，そんな（主観的には）生半可な理解（というよりむしろ詭弁）を根拠にリジェクトされるのは耐え難い苦痛だし，リジェクトされた悲嘆のなか，次の雑誌に投稿するために引用文献の書式を合わせたり，要旨を50語減らしたりすることは，心底うんざりする作業である。それでもめげずに，自分が楽しい，そして正しいと信じて完成させた研究を世に出すために，最後まで頼れるのはやはり使命感だろう。そしてこのような使命感は研究対象としっかり向き合わないと生まれないものだと思う。

　つまり，使命感を持つということは，研究を楽しむということでもあるし，自分を信じるということでもある。そういう意味では自己暗示の強さとも言えるかもしれない。祖父の言葉に，功名心と同じぐらい使命感も大切だと，付け足したい。

感覚生態学の夜明け──上田研編

　ちょうどISBEの申込をしている頃，理学部の予算で高額な機器が買えることになった。協議のすえ，当時，高須さんが導入したという，携帯式の分光光度計導入することになった。それも何と，2台も！　光学機器を購入

することにかけては右に出るものはいない森本さんが，あっというまに手配して下さり，上田研にも最新の測定機器がやってきた。これで卵だったり羽だったり，光の反射スペクトルが測定できるようになる。鳥が見ている紫外線が反射しているかどうか分かるのだ！　これがどのように感覚生態学につながっていくかは後述する。

　じつのところ，分光計導入当時からそのデータを重要視していたわけではない。というのも，そもそも1シーズンで見つかるジュウイチのヒナは，多くて3羽程度であり，そこから捕食にあって，サンプルサイズは減っていく。研究として成立するサンプルサイズに届くのがいったいいつになるか分からず，どこまで頼りにして良いものか，皆目見当がつかなかったのである。しかし，たしかに今すぐ結果は出せないが，これを地道に続けていけばいつか良い研究になると信じ，データをとり始めた。

いざ，聖地ケンブリッジへ

　2007年度から，学振PDとして理化学研究所に所属することになり，目標の1つを実行に移すことにした。伏線は張ってあった。妻とはもう何年も前から協議を重ねていたし，下見もした。前年にフランスで開催されたISBEでBeckyにお願いし，その数週間後にドイツで開催されたIOCが始まる前にケンブリッジを訪れ，案内してもらったのだ。動物学科（Department of Zoology）の建物の前で待ち合わせをし，博物館や，さまざまなカレッジ，ワトソン・クリックで有名なパブ，The Eagle などを巡った。その際，機を見てBeckyに訊ねた。

　「ケンブリッジ大学に在籍したいんだけど，可能？」

　「まったく問題ないよ，自分の予算で賄えれば。」

　学振に通ったら絶対来よう。そして晴れて学振PDとなってすぐ，Nickにメールで打診をした。「大歓迎」とのことだったので，準備を始めた。夏までは野外調査だし，格別に資金が潤沢なわけでもないから，滞在できる期間は限られており，どうしてもスケジュールはタイトになった。秋の鳥学会大会が終わったらすぐ出発だ。

　滞在中，わりと聞かれることが多かったのだが，とくに何か具体的な目的があったわけではない。共同研究をしていたわけでもなく，ケンブリッジに

図3（a）名所，キングス・カレッジ・チャペル。（b）ノーフォークの海岸でバードウォッチング。

いないとできないテーマに従事していたわけでもない。ただ，その環境と，そこにいる人々の研究活動を生身で体感したかったのだ（図3）。そして，あわよくば将来のためにコネクションを築きたかった。

思惑どおりというべきか，その後の人生を左右するような出会いはたしかにあった。ここ何年か，高インパクトの雑誌に論文を量産している Claire Spottiswoode は，前年の IOC で知り合っていたものの，それまでは知人であったのが，滞在を通して友人になることができたと思う。調査でザンビア

に行っていて不在なことが多かったが，それでもその存在は心強かった。完全に新たな出会いだったのが，今となっては飛ぶ鳥を落とす勢いの，時の人Martin Stevens だろう。現在はエクセター大学で准教授をしているが，当時はちょうどブリストル大学で Innes Cuthill の指導のもと博士論文を提出し，ポスドクだか助教だかとしてケンブリッジにやってきたところで，お互い，Nick のグループでは「秋からの新入り」同士だったのだ。ほかにも，オオコウモリやカッコウの Justin Welbergen，親子間相互作用の Camilla Hinde など，グループのポスドクたちは比較的タレントぞろいだったと言える。

　Martin はイマドキの英国紳士と言ったところだろうか。常に穏やかな物腰で，話も理路整然としており，肩肘張らずに接することができた。また，大の日本好きで，翌年の4月には新婚旅行で日本にくるという。さらに，メインの研究テーマは，昆虫が鳥による捕食を避けるために進化させた擬態や擬装，分断色であり，鳥に対する騙しの信号という点では私とまったく同じテーマだった。今にして思えば，分光計でジュウイチの口の中や翼のパッチの皮膚の反射スペクトルを測り始めているという話を聞いて，何か思うところがあったのかもしれない。

　着任したばかりにもかかわらず何十人もの学部生の卒論指導をしていて，そのうちの1人に彼が与えたテーマとして，人間を対象にしたゲーム形式の識別テストがあった。動き回っている架空生物をクリックで捕まえるというものだった。Nick のグループのメンバーは皆被験者を頼まれていたので，私も被験者としてそのゲームをプレイしたが，被験者中最低スコアを叩き出し，日本人なのにゲームが下手すぎて笑われた。また，私がもう帰国するという頃，紫外線写真を撮るためにわざわざアメリカに注文したという Fujifilm の IS Pro がちょうど届き，Martin のオフィスで紫外線写真を撮って遊んだのが懐かしい（図4）。

　こう書くと華やかな生活をしていたような印象を与えるかもしれないが，もちろん，手放しで充実していたわけではない。むしろ，ほとんどの日が思い出したくないぐらい辛い毎日だったと言っても過言ではない。辛い原因はおもに言葉の壁によるもので，悔しくて枕を濡らしたこともあった。言葉がうまくしゃべれない人を，人間はおそらく本能的に「知能が低い」と判断する。バカ扱いされてしまうのだ。そして，それが何よりも辛いのだ。そんな状況では，

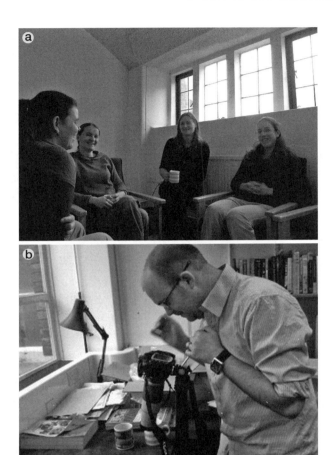

図4 (a) 名物ティータイム。(b) UVカメラが届いた！

Scienceに1本論文を出したことなど,まったく助けにはならない。

　とはいえ,何とかそんな状況を打開する道はあった。もちろん,一朝一夕に英語が話せるようになることはけっしてないので,ペラペラ喋れるようになるということではない。要は「口下手」扱いされるようにうまく持っていくのだ。それができれば,言いたいことがうまく表現できないときに周りが勝手に補ってくれるようになるので,一気に社会生活が円滑に巡るようになる。ただし,そのためにはちゃんと相手が話している内容を聞き取ることが必須

である。そして，ジョークに笑うなど，相手が言うことをちゃんと理解しているというアピールと，もう1つ私が気をつけていたのは自分が発語するときの発音である。

たとえばJapanの発音は，「ジャパン」ではなく「ジパァン」に近い。そして，この違いに気をつけることはとても効果的である。初めて会った人は大概 "where are you from?" と聞いてくるが，これに「ジャパン」と答えると，相手は一瞬言葉につまってから必ず「ジパァン」と言い直し，その後の会話はありきたりのものになる。しかしここで「ジパァン」と答えると，言い直されることはまずなく，そして続く会話の内容は比較的踏み込んだものになる。もちろん，自分でも正しい発音を心がけていれば，正しい発音に耳が慣れて聞き漏らしもぐっと減らせ，必然的に会話はよりスムーズになる。こうした細かい努力の甲斐もあり，終わりの頃には少なくともグループ内ではちゃんと口下手扱いされるようになっていたので，滞在を気持よく締めくくることができた。

たった3ヵ月だったが，この滞在の間に私が構築した「英語を話せる」という独自基準は，"I mean, you know, isn't it?" の3つを自然に使えるようになるということだった。ちょうど日本に帰るとき，そんな日がいつか来ることがあるのかと，少し絶望的に思ったことを覚えている。あれから8年経った今，いつの間にかその基準に達していることに気づいた。すると，今の自分だったなら，あの環境を当時の数百倍も楽しみ，そして数千倍も活用できていたのは間違いないだろう。このことに気づいてしまったときの悔しさは，筆舌には尽くしがたい。次なる挑戦へのバネにしたいと思う。

感覚生態学に本格参入

さて，学振PDもそろそろ終わりを迎える頃，6年かけて取りためた反射スペクトルのデータはギリギリ解析できるぐらいのサンプルサイズが集まっていた。どんな解析をすべきかは分かっていた。2003年に福岡で行われた進化学会で，来日したJohn Endlerがその方法について公演しており，私にとっては感動するほどセンセーショナルな手法だった。論文が出るのも心待ちにしていて，発表されると（Endler & Mielke 2005）それを何とか入手し，研究室のゼミで内容を紹介した。そんな憧れの解析方法だったが，今にして思えば，

74   4 ジュウイチのヒナの騙し戦略と感覚生態学

自分で心の壁を作ってしまっていたのだろう．この解析を実践するために最善を尽くすというよりは，次善の策として試行錯誤して独自の方法で解析をしていた．

原稿を Martin に読んでもらうと，いろいろと言いたいことがありそうな感じである．ほかにも用があったので，思い立ったが吉日，学振の研究費の残

図5 (a) チャーチル・カレッジの feast．(b) 講堂の天井は，Churchill 元首相が好きだった葉巻を模してある．(c) 中はハリー・ポッターの世界．

額をほぼ使いきってケンブリッジに飛んだ。折しも年末，その年を締めくくるカレッジ全体での盛大なディナー（伝統的に feast と呼ばれる）があるということで，Martin が正式なゲストとして招いてくれることになった（図5）。Martin が所属しているのはチャーチル・カレッジで，第二次大戦後に Winston Churchill 元首相を記念して建てられた，比較的新しいカレッジである。歴史が浅い割には 25 人もノーベル賞受賞者を輩出しているらしい。それまでにも他のカレッジのランチには連れていってもらったことはあったが，ディナーに正式なゲストとして呼ばれるのは初めてである。生まれて初めてスーツケースを元来の方法で使い，はるばるイギリスまで正装を持っていった。ヒースロー空港から地下鉄に乗り，ロンドンのキングズ＝クロス・セント＝パンクラス駅で電車に乗り換え，ケンブリッジ駅から乗ったタクシーを宿の外に待たせて急いでスーツに着替え，本当にギリギリでチャーチル・カレッジに到着。正面玄関でガウンを着た Martin が出迎えてくれた。

　余談だが，ご存知の方もいらっしゃるかもしれないが，英語のカレッジ（college）の意味は複雑である。アメリカでは短大のような使われ方が多いかと思うが，イギリスでは統一的な意味はないようである。たとえばロンドン大学では連合大学を構成する個々の大学を指すが，少なくともオクスフォード大学とケンブリッジ大学では，カレッジ＝寮である。パブで飲んだ後も，Nick はペンブローク，Claire はシドニー・サセックス，Camilla はダーウィン・カレッジというように，それぞれ自分が所属するカレッジの自分の部屋に帰っていく。ほかの大学でも寮という意味の場合もあるらしいが，稀なようである。カレッジには先生も学生も所属し，アカデミックなマネジメントもするようだが，おそらく横も縦も社会的なつながりが最重要視されている。カレッジごとに歴史や建てられた経緯，そして規模も異なっており，不思議な習慣もおそらく異なっている。たとえば Nick が所属しているペンブローク・カレッジは，歴史の長さではケンブリッジでも一，二を争うもので，その名残りか食堂の床は 2 段になっており，高いほうに学生が上がることは許されていない。

　カレッジでの食事では，ランチだろうが，ディナーだろうが「どんな立場であっても，何を研究していても，隣や向かいの席の人と研究の話で盛り上がる」というのが礼儀である。2 年前にケンブリッジを離れたときよりは少し

だけ上達した英語で何とか会話についていく。初めてまともに食べた雉料理の美味しさと，疲労と時差ボケから，次々と注ぎ足される美味しいワインが普段以上に効き，食後の歓談の時間につい眠ってしまった。ハードスケジュールが考慮されて失礼とは思われず，むしろ心配されて送り出された。どのように feast が終焉を迎えるのかを確かめられなかったのが少し心残りである。

　次の日，宿から動物学科の Martin のオフィスに行き，いろいろと用を済ませた後，論文の話に。

　「うん，でもやっぱり鳥が見ている色を推定したほうが良いと思うよ」
今度は従った。いろいろと思うところはあったが，同じ轍は踏まない。Martin には共著に入ってもらうことにし，MatLab のコードを教えてもらって R のコードに書き直し，晴れて「鳥の眼から見たジュウイチのパッチの色」を推定することができた。じつは Martin も向こうで予算を取って，富士山ジュウイチ研究に参入したがっていたということで，思惑は一致していたのだ。翌年には Martin も富士山に調査にきて，滞在期間は長くなかったものの幸運にもジュウイチのヒナが見つかり，彼はおそらくジュウイチのヒナを見た最初のイギリス人になった（図 6）。

　Endler が進化学会の講演で紹介し，ケンブリッジの Martin のオフィスでも勧められたその解析方法は，視覚モデルと呼ばれ，さまざまな動物が色を見るのに使っている光受容体の光の波長に対する感受性を元に，その動物が見ている色を数学的に再構築するもので，色彩への感覚生態学アプローチの根幹をなしている手法である。原理については拙著（田中・上田 2012）や，とくに先述の田中（2014）では詳細に紹介されているので割愛するが，この方法で解析を行うことで，何種類かの色がそれぞれ，研究対象である鳥にとって識別可能なほど異なっているかどうかを推定することができる。もちろん，その解析結果が本当に鳥が見ている色をどこまで反映しているかは分からないが，少なくとも現在の科学の知識の範囲内では，鳥が見ている色にもっとも接近できる方法である。こうして私は感覚生態学者になった。

　感覚生態学は，英語ではかつては cognitive ecology（認知生態学）と言われていたが，最近では sensory ecology と言われることが多い。研究対象やテーマは行動生態学そのものだが，対象動物が持つ感覚能や認知能力を考慮した

解析手法をとる研究を指す。一見，格別なことではないように聞こえるかもしれないが，この対象動物の感覚能を考慮することは非常に重要である。色に限っても，我々人間が見ている色は，あくまでも人間や近縁の霊長類固有の色であり，紫外線・青・緑は見えても赤が見えないハナバチや，紫外線・青・緑・赤が見える鳥やアゲハチョウが見ている色とは違う色である。人間に見えている色だけを基準に情報収集したところで，それが対象動物にとっても研究者が目指している効果を持つ情報とは限らないのだ。感覚生態学的アプローチとは，研究対象が認識している世界に何とか入り込もうとする我々研究者の精一杯の努力である。

図6 (a) 富士山に調査にきたMartinと。アシスタントとして同行していたKate Marshall撮影。(b) 普段は写真を撮ってくれる人がいない，森本さんと私の分光測定風景。Martin撮影。(c) MartinがUVカメラで撮影したジュウイチの翼のパッチ。4枚のパネルはそれぞれ，鳥にとっての原色の強さを表している。青 (SW) はほぼ皆無であるのに対し，紫外線 (UV)，緑 (MW)，赤 (LW) の順に色みが強い。Behavioral Ecologyに掲載 (Tanaka et al. 2011)。

対象動物の感覚に即して捉えるというこの考え方は，裏を返せば我々人間の能力を一生物種のものとして客観的に捉えるということであり，それは私が感覚生態学が非常に重要だと思って研究を推進してきた根拠でもある。人間を客観的に捉えるということは，ヒト固有のバイアスを極力排除するということであり，対象動物の視点に立つこととあわせて行動生態学でもっとも重要な観点である。こうしたコンセプトに基づいて研究が行えるようになったのは，ひとえに技術革新の恩恵を受けてのことである。20年ほど前に行われた研究では，研究者が非常に苦労して紫外線反射を測定しているのが論文などからもうかがえる。当時の研究者からすれば，多少高級なカメラ程度の価格で携行分光計が手に入り，野外で生きたヒナの皮膚を測定できるとは思いもよらなかっただろう。

鳥たちが見ている「異次元」の色

視覚モデルの大元は Timothy Goldsmith により提唱された，多次元の色度図である（Goldsmith 1990）。一般的な色度図はヒトの網膜特性に基づいているので，それぞれの頂点を純粋な原色とする三角形として表現される。しかし，ヒトが色を識別するのに用いているのは3種類の光受容体で，そのためヒトは3原色を持っているが，鳥が色の識別に用いているのは4種類の光受容体であり，つまり，鳥は4原色を使っていることになる。鳥の色覚はヒトの色覚より高次元なのだ。そのため，鳥が見ている色を捉えるには三角形では次元が足りず，四面体（三角錐）が用いられる。四面体の色度図を最初に用いたのが Goldsmith だった。

ここで忘れてはならないのが，色というものは絶対的な感覚ではないということである。そもそも色は，背景も含めた他の色との違いから相対的に感じるものであり，また照射されている光の色味によっても変わるものである。最新の研究では，物理的には同じ色でも，人間には季節（Welbourne *et al.* 2015）や，「対象物がどのような環境にあるという印象を受けるか」によっても違う色に見えることが明らかになった（Brainard & Hurlbert 2015）。Goldsmith の色度図では，ある色が背景や他の色と違って見えているかどうかは調べることができなかったが，それを可能にしたのが Vorobyev と Osorio による，1998年の論文であった。

この論文が提唱しているのは，網膜などの光受容体細胞の密度を考慮することで，色の弁別閾を計算する数学モデルである。簡単にその論理を説明すると，たとえば唇と腕，それぞれに箸の先を当てたとき，2本の箸の幅はまったく同じでもその幅が狭ければ，唇では2本と分かっても腕では1本にしか感じられない。これは，圧覚を感じる神経の密度が腕よりも唇で圧倒的に高いからである。これと同じことが色にも言えるはずで，4種類の受容体それぞれの網膜上の密度が分かれば，色度図と組み合わせることで，色が識別できるかどうかを計算することができるはずである。

　この計算を可能にしているのはウェーバー＝フェヒナー（Weber＝Fechner）則という，認知心理学において識別の閾値を計算するためのごく基礎的な理論である。ウェーバー＝フェヒナー則とは簡単に言えば，感覚的な誤差を定量化するための数式のことである。たとえば，10 kg の荷物を持っているとき，500 g までならこっそり上に物を乗せられても重さの違いは分からないが，500 g を超えれば分かるとする。すると，もともと感じていた感覚と比べ，5％までの違いはその被験者には識別できないということができる。この境目となる値を最小可知差異（just noticeable difference; jnd）と言い，それが1となるように組まれた計算式がウェーバー＝フェヒナー則（単にウェーバー則とも言う）である。この jnd が1より大きい場合，その刺激が元の刺激から識別可能であることを意味し，1未満では違いは誤差に含まれる。余談だが，学部時代，心理学実習の中でもっとも心に残っているのが，じつはウェーバー則の適用だった。たしか圧覚弁別の実験だったと思うが，実験から得られた値をウェーバー則の式に代入し，筆算で答えの jnd を算出するのがその日の課題であった。数学が苦手なので計算は嫌だったが，「でもこういうのってやってみるとじつは面白いんだよな」などと思いながら計算して答えを出すと，思っていた以上の達成感・充実感が得られた。鳥の色の閾値をコンピュータに計算させているとき，ふとそのときの記憶が鮮烈に蘇った。

　色識別の閾値を定量化するための基盤を構築した Vorobyev と Osorio によるこの研究は，色を扱った感覚生態学の歴史ということができる。引用数からそのトレンドを探ってみたい（図7）。まず，発表年から2001年は順調に引用数を伸ばし，大きな初頭効果があったが，2002年から2007年にかけては伸び悩み，低迷期だったと言える。おそらく実際のデータ解析に反映させ

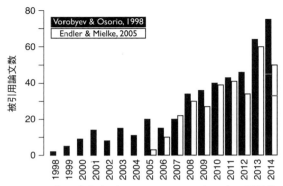

図7 Vorobyev & Osorio (1998) および Endler & Mielke (2005) の引用数。Tanaka (2015) より。

るにはまだ障壁が高かったのだろう。2008年から2012年にかけては着実に引用数を増やしており，再評価期ということができる。より実践的な道筋を示した Endler & Mielke (2005) の影響も無視できないだろう。この時期には托卵鳥研究者がこぞって色の研究を発表していたと記憶している。そして2013年以降は爆発期と言えるだろう。2015年の引用数は12月の半ばで71となっており，2014年とほぼ同じペースなので，爆発期はまだ続いていると言える。個人的な印象としては，今や視覚モデルは托卵や性選択といった特定の研究テーマを超えて，広く採用されるようになったように見える。ここまでに至ったのは Jesus Avilés (Avilés 2008; Avilés & Soler 2010) や Phillip Cassey (Cassey et al. 2008, 2010)，そして Martin や Cassie Stoddard (Stoddard & Prum 2008, 2011; Stoddard & Stevens 2010) たちが，再評価期に精力的に論文を書いた功績が大きいだろう。爆発期の前，再評価期のうちに論文 (Tanaka et al. 2011) を出せたのは私の小さな誇りである。

　鳥が見ている色は，人間には想像もできない「異次元の色」である。この「異次元」という表現はけっして誇張ではなく，数学的に正しいことは，四面体の色度図と，人間には紫外線が見えないという事実が証明している。さらに厄介なことに，色というものは単なる色度図上の座標ではなく，心理的にしか存在しない曖昧な感覚である。しかしそれを逆手にとり，色度図のアプローチのようにある色が「鳥にはどんな色に見えているのか」というゴール

のないレースではなく，ある色は別の色から「鳥にとって違う色に見えるのかどうか」を推定するという，その逆転の発想で視覚モデルはここまでの地位を築いたと言える。そして視覚モデルによって定量化される識別可能な色の違いが適応度に影響するかどうかについて議論の余地はないだろう。それこそまさに色彩の進化を推し進めてきた原動力である。言うなれば，感覚生態学とは，＝行動生態学×心理学であり，スタートが心理学だった私としては，来るべくして来た場所と言える。

未来へ！

　私は感覚生態学へ戸惑いの一歩を踏み出したわけだったが，その一歩は未来を開く大きな一歩だったと今では思う。東京で開催された IOC で Martin と一緒にシンポジウムを開催したことで，鳥類学の歴史にも名前を残せたと言えるし，また，それ以上に研究の次元が大きく広がった。もちろん，（日本も含め）世界には優秀な研究者がたくさんいるし，その中で自分が業界をリードするような存在だとは思わないが，自分が心の底から楽しいと思う研究を，不自由なく解析できる技術が身についているということはとても幸せなことである。このことは，ジュウイチの後に行ったニューカレドニアの研究に直接つながっているが，その話は佐藤望君の担当ということで，ここらで佐藤君にバトンタッチしたい。

自由が生かす運

　最後に，私のここまでの研究生活を振り返ってみると，無視できないのが「運」である。おそらく私は（少なくとも研究に関しては）恐ろしい強運の持ち主なのだろう。この強運は托卵鳥研究者には必須である。面白いことに，私よりさらに強力な運を持っているのが上田先生である。これは門下生の多くの意見が一致するところで，私も富士山で目の当たりにしたことがある。先生が巣探しを手伝いに富士山のフィールドにいらしたとき，ちょうどそろそろ巣を造り終わっていそうななわばりがあったので，先生に巣探しをお願いすると，先生が見つけた巣にはルリビタキの卵だけでなく，何とツツドリの卵が入っていた。ツツドリに托卵されていたのだ。少なくとも私が 10 年調査した中で，ツツドリに托卵されたのはそれが最初で最後である。そんな相

乗効果で引き寄せたのがジュウイチだったと言える。

　もう1人，忘れてはならない強運の持ち主が佐藤君だろう。実際，佐藤君と上田先生はオーストラリアのダーウィンで托卵研究の歴史を塗り変える大発見をしている。私も合わせた3人で研究を行ったニューカレドニアでも新発見をするに至ったのは，もはや必然と言える。しかし，そんな数々の発見を運の一言で説明するのは浅薄だろう（もちろん運は無視できないが）。私はそんな発見を導いているのは，上田先生が創り出している「自由」なのではないかと思う。

おわりに

　心の狭い私とは違い，上田先生にはどんなものも受け入れる包容力がある。その包容力を実際に目の当たりにすることがあると（もちろんそんなことはけっして頻繁には起きないが），その包容力は衝撃的なレベルである。海のものとも山のものとも分からない私を受け入れて下さったのが何よりもの証拠である。その包容力によって研究室のメンバーにもたらされる自由は，自由な発想力や，起きた現象を先入観なしに受け入れる下地をもたらし，その結果数々の発見を引き寄せてきたのだろう。そんな桃源郷のような自由な場が上田先生のご退職でこの世から1つ消えてしまうのは悲しいことであり，また，そんな自由を今後この世の中に存在させられる保証がまったくないことはさらに悲しい現実である。

　上田先生が門下生とともにしてきた数々の発見は，自由がもつ力の証明であり，その活動に貢献できたことは幸せだと思う。上田先生，今までありがとうございました。

コヨシキリのオスの配偶戦術

(濱尾章二)

プロローグ——査読者からの手紙

　1992年，上田さんとのお付き合いは，論文の投稿者と査読者として始まった。私は，1990年から2年間，上越教育大学の中村登流さんの研究室で大学院修士課程の学生としてウグイスの一夫多妻制を研究し，それを論文にまとめて日本鳥学会誌に投稿していた。すると，ある日，あの「上田恵介」から手紙が届いたのだ。上田さんのセッカの研究に魅了されていた私は，論文をはじめ上田さんが書いたものはほとんど読んでいた。

　手紙には，「査読コメントは編集委員会に送ったが，おもしろい原稿だからしっかり直すように」という励ましとともに，ある論文のコピーが入っていた。その論文はオランダ語で書かれた入手が難しいもので，私はその論文を引用した論文を引用する形（孫引き）で自分の論文原稿を書いていた。上田さんは「カッコ悪いから元のを引用するように」と論文を送ってくれたうえ，「知り合いがオランダ語を英語に訳した」というものも同封してくれた。この励ましに俄然やる気が出て，何とか原稿を修正し，論文を学会誌に掲載することができた（濱尾1992）。

　その後も，上田さんからバンディング（＋芋煮の会）や繁殖期の調査に誘われ，私は喜んで出かけていった。当時，高校の教員を務めていた私は，周囲に研究の仲間がいなかった。研究を志向しながらも非力なアマチュア観察者にとって，調査地や，今はない旧12号館の研究室で上田さんから学んだことは数知れない（図1）。と言っても，先生然として物を教える上田さんではな

図1 立教大学でのセミナーの風景（1997年）。上田さんはオープンなセミナーを頻繁に開催し、そこにはプロの研究者から大学院生、海外からの研究員、アマチュア研究者などさまざまな人が集まった。パソコンを使った発表はまだ行われていない時代で、机の上にはスライド映写機が見える。最前列、眼鏡をかけているのが筆者。その後ろの黒い上着は故・浦野栄一郎さん（当時、農林水産省農業研究センター）。上田さんとともに、筆者の最初の投稿論文を査読してくれたほか、たびたび研究に助言をもらった。

い。「それ、ええんちゃう」、「大丈夫。何とかなるって」という言葉に背中を押されて、小笠原の調査についていったり、果ては国際学会で発表したりするようにまでなっていった。

後に博士論文となるコヨシキリの研究も、上田さんに誘われて、調査を見に行ったのが始まりだった。

荒川河川敷のコヨシキリ

「ピスィッピスィッチリリリチリリリジジジジ…」複雑にさえずりながら、スズメより小さな鳥が枯れたヨシの茎を上っていく（図2）。コヨシキリだ。高原や北海道の鳥だと思っていたので少し驚く。ここは埼玉県の荒川河川敷。運動公園とゴルフ場に挟まれた42 haほどの区画には、水田の中に湿地や草原化した休耕地が散在している（図3）。

それにしても姿がよく見える鳥だ（図4）。枯れ穂の先に上りつめると、ゆ

らゆら揺れながらも、大きく口をあけてさえずり続けている。これは観察がしやすそうだ。以前、調査していたウグイスは、姿は見えない、巣は見つけにくいという難敵だった。

　一緒にいた上田さんが巣を見つけた。メスが飛び込んだ草むらをちょっとかき分けたらすぐに見つかったという。これは巣探しも楽そうだ（じつは、上

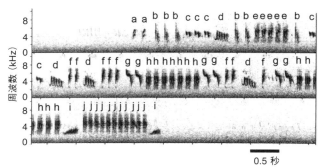

図2　コヨシキリのさえずりの例。これは比較的短いさえずりだが、a〜jの10種類の音が含まれている。Hamao（2008a）より改変して転載。

図3　荒川河川敷の調査地（埼玉県浦和市：現さいたま市）。田植えが終わったばかりの水田と、草原化した休耕地。この草原でオオヨシキリやコヨシキリが繁殖していた。

図4 さえずるオスのコヨシキリ。

田さんがすご腕だから簡単に見つけるのだと，後に思い知った)。コヨシキリについては，オオヨシキリとの種間関係くらいしか論文がなく（香川 1989），つがい関係や子育てなどの繁殖システムは調べられていなかった。この場所なら通勤途中に調査することもできる。私はこの調査地でコヨシキリにじっくり取り組んでみようと決めた。

意外なものまね鳥

　コヨシキリはカワラヒワやヒバリの声をまねるというと，意外に思う人も多いと思う。しかし，オスはさえずりの中で，本物（モデル種）と聞き分けられないほどそっくりな声を出すことがある（図5）。じつは，このものまねも上田さんが気づいて教えてくれたのだが，私は，本当にまねているかどうかを科学的に調べることにした。

　と言っても，コヨシキリがモデル種の声を聞いて学習し，その声を出すようになるという過程を観察することはできない。そこで，モデル種の声と，それをコヨシキリがまねていると思われる声を比較分析して，区別できないほど似ている音（sound）であるかどうかを調べることにした。調べるのは，明らかにコヨシキリがまねていると思われる，調査地で見られるコチドリ，

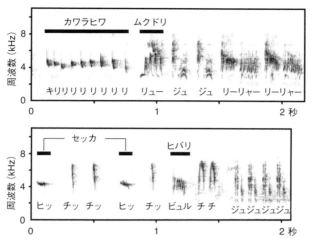

図5 他種の音声を取り込んでいるさえずりの例。上と下は別のオスのもの。

ヒバリ，ツバメ，セッカ，オオヨシキリ，カワラヒワ，スズメ，ムクドリ 8種のそれぞれ1つの音声とした。音声はサウンドスペクトログラムで可視化できる (図5)。そのうえで，音声の特徴を表す最高周波数，周波数範囲，長さ (時間) など6つの変数 (数値) を測定した (いわゆる声紋分析だが，声紋とは本来サウンドスペクトログラムで表現された，個人によって異なるヒトの声の特徴を指紋になぞらえて呼んだ言葉であり，ここでは用いない)。

多くの変数を比べるのは繁雑なので，主成分分析という統計手法を使い，それぞれのモデル種の特徴を2つの数値 (PC1, PC2) に要約した。そして，PC1-PC2平面上にモデル種の声とまねていると思われる候補の声をプロットした (図6)。たとえば，コチドリの「ピォ」は図6aの多角形の範囲に入る特徴をもつが，コヨシキリがまねていると思われた音声はその範囲に入るものも，そうでないものもあった。多角形の中に入っているものはコチドリの声と区別できないが，外にあるPC1が大きい候補音声はコチドリの声よりも周波数が高く，周波数の範囲が広かった。また，ツバメの「スィッスィッ」をまねていると思われた音声のほとんどは多角形の中に入っており，モデルの声と同じ特徴をもっていた (図6b)。もちろん，コヨシキリのさえずりに含まれる，まねていると思われなかった音声は，図の多角形の外のはる

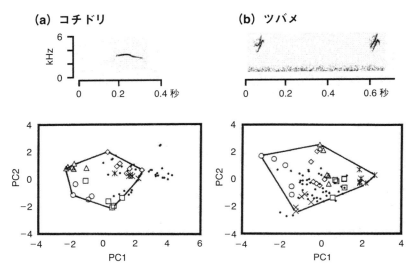

図6 モデル種とコヨシキリの音声の比較。上のサウンドスペクトログラムはモデル種の音声，下の散布図は複数の音響学的変数から得た PC1, PC2 によって個々の音声をプロットしたもの。コヨシキリを除き，モデル種の音声の主成分分析から得られた固有ベクトルを用いている。白抜きのシンボルはモデル種の音声（印の形は個体によって変えてある），黒い点はコヨシキリの音声。Hamao & Eda-Fujiwara (2004) より改変して転載。

か遠いところにプロットされ，モデルの声とまったく似ていないことが示された。

このようにして，本当に同じ声を出しているかを調べたところ，観察者が聞いてまねていると思った音声はほとんどモデルの音声と同じ特徴をもち，コヨシキリがまねていると判断された。ヨーロッパのヌマヨシキリは繁殖地の 102 種と越冬地の 113 種をまねるという (Dowsett-Lemaire 1979)。今回，明らかにまねていそうだという音声だけを検討したが，コヨシキリも同所的に生息している多くの種の音声をまねている可能性がある。

個々のコヨシキリのオスは，検討した8種のうち2〜5種をまねていた。じつは，私の本当の興味は，多くの種をまねるオスほどメスに好まれるのではないかというところにあった。複雑なさえずりをするオスほど早くつがい相手を得られるとか，一夫多妻になりやすいという研究がたくさん知られているからだ (Searcy & Andersson 1986; Catchpole & Slater 1995)。ところが，まね

る種数が多いオスがメスに好まれるということはなかった。

さらに，ものまねによらず，音の種類数（たとえば，図2ならa～jの10種類）が多いオスほどメスに好まれるかどうかも調べたが，これも関係が見られなかった。複雑なさえずりはメスによる選り好みによって進化したというのが通説だが，少なくともコヨシキリでは，現在生存しているオスの間に見られるさえずりの変異は配偶成功に直結してはいないようだ。

ものまねの研究では，サウンドスペクトログラムを用いた音響学的分析を行い，それによって得た定量データをさらに統計解析（主成分分析）した。音響学的分析は，高価なソフトウェアが必要なうえ，それを操って分析することも難しかった。そこで，行動学会の懇親会で知り合った，音声分析に明るい藤原宏子さん（当時，日本女子大学）に相談すると興味をもってもらうことができ，共同研究として進めることになった。藤原さんはとても品がよく優しい方だが，研究の話になると強い好奇心と明解で論理的な考えを示され，研究者のあり方を学ばせてもらった。

さえずったり，さえずらなかったり

コヨシキリの何について研究するか。そのテーマは繁殖システムと決めた。やや漠然としているものの，後は自分が見つけるであろうおもしろい現象や行動を突き詰めて研究すればよいとスタートした。繁殖システムをやる以上，個体識別して繁殖経過を追うことは最低限必要である（図7）。そこで，見つけた個体はすべて一度捕獲し，それぞれ異なる色の足環をつけた（図8）。オスはどこになわばりを構えているかを週に1～2度チェックした。2つのなわばりを行き来する「複なわばり」をもつことがあるので油断がならないのだ。メスがいるなわばりではその行動から巣の場所を予想し巣を探すのだが，これが意外とたいへんだった。オオヨシキリであれば，ヨシ原の中を平泳ぎのように手を動かし茎をかき分けていくと比較的容易に巣が見つかる。しかし，コヨシキリの巣はセイタカアワダチソウやシロネがごちゃごちゃと葉を茂らせ，棘のあるつる性のカナムグラが巻きついている草むらの中を探さなければならない。巣探しが楽そうだという当初の見込みは外れ，なかなか巣が見つからず難儀をしたことも多かった。

調査を始めてすぐに気づいたのは，活発にさえずっていたオスがある日，

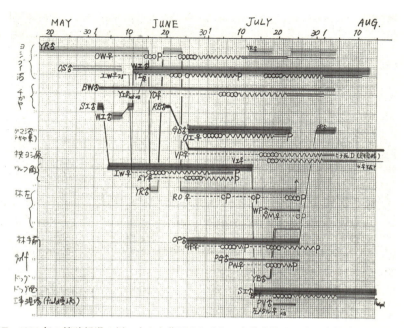

図7 1996年の繁殖経過の例。小さな草原それぞれに名前を付け，時間（季節）の進行とともにそこに定着した個体と繁殖経過を示している。メスの点線は造巣期，丸印は産卵期，波線は抱卵期，二重線は巣内育雛期，実線は巣立ち後の巣外育雛期を示す。Pは巣の捕食。たとえば，YRオスは5月18日〜8月4日まで調査地で見られ，その間「ヨシゴイ沼」と「林左」の2ヶ所でなわばりを構え，それぞれでOWメス，ROメスとつがいになったが，前者の巣だけでヒナが巣立ったことがわかる。

急にさえずらなくなることだった。調査地で会うバードウォッチャーや写真家の人たちは，コヨシキリがいなくなったと思っていたようだが，脚立の上に立って草むらを上から見ていると，じつはいるのである（図9）。さえずりをやめたオスのなわばりには，決まってメスがおり，オスはメスに付き添うように移動していた。メイトガードだ。メイトガード（配偶者防衛）とは，オスがつがい相手のメスのつがい外交尾を防ぐ行動である。鳥類ではつがい関係のない雌雄が交尾をし，それが受精に結びつくことがある。いわば不倫によって子が生まれるわけで，つがいオスは自分の子の代わりによそのオスの子を育てる羽目になってしまうので，それを避けようとメイトガードをする。

独身の間，つがい相手を誘引するためのさえずりに専念していたオスは，

一度メスを得るとさえずりをぴたりとやめ，メイトガードに仕事を切り替えていた（図10）。そしてさらに，メスが産卵を終える頃になると，再びスイッチが入ったようにさえずり始めるものもいた。これはおもしろい。以前研究したウグイスは繁殖期を通して活発にさえずり続ける鳥だった。しかも，オ

図8　個体識別されたオス。左右の足に2個ずつ，個体ごとに異なる組み合わせで色足環を付け，個体識別した。右足の一番下に付いているのは，環境省鳥類標識調査の金属足環。

図9　観察用の脚立。人の背丈よりも高い草の中からでは鳥の行動を観察できないので，1.8 m の脚立の上に立ち，見下ろすように観察した。

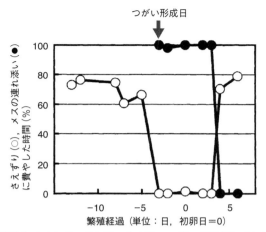

図10 さえずり活動とメイトガードの例。オスは，つがいを形成してからメスの産卵が終了するまではほとんどさえずらず，メスに連れ添い（ここでは 5 m 以内にいること）つがい外交尾を防いでいる。Hamao (2000) より改変して転載。

スはメイトガードも子の世話もせず，ただただ一夫多妻を目指していた（濱尾 1992）。コヨシキリのオスはそのときそのときの状況に応じて行動を選択しているらしい。これが私の見つけたおもしろい現象で，突き詰めるべき課題となった。

婚姻システム

独身の間さえずっていたオスが，メスを得るとさえずりをやめ，その後再びさえずるということは，さらなるメスを誘引して一夫多妻になろうとしているのではないか。産卵を終えたメスは，オスにとってもうメイトガードする必要がない。また，コヨシキリはメスだけが抱卵を行う。したがって，オスが多くの子を残そうとすれば，メスの抱卵中には新たなつがい相手の獲得を目指すはずだ。こう考えて観察を続けると，さえずりを再開したオスの43％が再開後3〜4日でまたもさえずりをやめ，新たなメスを獲得していた。やはり，一夫多妻を狙っていたのだ。

調査地では，5月下旬からオスが渡来してなわばりを構え，6月初旬からメスが渡来してつがい形成が起こる。しかし，新たなメスの定着は7月中旬ま

婚姻システム　　　　　　　　　　　　　　　　　　　　　　　　　　　　93

で続いていた。おそらく荒川沿いに小規模な繁殖地が散在していて，その間で個体の出入りがあるのだろう。そのため，オスは第一メスが抱卵に入った6月下旬以降も，第二メスを獲得することができる。これが一夫多妻戦術を可能にしている1つの要因と考えられる。

　もう1つの要因は，メスが既婚のオスを選ぶコストが軽減されていることだ。オスの中にはつがい相手を得られず，独身のまま繁殖期を終える個体もいた。なぜ，メスが独身のオスもいるのに既婚オスを選ぶのか。すでにメスが営巣しているなわばりに定着すると，餌を分け合うなどマイナスがあるはずなのに，なぜ第二メスの地位を選択するのか。一夫多妻の鳥に共通するこの疑問については，低い質のなわばりをもつ独身オスの第一メスよりも，高い質のなわばりをもつ既婚オスの第二メスを選ぶのだと説明されてきた（Verner & Wilson 1966; Orians 1969）。

　コヨシキリのオスはメスとともにヒナへの給餌を行うが，複数のつがい相手にヒナがいる状況になると，先に孵化した巣だけに餌を運ぶ（図11）。これは第二メスとなった場合のコストだが，じつは既婚オスを選んだからといって，必ずしも卵孵化時に育雛援助を得られない第二メスの地位になるとは限らない。コヨシキリの巣は53％が捕食にあう（図12）。捕食が頻繁に起こる

図11　巣とヒナ。

図12 巣の捕食者，シマヘビ。ヘビは草の上をすべるように移動し，巣内の卵，ヒナを襲う。この個体は，実験で仕掛けたウズラの卵を2個飲み込んでおり，腹が膨らんでいる。Hamao (2005) より改変して転載。

ため既婚オスを選んだメスのうち，卵が孵化に至り，その時点で第二メスであった（孵化の早い第一メスの巣があった）のは21%にすぎなかった（Hamao 2003）。調査地にはヘビ類が多く，イタチやキツネもいた。第一メスの巣が捕食に遭ったり，第二メス自身の巣も捕食に遭い再営巣したりで，繁殖ステージの進行が乱されることが多いのだ。巣の捕食は，メスにとって既婚オスを選ぶマイナスを小さなもの，予測しがたいものにし，オスの一夫多妻を促進する1つの要因になっている。

おもしろく，大きな疑問

じつはメスを得た後，さえずりをやめるとそのまま再開しないオスも約半数（56%）存在した（図13）。このようなオスは1羽の例外を除き，一夫多妻になることはなかった。全体で見ると，コヨシキリのオスは25%が一夫多妻，56%が一夫一妻，19%が独身であった。

なぜ，一部のオスはさえずりを再開しないのだろうか。少しでも多くの子を残す性質に進化は味方するはずだ。メスが抱卵している13日あまりの間，オスがただ休んでいるとは考えられない。大きな疑問が現れた。「さえずったりさえずらなかったりという現象がおもしろい」では済まされなくなってき

おもしろく，大きな疑問

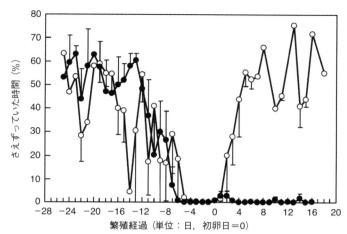

図13 オスのさえずり活動に見られる2つのパターン。白抜きの丸はさえずりを再開するオスを，黒丸は再開しないオスを表す。複数のオスのデータから平均と標準誤差を示す。Hamao (2008b) より改変して転載。

た。オスによって異なる配偶戦術があるのか。これをどう解くか。私は，さえずりを再開しないオスはつがい外交尾に専念しているのではないかと考えた。他のつがいのメスと交尾して，よその巣に自分の子を残す戦術である。

オスは時々自分のなわばりを離れ，他のなわばりに侵入することがある。つがい相手のメスが抱卵している期間中に，他のなわばりに侵入したオスは6例観察された。これらはすべてさえずりを再開していないオスであった。そして，そのうち5例で侵入を受けたなわばりには，造巣から産卵期のメスがいた。つまり，交尾をすれば受精に結びつく受精可能期のメスのいるなわばりに対して，さえずりを再開していないオスが侵入を図っていた。また，調査地内に受精可能期のメスが多いと，オスはさえずりを再開しないという傾向があった。

さえずりを再開しないオスはつがい外交尾を目指しているという状況証拠はいくつかあがってきた。しかし，実際につがい外交尾に成功し，よその巣に子を残しているかどうかを明らかにしたい。そのためには，DNAによる親子判定が必要だった。繁殖システムをやる以上，つがい外交尾による受精は無視できないと，上田さんの助言をもらいDNA試料を集めてはいた（図14）

図14 DNA試料を得るための採血。翼下静脈を滅菌した注射針で刺して出血させ，毛細ガラス管で吸い上げているところ。

が，当時DNA実験をできる研究者や設備はまだまだ少なかった。そんなとき，東京大学で開かれた動物行動学会で東京農工大学（当時）の小原嘉明先生に再会した。小原先生とは私が高校生のとき進路の相談におしかけて以来のお付き合いなので，自然に「先生」とお呼びしている。「DNA実験で困っています。誰か共同研究としてやってくれる人がいると良いのですが」と話すと，先生は「うちの部屋で実験できるから，やりにおいでよ」と言って下さった。最先端の分子生物学実験を自分でやることになるとは思っていなかったので驚いた。しかし，研究については何でも「やります」，「やらせて下さい」ということに決めていた私は，まとまった休みがとれる時期を狙って大学に通うことにした。

つがい外受精

白い耳垢のようなコヨシキリのDNA，電気泳動で現れた遺伝子のバンド。どれもが初めて見るものだ。着なれない白衣を着て，聞いたこともない薬品を使っておそるおそる始めた実験だったが，小原研の助手（当時）の佐藤俊幸さんが優しく指導してくれたおかげで，私は少しずつ実験技術を習得し，コヨシキリの親子の遺伝子（マイクロサテライト）を比べることができるようになっていった。そして，ついに手にしたつがい外交尾の証拠が図15である。

つがい外受精

97

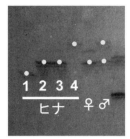

図15 つがい外交尾による受精を示す DNA 電気泳動像。ある巣を営んだ雌雄と4羽のヒナの例。性染色体 (Z 染色体) 上のマイクロサテライト遺伝子座を分析している。そのため，オス (ZZ) では2つのバンドが，メス (ZW) では1つのバンドが現れている。ヒナ1のバンドは，オスのバンドのいずれとも一致せず，つがい外受精によって生まれたことがわかる。

　これは，つがいの雌雄とそのヒナ4羽の遺伝子を示しているが，1番のヒナは明らかにオスの遺伝子を受け継いでおらず，他のオスによって受精したものだとわかる。ただ，その他のヒナはこのつがいオスの子であるとわかったわけではない。つがい外受精による子だと断定はされなかった，というだけである。これは，ヒトで血液型 A 型の両親の間に B 型の子がいれば実子ではないと言えるが，O 型の子の場合はこの血液型からは実子であると断定ができないのと同じである。つがい外受精かどうかを明らかにするためには，別の遺伝子（マイクロサテライト遺伝子座）をいくつも使って同様の実験を繰り返す必要がある。私の技術と実験に使える時間からは，それは無理だった。
　その実験は新たな共同研究者，齋藤大地さんを得て実現した。齋藤さんは，この実験を終始サポートしてくれた国立科学博物館の西海功さんの下で腕を磨いている研究員で，頭が切れるうえに根性のある若手研究者だった。彼は，私が1つの遺伝子座でさえ手を焼いていた実験を，5つの遺伝子座について行い，親子関係を判定した。それでも親子間に疑問が残る場合は，さらに3つの遺伝子座について調べ，99.6％の確率で親子を特定した。
　その結果，全体の6.4％のヒナがつがい外受精によって生まれていることがわかった。巣でいうと，全体の13.5％の巣がつがい外受精のヒナを少なくとも1羽含んでいた。これらの数字は一般的な小鳥類では少ないほうで，つがい外交尾が有効な戦術とは思えない数字である。つがいメスの抱卵期につがい外受精を引き起こしていたオスについて見ると，さえずりを再開していた

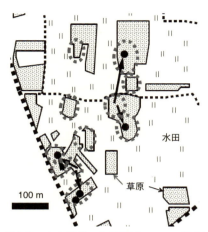

図 16 つがい外受精を引き起こした雌雄の位置関係。つがい外交尾を受けた営巣メスの巣位置を黒丸で,そのつがい外受精のヒナの父である近隣オスを矢印で示した。点線で囲ったのはオスのなわばり。ただし,なわばりは変動するため,ある一時期のものを示した。Hamao & Saito (2005) より改変して転載。

オスと再開していなかったオスが半々であり,さえずりを再開しないこととつがい外受精との間には関係が見られなかった。つがい相手を得た後,さえずりを再開するオスとしないオスがいるというのは興味深い行動の二型だったが,再開するのは一夫多妻戦術,再開しないのはつがい外交尾戦術という私の仮説は支持されず,この問題をすっきりと解くことはできなかった。後に,山岸哲さん(当時,京都大学)から「おもしろい現象を自分で発見し,その意義まで明らかにすれば大博士。片方でも普通の博士」と励ましてもらったが,少し残念だった(今思うと,山岸さんは「すでに知られているおもしろい現象について,その意義に関わる小さな発見をしただけの研究ではつまらん」と言ってくれたのかもしれない)。

　調査地は,コヨシキリにとって繁殖可能な生息場所が離れて散在する環境であった(図16)。ほかの繁殖地の様子を聞いてみると,一面に繁殖適地が広がりコヨシキリが高密度で繁殖している環境では,つがい形成後さえずりを再開させるオスはあまりいないらしい。オスにとって隣近所に受精可能なメスが豊富にいる環境では,つがい外交尾がもっと盛んに行われているのではないだろうか。私の調査地でさえずりを再開したオスは,再開しなかったオ

スよりも早い時期に渡ってきてなわばりを確立していた。また，翼長の長い傾向があった。つがい外交尾の相手となり得る受精可能なメスが豊富ではない私の調査地では，一部の優れたオスがさえずりを再開して一夫多妻を試みた可能性があると私は考えている。

時間とともに変化するオスの労力配分

　親子判定の実験からは，別のおもしろい結果が得られた。1つは，つがい外交尾の子を産んでいるのは，一夫一妻オスのつがい相手（妻）よりも一夫多妻オスのつがい相手で多かったことである。オスにとっては，一夫多妻になっても，自分の巣にはよそのオスの子が混じってしまい，その世話をする羽目になるということが起こるのだ。とくに，複数のつがい相手（妻）の受精可能期間が重複して，両方を同時にメイトガードしなくてはならない場合に，つがい外受精が起こりやすかった（ガードが手薄になるのだろう）。オスは第一メスが抱卵に入ってからさえずりを再開して第二メスを得るのだから，メス間で受精可能期間は重ならないはずだと思われるかもしれない。しかし実際には，第一メスの巣が捕食に遭い，メスが再度造巣からやり直した場合などに受精可能期の重複は起こり得る。一夫多妻戦術には，つがい外受精を被りやすいというコストのあることがわかった。

　もう1つおもしろいことは，つがい外交尾によって子を残したオスは，つがい相手（妻）が抱卵中にその交尾をしていたことである（図17）。これは納得できる。独身の間，オスはつがい相手を得るため盛んにさえずる。メスを得た後はメイトガードに忙しい。卵が孵化すれば，メスとともにヒナへの給餌を行わなくてはならない。つがい相手が産卵を終え抱卵している間だけが，オスにとって自由になわばりを空けて出かけられる期間である。そこで，抱卵中につがい外交尾を行うというわけだ。感心するのは，さえずりを再開しなかったオスだけではなく，再開してメスを誘引していたオスも，この期間につがい外交尾をしていたことだ。

　私のコヨシキリの研究で明らかになったのは，オスは繁殖成功を最大化するため時間とともに行動を巧みに変化させているという事実だ。オスは子を残すために，つがい相手を得なくてはならない。しかし，そのためにさえずりだけを行っていては，つがい相手がつがい外交尾をしてしまったり，ヒナ

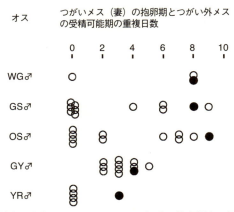

図17 つがい外受精を引き起こしたオスのつがい相手の抱卵期と，周囲にいた営巣メスの受精可能期の重複期間。つがい外交尾で子を残した5オスについて，そのオスが調査地に滞在した期間（ただし独身の期間を除く）に営まれた他のなわばりの巣について，つがい外受精が起きていたか（黒丸），いなかったか（白丸）を示してある。ただし，ヒナの採血を行う前に捕食にあった巣はつがい外受精の有無がわからないので，除いてある。受精可能期とは造巣から最後の卵を産む前日までの，その間に交尾をすると受精に結びつく期間。たとえば，OSオスはつがい外交尾をできる可能性のある巣が11あったが，相手のメスの受精可能期が自分のつがい相手の抱卵期と大きく（9日間）重なった巣に対してだけつがい外受精を成功させている。Hamao & Saito (2005) より改変して転載。

への給餌が不足して餓死を起こしてしまったりする。つがい相手を得ること，つがい相手にはつがい外交尾をさせないこと，自分がつがい外交尾を成功させること，生まれたヒナをできるだけ多く健康に育て上げること。繁殖ステージの進行に伴って変化する，それぞれの行動から得られる利益とコストを計りつつ，適切に行動選択をすることのできるオスが選ばれ進化してきたのだろう。

　この研究では，とくにユニークな調査方法や最新の技術を用いてはいない。ただ，調査地の個体と巣をすべて押さえることは徹底した。研究によっては，特定の行動だけについて調べたり，繁殖システムといっても巣探しから始めることで営巣した個体だけを見たりすることもある。この研究では42 haのコヨシキリの繁殖地を丸ごと押さえ，その中に定着したオスはすべて個体識別し，親子判定の対象とした。繁殖メスもすべて個体識別し，繁殖経過を記録した。それによって，さえずり再開の有無が決められたときの周囲の状況や，

つがい外受精の実父を明らかにすることができた。

お父さんの仕事

「教員の仕事をしながらどうやって研究したのか」と聞かれることがよくある。当時の私の1日を紹介しよう。

朝は4時には起きる。すぐに着がえ，調査用具が積んである車で出発する。調査地までは約20分。4時半くらいには明るくなるので，ちょうど調査を始めることができる。脚立をかついで畦道を歩き，オスがなわばりを張っている草原に入る。高さが1.8mになる脚立をぬかった地面に据えて固定し，「この上に乗らないで下さい」と書いてあるてっぺんに乗って観察を始める。オスの色足環を確認したら5分間さえずり頻度を記録する。ストップウォッチを使ってさえずっていた時間を足し合わせていくと，その日にどれくらい活発にさえずっているかを定量データとして得ることができる。メスが定着していなければ，脚立をかついで別のなわばりに移動し同じ観察をする。

もし，足環の付いていない，新たに定着したオスを見つけたら，捕獲作業に移る。活発にさえずっている「ソングポスト」のあたりの踏み跡を利用して長さ6mのかすみ網を張り，他のオスのさえずりを再生するとオスは比較的容易に捕獲できる。メスの場合は，定着し3卵ほど産卵するまで待ち，巣を放棄する可能性がなくなった頃に捕獲する。メスは声で誘引されないので，巣の近くに網を張って待つほかない。捕まえた個体はすぐに網から外し，身体計測し，色足環を付け，DNA分析のための微量採血を行う。色足環の組み合わせによって個体を特定し，シーズンを通して（時には年を越して）追跡観察することができる。

メスが定着したのに巣が見つかっていない場合は，脚立の上からメスの動きをよく見て巣の場所を予想しておき，草むらに入って巣を探す（図18）。すでに見つけてある巣は卵数やヒナの様子をチェックし，孵化7日後などと決めた日にはビデオ撮影を行う。今はデジタルビデオで楽になったが，当時のカメラは大きく，付属のバッテリーは長時間もたないのでたいへんだった。車のバッテリーを運び，カメラに日よけ（雨よけ）の覆いをかぶせ，無人状態で録画する（図19）。後で再生・分析すれば，色足環から巣を訪れた個体を特定したり，給餌頻度を知ったりすることができる。そのほかにも，さえずり

の複雑さを調べるために録音したり，新規定着オスがいないか調査地全体を踏査したりといろいろな作業がある。

　雨の日には機材が濡れることもあり，また休みなしでは体がきついので，

図18　巣探し。露に濡れている早朝の草むらをかき分けて見つけた巣。

図19　巣の録画。ひもで草を引っ張って巣の前を少し開け，無人状態でビデオ録画する。直射日光が当たるとヒナが弱るので，日が昇っても巣に日光が当たらないように配慮する。

原則として調査はしない。しかし，梅雨時とは言ってもざぁざぁ降りということは稀だ。降ったりやんだりくらいだと調査に向かうので，なかなか休めない。また，さえずりを再開するかどうかの重要なタイミングのオスがいるなど，どうしてもデータをとりたいときには雨の中でも調査をする。ある日，風も強く雨が横殴りにカッパを打つ中でさえずり頻度を計っていた。脚立の上から波のようにうねっている草原を見ているうちに船酔いのようになったが，決めた5分間ポケットの中でストップウォッチを握っていた。グラフを描くときデータを欠けさせたくないと，少し意地になっていたのだろう。

　7時半になると調査をやめなくてはならない。休耕田や湿地の中を歩き回ったので，長靴を履いていても泥が背中まで跳ね上がっている。ワイシャツとスラックスに着替え，車を走らせ学校に向かう。途中，可愛い女の子（入園前のキキちゃん）がいるパン屋に寄り，学校に着いて急いで朝食をとると教員モードに入る。

　帰りも，録画中の巣がある場合は調査地に寄り，ビデオ機材を回収する。帰って夕食をとると，幼稚園児の子供よりも早く寝てしまう。これが5月下旬から1学期の間中続く。子供は父親が何をしに出かけていくのか，理解できなかったようだ。ある日，幼稚園で親の仕事を話す機会があったらしい。「お父さんの仕事は？」と聞いた先生に，長男は「学校に行って，鳥の勉強をしている」と答えたそうだ。これを聞いた同僚も「よくわかってる」と褒めていたので，あながち間違っていたわけではないのかもしれないが。

論文にせなあかん

　アマチュア研究者にとって，調査以上に頑張らなければならないのが成果の発表だ。上田さんはおもしろいことが見つかると，よく「論文にせなあかん」と口にした。大きく発展しそうなネタのときには，励ましのつもりなのか「これはネイチャーや」（超一流誌に掲載できるネタだ！　の意）と，驚くようなことを言った。真に受けた私は，有名なジャーナルに投稿してはリジェクト（掲載不可の判定）を繰り返した時期もある（もちろん執筆が下手だったことも原因だが）。しかし，編集者や査読者から厳しくコメントを受ける中で，科学的に言えることと言えないことがわかってきた。また，読者の立場に立って論文を書くことを学んでいった。

観察は楽しいが，人前で発表したり論文を書いたりするのはたいへんな作業だ。しかし，観察から得た知見が本当に正しいものなのか，科学的に言えることなのかを確かめるためには，他人の目が絶対必要だ。学会やセミナーで発表して意見を聞いたり，論文を投稿して査読者からコメントを得たりするのは，研究をよりよいものにするためになくてはならないことだ。また，それによって，研究者として成長していくことができる。だから，学生にとっても，指導教員や研究室の仲間との話とは違って，研究を論文としてまとめ，査読を受けて出版していくことが大切な肥やしになることは強調しておきたい。とくに研究者を目指すのならば，その分野の研究の中で自分の研究を位置づけ，世界に対してその重要性を主張できるようにならなくてはならない。それは論文を書く中でしか実現しない。「よいデータをもっているが，まだ論文にしていない」などというのは，「研究をしていない」のと同じだ。社会性昆虫の研究で行動生態学をリードした伊藤嘉昭さん（当時，名古屋大学）は「博士課程2年終了までに少なくとも3,4編の論文を発表（少なくとも投稿）していなくてはならない」と言っている（伊藤1986）。

上田さんから学んだもので，次の世代に引き継ぎたいことを一言で言えば，「論文にせなあかん」だ。

6

ツミの巣の周りで繁殖するオナガの生態と行動
── 「朝飯前鳥類学」のすすめ ──

(植田睦之)

はじめに

　みんなにも人生の転機となった瞬間ってあるよね。僕は今，バードリサーチというNPOで，全国の人たちと一緒に鳥の調査をする仕事をしている。この世界に踏み込むきっかけになった最大の転機は，高校3年生だった4月終わりの日曜日の出来事だ。ある大学を会場に行われていた模擬試験を終え，校内の森を散策していたとき，その鳥と出会った。正面からシュッと風切り音を立てて僕の頭をかすめて急上昇していく鳥の影。驚いてその姿を探す僕を嘲笑うかのように，後方からもう一撃して木の枝にとまった鳥は，小型のタカ，ツミのオスだった。「なんでこんな街中にタカがいるんだ？」そこから鳥の世界に深く入り込むことになった。

　その後，無事入学できた大学の同級生や仲間に鳥の研究者を目指す連中がいたこと，上田恵介さんが主宰する鳥ゼミに参加したことも転機となり，今の僕がいる。

まずはツミを見る

　ツミは日本で繁殖しているタカの中でもっとも小さいタカだ。オスはヒヨドリくらいの大きさ，メスでもハト程度（図1）。もともとは山で繁殖するタカだったが，ちょうど僕が大学の林でツミを見つけた1980年代から，住宅地の林でも見られるようになっていた。

　ツミに興味を持った僕は，自宅から自転車で行ける範囲の林をすべて訪れ

た。ツミがいるかどうかを探し，ツミのいる林に通い，時間のある限り観察をした。僕はまだ研究などしたこともない大学生。たいしたことができたわけではない。ツミがどこにいたか，いつ抱卵を始めたか，いつ孵化したか，獲物は何か，1日に何回獲物を持ってきたか，基本的なことを観察することにした。

　こうした観察の中で1つ気になったことがあった。ツミの巣の周りにオナガがたくさんいることだ。オナガはカラスの仲間で，1年中群れでなわばりをかまえて暮らしているツミとほぼ同じくらいの大きさの，青くて尾の長い鳥（図1）。それが騒がしくツミの巣の周りを飛び回っているのだ。よく見ると巣まである。それも1つだけではなく何巣も。

　ツミは巣造りの途中で何が気に入らないのか，巣を移動させることがよくある。そうするとオナガもまた一緒に移動していくのだ。ツミとオナガの間

図1　ツミのオス（a）とメス（b）（内田博氏撮影）と，オナガ（c）（内田博氏撮影）。

には，何か面白いことがありそう。僕のこの後の研究はツミとオナガの関係を調べることを中心に回っていくことになった。

　僕のツミとオナガの関係の研究は観察中に気づいた疑問から始まった。そのあとの研究の展開もすべてそうだ。頭の良い人は研究テーマを考えてから調査をスタートさせたりする。でもそんな頭を持たない人間が研究をするには，まず観察してみることが一番。下手の考え休むに似たり。考え込むよりはやってみれば，何かいいことができるってものだ。このやり方は，今も変わらない。仕事で，環境省などから委託調査を受けることが多いのだが，もともとの計画ではなく，現場での思いつきで追加でとったデータのほうが，よい仕事になることが多い。

仕事をしながらの研究

　ツミとオナガの関係の研究を本格的に始めたちょうどその頃，僕の就職が決まった。日本野鳥の会の研究センターにだ。研究センターでは，ツルの渡りを人工衛星で追跡するという研究プロジェクトが始まっていて，その要員として，雇われることになった。その当時はまだ，コンピュータで作図することが手軽にはできなかった時代。衛星から届くデータを集計して，手書きの地図に落として渡り経路図を作る必要があった。僕は「アル中」というわけではないのだけど，何かしようとすると手が震える。細かい作業がうまくできないし，不便なことのほうが多いのだけど，それがここでは幸いした。僕が描く地図の海岸線はなかなかリアルで良い感じになるのだ。「植田君の描く地図はいいねぇ」。それで就職が決まった。人生何が幸いするか分からない。

　そして始まった新入社員生活。仕事と自分の研究とを両立させなければならない。「調査で多少遅刻しても許すよ」と言われてはいても，慣れない仕事をこなすのも精一杯。そう遅刻するわけにもいかない。調査ができるのは日の出から8時までの朝食前の3〜4時間だけ。「僕にとって研究なんて朝飯前だ」。1日中，調査ができると嬉しそうに言う大学院に行った仲間に対抗し，肩肘張って「朝飯前研究」が始まった。

　でも，時間があるからできる，ないからできないってことはないよね。制限された時間だからこそ，集中して効率的にできるってこともあるし，それだからこその楽しみもある。今も飽きずに「朝飯前研究」を続けてられるの

もそのおかげかもしれない。

オナガの利益を野外実験で確かめる

　英語の論文読むの，みんなも苦労してない？　中学生のとき，学校でただ2人，英検4級を落ちたという経験があり，英語の赤点で高校卒業をも危ぶまれた僕は，なおさらだ。それでも何とか，タカと小鳥が一緒に繁殖していたという論文を探し，読んだ。タカと小鳥が一緒に繁殖しているという論文はけっこうあり，タカの巣の周りでは繁殖成功率が高くなるということが示されていた。タカが巣を防衛するので，捕食者が近づけず，繁殖成績が高くなると考えられていたのだ。しかし，それをデータでしっかりと示した研究はないようだ。じゃあ，そこからやろう。ツミも僕との最初の出会いからも分かるように，巣の周りを強烈に防衛する。きっとツミの巣の防衛行動は，オナガの卵やヒナが捕食されないことに役立っているに違いない。でもどうやってそれを明らかにしたらよいだろうか。ちょうどそのときに読んでいた論文に，水がある所とない所の捕食率を比べるのに，藁で作った人工巣の中にウズラの卵を入れて，それが捕食される確率を比べているものがあった。これ使えそう！　この人工巣実験でツミの周りで繁殖するオナガの利益を調べることにした。

　方法は簡単だ。ワラでできたカナリヤ用の皿巣を買ってきて，木の上に設置する。その中に，ウズラの卵を4つ入れる。あとは，この卵がなくなるかどうかをチェックするだけだ。ツミがカラスを追い払って近づかせないツミの巣のそばに10個，ツミがカラスを追い払ったり追い払わなかったりするツミの巣からすこし離れた場所に10個，ツミがいない場所に10個，人工巣を設置した。同じことを何ヶ所でもするのだから，大量のカナリヤ用の巣が必要になる。近所のホームセンターからはカナリヤ用の巣が消え，入荷するたびにすぐ売り切れる状態。普段はけっして人気商品でないスーパーのウズラの卵もそうだ。ホームセンターの人はカナリヤバブルが起きていると思い，スーパーの店員さんは，健康番組でウズラの卵の効能でも紹介さてバカ売れしているのかと思っただろうな，きっと。

　人工巣を設置した翌日，もう結果がでた。ツミのいない所に設置した巣からウズラの卵が消えたのだ。ツミの巣から少し離れた場所でも，しばらくすると卵は消えた。でもツミの巣の周りの卵は残ったまま。ツミの巣の周りは

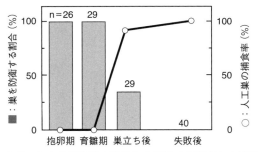

図2 繁殖時期によるツミの防衛頻度の変化と人工巣の捕食率との関係。防衛頻度が高い時期には人工巣の卵は捕食されず，下がると捕食が増加する。

捕食を受けない安全な場所と言えそうだ。さらに，ツミはヒナが巣立つと，あまり巣の周りを防衛しなくなる。その時期に人工巣を設置すると，ツミの巣の周りでも卵はなくなってしまうのだ。ツミが繁殖に失敗した後も同様だ（図2）。ツミが安全な場所を巣場所に選んでいて，そのせいで捕食を受けないのではなく，ツミの防衛のおかげでオナガは捕食者を避けられると言えそうだ。実際のオナガの巣もツミの巣の周りでは捕食されることはほとんどなく，離れた場所の巣の多くは捕食されていた。捕食者は分かったかぎりすべてハシブトガラスだった。

この調査結果は，Animal Bahaviour という動物行動学の専門誌に論文として掲載された（Ueta 1994）。でも英語ができない僕だけに，友人から編集者にまで，みんなに原型がないほど文章をなおしてもらって掲載されたものだ。これでは「自分の論文」とは言えないかもしれない。でも「僕の研究」だ。それでいいよね。それから20年以上たった今も，英語能力はさして向上しておらず，この状況はあまり変わらない。努力の向け方も，英語ができるようにというよりも，手伝ってもらえる人を作るほうに向かってしまっている。「それじゃダメだろ」って言いたいかな？　でも，能力のないものが何とかするため，裏道ってものはあるんだ。

多少無理してもツミのそばが良い？

この調査で，ますます研究にのめりこんだ僕は，次なる調査を始めることにした。人工巣実験をしているときに気になることがあったからだ。それは

オナガの巣のある場所の環境だ。普通，オナガは薮の中の外から見えにくい場所に巣を造る。しかしツミの巣の周りのオナガの巣は丸見えなのだ。まずはこの違いを定量化してみた。

　巣がどれくらいの割合を葉で覆われているかを，0〜25％，25〜50％，50〜75％，75〜100％に分けて数えた。予想どおり，オナガだけで繁殖している場所では，75〜100％が葉で覆われている巣がほとんど。50〜75％の巣も少しはあったけど，それ以下の巣はほとんどなかった。それに対して，ツミの巣の周りでは，25〜50％しか葉に覆われていない巣が多く，他の割合の巣も同じくらいあった。

　次に「葉で覆われた巣を好むのは捕食者から見つけられにくく，捕食されにくいからだ」という仮説をたて，それを検証した。「一度思いついた方法は，使い倒さなくっちゃ」ということで，またさっきと同じ人工巣実験だ。今度は25〜50％葉で覆われている場所と75〜100％覆われている場所に人工巣をつけて，1週間後まで卵が残っているかどうかを調べた。毎日卵が残っているかどうかをチェックし，その結果をコンピュータに入力した。そしてグラフ化。巣が葉で覆われている巣といない巣の捕食率の違いが日に日に視覚化されてくるのが楽しい。このようにすれば，すぐに結果をまとめることができるし，実験がうまくいっていないときには早めに方向転換もできる。この習慣化は，みんなにもお勧めだ。

　この実験の結果，巣が葉で覆われていた巣では1週間後も約50％の卵が残っていた。しかし，25〜50％しか覆われていない巣では約5％しか残らなかった。葉に覆われた場所に巣を造ることには捕食を避ける効果があると言えそうだ。

　ではなぜ，ツミの巣の周りでも，オナガは葉で覆われた場所に巣を造るようにしないのだろうか？　それは，オナガが巣を隠すことを犠牲にしてもツミの巣のできるだけそばで繁殖しようとしているためのようだ。オナガが巣を造る場所をツミのそばならどこでも良いと考えているとしよう。そうすると，巣を造ることのできる場所の面積は巣から同心円状に広がっていくので，オナガの巣の数はツミの巣の直近より，少し離れた場所のほうが多くなるはずだ（図3の期待値）。けれども実際はツミの巣の直近に巣は集中している。さらにこの当時，ツミが好んで巣を造っていた木はアカマツだった（現在はコナ

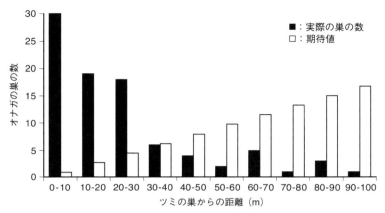

図3 ツミの巣からの距離とオナガの巣の関係。ツミの巣のそばは，面積が狭いにもかかわらずオナガの巣が多い。

ラやクヌギが多い)。アカマツには巣を葉で覆えるようなブッシュはない。ツミのそばに巣を造ることを選択すると，オナガは丸見えのような場所に巣を造らざるをえないのだ(Ueta 1998)。

　この選択は，ツミが巣を防衛してくれるときは正解だ。ツミの巣に近いほど，ツミが確実にカラスなどを追い払ってくれるからだ。けれどもこの選択は諸刃の剣でもある。ツミがいなくなったときには，丸見えの巣では簡単にカラスに巣を見つけられてしまうからだ。ツミが途中で繁殖に失敗したことが4回あった。そのいずれもで，周りで繁殖していたオナガが2日以内にハシブトガラスに捕食されてしまった(植田1994)。でも，大きな利益を得ようと思ったら，予定外のことが起きたときにそのツケを払わなくちゃならなくなるのは仕方ない。僕も「リーマンショック」で血の気が引く思いをしたから，実感としてよく分かるな。

繁殖時期はツミ次第

　次に気になったのはオナガの繁殖のタイミングだ。ツミの巣の周りでは，いっせいにオナガが繁殖を始めるようなのだ。それも通常よりもやや早く。まずは，ツミの巣の周りと，離れた場所でオナガの繁殖の同調具合，そして時期が違うかを調べることにした。

オナガはその名のとおり尾羽が長い鳥だ。抱卵を始めると，その尾羽が巣から飛び出して目立つ。一目で抱卵を始めたことが分かるのだ。そこで抱卵開始日を繁殖時期の指標として調査を開始した。毎朝調査地を巡ってオナガの巣を探した。オナガは巣材をくわえて飛ぶのが目立つ。また巣のある場所では雌雄で鳴き交わしたりするので，巣を見つけるのは簡単だ。巣を見つけたら，いつ抱卵に入るかのチェックだ。

こうしてデータを蓄積していくとツミの周りのオナガは，最初のつがいが抱卵を開始してから 9 日以内にはすべてのつがいが抱卵を開始していた。しかも 83％は最初のつがいが抱卵してから 3 日間以内に。ツミの巣の周りのオナガはほぼ同調して繁殖していると言えるだろう。ツミの巣から離れた所のオナガはそうではなかった。最初のつがいが繁殖を始めてから 27 日後に繁殖を始めるつがいもいた。これだけでも大きな差があるが，この差はたぶん過小評価だ。今回の調査では，オナガを個体識別していない。そこで繁殖に失敗した後のやり直し繁殖のデータが入らないように，繁殖の失敗が起きた日以降に巣造りを開始した巣は集計に入れなかった。ツミの巣から離れた所では繁殖の失敗がよく起きる。つまり，遅く繁殖したつがいを「再営巣の可能性がある」ということで集計に入れていない可能性があるのだ。

オナガがツミの周りで同調して繁殖していることは分かった。そこでその時期とツミの繁殖時期との関係を見てみた。オナガの抱卵開始時期は，ツミの抱卵開始後 17〜19 日目に集中していた（図 4）。なぜこの時期に集中するのだろうか。前の研究で示したように，ツミの巣の周りのオナガは，ツミの防衛がなくなると簡単にカラスに捕食されてしまう。そのことが集中する理由のようだ。オナガが抱卵してから巣立ちまでに要する日数は 32〜34 日間。そしてツミは 53〜58 日だ。オナガがツミの巣立ちより前にヒナを巣立たせようとすると，53－34＝ツミの抱卵後 19 日までに繁殖を開始したほうがよさそうだ。それと今回の結果はほぼ一致している。

「それより遅いとダメなのは分かったけど，もっと早くから繁殖してもいいんじゃない？」って思ったよね。たしかにそうだ。でも，そうならない理由がいくつか考えられるのだ。1 つはツミの巣の周りのオナガが繁殖する時期は通常のオナガよりも早いことだ。生理的に繁殖をさらに早めることができない可能性が考えられる。また，オナガが通常もっと遅い時期に繁殖している

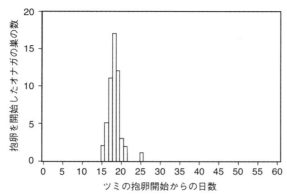

図4 ツミの繁殖ステージ別のオナガの繁殖開始巣の数。ツミの抱卵開始後17〜19日目付近で繁殖を始める個体が多い。

こと自体にも意味があるはずだ。オナガでの研究はないが，多くの鳥は食べ物のもっとも多い時期にあわせて繁殖をしている。その点からも，あまり早く繁殖すると，食物条件が悪い時期に繁殖することになってしまうのかもしれない。もう1つの理由はツミの側からの理由だ。造巣期のツミは，よく巣の位置を変える。また抱卵初期の強風の吹いた日には，風で巣が落ちて繁殖に失敗することもままある。こうした時期にオナガが繁殖を開始すると，繁殖の途中でツミがいなくなってしまう危険性が高くなる。この点でも，あまり早い時期に繁殖を開始するのは賢明でない（Ueta 2001）。

いずれにせよ，どうしてそんな良いタイミングでオナガが繁殖をスタートできるのかは不思議だ。ツミはもともとこの地域にはいなかった鳥。オナガが同じ場所で繁殖するようになってからまだ10年程度しか経っていない。そんな短期間の間にオナガはこの行動を獲得したのだ。オナガはカラスの仲間。何度かツミと一緒に繁殖した経験から，こういう行動をとるだけの能力があるのだろうか？

楽までできるツミの巣の周りのオナガ

やらなくて済む仕事はサボりたいよね。危険を伴う仕事ならなおさらだ。もう1つ気がついたのが，オナガがツミの巣の周りで捕食者に対する巣の防衛をあまりしないこと。オナガだけで繁殖している所では，営巣地にハシブ

トガラスが入ってくるオナガはゲーとかギャーとか鳴きながら群れでカラスを追い回す。しかしツミの巣の周りでは，オナガは声を上げる程度で，ほとんど防衛まではしない。防衛はツミに任せているのだ。防衛行動は捕食を防げる反面，採食に割く時間が減ったり，危険だったりするコストも伴う行動だ。ツミの巣の周りと離れた場所のオナガを比較することで，防衛行動のコストを明らかにできそうだ。

　まず，オナガはツミの周りと離れた場所で，それぞれどれくらい防衛行動をしているのかを調べた。10分当たりにどれだけ防衛に時間を使っているのかをストップウォッチ片手に記録したのだ。ツミの巣の周りで繁殖するオナガの防衛時間は平均で2〜3秒程度。離れた場所のオナガは，90〜100秒。明らかにオナガだけで繁殖している場所で防衛時間が長い（図5）。それだけではない。ツミの巣の周りのオナガはヒナに給餌するとすぐ採食に飛び立っていく。しかし離れた場所のオナガはしばらく巣のそばに滞在するのだ。捕食者を警戒しているのだろう。そのためか，30分間にオナガが食物を持ってくる回数を記録すると，オナガだけで繁殖している所では平均1.5回程度，ツミの巣の周りでは平均3.4回と多い。巣立ちヒナ数も，オナガだけの所では平均2.8羽，ツミの巣の周りでは平均5.5羽と多かった。長い捕虫網の先に鏡をつけて，オナガの巣の中をのぞき，卵数や孵化したヒナの数も数えてみた。卵数やヒナ数には，ツミの巣の周りと離れた場所では差がなかった。防衛行

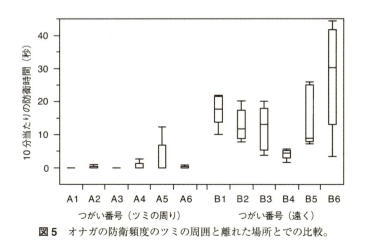

図5 オナガの防衛頻度のツミの周囲と離れた場所とでの比較。

動のコストで，採食時間が減り，給餌量が減って巣立ちビナが減ったと考えてよさそうだ（Ueta 1999）。

明らかにできなかったこと

　ほかにも気になったテーマがいくつかあった。1つは，オナガの群れのメンバー全員がツミの巣の周りで繁殖しているわけではないことだ。ツミの巣の周りで繁殖することはオナガにとってはかなり有利。全員がツミの巣の周りで繁殖してもよさそうなものだ。それでも繁殖しない個体がいるのはなぜなのだろうか？　繁殖タイミングをツミに合わせられなかった個体はほかで繁殖する？　それとも群れ内で順位の低いオナガは順位の高い個体の近くで繁殖すると「パワハラ」を受けるので，ほかの場所で繁殖するのだろうか？

　もう1つはツミの巣の周りのオナガの群れと，オナガだけで繁殖している群れの個体数がそれほど変わらないことだ。ツミの巣の周りでのオナガの繁殖成績は良い。繁殖成功率も高いし，巣立ちヒナ数まで多い。そうすると，ツミの巣の周りのオナガの群れは個体数が多くなりそうなものだ。しかし群れの個体数を数えてみると，ツミがいないオナガの群れと比べて大差はない。数が増えた分だけ競争が厳しくなり，冬までに巣立ちビナが死にやすいのだろうか？　それとも，個体数の少ない群れへと移籍していくことで，群れサイズが平均化するのだろうか？

　こうしたことを調べるには，オナガを捕獲して，色足環をつけて個体識別する必要がある。「それなら」と，捕獲の準備を始めたとき，ふと思う。その調査は僕に向いた調査なのだろうか？　せっかちな僕には，じっくり取り組まなければならない捕獲は向いていない。「朝飯前調査」にはそもそも時間もない。それなら自分に向いた調査，自分らしい調査をしたほうが効率的だし楽しいよね。このテーマは脇に置いておいて，次のテーマに向かうことにした。

変わりゆくツミの繁殖状況

　映画でも研究でも波乱万丈な展開があるといいよね。そんなことあったら，と思ってもなかなか起きることではないけれど，長いこと調査を続けていると機会はくるもの。僕の研究中にもそんな展開がやってきた。主役はツミ。そして敵役はダースベーダーのように黒いハシブトガラスの物語だ。この2

者の関係がツミとオナガの関係にも影響を及ぼしてくるので，オナガの話は少し休んで，ツミとカラスのことについて話したいと思う。

ツミは 1980 年代から東京の多摩地域で繁殖するようになったタカだ。僕はフィールドに定めた 5 km 四方の調査区で 1987 年からその分布を調べ始めた。住宅地に点在する林を巡って，そこでツミが繁殖しているのかどうかを調べたのだ。ツミはハシブトガラスが近くにくると，大きな声を出して追い払う。20～30 分も林にいれば，そこでツミが繁殖しているかどうかを知るのは簡単だ。

1980 年代，調査区で繁殖するツミはわずかだった。1987～1990 年の 4 年間に繁殖を確認できた林は 5 ヶ所だけ。それが，1991～1994 年には 12 ヶ所とその分布を広げ，個体数を増やしていった（図 6）。ツミの繁殖成功率は高く，また 1 回の繁殖で 4～5 羽のヒナを巣立たせる。この繁殖成績ならばこれだけ増えるのもうなずける。

市街地の林というと，あまりタカにとって良い環境には思えないかもしれない。しかし，じつは山と比べてずっと食物が豊富なのだ。ツミになったつもりで木の下に座り，周りに飛んで来る獲物（小鳥）を数えてみよう。山の森では，30 分当たり延べ 40 羽も小鳥が見られることはあまりない。それが市街地の林は 100 羽以上見られることもあるなど，ずっと多いのだ。市街地の林

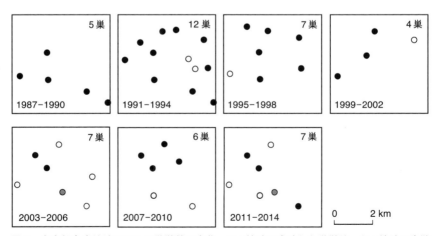

図 6 東京都多摩地域のツミの営巣数の変化。●：繁殖に成功した営巣地，○：繁殖に失敗した営巣地，◐：巣立ちはしたが，直後に巣立ちビナが捕食されてしまった営巣地。

は貴重な緑地。シジュウカラは密集して繁殖しているし，スズメは住宅地から採食のために集まってくる。これならば，ツミがたくさんのヒナを巣立たせられるのも納得がいく（植田 1992）。

　誰もがツミが「街のタカ」として増えていくものと思っていた1990年代中頃，徐々に多摩の雑木林を黒い霧が覆い始めた。ハシブトガラスの増加だ。これまでは，ツミが営巣地から追い払っていたハシブトガラス。それが繁殖つがい数，そして個体数の増加とともに，ツミの繁殖の阻害要因になってきたのだ。

　ハシブトガラスの繁殖開始時期は3月から4月。4月にはいってから巣造りを始めるツミよりも早く繁殖を始める。ハシブトガラスの個体数が少なかったときは，先にカラスが繁殖していても，そのなわばり外にツミは定着することができた。それがカラスの密度が高まったことで，林はカラスのなわばりに埋め尽くされるようになった。それではツミが入り込む場所がない。

　もう1つは繁殖していない若いカラスの増加だ。ツミが繁殖している林に，若いカラスの群れが入り込んでくるのだ。朝，ゴミ捨て場などで採食していたカラスたちは，8時頃になるとおそらく休息のためにツミの繁殖地にやってくる。1〜2羽のカラスなら，ツミは追い払うことができる。しかし，5羽，6羽，7羽，8羽と集まってくると，もうお手上げ。追い払うことができない。さらに繁殖していないためにヒマなのか，若いカラスは執拗にツミにちょっかいを出してくる。そしてツミは繁殖に失敗してしまう。結果ツミの営巣場所は減り，繁殖成功率は低くなっていった。1995〜1998年には確認された営巣地は7ヶ所とやや減り，1999〜2002年には4ヶ所へと激減した（図6）（Ueta & Hirano 2006）。

　黒い霧に覆われた多摩の雑木林にも光が差し始めている。ツミに復活の兆しがあるのだ。これまではカラスを追い出すことで，ツミは繁殖しようとしていた。それがカラスがあまり利用しないような小規模な緑地で繁殖したり，カラスのなわばりとなわばりのわずかな隙間で，ひっそりと繁殖したりするようになったのだ。2003〜2006年は7巣，2007〜2010年は6巣，2011〜2014年は7巣とやや増加し，その後は安定して推移している。今はまだハシブトガラスが神経質になり，攻撃的になるカラスの育雛期後半にツミが繁殖に失敗してしまうことも多い。しかし，さらに行動を変化させ，繁殖に成功するようになり，再び分布を広げてくれることを期待したい。

時代にあわせて変わるオナガ

　このツミの変化がオナガに与えた影響は大きい。ツミが減ってしまえば，ツミの巣の周りで繁殖することができる機会が減る。また，ひっそり繁殖するようになれば，これまで頼ってきたツミのカラスへの防衛があてにならないことになるからだ。

　そこで，まず，ツミのカラスに対する防衛行動がどの程度変化しているのかを調べた。ツミの巣のそばに座り，ツミの巣からの距離別に，カラスの侵入に対するツミの防衛行動（警戒声をあげるか，攻撃をするか）の割合を調べたのだ。1990年代のツミは高い木に止まり，侵入者を見張っていて，カラスが来ると追い払っていた。そのため巣から50 m以内にカラスを近づかせることはなかった。ところが2005〜2006年に調査を行ったところ，9巣中7巣で，巣の50 m以内にハシブトガラスの巣まであったのだ。ツミが林に定着したばかりの早春には，ツミは遠くのカラスを攻撃することがある。しかし，カラスとの関係が落ち着いてくると，防衛強度が極端に落ちた。さすがに巣の10 m以内にカラスが入ってくれば必ず追い払った。しかしそれより離れた場所では追ったり追わなかったりといった程度だ。1990年代に比べ，防衛する範囲は狭くなり，その強度も落ちていた。

　この変化はツミの巣の周りの「安全性」にも関係しているに違いない。最初の研究で行ったのと同じ人工巣実験を再度行ってみた。ツミの巣から50 m以内の場所に10個の人工巣を設置し，そこにおいた卵の捕食具合を記録したのだ。1990年代にはツミの巣の周りで，人工巣が捕食を受けることはなかった。それが，2000年代は1週間後には67％の巣から卵がなくなった（図7）。ツミの防衛強度が落ちたせいで，ツミの巣の周りはあまり安全ではなくなってしまったのだろう（Ueta 2007）。

　この安全性の低下により，オナガはツミの巣の周りで繁殖することをやめたようだ。以前はどのツミの巣の周りでもオナガが繁殖しているのが見られた。しかし2005〜2006年に調査を行った9巣のうち，オナガが繁殖していたのはたった2巣だけだったのだ。

　一度ツミの巣の周りで，あまり繁殖しなくなったオナガだが，最近はまた変化が見られている。再びツミの巣の周りでオナガが見られることが増えてきた

のだ。2011年までに確認された19巣のうち7巣でオナガの営巣が見られた。

ただ増えてきただけではない。巣を造る場所も変わった。僕の2つめの研究と同じ方法で、オナガの巣が、どれくらいの割合で葉に覆われているのかを調べてみた。以前のツミの巣の周りのオナガの巣は葉による隠蔽度にあまりこだわらずに営巣していた（図8b）。しかし現在は、75〜100％が葉に覆われた場所に多く巣が造られていた（図8a）。この営巣場所選択はオナガだけで

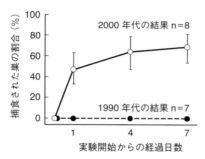

図7 ツミの巣の周囲50m以内における人工巣の捕食率の1990年代と2000年代の違い。

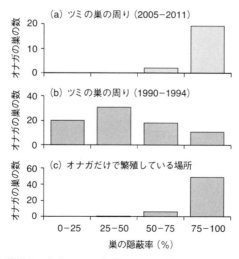

図8 オナガの巣の隠蔽率の変化。1990年代はツミの巣の周りでは、あまり隠蔽度にこだわらずに繁殖していた(b)が、現在(a)はオナガだけで繁殖している場所(c)と同様に、隠蔽度の高い場所を選んで繁殖している。

繁殖している場所と同じだ（図8c）。オナガは、「ツミのできるだけそばで繁殖する」という1990年代の基準から変わり、「ツミの巣のそばに良い営巣場所があった場合にツミの巣の周りで繁殖する」ようにしているようだ（植田2012）。

なぜオナガだけが？

ここまで、ツミの周りで繁殖するオナガの利益やその変化について見てきた。大きな利益があるツミの周りでの繁殖。「それならほかの種の鳥もツミの巣の周りで繁殖してもいいんじゃない？」って思うよね。結論はでないが、最後にその問題について考えたいと思う。

これを考えるうえでは、猛禽類の巣の周りで繁殖する鳥がどんな生態的な特性を持つ種なのかを知ることが重要だ。それが分かれば、僕のフィールドにいる鳥の中で、ツミの巣の周りで繁殖しそうな鳥が分かるはずだ。そこでまず、国内外の文献をあたってみることにした。英語が苦手な僕にとって、大量の文献をあたるのはたいへん。そんなとき、これまでも論文の別刷りのやり取りをしていたイギリスのJohnさんから「猛禽類の巣の周りで繁殖する鳥について総説を一緒に書かないか」とのメール。飛んで火に入る夏の虫。たいへんそうな部分は彼に分担してもらい、調べ始めた（Quinn & Ueta 2008）。

これまでにツミのような攻撃的な種の防衛行動をほかの種が利用する行動は、世界的に多くの鳥で知られている。猛禽類、カモメなどのコロニー性の鳥、シギ類などの水鳥類の防衛行動を利用するものが多いが、ハチやアリといった集団性で攻撃的な昆虫の防衛行動を利用するものまでいる。それを利用する種もスズメ目やカモ目の鳥を中心に、多くの分類群にわたっている。

どのような種が防衛行動を利用するのか、猛禽類のそばで繁殖するリスクから考えてみよう。猛禽類のそばで繁殖する最大のリスクは、その猛禽類に捕食されてしまうことだ。その危険が高いかどうかで、猛禽類の巣の周りで営巣できるかどうかが決まるだろう。これまでの事例を見るとその猛禽類によく捕食される種が、巣のそばに営巣していたという例は、オオタカの巣にスズメが営巣するという事例のみだ。それ以外は直接捕食されることの少ない相手のそばで繁殖していた。スズメがオオタカの巣で繁殖する行動も一般

的なことではなく，ごく一部の地域のみで見られていることだ。猛禽類のそばで繁殖するためには，利用する相手の種が大きな脅威でないことが重要だと言えるだろう。

　また，営巣場所の制約も，猛禽類のそばで営巣できるかどうかを制限するだろう。樹洞のような，どこにでもあるわけではない資源で営巣する種は，猛禽類のそばで営巣したくても，樹洞がないために営巣できないことも多いだろう。猛禽類のそばで繁殖した種のうち，樹洞営巣性の種の割合はわずか2%（n＝53）のみだ。また，なわばりを持つ種も，猛禽類のそばへの営巣が制限されるだろう。他個体が猛禽類の周りになわばりを構えていたら，猛禽類のそばでは繁殖することができないからだ。猛禽類のそばで繁殖した種のうち，巣と採食地をともに他個体から防衛するA型のなわばり制を持つ種の割合は，わずか5%（n＝42）のみだった。

　これらをもとに，ツミの巣の周りで繁殖する可能性のある鳥を考えてみよう。ツミはスズメ程度の大きさの鳥をおもに捕食する。そのサイズの鳥は，自分が捕食される危険性が高いため，ツミの巣の周りでは繁殖しないだろう。僕のフィールドに生息する大きめの鳥としては，捕食者であるカラス類を除けばキジバト，ヒヨドリ，ムクドリ，オナガがいる。ヒヨドリについては，なわばりを持つ習性があるので，ツミの巣の周りで営巣するのは難しい。ムクドリは樹洞営巣性のため，やはり営巣しにくいと考えられる。オナガもなわばりを持つが，グループで広いなわばりを持つために，なわばり内で毎年ツミが繁殖することは普通に起こるので，ツミの巣の周りで営巣する条件を満たしていると言える。

　また，キジバトもいずれの条件も満たしている。キジバトはツミの巣のそばでも普通に繁殖している。しかし，全体の巣の分布を見ると，キジバトの巣がツミの巣の周囲に集中しているということはない。ツミがこの地域で繁殖するようになってからまだ20年少々。途中で減少した時期もあった。ハトの仲間の中では，モリバトがトビやチョウゲンボウ，チゴハヤブサの巣の周囲で繁殖することが知られている。キジバトもこれからツミの巣の周りで繁殖する行動を身につけるかもしれない。キジバトの今後に注目していきたいと思う。

おわりに

　僕は鳥の調査をするNPOで働いているが，このオナガとツミの関係の研究は出勤前に「アマチュアの研究者」として行ってきた。大学院生や大学の先生のように研究をする時間がたっぷりあれば，より深い研究をすることができると思ったこともある。時間があったらオナガを捕獲しての個体識別できたのに。個体識別ができたら，もっと詳細な研究ができたのに…。でも，面白いことに気づくことさえできたら，そんなに時間はかけずにデータをとってまとめることは可能だ。ここまで紹介した研究の一つひとつは，出勤前の調査2年程度でまとめたものだ。それも小学生の自由研究でもできるような道具立てで（カナリヤの巣の「大人買い」は，小学生には無理か？）。それで国際的な雑誌に論文が載るなんて素敵じゃない？　これは鳥の研究の醍醐味の1つだ。

　また，研究に重要なのは「深さ」だけではない。「長さ」も重要だ。ここまでの僕の調査から，オナガがツミの防衛行動を利用するために，ツミの周りで繁殖していること。そのためのさまざまな行動が，わずか短期間で生じたこと。また，そうした行動は画一的なものではなく，ツミの行動が変化するとオナガの行動もまた変化することなどが分かってきた。これは1980年代から，20年以上にわたって長く調査してきたからこそ明らかにできたことだ。長期的な調査を院生がすることはできない。早く博士号をとらなければならないからだ。それができるのもアマチュア研究者の特権の1つだ。

　最近は「朝活」なんて言葉もでてきているけど，研究に興味があるのなら，家のそばや職場（あるいは学校）のそばに自分のフィールドを作って，出勤（登校）前に鳥を観察してみよう。自分が気になった興味深いことは集中して，それ以外は長期的な変化に気を配りながらのんびり調査すれば，唯一無二の研究ができるはずだ。「調査してから仕事に行くなんて，誰もができることじゃないよ」なんて思ってない？　そう思う前にやってみよう。やりたいことならば，きっとできるはずだ。自分は自分が思う以上に「すごい」ものだから。

太平洋の孤島,小笠原でのオオコウモリ研究

(杉田典正)

はじめに

　オオコウモリ類は,研究者が少なく,もっとも生態が知られていない哺乳類の1つである。私は,本州から約1000 km離れた,まだ一度も大きな島とつながったことのない海洋島の小笠原諸島(図1)で,オガサワラオオコウモリ *Pteropus pselaphon* を研究した。とくにこのコウモリのねぐらに注目して研究し,初めてねぐらの長時間観察を行った。他のオオコウモリでは知られていないコウモリだんごという行動を観察する過程で,オオコウモリ類の北限生息域で進化したと見られる新奇な配偶システムを発見した。オオコウモリというなじみの薄い動物を紹介し,新しい発見にいたる過程を紹介する。

　太平洋とベーリング海峡を探検していたイギリス軍艦ブロッサム号は,1827年5月25日に琉球を出港し,6月9日に小笠原諸島父島の二見湾に投錨した(Beechey 1832)。ブロッサム号は,軍人であり地理学者であったF. W. Beechey艦長に率いられていた。当時の日本は江戸時代の文政10年。異国船討ち払い令やシーボルト事件が起きていた頃である。この頃の小笠原諸島にはまだ定住者はいなかったが,遭難者と欧米の捕鯨船がしばしば立ち寄っていた。Beechey艦長は,実際に父島で座礁した捕鯨船のイギリス人船員の訪問を受けて驚いている。Beecheyらは父島に1週間滞在し,生物の調査をしている。いくつかの鳥類,"handsome brown herons with white crest(絶滅したハシブトゴイ? *Nycticorax caledonicus*)"や"common black crow(絶滅したハシブトガラス? *Corvus macrorhynchos*)","警戒心の皆無な小鳥

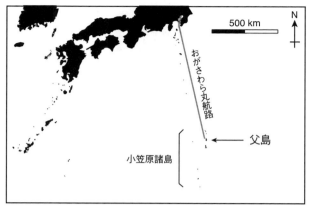

図1 小笠原諸島と父島の位置。小笠原諸島への交通手段は、船のみである。東京の竹芝桟橋から出港する「おがさわら丸」に乗って25時間半かかる。

a small bird resembling a canary, and a grossbeak（絶滅したオガサワラマシコ *Chaunoproctus ferreorostris* とメグロ？ *Apalopteron familiare*）"などを目撃した。哺乳類は2種のコウモリ類が観察された。オガサワラオオコウモリ *Pteropus pselaphon* と、もう1種 "vespertilio（ヒナコウモリ）" とあるので絶滅したオガサワラアブラコウモリ *Pipistrellus sturdeei* だろう。

　ブロッサム号には、G.T. Layというナチュラリストが乗船していた。彼はオガサワラオオコウモリの採集と観察を行い、1829年にZoological Journalにオガサワラオオコウモリの発見を発表した（Lay 1829）。Layはオガサワラオオコウモリに、彼らの採餌習性に因んで *Pteropus pselaphon* という学名を付けた。*Pteropus* が属名でオオコウモリ、種小名が *pselaphon* で「手探りで探す、触れてみる」という意味である（平嶋 2015）。Layは日中にオオコウモリに餌をやった。そのとき、オオコウモリの瞳孔は針先のように小さくなったことから、彼は日中オオコウモリは目が見えていないと考えたようだ。それで手探りで餌を探したり木に登るオオコウモリという学名を付けたのかもしれない。現在まで無人島のままの南硫黄島のオガサワラオオコウモリは、日中に地面を這って餌を捜す（鈴木ら 2008）。もしかしたら、Layは、まだ人がほとんどいなかった父島で、南硫黄島のオオコウモリのような地を這うオオコウモリを見ていたのかもしれない。

ところで，最近までオガサワラオオコウモリの命名者の表記が混乱していた。オガサワラオオコウモリの命名者と記載年は，*Pteorpus pselaphon* Lay, 1829 または *Pteroups pselaphon* Layard, 1829 と表記される 2 種類の文献が存在している。世界の哺乳類の分類と分布域を網羅した標準的な目録である *Mammal Speceis of the World* (3rd ed.) (Wilson & Reeder 2005) では，命名者として Lay を採用している (Simmons 2005)。一方，日本産哺乳類の標準的な図鑑である『日本の哺乳類（改訂版）』（阿部 2005）や *Wild Mammals of Japan* (Ohdachi *et al.* 2009) は，命名者として Layard を採用していた。論文で Layard を採用しているのは，小笠原村教育委員会 (1999)，稲葉ら (2002)，Inaba *et al.* (2005)，中村ら (2008) がある。命名者が複数存在するはずはないので，どちらかが誤りである。

　Lay と Layard のどちらがオガサワラオオコウモリの正しい命名者なのだろうか。本川ら (2006) は，Wilson & Reeder (2005) と阿部 (2005) に，オガサワラオオコウモリの命名者に相違があることを指摘した。前田 (1997) は『日本の哺乳類』（阿部 1994）での誤りを訂正したとして，命名者に Layard を用いた。その頃，日本ではオガサワラオオコウモリの命名者を Layard とするのが定着したようだ。しかし，オガサワラオオコウモリの記載論文の著者名には，はっきりと G. Tradescant Lay と記されている (Lay 1829)。ブロッサム号の航海で採集された産物をまとめた博物学の書物の執筆に Lay の名前がある (Richardson 1839)。Beechey 艦長の航海記の乗組員リストに "George T. Lay" と記されている (Beechey 1832)。したがって，オガサワラオオコウモリの命名者は "Lay" を用いるのが正しいだろう。2015 年に出版された "*Wild Mammals of Japan* (2nd ed.)" (Ohdachi *et al.* 2015) では，オガサワラオオコウモリの命名者に "Lay" が採用され，修正された。

　私が研究に関わったいくつかの論文でも，命名者に "Layard" が使用されている。たとえば，Inaba *et al.* (2005) や中村ら (2008) がある。大学院生のとき，オオコウモリの生態や行動の研究しか頭になかったときは，まさか哺乳類の学名に混乱があるとは思わず学名に注目しなかった。学位取得後，国立科学博物館に務める機会があり，博物館業務や日本産鳥類の目録編纂などに関わり，分類や学名の混乱はよくあることだと知った。専門分野にかかわらず総合的に研究対象種を知ることが大切だ。

コウモリ

　コウモリ類は鳥類ではなく哺乳類である。多くの人がコウモリで思い浮かぶのは，町の街灯の周りをパタパタ飛び回るアブラコウモリ *Pipistrellus abramus* や，顔がくしゃくしゃのキクガシラコウモリ *Rhinolophidae ferrumequinum* だろう。ある人は，人の血液を吸い取り殺してしまうバンパイア（吸血コウモリ）を思い浮かべるかもしれない。もちろん，そんなコウモリは，地球上に存在しない。中南米に生息するチスイコウモリ *Desmodus rotundus* が鋭い歯で動物の皮膚を切開し，染み出る血液をなめる程度である。

　コウモリは，世界に1116種産し，齧歯類の2277種に次いで種数が多い（Wilson & Reeder 2005）。コウモリ類は世界中に広く分布する（Nowak 1994; Altringham 1996）。コウモリの多様性がもっとも高い地域は，中南米や東南アジア，アフリカの熱帯雨林である。緯度が高くなるにつれて種数が減少する（Findley 1993）が，キタクビワコウモリ *Eptesicus nilssonii* は白夜の北極圏にさえ生息することができる（Speakman *et al.* 2000）。コウモリ類は，そのすぐれた飛翔能力のおかげで，陸棲哺乳類が到達しなかった地域にも生息している。たとえば，何千キロメートルも大陸から海で隔てられたニュージーランドやハワイ諸島は，コウモリが唯一の在来哺乳類である（Altringham 1996）。面白いことに，もっとも飛べない鳥の多い地域であるニュージーランドでは，ツギホコウモリ *Mystacina tuberculata* が，コウモリでありながら多くの時間を地面で過ごし，昆虫や花粉や花蜜を食べている（Carter & Riskin 2006）。

　コウモリの最大の特徴は，翼があり飛翔できることだろう。ヒトの腕とコウモリの翼は，進化的な起源を同じにする相同器官である。ご自分の掌を見ていただきたい。親指を除く指の骨3本（規定骨，中節骨，末節骨）と掌の骨（中手骨）を細長く引き延ばし，指の間に翼となる飛膜を付けて，さらにその膜を脇腹から後肢まで延長するとコウモリの翼となる（図2）。飛膜は，コラーゲンとエラスチン，筋肉で丈夫で柔軟な構造になっており，翼の形を変えて器用に飛ぶことができる（Altringham 1996）。

　超音波を使えることも，コウモリの大きな特徴の1つだ。超音波はヒトの耳に聞こえない音，約20 kHzより高い音のことを言う。コウモリの超音波は，

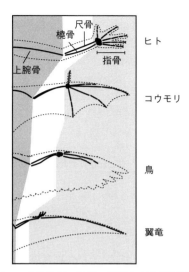

図 2 自分の腕と掌の骨が，コウモリ類，鳥類，翼竜のどの骨に相当するか比べてみて下さい。左の濃い灰色部分は，ヒトでいう二の腕（上腕）に対応する。中央の明るい部分は前腕に，右の薄い灰色部分は手に相当する。

口または鼻から発せられる。超音波を障害物や昆虫に照射し，反射する音（エコー）の方位や時間差から目標の位置を定位する（Altringham 1996）。これは，反響定位（エコーロケーション）と呼ばれる。小コウモリ類（microchiroptera）と一部のオオコウモリ類が超音波を発する。

　コウモリ類は，小コウモリ類とオオコウモリ類（megachiroptera）の2グループに分けられていた。オガサワラオオコウモリは，名前のとおりオオコウモリ類に属する。オオコウモリ類は，その名前が示すように比較的体が大きいグループである。もっとも大型のインドオオコウモリ *Pteropus giganteus* とフィリピンオオコウモリ *Acerodon jubatus* は，体重1 kg，翼開長は1.5 mに達する（Nowak 1994）。最小のオオコウモリ類は，体重が10 g程度しかなく，大型の小コウモリ類より小さい（Nowak 1994）。たとえば東南アジアのシタナガフルーツコウモリ *Macroglossus minimus* の体重は11〜18 gで（Francis 2008），日本のキクガシラコウモリの体重16〜36 gより軽い（コウモリの会（編）2011）。オオコウモリ類は，植物食性である。種によって異なるが果実，花蜜，花粉，葉などを食べる。オオコウモリ類は，視力と嗅覚で餌を探す。オオ

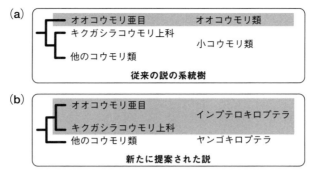

図3 従来のコウモリの系統樹 (a) と，DNA分析によって得られた新しい証拠による系統樹 (b)。小コウモリ類のキクガシラコウモリ上科がオオコウモリ類に近縁であることが分かり，インプテロキロプテラというグループにまとめられた。

コウモリ類は，餌植物を口の中で咀嚼し繊維質を搾り果汁だけ飲み込み，繊維質は捨てるという変わった採餌方法をする (Nowak 1994)。

オオコウモリ類と小コウモリ類のさまざまな違いから (Altringham 1996 に詳しい)，オオコウモリ類は，小コウモリ類との共通祖先から進化したのか，それとも独立した起源をもつまったく系統の異なる動物なのか議論があった (Altuligam 1996)。最近の分子系統と形態データによる比較研究によって，オオコウモリ類は小コウモリ類とは独立した系統から進化したという仮説は支持されず，コウモリ類はオオコウモリ類を含む単系統であることと示唆された (Thewissen & Babcock 1991; Ammerman & Hillis 1992; Stanhope et al. 1992)。一連の研究により，興味深いことも分かった。従来の系統樹でコウモリ類は，オオコウモリ亜目と超音波を発する小コウモリ類の2つに分かれていたが，分子生物学による新しい証拠は，一部の小コウモリ類 (キクガシラコウモリ上科) がオオコウモリ類により近縁であることを示した (図3) (Teeling et al. 2000, 2005)。オオコウモリ亜目とキクガシラコウモリ上科をインプテロキロプテラ (Yinpterochiroptera) に分類すると提案され，残りのコウモリ類はヤンゴキロプテラ (Yangochiroptera) である (Springer et al. 2001)。つまり，オオコウモリ類は，超音波を発する能力を失ったコウモリであることが示唆された (Teeling et al. 2000)。

オオコウモリ

オオコウモリ類の面白さを紹介する。オオコウモリ類は，アフリカからインド洋，インド，東南アジア，オーストラリア，西太平洋にかけて，42属，186種が生息する（Simmons 2005）。オオコウモリ類は，コウモリ類の約1/4を占める比較的大きなグループである。オオコウモリ類は，種類も多く分布も広いことから，なかには変わった習性や生態をもつものがいる。ルーセットオオコウモリ属の仲間は，オオコウモリ類の中で唯一，超音波を発してエコーロケーションできる（Nowak 1994）。この能力によって，ルーセットオオコウモリは光の届かない洞窟をねぐらにすることができる。ボルネオ島のダヤクフルーツコウモリ *Dyacopterus spadiceus* とニューギニアのマスクオオコウモリ *Pteropus capistrastus* は，オスも乳を分泌する（Francis *et al.* 1994; McNab & Bonaccorso 2001）。しかし，オスがメスのように子供に乳を与えるかどうかはまだ確認されていない。東南アジアに広く分布するコバナノフルーツコウモリ *Cynopterus sphinx* のメスは，交尾中にオスの勃起したペニスをなめる（フェラチオ）（Tan *et al.* 2009）。ペニスをなめる回数と交尾の持続時間に正の相関があったことから，フェラチオは受精率を上げる機能があると示唆された（Tan *et al.* 2009）。この研究は，2010年のイグノーベル賞に輝いた。

　私の研究対象のオガサワラオオコウモリは，オオコウモリ属 *Pteropus* に属する。オオコウモリ類の1/3以上が，オオコウモリ属 *Pteropus* であり，もっとも多様な種を有する。オオコウモリ属は，南アジア，東南アジア，オーストラリアなど旧世界の熱帯地域と温暖な地域，およびインド洋と西太平洋の島に分布する（Nowak 1994; Simmons 2005）。アフリカ熱帯地域と東南アジアの熱帯雨林に多くの種が産する。西太平洋の海洋島では，海によって陸棲哺乳類が到達できない。そのような島では，オオコウモリ類が唯一の在来哺乳類である（Simmons 2005）。西太平洋の島ではオオコウモリは種子散布者と花粉媒介者として，海洋島生態系の維持に重要である（Cox *et al.* 1991; Rainey *et al.* 1995; Cox & Elmqvist 2000）。とくに，西太平洋の島々には，植物の大型種子を散布できる動物は，ハトとオオコウモリくらいしか生息しないが，多くの島でハトは絶滅状態であり，オオコウモリだけが生き残った大型種子の散布者である（Meehan *et al.* 2002）。オオコウモリが減少すると大型種子が散布されなくな

るので，西太平洋の海洋島生態系においてオオコウモリは種子散布者として重要な役割を負っている（McConkey *et al.* 2002; McConkey & Drake 2006）。

オガサワラオオコウモリ

　オガサワラオオコウモリは，小笠原諸島の固有種であり，現在まで生き残った唯一の在来哺乳類である。おもに父島，母島，北硫黄島，硫黄島，南硫黄島に生息する（Kinjo & Izawa 2015）。オガサワラオオコウモリの体重はオスの成獣で平均 491.9 g，メスの成獣で平均 485.7 g，前腕の長さは，オスの成獣で平均 137.8 mm，メスの成獣で 138.4 mm であった（Sugita & Ueda 2014）。捕獲個体の性比はほぼ 1：1 で，計測部位において顕著な性差はなかった（Sugita & Ueda 2014）。体重は，季節的に変動するようだ。オガサワラオオコウモリの体は，細くて比較的長い黒色の体毛で覆われている（Yoshiyuki 1989）。体毛の一部にシルバーの毛が混ざるので，近くで見ると白髪混じりの頭髪の人のように見える。オガサワラオオコウモリは，長い体毛で耳の大部分が隠れており，吻も短いので，丸顔で可愛らしい印象を受ける。

　オガサワラオオコウモリは，他のオオコウモリ類と同じように，植物食性である。Lay（1829）は，*Pandanus*（タコノキ属）と *Sapota*（アカテツ科）を食べたと報告している。彼は *Pandanus odoratissimus*（アダン）をオオコウモリに与えて採餌行動を観察した。小笠原に寄港する前に琉球に滞在していたからか，アダンと記されているがタコノキ *Pa. boninensis* のことだろう。タコノキは 1900 年の記載である（Warburg 1900）。ところで，父島のアカテツ科の植物は，アカテツ *Planchonella obovata* とムニンノキ *Pl. boninensis* が生育する。Lay がオガサワラオオコウモリに与えたアカテツ科の植物はなんだろうか。両者のうち，オガサワラオオコウモリの摂食が確認されているのはムニンノキの果実である（Inaba *et al.* 2005）。現在，ムニンノキは数が少なく，絶滅危惧 IB 類である（環境省 2012）。小笠原諸島では自然再生事業が行政と研究機関，島民によって進められている（Kawakami 2010）。小笠原生態系の人為的改変前のオオコウモリの食性の理解は，自然再生事業にも有益だろう。

　オガサワラオオコウモリは，19 科，56 種の植物を食べると報告されている（Inaba *et al.* 2005）。外来植物と栽培植物も摂食するので（Inaba *et al.* 2005），農家との軋轢がある（鈴木・稲葉 2010）。オガサワラオオコウモリと小笠原在

図4 オガサワラオオコウモリのコウモリだんご。各個体が互いにだんご状に密着して休息している。このコウモリだんごは，5頭のオオコウモリから構成されている。

来植物の興味深い関係がある。オガサワラオオコウモリは，ヤエヤマオオタニワタリ *Asplenium setoi* を摂食し（中村ら 2008），その胞子を散布できると示唆された（Sugita *et al.* 2013）。

　オガサワラオオコウモリには，いくつかの顕著な特徴がある。1つは，オオコウモリ類の中でももっとも北の生息地の1つにすむオオコウモリであることだ。もう1つは，コウモリだんごである（図4）。「コウモリだんご」とは，オガサワラオオコウモリが体を互いに接触させてだんご状に丸くなり，その状態で枝から吊り下がって休息する行動である（Sugita *et al.* 2009; Sugita & Ueda 2013）。私がオガサワラオオコウモリの研究を開始した2002年4月の時点で，オガサワラオオコウモリに関する研究論文は，博物館標本のレビュー（前田 1983）と，そのほかは調査報告書か，査読のない論文くらいであった（阿部ら 1995; 小笠原村教育委員会 1999）。したがって，まったく研究の進んでいない動物の1つであった。

　オガサワラオオコウモリのねぐらに関する知見は，うわさや偶発的な観察によるものがほとんどであり，英語の査読論文はまだ1つも発表されていなかった。オオコウモリ類のねぐらにおける行動は，多くの種で高い社会性があると言われている（Kunz 1982; Kunz & Lumsden 2003）。そこでコウモリだんご行動を有するオガサワラオオコウモリを研究すれば，よい研究ができそ

うだと直感した。熱帯性の動物であるオオコウモリ類の適応放散を解明する
うえで，北限分布域のオガサワラオオコウモリを材料にすることは有用であ
る。また，保護動物でありながら知見の少ないオオコウモリの基礎的情報を
得ることは本種の保全にも役に立つ。私は，中学生のころから目視観察によ
る動物行動の研究に憧れていたので，初めての試みであるオガサワラオオコ
ウモリのねぐらにおける行動生態学的研究を始めた。

　本章では，私の一連の研究から，オガサワラオオコウモリのねぐらの季節変化
と繁殖サイクルの関係についての研究（Sugita *et al.* 2009）と，コウモリだんご
の保温と配偶機会への役割についての研究（Sugita & Ueda 2013）を紹介する。

オガサワラオオコウモリのねぐらの季節変化と繁殖サイクルの関係

　動物がなぜ群れるのか，さまざまな適応的説明が提案されてきた。群れる
利益は，（1）採餌効率の上昇，（2）捕食者からの回避，（3）相互刺激によ
る適応度の増加，にまとめられる（三浦 1998）。一方，群れ生活にはコストも
生じる。たとえば，病気や寄生虫の蔓延，餌資源を巡る競争，捕食者からの
被発見率の上昇などによって群れに参加する個体の適応度は下がりうる。群
れの最適サイズは，これらのコストと利益のトレードオフの観点から決まる
（Krebs & Davies 1993）。

　コウモリ類のねぐらは，単独から数千万頭に達する個体数で構成されるな
ど，さまざまである（Kunz 1982; Kunz & Lumsden 2003）。コウモリがねぐら
として使用する環境は，洞窟，樹洞，樹上，人工物など多岐にわたる（Kunz
1982; Kunz & Lumsden 2003）。コウモリ類はねぐらで長時間過ごすので，ね
ぐら環境からさまざまな選択圧を受ける。その結果，コウモリは生理的，形
態的，行動的にねぐらに適応する（Kunz 1982）。コウモリのねぐら様式を調
べることは，コウモリの生態や生活史を明らかにするうえでとても重要であ
る（Kunz 1982; Kunz & Lumsden 2003）。

　オオコウモリ属のねぐらも多様である。オオコウモリ属がねぐらとして使用
する環境は，一部の種を除いて樹木である（Nowak 1994）。多くのオオコウモ
リ属が複数個体から構成されるねぐらを形成する（Nowak 1994）。単独ねぐら
のオオコウモリ属は，サモアオオコウモリ（Brooke *et al.* 2000）やクビワオオコ
ウモリ（Kinjo & Nakamoto 2015）など少数である。一方，オーストラリアの

オオコウモリ類は数十万頭，トンガオオコウモリ *Pteropus tonganu*s は数千頭を超える大きなコロニーを形成する（Nowak 1994; Brooke *et al.* 2000; Ree *et al.* 2006）。他のオオコウモリでもだいたい数十から数百頭のねぐらを形成するようだ（Nowak 1994; McCraken & Wilkinson 2000）。オオコウモリのねぐらは移動する。ねぐらの位置や個体数は，季節や繁殖状況で変化するようだ。ハイガシラオオコウモリ *P. poliocephalus* のねぐらは餌となる植物のフェノロジーなどで季節的に移動し（Nelson 1965a; Spencer *et al.* 1991），ねぐら集団の性構成は繁殖サイクルに応じて変化する（Nelson 1965b）。トンガやサモアではオオコウモリのねぐらは台風や狩猟圧によって影響を受ける（Brooke 2001; Banack & Grant 2002）。

　私が研究を開始した 2002 年は，オガサワラオオコウモリのねぐらにおける生態や行動がほとんど知られていなかった。オガサワラオオコウモリのねぐらについて分かっていたことは，冬季に父島のある地域にオガサワラオオコウモリが集団ねぐらを形成することくらいであった（小笠原村教育委員会1999）。この集団ねぐらは，少なくとも 1980 年代から毎年ほぼ同じ場所に形成されていたようだ。夏季になると一部の個体を除いて集団ねぐらは解消されるのだが，夏季にオガサワラオオコウモリがどこで寝ていて何をしているか，まったく分かっていなかった。

　父島は，南北約 6 km，東西約 4 km の小さい島である。オオコウモリ類の飛行能力ならば端から端まで数分で飛ぶことも可能である。私は，たとえば餌場への距離を最小にするためなど，採餌効率を上げるためにオガサワラオオコウモリが集団ねぐらを形成するとは思えなかった。ねぐらで無防備に寝ているオオコウモリを見て，捕食者回避のためにねぐらに集合しているとも思えなかった。他のオオコウモリのねぐらでは，高い社会性があることが示唆されている。もう 1 つのねぐらの利益，相互刺激による適応度の増加の例にコウモリの保温行動や交尾機会の確保が上げられている（三浦 1998）。そこで，社会性に注目することにしたが，それはまだ先の話で，まずはオガサワラオオコウモリのねぐらを記載することから始めた。この研究の目的は，（1）ラジオトラッキング法を用いてオガサワラオオコウモリのねぐらの季節移動を記録すること，（2）ねぐらにおいてオガサワラオオコウモリの行動観察を初めて試みること，（3）冬季集団ねぐら形成と繁殖との関係を明らかにすること，の3つである。

オガサワラオオコウモリのねぐらの季節変化の記載を達成するために，2002年〜2004年に，延べ31個体に電波発信機を装着した。ある個体に発信器を長期間にわたり装着し，夏季と冬季ねぐら形成時期間の移動を直接追跡できることが理想であった。しかし，初年度早々に失敗してしまった。発信器をオオコウモリの細く柔らかい体毛に直接接着剤で取り付けたため，電池の寿命は数ヵ月あったにもかかわらず，1，2週間のうちに脱落してしまい，長期間の追跡ができなかったのである。次年度から，オオコウモリには負担の大きい方法であるが，首輪型の発信器に変更した。発信器の首輪部分は，付属の金具で固定するのではなく，瞬間接着剤で固定し，接着剤の劣化時に脱落するように配慮した。

首輪型発信機を用いて，長期間の追跡が可能になり，ねぐら位置を探った。しかし，また問題が生じた。日中のねぐら位置の特定は，オオコウモリが動かないという前提で成り立つ。見晴らしの良い高台で，指向性アンテナを回転させ，もっとも電波の強い方向にコンパスで地図上に直線を引き，2ヶ所以上の受信ポイントから得られた直線の交点が，オオコウモリのいる位置と予想される。しかし，この方法を使うと，小笠原のような複雑な地形の島では電波の反射などによって，不正確な位置情報しか得られなかった。地図上の交点に移動しても電波は至近距離に発信源がある強さを示さないのである。ねぐら環境の差異を調べることやオオコウモリの観察をするためには，正確に位置を知る必要があった。

毎日，父島の道路と高台を巡回し，ねぐらの位置を絞っていった。その結果，オオコウモリを直接目視で観察できる夏季ねぐらを3地点発見できた。夏季ねぐらはそれぞれ1個体のオオコウモリで構成されていた。内訳は，オスの成獣1頭，メスの亜成獣1頭，メスの成獣1頭であった。オスの成獣を観察すると，彼は夏季ねぐらではとくに目立った行動はしておらず，ヒメツバキ *Schima mertensiana* の枝に吊り下がり，ほとんどの時間を寝ていたか，ときどき目を覚まして毛づくろいをしていた（図5）。オスの成獣の夏季ねぐらは，遊歩道から10 mほど森の斜面を上がった所にあり，樹冠は比較的開けていた。位置は，毎日ほとんど変わらなかった。

メスの成獣は，オスの成獣とはまったく異なる環境を夏季ねぐらとして使用していた。メスの成獣は，ヤシにつる植物が絡みついてできた暗い空洞を

オガサワラオオコウモリのねぐらの季節変化と繁殖サイクルの関係　　　　　　　　　　　135

図5　夏季ねぐらで休息するオスの成獣。比較的明るく開けた樹冠をねぐらに使用していた。約50時間観察したが，寝ているか毛づくろいしかしなかった。

ねぐらにしており，外部からは姿がまったく見えなかった（図6）。慎重に空洞の中を見ると，暗闇の中にオオコウモリが確認できた。肉眼では暗すぎて見えないので，赤外線ライト付きのビデオカメラで撮影すると，子供を腹に付けたメス個体が写っていた。メスの亜成獣の夏季ねぐらも，植物が覆い茂った外部から見えない環境であった。

　冬季集団ねぐらは，毎年ほぼ同じ地域に形成されるので，すぐに見つけることができた。それでは前述の夏季ねぐらが見つかった3個体は，冬季集団ねぐらに参加しただろうか。結論から言うと，分からなかった。夏に取り付けた発信器は冬季集団ねぐらが形成される時期までに電池が切れたか，首輪が脱落したと考えられる。そのかわり，直接肉眼で夏季ねぐらを観察できなかったが，位置は絞り込んでいたオスの成獣1個体とメスの成獣1個体が夏季ねぐらの位置を変えて冬季集団ねぐらで観察された。また，夏に発信器を装着したがそれ以降受信できなかったメスの成獣が，冬季集団ねぐらで観察された。長期間にわたるオオコウモリの追跡によって，夏季に分散したねぐらを形成することと，そこから冬季には父島のある地域に集合するという証拠が得られた。

　私は，2002年10月に初めてコウモリだんごを含む集団ねぐらの形成を確認した。このときの個体数は，多くても20頭程度であった。それから12月にか

図6 夏季ねぐらて子育てするメスの成獣。光が届かないほど暗い茂みの中をねぐらとして利用しいていた。腹に子供を付けていた。

けて，オオコウモリは，ねぐらとして使用する樹木を何回か変更した。2003年1月初めに冬季集団ねぐら地域の中に立つ高さ約15 m の1本のマンゴー *Mangifera indica* の木とすぐ隣のヒメツバキに固定された。このマンゴーとヒメツバキは，1月から4月終わりまで，約100頭のオオコウモリに利用され続けた（観察日に必ずオオコウモリがいた）。オオコウモリは，4月後半以降，この場所から急激に個体数を減らし，5月前には，マンゴーとヒメツバキから完全に姿を消した。この年，じつは，マンゴーから約50 m の距離にあるオオハマボウ *Hibiscus tiliaceus* とヒメツバキなどにコウモリだんごが点在していることに気づいていた。しかし，立ち入ることができない土地だったので，これらの詳細は分からなかった。この群れの詳細は，次の年に分かることとなる。

オガサワラオオコウモリの冬季集団ねぐらの様子は，まったく知られておらず，手探り状態で観察法を確立させる必要があった。私は，とにかく長時間観察して，集団ねぐらで何が起きているのか知ろうとした。観察は，7：00～17：00の間に連続して行った。食事もトイレもいかずに見続けた。集中力を要するので，寝不足にも気をつけた。非常に体力を使うので毎日観察することはできなかったが，短時間でもなるべく毎日ねぐらに通った。総観察時間は，この年だけで500時間に達した。

面白いことが分かった。マンゴーに吊り下がるオオコウモリの群れは，ほとんどがメス個体で構成されていた。マンゴーの群れには，少数のオスの成

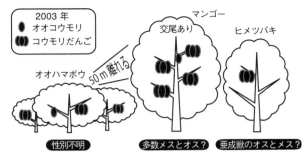

図7 2003年1月から4月の冬季集団ねぐらの模式図。1本のマンゴーの木に，メスが集まっていた。この群れでは，交尾が起きていた。性と齢で分離する群れがありそうなことが分かった。

獣が含まれていた。毎日，約80〜90個体のオオコウモリが観察された。この群れでは，交尾が観察された。隣のヒメツバキには，20〜30個体のオスとメスが寝ていた。この群れの個体は，体サイズがやや小さく亜成獣だと思われた。メスの数が圧倒的に多く，性比が1：1だとすると，オスの成獣の数が少なすぎると感じた。冬季集団ねぐらでは，性と齢で区別できる群れがあること，交尾が起きることがぼんやりと分かってきた（図7）。

　この研究を論文にするためにはデータが不十分だと判断した。複数年のデータを得て，同じ傾向があるかを確かめるために，さらに1年分のデータを追加することにした。このため修士課程の修了が遅れてしまった。2003年12月，前シーズンに集団ねぐらが形成されたマンゴー周辺を中心に冬季集団ねぐらを探していたが，発見できなかった。毎年，狭い範囲内に集団ねぐらを形成するはずなのに発見できず，研究の進捗が心配だった。この年は，集団ねぐらのすぐ隣が造成工事中だったのでその影響も心配された。12月末，ようやくオオコウモリの集団ねぐらを発見した。マンゴーから300〜400 mほど離れた谷の斜面である。川沿いの斜面に沿ってオオハマボウとアカテツが生育する全体に比較的に見晴らしがよい約150 mの範囲が集団ねぐらとして利用されていた。これを見て，オガサワラオオコウモリの集団ねぐらの全体像が，何となく分かりそうな期待を持った。

　2004年には，前シーズンと同様に長時間の観察を行った。より明確なデータを得られるよう，個体識別のために一部個体の背中の体毛に色と数字付きのゴ

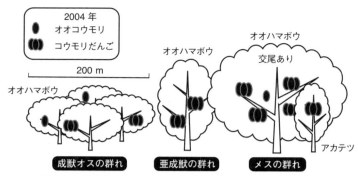

図8 2004年1月から5月初旬に形成された冬季集団ねぐらの模式図。性と齢で区別できる群れが存在した。

ム製の板を張り付けた。また頭の体毛を点字状に脱色した。発信機付き個体も個体識別に役立った。観察の結果，前年と同じ傾向が見られた。オオハマボウとアカテツが重なった樹冠に多数のメスの成獣と少数のオスの成獣がいた。この群れは80〜120頭で構成されていた。交尾は頻繁に観察された。そこから10 mほど離れたオオハマボウに亜成獣のオスとメス個体を含む群れがあった。さらに，川沿いに約150 mにわたりオスの成獣のコウモリだんごが点在していた。

　私は，オガサワラオオコウモリの冬季集団ねぐらの構造は，性と齢で分離できる3種類の群れによって構成されていると結論づけた（図8）。（1）メスの群れは，メスの成獣と一部メスの亜成獣からなる多数のメスと，少数のオスの成獣から構成される。（2）オスの成獣の群れは，オスの成獣と一部にオスの亜成獣によって構成される。（3）亜成獣の群れは，オスとメスの亜成獣によって構成される。

　オオコウモリの捕獲を2002〜2004年にかけて，8回行った。捕獲したオオコウモリの性別と齢を確認し，体サイズと体重を計測した。性別と齢は，次のように判断された。前腕の長さが125 mmより短い個体を幼獣とした。ペニスと睾丸が発達している個体をオスの成獣とした。乳頭の発達が見られる個体をメスの成獣，幼獣と成獣に判断できない個体を，メスの亜成獣とした。捕獲したすべての個体を捕獲場所の近くで放獣した。幼獣出現のピークは，夏季であった。オオコウモリ類の妊娠期間を考慮すると，冬季に交尾と受精し，6,7月頃に出産し子育てするようだ。

オガサワラオオコウモリの冬季集団ねぐらで交尾が頻繁に観察されたことと捕獲個体の齢構成から，冬季集団ねぐらは配偶場所であることが示唆された。夏季ねぐらは，メスは子育てをしていたので，メスは集団ねぐらで妊娠し，夏になるとそこから分散して暗い茂みで子育てするのだろう。オスの成獣は，交尾相手のメスが集団ねぐらからいなくなるので，移動するのだろう。コウモリだんごは，北限生息域において保温の役割があるのかもしれない（次節で詳しく述べる）。したがって，オガサワラオオコウモリの冬季集団ねぐらは，コウモリだんごと配偶行動という個体間相互作用による適応度の上昇によって冬季の集団化を進化させたと示唆された。

この研究では，冬季集団ねぐらの利益，採餌効率の上昇と捕食者回避について考慮していない問題がある。反論もあるだろうが，島の小ささとオオコウモリの飛行能力から，季節的にねぐら位置を移動させることで採餌効率が上昇するとは考えにくい。また，小笠原には，オオコウモリの脅威となる猛禽類が生息していない。留鳥のオガサワラノスリ *Buteo buteo toyoshimai* と，冬にハヤブサ *Falco peregrinus*，オオタカ *Accipiter gentilis* などが通過する（日本鳥学会 2012）。集団ねぐらで観察中に私の頭上すぐ 3, 4 m の枝にオガサワラノスリが止まったことがあった。オオコウモリからノスリまでの距離は 10 m くらいだろうか。私は，ノスリがオオコウモリを捕食しにやってきたのだと期待したが，ノスリは谷の小川の地面に降りていった。そのときオオコウモリは何も反応せず，ただ寝ているだけであった。

コウモリだんごの保温と配偶機会への役割

ほとんどオスが保育しない哺乳類の配偶システムは，9 割が一夫多妻となる（Clutton-Brock 1989）。哺乳類の配偶システムは，メスの分散様式とオスの配偶戦略によって決定される。メスの分布は，餌などの資源の配置で変化する。メス個体かメスの群れをオスが直接防衛する場合の配偶システムはメス防衛型ハーレム一夫多妻となる。メスが集まる資源を防衛する場合は，資源防衛型一夫多妻となる（三浦 1998）。

ハドリング行動とは，動物が互いに体を密着させて暖をとる社会的体温調節のことを言う（Gilbert *et al.* 2010 による総説）。自ら熱を発生させる内温動物は，体表面から外気へ流出する熱を相殺するために熱を生産し続けなけれ

ばならない。そこで熱伝導の小さい体毛や羽毛で体を覆うことで熱流出を防いでいる。外気温と体温の差が大きいほど，体表面から流出する熱の量は増大する。ハドリング行動をすることで，動物は冷たい外気に曝される表面積を減らすことができる。哺乳類と鳥類ではハドリングしている個体の代謝速度は，単独個体より6〜53％減少する（Gilbert *et al.* 2010)。したがって，北極や南極など極端に寒い地域に生息する動物や，分類群の中でも北限に生息するような動物は，ハドリング行動を行うことで利益を得る。南極で抱卵中のコウテイペンギン *Aptenodytes forsteri* のオスは，ハドリングさせないと寒さでエネルギーを使い果たし，卵とヒナを放棄して海へ戻ってしまう（Ancel *et al.* 1997)。ニホンザル *Macaca fuscata* も寒い日はハドリングする時間が長くなる（Hanya *et al.* 2007)。

　コウモリ類など体重に対して体表面積の割合が大きい動物は体温を失いやすい。多くのオオコウモリ属は体温を一定に保つ恒温性である（Bartholomew *et al.* 1964; McNab & Bonaccorso 1995)。しかし，多くのオオコウモリが熱帯または温暖な地域に生息するので，オオコウモリのハドリング行動はほとんど知られていない。オオコウモリの典型的なねぐらは，木の枝にばらばらに吊り下がっている（図9)。熱帯地方の暑さのためか，翼で扇ぐ行動が見られる。寒暖の差が激しいオーストラリア大陸に生息するオーストラリアオオコ

図9　インドネシアジャワ島にあるジャワオオコウモリ *Pteropus vampyrus* のねぐらの様子。オガサワラオオコウモリのように他個体と体を接触させない。翼をしっかりとたたまずに暑そうに見える。

ウモリ *Pteropus scapulatus* ではハドリング行動が見られ，寒い日には隣で休息している個体と接触する（Bartholomew *et al.* 1964）。しかし，オーストラリアオオコウモリのハドリング行動は，オガサワラオオコウモリのような洗練されただんご型ではない。

　オガサワラオオコウモリの冬季集団ねぐらでは，性と齢で区別できる群れが形成され，コウモリだんごと群れ内での配偶行動が見られた。コウモリだんごは社会的体温調節であると思われたが，このときはまだ検証されていなかった。社会的体温調節は動物の分散様式に影響する。配偶システムには，メスの分散様式が一義的に関係する。しかし社会的体温調節と配偶システムの関係はこれまで見逃されてきた。この研究では，まず始めにコウモリだんごへの参加率と大きさが気温に影響されるという仮説を検証した。次にコウモリだんご内の性構成と配偶行動を詳しく調べることで，オガサワラオオコウモリの配偶システムを決定した。

コウモリだんごと気温の関係

　もしコウモリだんごに社会的体温調節機能があるなら，気温変化によって体表面積に関するだんごの形態が変化するはずである。そこで私は，ダンゴに参加する個体の割合（だんご参加個体/全個体数）と気温の関係を調べた。また，ダンゴの大きさ（だんご1個当たりの個体数）と気温の関係も調べた。

　観察は，2006年と2007年の1月から5月前半までの間に形成された，オガサワラオオコウモリの冬季集団ねぐらで行った。メスの群れは，両年ともに同じガジュマル *Ficus microcarpa* に形成された。オスの群れと亜成獣の群れは両年で異なる位置に形成された。観察は7：30〜12：00の午前中に行い，延べ観察時間は，2年間で436.5時間に達した。観察期間中の最低気温は，2006年に11.0℃，2007年に12.8℃であった。群れごとに全体の個体数とだんご参加個体数，だんご1個当たりの個体数を30分ごとに計測した。データは，1日当たり9回とれるが，自己相関と擬似反復の問題が生じるので，1日のデータをコンピュータでランダムに1つだけ採用した。観察努力に対して，データ数が少なくなって悲しいが，コウモリだんごは，夕方には必ず分解するのでデータの独立性を保つためには仕方がないことである。

　統計解析の結果，コウモリだんごに社会的体温調節の機能があることが分

かった（図10）．だんごに参加する個体の割合は，気温が上がると減少した．この傾向は，すべての群れで同じように見られた．だんご1個当たりの大きさは，メスの群れと亜成獣の群れで気温が上がると減少した．オスの群れでは効果が見られなかった．オオコウモリは，1個体で寝ると寒いからコウモリだんごに参加するのだろう．寒いときに大きなだんごに参加することで，外気に曝される体表面積が小さくなる．オスの群れで，だんごの大きさと気温の関係が見られなかった理由に，オスの群れはねぐらにまばらに散らばっており密度が

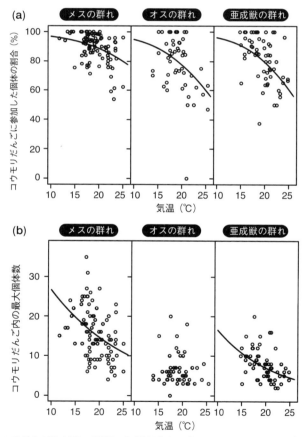

図10 コウモリだんごと気温の関係．気温が上がると，コウモリだんごに参加する個体の割合が少なくなる (a)．気温が上がると，コウモリだんご内の個体数が少なくなる (b) (Sugita & Ueda 2013 より)．

低いため，大きなだんごがほとんど存在しなかったことが考えられる。

　小笠原の冬の気温は，10℃以下に下がることがある。熱帯性の動物のオオコウモリ類には厳しい環境だ。他のオオコウモリ属では，前述のオーストラリアオオコウモリが寒いときハドリング行動をするが（Bartholomew *et al.* 1964），気温との関係は検証されていない。別属のオオコウモリだが熱帯アフリカに生息するストローオオコウモリ *Eidolon helvum* は，数百万頭が集まる巨大なねぐらに数百個体を超える大きなクラスター（房）を形成する（DeFrees & Wilson 1988; Hayman *et al.* 2012）。ストローオオコウモリは，朝に日の当たる枝にクラスターを形成し，暑い日中は樹冠の下に移動する（Jones 1972）。やはり，コウモリだんごは社会的体温調節の役割がありそうだ。オオコウモリ類の北限地域に生息するオガサワラオオコウモリは，コウモリだんごという社会的体温調節で北限地域の冬の気候に適応していると考えられる。

　他の北限地域に生息するコウモリではどうだろうか。屋久島の西に位置する口永良部島のエラブオオコウモリ *Pteropus dasymallus dasymallus* は，オガサワラオオウモリよりさらに北に生息するオオコウモリである。冬の気温は，0℃近くまで下がる。このオオコウモリは，気温が下がると体温も下げて不活発になる（Funakoshi *et al.* 1991）。エラブオオコウモリは，冬の厳しい寒さに生理的に適応しており，オガサワラオオコウモリと異なる方法で，北限生息地の冬の寒さに適応しているのだろう。

　本研究は，コウモリだんごへの参加率と大きさが気温に影響されるという仮説を支持した。しかし，この研究ではコウモリだんごによって節約される消費エネルギーを直接計測することはできなかった。オガサワラオオコウモリは，保護動物のため飼育実験はできない。最近の技術の発達によりサーマルイメージ温度計が廉価で入手できるようになったが，このような機器を用いることで，コウモリだんごと気温の関係をよりはっきり示すことができるだろう。

コウモリだんごと配偶システムの関係

　オガサワラオオコウモリの冬季集団ねぐらは，性と齢で区別できる群れを含み，配偶場所であると示唆された。コウモリだんごと彼らの配偶システムの関係を明らかにするために，コウモリだんご内の性と齢構成を詳細に調べた。オスの配偶戦略を明らかにするために，交尾や他のオスとの相互作用な

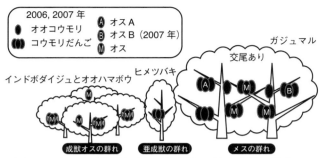

図11 2007年と2008年の冬季集団ねぐらの模式図。両年とも同じガジュマルにメスの群れが形成された。メスの群れにいる個体識別可能なオスAとオスBは、毎日ほぼ同じ枝で休息していた。彼らは、メスとの交尾を独占しておりハーレムオスであると考えられる。

どを調べた。

多くの場合、オガサワラオオコウモリは、コウモリだんごで背中を外側に向けて寝ていた。双眼鏡観察時に、オオコウモリの外部形態で性判定をするために性器部分を確認した。しかし、だんご状態で背中を外側に向けたオオコウモリの性判定をすることは難しかった。毛づくろいや排泄時にオオコウモリは、だんごから抜け出す。抜け出る個体は、脚の爪を他個体に引っ掛けてしまうことがあり、他個体から抗議を受ける。このときの騒ぎで、だんごがばらばらに崩壊することがあった。また、自然にだんごが解散することもあった。このときに、一気に性別を判定した。1回で全個体の性判定はできないので、繰り返すために長時間観察ねぐらの地面でじっと双眼鏡を構えて待ち続けた。さらに個体識別をしやすくするために、一部のオオコウモリの頭の体毛を点字状に脱色して個体識別できるようにした。

その結果、驚くべきことが明らかになった。メスの群れのコウモリだんごの一部は、1頭のオスの成獣個体と複数のメス個体から構成されていた（図11）。メスの群れにオスの成獣は、2006年に5頭、2007年に6頭がいた。そのうち、2006年は首輪型発信器付きオス個体が1頭（オスA）、2007年は2頭（オスAとオスB）いた。発信器付き個体は識別可能であり、彼らの行動を長期間追うことができた。オスAとBは、毎日ほぼ同じ枝に形成されるコウモリだんごの中にいた。彼らは冬季集団ねぐらの形成時期から集団ねぐらが完全に解散する直前まで、すべての観察日に観察された。そして、オスAと

Bは，メスグループ内のメスと交尾をしていた。頻度は少ないがオスAとBは，他のオスに対して追い払い行動を見せた。

一部性別不明の個体が含まれたが，運良く発信器付き個体（オスAとB）がいわゆるハーレムオスになったので，はっきりとコウモリだんご内の性構成を知ることができた。何回観察を繰り返しても，オス1頭と複数個体のメスという構造が観察されたので，ハーレム構造であることは間違いないだろう。また，オスAとBの位置は毎日ほぼ変わらなかったので，オスの配偶戦略は，メスのコウモリだんごに近づく他のオスを排除し，メスとの交尾を独占していると考えられる。メスの保温のためのコウモリだんごをオスは配偶機会を上げるために利用しているのだろう。したがって，オガサワラオオコウモリの冬季手段ねぐらは，ハーレム構造になっており，メス防衛型の配偶システムであると言える。

他のオオコウモリ属もねぐらで配偶行動を行う。ハイガシラオオコウモリやトンガオオコウモリ，クロオオコウモリ *Pteropus alecto* は，肩と首にある腺から出る臭いを枝に擦り付けてなわばりを主張する（Nelson 1965b; Grant & Banack 1999; Markus 2002）。ウマヅラコウモリ *Hypsignathus monstrosus* のオスは，川沿いの森でレックを形成し，音を鳴らしてディスプレイする（Bradbury 1977）。オガサワラオオコウモリの配偶様式は，これらのオオコウモリと

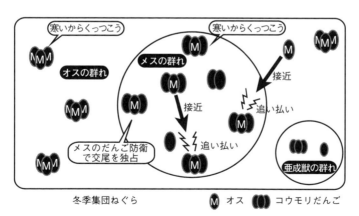

図12 本研究で明らかになったオガサワラオオコウモリの冬季集団ねぐらの模式図。コウモリだんごによるメスの分布様式の季節変化と，オスのコウモリだんごを利用した配偶戦略が，北限生息域のオオコウモリの変わった配偶システムを生み出したのだろう。

は異なる。オガサワラオオコウモリのオスが枝に臭いを付けている行動を見たことがない。オガサワラオオコウモリのオスは，なわばりを主張するのではなく，メスのコウモリだんごを直接他のオスから防衛していると考えられる。

　私の一連の研究から，オガサワラオオコウモリのねぐら行動の進化に関して，以下のようなシナリオが考えられる。南方から小笠原諸島に進出したオガサワラオオコウモリの祖先は，北方の寒い冬の気候に適応する過程で，コウモリだんごという行動形質を獲得したのだろう。続いて，配偶相手を巡るオス間競争は，ねぐら内のオスの群れとメスの群れの分離を促進し，メス防衛型ハーレム構造の形成を導いたのだろう（図12）。この研究で，私は，これまで見逃されてきた，社会的体温調節による動物の分布様式が配偶システムの進化に影響することを，オガサワラオオコウモリの新奇な配偶システムによって初めて示すことができた。

おわりに

　オガサワラオオコウモリの研究を進めるにあたり，父島の多くの方々にご協力いただいた。小笠原自然文化研究所の方々には，オオコウモリの捕獲作業などを手伝っていただき感謝している。上田先生には，オオコウモリの研究をしたくて研究室を探していた私を快く引き受けていただいた。上田研では，オオコウモリを自由に研究できた。論文も発表できて，それなりに満足のいく結果が残せた。しかし，オガサワラオオコウモリでの研究アイデアはまだたくさん残っている。研究例のない動物だったので，助言いただける研究者もほとんどおらず，自力で研究計画を立てなければならず時間がかかった。難しかったが，自ら研究を遂行できる力が付いたと思う。おかげで，博士号取得後に国立科学博物館や国立環境研究所で鳥類や昆虫の研究に対応できた。現在，小笠原諸島の鳥類と昆虫の研究にも携わっている。遠回り中であるが，オオコウモリの研究に戻るつもりだ。この研究の一部は，自然保護協会2002年度および2003年度のPRO-NATURA助成金の支援を受けた。

8

オオセッカの同種誘引
— 行動学的視点で繁殖分布の謎に迫る —

(高橋雅雄)

はじめに

　幼い頃の私は典型的な昆虫少年で，鳥嫌いであった。「鳥は大好きな昆虫を食べる悪者だから」である。それがどういう理由か小学4年時に鳥にハマり，中学時に夏休みの自由研究で調査研究の楽しさを覚え，高校時に鳥類学者を自身の進路と決めた。その間には，今では共同研究者となったバードウォッチングの師匠たちと，研究対象となったオオセッカとの出会いがあった。「少年の夢」が幸運にも叶ったのは，人と鳥と場の縁に恵まれたからである。そんな新米研究者がオオセッカの謎に挑んだ道半ばの研究過程を紹介する。

オオセッカの魅力と謎

　オオセッカ *Locustella pryeri* は全長13 cm，体重13 gの地味な小鳥である（図1）。全身茶色で背に目立つ黒斑があり，短い翼と大きな扇型の尾を持つ。よく見ると小鳥特有の可愛い顔をしているが，きらびやかな羽毛を持つでもなく，繊細な美声で歌うでもないので，一般的な知名度や人気はない。野鳥観察を楽しむバードウォッチャーでさえあまり馴染みがないが，熱心なマニアにとっては「出会えると嬉しい鳥」として意外と人気がある。

　人気の理由は「地域限定」で「数が少ない」ことにある。オオセッカは東アジアの固有種で，『日本産鳥類目録』（改訂第7版，日本鳥学会）によると中国・朝鮮半島・ロシア極東地域・日本の特定の湿性草原だけに分布する。日本のオオセッカは大陸産とは異なる日本固有亜種 *L. p. pryeri* に分類され

8 オオセッカの同種誘引

図1 オオセッカのオス（宮彰男氏提供）。メスも同形同色である。

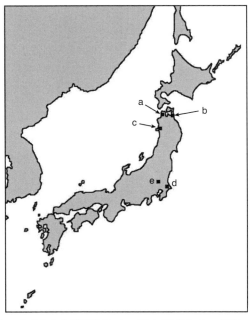

図2 日本のオオセッカのおもな繁殖地域（a：岩木川河口；b：仏沼；c：八郎潟干拓地；d：利根川下流域；e：渡良瀬遊水地）。

(Seebohm 1884; Morioka & Shigeta 1993)，東日本の5地域だけで繁殖する（図2）（永田 1997；平野 2015）。しかも，その大多数は青森県西部の岩木川河口（図2(a)），東部の仏沼（図2(b)），茨城県と千葉県に跨る利根川下流域（図2(d)）に集中する（上田 2003）。そのため，それ以外の場所で出会う機会はほとんどない。また日本での生息個体数はわずか2500羽程度とされ（上田 2003），日本でもっとも数が少ない小鳥の1つである。よって絶滅が心配され，絶滅危惧IB類と国内希少野生動植物種に指定されている（環境省自然環境局野生生物課 2014）。人間とは「限定」と「希少」に惹かれる生き物であり，「地域限定で2500個のみ」ならば，ご当地キティちゃんも地味な小鳥も等しく人気が高まる。オオセッカの魅力の1つはまさにそれである。

　ではオオセッカはなぜ「地域限定」で「数が少ない」のだろうか。この謎は多くの研究者の関心を集め，繁殖期のオスの生息環境に注目した研究が行われてきた（たとえば，Fujita & Nagata 1997; 中道・上田 2003; 三上 2012）。それらによると，オスは特殊な環境利用（habitat use）を示し，ヨシの背丈がおおよそ2m以下で下草が豊富に生えた場所になわばりを形成するという

図3　オオセッカのオスが利用する湿性草原環境。ヨシがまばらで下草が豊富なことが分かる。

（図3）。そのような植生環境は全国的にも少ないため，生息できる湿性草原は限られ，オオセッカは数が少ない，そう解釈されてきた。しかし，これは真実だろうか。そんな植生環境はたしかに珍しいが，小面積ならば日本各地に普通にあり，とくに耕作放棄された水田跡地は一時的にそんな環境になりやすいようだ。また，オスが特殊な植生環境を利用しているとしても，実際に好んでいるとは判断できない（いやいや利用しているだけかもしれない）。さらに，メスがどんな環境を好み，どんな環境に巣を造るのかはまったく分からない。オスの植生環境利用はオオセッカのある一面だけを明らかにしたにすぎず，謎はやっぱり謎のままであった。

オオセッカとの出会いと研究の始まり

オオセッカとの出会いは私が小学生の頃だったが，初めて見た状況は記憶になく，格別な印象を持たなかったようだ。青森県八戸市で生まれ育った私にとって，オオセッカの日本最大の繁殖地である仏沼は「珍しい鳥に出会える広いヨシ原」であって何度も通ったが，オオセッカは「仏沼にたくさんいる地味な小鳥」でしかなかった。単に派手で格好いい鳥が好みだったので，オオセッカの魅力に気づくことはできなかった。中高生時も私とオオセッカの関係は変わらず，常に身近な存在ではあったが特別な関心を持つことはなかった。

私たちの関係が劇的に変化したのは 2007 年早春のことである。当時，私は修士論文を書きつつ，研究への自信と熱意を失いかけていた。鳥類の繁殖生態を研究するべく選んだケリ *Vanellus cinereus*（図4）は，観察は容易だがデータ収集は困難で，研究は思うように進まなかった。「少年の夢」である鳥類学者になるためには，博士課程に進学して博士号を取得するのが王道である。しかし，このままケリの研究を続けても，これ以上の成果を上げる見込みはなく，博士号を取得できるとは思えなかった。心機一転して研究テーマや研究環境を改めたい。鳥類を専門とする研究室に身を置いて，第一線の鳥類研究に直に触れてみたい。私は上京して立教大学の門をくぐり，上田恵介先生を訪ねた。

上田先生には，（1）鳥類の繁殖生態を研究したいことと，（2）地元である青森県で調査をしたいことを伝え，研究テーマや進路について相談した。先

野外調査の妙技

図4　ケリの成鳥。日本でもっとも気の強い鳥である。

生から提示されたテーマは2つあった。1つは仏沼でオオセッカの繁殖生態を解明すること，もう1つは仏沼でクイナ類3種（クイナ *Rallus aquaticus*，ヒメクイナ *Porzana pusilla*，シマクイナ *Coturnicops exquisitus*）の棲み分けを明らかにすることだった。クイナ類は湿地に潜む観察が困難な鳥たちで，その研究はたいへん困難が容易に予想できた（正直に言うと，そんなのムリだと思った）。私はオオセッカを研究テーマに選び，立教大学理学研究科の博士課程に進学した。そしてオオセッカは「地味な幼馴染み」から「大切な研究対象」となった。

野外調査の妙技 ── 観察と巣探し

野鳥の繁殖生態を研究するためは，欠かせない技術が2つある。1つは個体識別（観察時に対象種1羽1羽を容易かつ確実に見分けること），もう1つは巣探し（調査範囲内に存在する対象種の巣を，繁殖に悪影響を与えることなくほぼすべて見つけること）である。個体識別は，個体特有の外見的特徴や捕獲して装着した標識を用いて行うことが一般的だ（前述のケリの研究はここで躓いた）。オオセッカはカスミ網（特別な許可がないと所持使用ができない特殊な網）を用いて容易に捕獲できたため，脚に個体特有の色足環を装着して個体識別した（図5）。一方で野鳥の巣は親鳥を追跡したり巣を造りそ

うな場所を見回ったりして探すが，オオセッカの巣探しは苦戦が予想された。
　そもそもオオセッカは巣探しがたいへん難しい鳥として殊に有名であった。上田先生の著書『ポケットガイド野鳥282』（小学館）のオオセッカの解説には，「巣探しが困難である」と明記されている。そんなオオセッカの巣を30個も見つけて観察するという私の最初の研究計画は，研究室の先輩たちから

図5　オオセッカの捕獲作業をする上沖正欣君（左），筆者（中央），上田恵介先生（右）(a)（宮彰男氏提供）と，オオセッカの脚部に装着された3つの色足環(b)。

図6 仏沼の案内板と宮彰男氏（左），蛯名純一氏（中央），筆者（右）。最高のオオセッカ調査チームである。

実現可能性を疑われた。「1 巣も見つけられず調査に失敗するのではないか」との懸念は至極当然である。上田先生は「とりあえずやってみよか」とのご意見だったが，先生もじつは半信半疑だったのでは，と思う。オオセッカの巣の実物を見たことがない私は不安でいっぱいのまま，上田研の大学 4 年生であった上沖正欣君（14 章執筆）と仏沼へ向かった。

ここで登場するのが，幼少の私にバードウォッチングの技術を授けてくれた師であり，現在では共同研究者である宮彰男氏と蛯名純一氏である（図 6）。宮氏は仏沼の保全活動とオオセッカ調査のリーダーで，鳥類撮影の腕はプロ級の実力である。蛯名氏は日本産鳥類全般の生態や識別に詳しく（青森県でもっとも詳しいと言っても過言ではない），捕獲と巣探しのスペシャリストである（私の調査技術が上達するまで，その実務を全面的に助けていただいた）。オオセッカの生態に関しては世界でもっとも詳しいお二人と断言してもいいだろう。その長年の経験が生んだ巣探しの妙技が伝授されてようやく，私のオオセッカ研究は前進することになった。以下にその概要を紹介する。

(1) ヨシ原は上から観察すべし

オオセッカが暮らすヨシ原は「すだれ」が縦に何千何万層も重なった構造をしている。横方向からいくら熱心に見ても，鳥の様子はまったく分からな

図7 車の上の脚立のてっぺんからオオセッカを観察する筆者(宮彰男氏提供)。はじめは高くて恐かったが慣れた。

い。ヨシ原を高みから見下ろしてようやく，1羽1羽の動きが見えてくる。よって，ヨシ原での調査では，範囲内に観察塔や脚立などをいくつか立てて観察することが一般的だ(5章参照)。ここまでは定石どおりだが，宮氏が提案した観察方法は奇抜だった。図7をご覧いただきたい。車の上に木製のステージが載り，その上に脚立がそびえ，その頂きにいる私。約6 mの高みからヨシ原を見下ろすと，かなり遠方まで小鳥たちの動きが丸見えである。しかも自動車なので移動に便利。脚立をたたんで，どこへでも容易に移動できる。かつて水田として整備され，碁盤の目状に道路が配置されている仏沼の特徴を最大限に生かした観察方法である。

(2) 巣探しは親鳥との駆け引き

車の上の脚立のてっぺんからいくら観察しても，草むらの中の巣そのものはまったく見つけられない。巣を探すには，長時間の観察に加えて親鳥との駆け引きが重要となる。見通しが利かない草原の中で，親鳥は餌を求めて巣を出て，餌を得て巣へ戻ってくる。その様子を脚立の上からじっと眺めて，おおよその巣の位置を把握する。ただし，オオセッカは巣から直接飛び出さ

ず，巣から十数メートル歩いて離れ，その後にようやく飛び出て餌を探しに行く。戻りも同様で，巣の十数メートル手前で草むらへ潜り込み，ひっそりと歩いて巣に入る。その飛び出し地点，潜り込み地点はいつも同じとは限らず，時と場合に応じて変わる。そのため，巣の位置の把握はかなり難しい。

　また，巣に近すぎる場所で観察していると，親鳥は警戒して巣へ戻らない。特徴的な警戒声を発しながら，巣や観察者の周囲を広範囲にうろうろする。その場合は，親鳥が警戒しないほど離れてから観察をやり直す。しかし遠すぎると親鳥の様子は見えない。親鳥が警戒しないギリギリの近さを，親鳥と駆け引きしながら見い出していく。そうやって親鳥の出入りを何度も確認すると，巣のおおよその位置が徐々に掴めてくるのである。

　その後は，巣がありそうな辺りの草をそっとかき分けて目を凝らす。巣を踏んで壊さぬよう1歩1歩が慎重である。うまくいくと，地面すれすれに造られた巣が見つかる。オオセッカの巣は後述するように巧妙に隠されており，目前であっても見分けがつかない。集中力がもっとも必要な作業である。それでも見つからない場合は観察からやり直しだ。自分が見立てた巣の位置が間違っていないだろうか。何か見落としがあるのだろうか。親鳥に騙されていないだろうか。そう考えながら観察と探索を繰り返す。そうして1巣1巣をしらみつぶしに探し出すのである。容易な巣では私1人で30分程度で見つかったが，難しい巣では4人がかりで3日間もかかった。3年間の調査で見つけた計250巣は私の誇りであり，かけがえのないデータとなった。

オオセッカの巣の形態と営巣環境

　鳥の巣の形態と営巣環境は種ごとに特徴があり，それぞれの種は，同じような営巣環境に，同じような巣材を用いて，同じような構造や色をした巣を造る。小型鳥類（スズメ目）の巣は3つの基本タイプ（洞穴巣，カップ型の開放巣，ドーム型の袋状巣）に大別され（Collias 1997），多くの種では特定の1タイプのみを造り営巣する。しかし例外的に，外見がまったく異なる複数のタイプの巣を造る種が少数いる（シロビタイジョウビタキ *Phoenicurus phoenicurus*：Avilés *et al.* 2005; Rutila *et al.* 2006；ルリツグミ *Sialia sialis*：Bourne 1957；シロガオヒヨドリ *Cerasophila thompsoni*：Fishpool & Tobias 2005；チャバラミソサザイ *Thryothorus ludovicianus*：Laskey 1948; Brewer 2001；シ

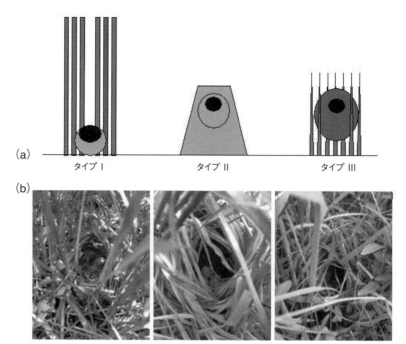

図 8 オオセッカの 3 タイプの巣の模式図 (a) と実物例 (b)。日本鳥学会より許可を得て Takahashi *et al.* (2013) を改変し転載。

ロハラミソサザイ *Thryomanes bewickii*：Brewer 2001)。彼らはさまざまな環境や状況でも営巣できるように造巣行動が進化したと考えられている。

　オオセッカも複数タイプの巣を造る少数派の 1 種である。ヨシの枯葉やスゲなどの枯草を材料に巣は造られるが，でき上がった巣は構造や色が明らかに異なる 3 タイプに分類できる（西出 1975；オオセッカの生息環境研究グループ 1995）。タイプ I は屋根や覆い構造がないカップ型の開放巣で，タイプ II とタイプ III はともにドーム型の袋状巣だが，前者は枯草の「茂み」の中に造られるのに対し，後者は生きた草本の覆い（外装）が付加されて緑の球体のように見える（図 8）。オオセッカの巣が非常に見つけにくいことはすでに紹介したが，それは広義の営巣環境（草原の中に巣を造ること）や親鳥の行動特性（親鳥が巣から離れて出入りをすること）とともに，巣そのものの形態に起因する。とくにタイプ III の巣は周囲の環境に溶け込んでしまい，目前でも見つ

オオセッカの巣の形態と営巣環境

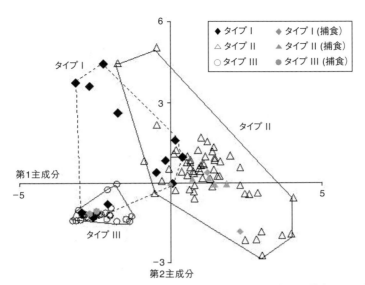

図 9 オオセッカ 102 巣の環境要素に関する第 1 主成分と第 2 主成分の散布図。日本鳥学会より許可を得て Takahashi *et al.* (2013) を改変し転載。

けることが非常に難しい。

　では，オオセッカは実際にどんな環境に巣を造るのだろうか。環境や状況に応じて巣のタイプを造り分けているのか。「地域限定」で「数が少ない」というオオセッカの謎に対して，営巣環境や複数タイプの巣の存在は何らかの示唆を与えてくれるのだろうか。北里大学の杉浦俊弘教授や青木桜さんと共同で巣の周囲の植生など環境要素を計測し，オオセッカの巣のタイプと営巣環境の関係性を明らかにした (Takahashi *et al.* 2013)。

　その調査過程で驚いたのは，オオセッカがじつに多様な草原環境で営巣していたことだ。オスがおもに利用する植生環境 (ヨシの背丈がおおよそ 2 m 以下で下草が豊富に生えた場所) はもちろんのこと，ヨシの背丈がより高くて下草が乏しい場所や，ヨシに代わってススキが生えて乾燥した場所，ヨシやススキがほとんどなくて下草だけが豊富に生えた場所，いくらかの水深があってガマが優占した場所など，じつにさまざまな環境で巣は見つかった。とくにヨシがほとんどない場所やガマが優占した場所では営巣しないと考えられていたので，これまでの想定外と言っていい。

そして，3タイプの巣はそれぞれ異なる特徴の環境に造られていた。図9は計測した環境要素を主成分分析し，その第1主成分（横軸）と第2主成分（縦軸）から巣タイプ間の差異を視覚的に示した散布図である（主成分分析は一般的な統計解析手法の1つであり，詳細は他書を参考してほしい）。ここで第1主成分は「下草の状況」を意味し，大きな値（右寄り）の巣は枯れた下草が多い地点に造られ，逆に小さい値（左寄り）の巣は生きた下草が多い地点に造られていたことを表す。一方の第2主成分は「大型草本の量」を意味し，大きな値（上）は草原の上層部を形成するヨシやススキの背丈や密度が高いことを表す。たとえば，背の高いヨシだけで構成されて下草が乏しい一般的なヨシ原は散布図の中ほどの最上部に位置し，ヨシやススキがまったくなくて生きた下草だけが生える牧草地のような環境は左下隅に位置することになる。

では，3タイプの巣が散布図内にどのように位置するのかを見てみよう。はじめにドーム型の袋状巣2タイプに注目したい。タイプIIの巣は図の左上から右下にかけて広く散らばり，対照的にタイプIIIの巣は左下に集中している。これは，タイプIIの巣は枯れた下草と生きた下草が同程度にあってヨシやススキがあまり多くない地点や，枯れた下草が豊富でヨシやススキが乏しい地点に造られており，一方でタイプIIIの巣は生きた下草が豊富でヨシやススキが乏しい地点に造られていたことを意味する。これら袋状巣の2タイプは互いに点が重ならず，営巣環境が明らかに違うことが分かる。

次にタイプIに注目する。タイプIの一部は図の中央のタイプII集団や左下のタイプIII集団の中に位置し，これら袋状巣2タイプと類似した営巣環境にも見られることが分かる。しかし一部は図の左上に散らばり，他2タイプとは明らかに異なる営巣環境（生きた下草とヨシやススキがともに豊富な地点）に造られていた。これはタイプI固有の特徴と言える。

3タイプの巣の意義

このようにオオセッカの3タイプの巣は，それぞれが特徴的な植生環境に造られていた。言い換えると，オオセッカは植生環境に応じて3タイプの巣を造り分けていた。これが，オオセッカが予想に反して多様な草原環境で営巣できた理由であろう。オオセッカはオスが生息する植生環境が特殊であることが指摘されてきたが，少なくとも営巣環境は特殊ではなく，逆にどんな

草原環境でも営巣できる可能性がある。「地域限定」で「数が少ない」という
オオセッカの謎に対して，「営巣環境が特殊なので生息する植生環境も限られ
てしまうから」との説は成り立ちそうにない。この結果だけで植生環境とオ
オセッカの謎とが無関係であるとは断定できないが，植生環境の重要性が過
去の解釈よりも小さいことは確かなようだ。

オオセッカが集まる行動学的メカニズム

　植生環境以外で，オオセッカの謎を説明できる仮説はあるだろうか。オオセッ
カが「地域限定」である要因として，私は同種誘引（conspecific attraction）
と呼ばれる行動特性に注目した。これは「同種の近くに定着・生息する性質
や傾向」と定義され（Ward & Schlossberg 2004; Donahue 2006），同種の存在
を手掛かりに自身の生息場所を決めることを指す。集団営巣や群れ生活をす
る種では一般的な集合性の１つであるが（Burger 1988; Kress 1997），繁殖な
わばりを有して単独営巣を行うような種においては，営巣密度の増加によっ
て負の密度効果が生じ，適応度が減少して不利益を被ってしまう（Fretwell &
Lucas 1970）。そのため，彼らには備わっていないと考えられてきた。
　しかし近年になって，多くのなわばり性単独営巣の種でも同種誘引の効果
が確認され始めた（たとえば，Alatalo et al. 1982; Muller et al. 1997; Ward &
Schlossberg 2004）。その適応的意義としては，（1）生存や繁殖に必要な資源
の有無や量および環境の質を，同種の存在（conspecific cueing）を指標として
適切に評価できる（Donahue 2006），（2）個体数や密度の増加とともに適応
度が増加するアリー効果（Allee effect）（Saether et al. 1996; Courchamp et al.
1999; Stephens & Sutherland 1999; Donahue 2006）が期待できる，の２点が
考えられている。前述の不利益よりもこれらの利益が上回ったならば，この
行動特性は進化するだろう。そして，その性質を強く発揮する種は，大多数
が特定地域に集中してしまうはずだ。
　オオセッカは同種誘引の性質を持つだろうか。Schlossberg & Ward（2004）
はその可能性がある種の特徴として，（1）渡りを行うこと，（2）夜間にもさ
えずること（多くの鳥類は夜間に渡りをするため，渡り途中の個体は夜間のさ
えずりを聞いて同種の存在を察知できる），（3）局所的な集中分布をしてい
ること，の３点をあげている。オオセッカは（1）渡り性であり，東北地方

北部で繁殖するオオセッカは東北地方南部や関東地方北部に，関東地方で繁殖するオオセッカは東海地方や近畿地方に移動して越冬する（永田 1997；千葉・作山 2011）。また（2）夜間にもさえずる（高橋雅雄 未発表）。さらに前述したように（3）日本では東日本の 5 地域のみで繁殖し，とくに 3 地域に集中している（永田 1997；平野 2015）。よって，同種誘引の性質を持つ条件がすべて備わっていると言える。ここでは，私が試みた同種誘引の検証実験を解説し，オオセッカがその性質を持つことを示したい。

検証実験の手法

野外実験は，2009 年春に青森県八戸市市川地区の農耕地（202 ha，北緯 40°34′，東経 141°27′）で実施した。ここは青森県東部のオオセッカの分布域最南端にあたり，中心地の仏沼からは約 40 km も離れている。見渡す限りの

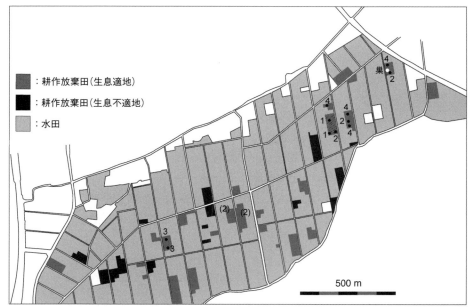

図10 実験地における耕作放棄田とオオセッカの分布。実験放棄田は斜線で，オオセッカのオスは黒点で，巣は白点で示す。数字は実験地に出現した順番で，（ ）は確認後すぐにいなくなった地点を表す。

稲作水田の中に耕作放棄田が散在し，いくつかはオオセッカが生息しそうな湿性草原となっていた（図10）。

同種誘引の検証実験では，どこで実施するかが重要である。オオセッカが

図11 実験放棄田の様子 (a) と，設置した防水 CD プレイヤー (b)。スピーカーを上空に向けて，さえずりが広範囲に聞こえるようにした。

同種誘引の性質を持っていたとしても，渡り途中の何羽かが実際に通過する場所を選ばないと検証は成立しない（オオセッカがまったく通過しない場所で試しても無意味である）。また，誘引対象になるべく悪影響を与えないよう配慮するべきであり，絶滅危惧種を相手にするならば，なおさらである。生存や繁殖に不適な場所に誘引してしまうと人為的な生態的罠（ecological trap）となり，対象の個体群や誘引個体に被害を与える恐れがある。

　この実験地は仏沼と越冬地を結ぶ渡り経路上にあり，春には多数のオオセッカが通過すると予想された。また過去にはオオセッカが何度か観察され，実験前年の 2008 年夏にもオス 1 羽が確認されていたため，「潜在的な生息適地」と言えた。よって，検証実験に適した立地であり，誘引に成功しても彼らの生存や繁殖に悪影響を与えない環境だと判断した。

　調査地内の耕作放棄田の 1 つを選び，実験放棄田（0.53 ha）とした（図 10 および図 11a）。いかにもオオセッカが居そうな植生環境で，実際には居ないことが不思議だった。そこに，オオセッカのさえずり（73.5 分）とコヨシキリ *Acrocephalus bistrigiceps* のさえずり（3.4 分）を記録した CD を収めた防水 CD プレイヤーを 3 台設置した（図 11b）。この対象種以外のさえずりは，録音再生の慣れを防ぐ役割があるとされる（Ward & Schlossberg 2004）。なお，使用した 2 種のさえずりは上田（1998）を音源とした。このオオセッカのさえずりは仏沼で録音されたものである。

　さえずりの録音再生は 4 月 17 日より開始し（この年の仏沼でのオオセッカ初確認は 4 月 20 日だったので，渡来直前に実験を開始できたことになる），5 月 17 日まで約 1 ヵ月間継続した。その間，毎朝 4 時から 7 時まで，前述のさえずりを最大音量で繰り返し流した。この時間帯は真っ暗な闇夜から明るい早朝までに当たり（当地の 4 月中旬の日出時刻はおおよそ 5 時だった），オオセッカのさえずり活動のピーク時にも当たる（オオセッカの生息環境研究グループ 1995）。また，オオセッカの個体数調査を，録音再生期間は悪天候時を除くほぼ毎日，その後は 7 月中旬まで 2 週間に 1 度の頻度で行った。早朝に実験地内を車で巡ってさえずるオスを探索し，発見した際にはその位置を地図上に記録した。さらに 2010〜2015 年の 6 月下旬にも同様の個体数調査を実施し，効果の持続性を検証した。

図12 実験地の耕作放棄田で発見したオオセッカの巣。中に4つの白い卵が見える。

同種誘引による繁殖地新設

　はたしてオオセッカは現れたのか。さえずりの録音再生はきわめて効果的だった。実験開始14日後 (2009年5月1日)、オオセッカのオス2羽が実験地内についに現れた。しかもさえずりを流している実験放棄田にであった (図10)。20日後 (5月7日) には実験放棄田周辺の放棄田でもオオセッカが確認され始め、計7羽に増加した。そして37日後 (5月24日) にはオス11羽 (最大数) が実験地内で観察された (実験地外の農耕地も類似した環境条件であったが、調査年にオオセッカはまったく確認されなかった)。これらの実験結果は、オスが同種のさえずりに誘引されて実験地に定着したことを意味する。すなわち、オオセッカの少なくともオスには同種誘引の性質があり、同種のオスの存在 (さえずり) を手掛かりに生息場所を決める個体がたしかに存在している。なお、同種誘引の効果を示す種の中には、さえずりだけでは不十分で、同種の姿を認めることが必要な種もいるようだが (Schlossberg & Ward 2004)、オオセッカはさえずりのみでも同種に誘引されることが分かる。

　また、実験地内で6月18日に1巣 (4卵；タイプIII) を確認した (図12) (この巣は残念ながら7月2日にハシボソガラス *Corvus corone* の捕食を受け

営巣失敗した）。これほど短期間で繁殖地が新設されるとは想定外だった（当時はこれ以上の巣探しはしなかったが，巣はもっとあったと思う）。さらに，さえずりの再生を行わなかった翌 2010 年には 8 羽（6 月 26 日），2011 年には 8 羽（6 月 25 日），2012 年は 9 羽（6 月 23 日），2013 年は 12 羽（6 月 29 日），2014 年は 12 羽（6 月 28 日），2015 年は 11 羽（6 月 29 日）のオスが実験地内で確認された。検証実験で新設されたこの繁殖地は，人為的な働きかけが何もなくとも，現時点で 6 年間も同規模で継続している。じつに驚くべきことだ。

おわりに

4 年間の野外調査と 2 年間の論文執筆を経てようやく，私は博士課程を修了して博士号を戴いた。私の博士論文は，オオセッカの繁殖生態や分布状況の詳細を明らかにし，植生との関係を見直し，同種誘引や配偶者選択，子殺しなどの個体間関係を新たに提示したものとなった（高橋 2013）。しかし，「地域限定」で「数が少ない」というオオセッカの謎の解明は道半ばである。おそらく，植生環境と同種誘引性と，私がまだ気がついていない未知の要因が複雑に絡み合って，オオセッカの謎は構成されている。それを解く糸口を見つけるには，ともに過ごす時間と対話がまだまだ足りないらしい。この謎に満ちた「地味な幼馴染」には，研究者人生を捧げる魅力がある。

カラ類の音声研究 10 年間の軌跡

(鈴木俊貴)

はじめに

　耳を澄ませばどんな場所でも必ずと言っていいほど聞こえる音。それは鳥の鳴き声だ。都市にも山にも農村にも，鳥たちはとてもありふれていて，季節を問わず鳴き声を交わし合う。春の訪れを告げる小鳥のさえずりや，秋の風物詩とも言えるモズの高鳴き。鳥たちは鳴き声によってさまざまにコミュニケーションをとっている。

　しかし，こんなに身近な鳥たちの鳴き声が，どのような意味を持ち，彼らの生活においてどのように役立っているのか，長い間，謎に包まれていた。僕は，シジュウカラ科鳥類（カラ類）を対象に，鳴き声の意味や機能を明らかにする研究を続けてきた。ここでいう機能とは，個体の生存や繁殖にどのように寄与するかということだ。大学4年次に研究をスタートしてから10年ほど経ったが，その間，本当にいろいろな発見があったと思う。その研究生活の多くを過ごした立教大学の動物生態学研究室（上田研究室）が，2016年3月に上田恵介先生の定年退職をもって幕を閉じる。本章では，僕が研究を始めたきっかけから現在までの経緯を，研究成果とともに振り返りたい。

野外研究の幕開け

　今から遡ること10年前の2005年，僕の研究生活が始まった。当時，僕は大学の4年で，東邦大学生物学科の地理生態学研究室に所属していた。指導教員である長谷川雅美先生は両生・爬虫類の生態に精通していて，保全生態

系や島嶼生態学に力を注いでいた。動物の行動や生態，進化に興味を持っていた僕にとっても刺激的なテーマを研究している学生が多く，とても活気に満ちた研究室だった。

隣の部屋には，アホウドリの保全をしている長谷川博先生がいらして，毎日のようにビールを片手に，研究とは何たるものかを熱く語っていただいた。博先生は，動物行動学（エソロジー，ethology）にも精通していて，その講義も担当していた。僕が行動学に興味があることを知ると，「この本は読んだか」，「この論文は読んだか」などと声をかけて下さり，本当にいろいろと教えて下さった。

さて，卒業研究では何を調べようか。動物行動学や行動生態学の分野で何か面白い発見をしたいと考えてはいたものの，当時の僕にとって，具体的にテーマを絞るのは一苦労だった。研究テーマを決めることは，研究の価値の半分以上を決めるようなものである。手つかずのテーマというだけではなく，発展性のあるテーマを選ばなくてはならない。できれば，分野を大きく揺るがすような大発見につながるものがいいだろう。

テーマを探していろいろな場所に出かけた。林や河川，干潟，時には伊豆諸島や南西諸島にも足を運んで，昆虫や鳥を観察した。しかし，まだピンときたテーマに巡り合えていなかった。そうこうしているうちに，11月になってしまった。卒論の締め切りまであと4ヵ月しかないが，いまだに1つも

図 1 山荘から望む浅間山。山裾に広がる落葉樹林が調査地である。

データをとっていない。周りの学生の多くはもうすでにデータをとり終え，卒論を書き始めていた。

とはいえ，大学でいくら文献を調べてみても新しいテーマはなかなか浮かばない。気を取り直して，もう一度フィールドに出かけてみることにした。向かった先は長野県軽井沢町。日本でもっとも歴史の古い国設の野鳥の森がある。ここには東邦大学が管理する山荘があり，1泊たったの500円で利用できた。最寄り駅まで徒歩45分，スーパーまでは徒歩90分と辺鄙な場所ではあったが，水と電気，ガスが通っているし，布団もあるので，学生の僕にとっては，とにかく安く自然に親しむことのできる絶好の環境であった（図1）。

カラ類との出会い

森に入ると，シジュウカラやヒガラ，コガラなどのカラ類を中心とした，大きな鳥の群れに出会った。こんなに大きな群れは，関東の平地（千葉県や東京都）では見たことがなかった。夢中になって群れを追いかけた。カラ類だけでなく，ゴジュウカラやキツツキ類なども次々と現れる。時々エナガの群れも加わる。これは「混群（mixed-species flock）」と呼ばれる集団で，冷温帯にすむ小鳥たちの典型的な秋冬のスタイルだ。

群れといっても，ハトやムクドリ，スズメの群れのように，個体同士が密に連携したようなものではない。観察しているとすぐに気づくが，基本となるのは同種の群れで，それが他の種からなる群れと合わさったり離れたりする動的な集まりである。この離散集合はとても頻繁に起こるので，観察される群れの種構成は変化に富む。2〜3種の鳥からなる混群に出会うこともあれば，8〜9種からなる大きな群れを見ることもある。

相当数の鳥類が大きな群れを作って広範囲を移動していくので，森を歩いていると，大きな群れに出会ったかと思えば，それ以降まったく鳥に出会わないといった状況になる。とくに正午は観察しにくく，森の中は一度静まり返る。そんなときは沢沿いをのぞくと，ピシャピシャと水浴びをする鳥たちを見つけることができた。

混群を追いかけ観察を続けると，よく鳴く種類とあまり鳴かない種類がいることに気づく。コガラやエナガは枝を飛び移りながら「ディーディー」，「ジュルルル」などと頻繁に鳴くが，ゴジュウカラなどは滅多に鳴かない。さ

らに耳が慣れてくると，コガラやシジュウカラの発する鳴き声にはいろいろ
な種類があることに気づいた。いったい何のために鳴いているのだろう。彼
らの鳴き声について，もっと知りたくなった。

　大学に戻って文献を探してみた。すると，思っていたよりもカラ類の鳴き
声に関する論文が出版されていないことに気づいた。レパートリーはおろか，
鳴き声の意味についてもほとんど明らかでなかった。見つかるのは霊長類の
研究ばかりで，野鳥の鳴き声のもつ意味や機能については，体系的に研究さ
れた例がほとんどなかったのである。よし，カラ類の鳴き声を調べてみよう。
卒業研究のテーマが決まった。

初めてのフィールドワーク ── コガラが餌場で鳴く理由

　2005 年 12 月。2 ヵ月分の食料とガンマイク，レコーダーをもって，軽井沢
に戻ってきた。さっそく森に出かけて混群を探す。すると，前回きたときと
同じように，カラ類を中心とした混群に出会うことができた。マイクをもっ
て追いかける。しかし，群れは沢も斜面もおかまいなしにどんどん進んで
いってしまう。なかなか近づいて録音することができない。

　より詳細に鳥たちの行動を観察するために，餌場を作って混群を呼ぶことに
した。ヨーロッパでは庭にバードフィーダーがあるのが一般的で，冬場はカラ
類やゴジュウカラなどさまざまな鳥が集まると聞いたことがあった。積雪で餌
の枯渇する厳しい冬季，軽井沢でも同じように鳥たちが集まるはずである。

　ベニヤ板で餌台を作り，森の中の開けた場所に設置した。ヒマワリの種子を
まいて，離れた場所から鳥を待つ。2 時間，3 時間経過しても鳥は現れない。
おそらく，気づいていないのだろう。あきらめずに待ち続ける。4 時間，5 時
間 …。結局，その日は 1 羽も鳥が訪れなかった。冬の軽井沢は，日中で
も −10℃ を下回る日のある極寒である。動かないで鳥を待ち続けるこの作業
は，体が冷え切ってしまうので，とても過酷だった。山荘に戻って暖をとった。

　翌日，もう一度同じ場所で鳥たちを待ってみた。それでも鳥は現れない。
あきらめず，もう，1 日 …。やっとヒマワリの存在に気づいた鳥がいた。コ
ガラである（図 2）。

　餌場に訪れて早々，コガラはとても興味深い行動を示した。餌台に降りずに
「ディーディー」という鳴き声を繰り返し発したのである。すると，他のコガ

図2 餌場に訪れたコガラ。両足に2つずつ，個体識別用に色足環を付けてある。

ラやシジュウカラ，ヤマガラなど次々に近寄ってくるではないか。丸2日待っても何もこなかった餌台に，みるみるうちに鳥たちが集まってくる。5分もすると，混群全体が餌場にやってきた。すると，はじめのコガラも餌台に降りた。「コガラは群れの仲間に餌の在処を教えているんだ！」。そう思った。

利他的に見えるコガラの行動

　あえて餌の存在を知らせるという行動は，本当に進化しうるのだろうか。これは大きな疑問である。餌の乏しい冬場には餌を独占したほうがいいのではないか，そう考えることもできるからだ。ダーウィンの自然選択説が正しいならば，動物は自身の利益（生存率や子供の数）を最大化するように進化してきたはずである。コガラがとった行動は，利他的にみえる。

　なかには，血縁者に対して利他的に振る舞うことで，より遺伝子を残すように適応した動物もいる。子を産まずに女王の世話をする働きアリがその良い例だ。アリは半倍数性という性決定の様式を持ち，その結果，母親から見ると子は平均すると1/2の遺伝子を共有するが，姉妹とは平均3/4もの遺伝子を共有することになる。したがって，遺伝子の増殖の観点から見ると，自らの子を育てるよりも姉妹の世話をしたほうが，効率がいいのである。このような考えを血縁選択説という。しかし，コガラが餌場に呼び集めるのは，

血縁関係のない他種である。血縁選択では説明がつかない。

　もう1つ知られるのが互恵的利他行動だ。他個体が餌を見つけたときに分けてもらう代わりに，自分が餌に巡り会えたときには分け与えるという恩返し行動だ。しかし，これが成立するには，餌を分けてもらうが自分は独占するというような裏切り者を見分け，罰する系が必要だ。想像は夢のように膨らむが，1例では科学的な客観性に欠けるので，とにかく観察数を稼ぐことにした。

やはり群れを餌場に呼んでいる？

　観察を繰り返すうちに，どうやらコガラは餌を見つけただけでは鳴き声を発さないことが分かってきた。彼らは，単独で餌を見つけたときにのみ鳴き声を発し，同種や他種がすでに餌場にきている状況では，鳴き声を発することはほとんどないのである（Suzuki 2012a）。もし餌を見つけた喜びではしゃいでいるだけならば，周囲の個体の有無によって鳴き声を発するかどうか決めたりしないだろう。また，餌場を独占するために鳴くならば，他個体が周囲にいるときのほうがより激しく鳴くはずである。やはり，群れの仲間を呼ぶために鳴き声を発しているのではないだろうか。

　鳴き声の機能を検証するため，餌を与えない状況で音声を再生し，鳥たちの反応を調べる実験を行った。「ディーディー」という音声をスピーカーから再生し，どの鳥が何羽集まってくるのか記録する。もしコガラが餌場での混群の形成を促すためにこの鳴き声を発しているのであれば，この声は同種や他種の群れの仲間を誘引するはずである。一方で，鳥たちがコガラの動きや餌の存在を見て，ただ単にそれらに集まってくるのであれば，鳴き声だけでは鳥たちは誘引されないだろう。

　読みは間違っていなかった。餌を見つけたときの「ディーディー」という声は，同種・他種を誘引したのである。これらの音声を再生すると，5分足らずでコガラ，シジュウカラ，ヤマガラ，ゴジュウカラなどの鳥類が複数集まってきたのだ。

　多くの鳴禽類は，同種の群れの仲間と結束を維持するためにコンタクトコールと呼ばれる音声を発する。この種の鳴き声はカラ類においても報告されていたので，実際に録音してみた。すると，コガラは普段，餌場の「ディーディー」とは明らかに異なる声を用いていることが分かった。彼らのコンタクトコー

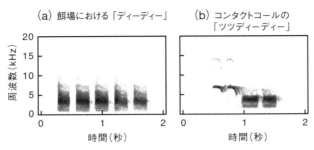

図3 コガラの鳴き声のサウンドスペクトログラム。縦軸に周波数，横軸に時間をとって音声を可視化したもの。餌を見つけたときの「ディーディー」(a) と，コンタクトコールの「ツツディーディー」(b)。

ルは「ツツディーディー」という声で，「ツツ」という特徴的な音節を含む（図3）(Suzuki 2012b)。

次に，この「ツツディーディー」もスピーカーから再生してみた。しかしこの声は「ディーディー」に比べるとあまり鳥を集めないことが分かった (Suzuki 2012a)。集まってもコガラが2，3羽といったところだ。つまりコガラは，普段とは異なる鳴き声を発することで，餌の存在を積極的に伝え，混群の仲間を集めていたのである。

混群に参加することのメリット

そもそも，鳥たちはなぜ混群を作るのか。その理由はおもに2つ考えられてきた。まずあげられるのが，採餌の効率化である。これは，混群に参加することで，鳥たちが採餌効率を高めることができるとする仮説である。たとえば，混群の中の劣位種から餌をかすめとることができたり，新しい餌資源を他種から学んだりするなどの利益があげられる。これはカラ類混群においても言えそうである。餌のかすめとりはしばしば観察されるし，イギリスでは牛乳瓶の蓋を開けてミルクを飲む行動が複数のカラ類に文化的に伝達されて広がった例がある (Fisher & Hinde 1949)。

次に考えられるのが，捕食回避の効率化である。より多くの種とともに採餌するほうが，より多くの目・耳により捕食者を警戒することができるので，ハイタカなどの猛禽類の接近に気づきやすいし，もし攻撃を受けたとしても，

自分が捕食される確率が希釈される。カラ類の混群においても，捕食者に対して発せられた警戒の鳴き声（警戒声）を他種が聞き取って，適切な捕食回避行動をとれることが報告され始めていた（Templeton & Greene 2007）。

　これら2つの利点は，軽井沢で観察された混群にも当てはまるだろう。そして，コガラが餌場で鳴く理由としても解釈できるかもしれない。しかし，コガラはだまって餌を独占することもできるはずである。安易に採餌の効率化とは結論づけられないだろう。「ディーディー」という声も，反対に捕食者に自分の存在を目立たせてしまうかもしれない。コガラは餌場に他個体を呼ぶことで，実際にどのような利益を得ているのだろうか。さらに観察を行うことにした。

餌場に仲間を集めるメリット

　これまでに，鳴き声を発することで他個体を餌場に誘引する行動は，ワタリガラス（Heinrich & Marzluff 1991）とイエスズメ（Elgar 1986）で報告されている。ワタリガラスでは放浪個体が鳴き声を発するが，それにより仲間を集め，優位個体に独占された餌（獣の死肉）へのアクセスが可能となる。イエスズメでは，餌を見つけた個体が群れを形成することで，捕食リスクを緩和することが知られている。

　餌場での観察を続けると，コガラは混群の中で種間順位が低いことが分かった。はじめはよいのだが，群れの仲間がたくさん集まってしまうと，体の大きなシジュウカラやヤマガラなどに，すぐ餌台から追い払われてしまうのである。2, 3度，餌台に降りる試みをして，やっと餌を捕れるという具合だ。コガラの鳴き声による群れ形成の理由を，ワタリガラスのような採餌の効率化では説明できないだろう。

　次に注目したのが，採餌中の警戒行動だ。カラ類をはじめ多くの小鳥は，餌を食す間に頻繁に頭を上げて上空を警戒する。この行動は，スキャニング（scanning）あるいはヴィジランス（vigilance）と呼ばれていて，群れ採餌の利益を調べる指標としてよく用いられる。イエスズメの場合も，群れサイズが大きくなればなるほど，1個体当たりのスキャニングの頻度が下がることが知られている。捕食者への警戒を分担することで，採餌に集中することができるのだ（Elgar 1987）。

先行研究に倣って，スキャニングの頻度を調べてみた。すると，コガラの場合も，単独で採餌しているときはとても頻繁に空を見上げるが，同種や他種とともに採餌することでその頻度が低下することが分かった。つまりコガラは，周りに他個体がいたほうが，安心して餌をついばむことができるのだ。餌を見つけたコガラがあえて鳴き声を発してその存在を教えるのは，採餌中の警戒効率を高めるための，利己的な行動と言えそうだ。

上田恵介先生との出会い

混群の研究に没頭するうちに，いつの間にか月日は流れ，気がつくと修士課程（博士前期課程）も残すところあと半年になっていた。博士課程（博士後期課程）はどこに進学しようか。僕は，学生のうちに少なくとも2つの研究室に所属して経験を積んでおきたいと思い，次の所属先を探していた。1ヶ所にいると，どうもその環境に甘えが生じてしまう気がしたし，さまざまな考えを持つ学生やポスドクのいる中で研究を進めたほうが，豊かな視点を養えると考えたからだ。

1冊の本が頭に浮かんだ。『鳥はなぜ集まる？ー群れの行動生態学ー』（東京化学同人）という単行本である。この本は，僕が混群の研究を進めるにあたって，バイブル的な存在で，よく寝る前にページをめくりながら，フィールドで見た鳥たちの群れについてあれこれ考えていた時期があった。

この本を著した上田恵介先生は立教大学に所属している。立教大学は池袋にあり，調査地まで高速バスも通っている。とても都合のよい立地である。上田先生は毎月「鳥ゼミ」という公開ゼミを開いていると耳にしたので，さっそく伺うことにした。

「こんなにたくさん鳥の研究者がいるものなのか」。そう思った。修士課程まで在籍した研究室では，学生の研究対象がトカゲやカエル，クモ，ヤゴなどの多岐にわたったので，鳥の研究をしている学生は限られていた。しかし，この鳥ゼミという公開ゼミには，上田先生の研究室の学生に加え，10名以上もの鳥類の研究者が参加していた。発表後の議論もとても活発であった。上田研究室に進学すれば，もっと成長できる。そう確信した僕は，進学を打診した。

学生のうちはいくら苦労してもいいので，研究を自分で進める力を養いたいと考えていた。だから，上田先生にも，失敗してもいいので自分のテーマ

をできるだけ自分の力で進めていきたいと伝えた。先生は，持ち込みのテーマも歓迎だといって，寛大に研究室に受け入れて下さった。

上田研究室へ

実際に進学してみると，研究室での上田先生は，まったくの放任主義だった。もちろん，何名かの学生は先生と研究の進捗を相談していたようであるが，僕が先生から研究に関する助言をもらったことは一度もなかった。ただ，「カラ類と言えば鈴木君と言われるように頑張りなさい」とだけ言われた。そうなれるように努力しようと決めた。

研究室に所属して分かったが，多くの学生が，鳥の巣にビデオカメラを仕掛けて給餌の様子を撮影するというスタイルで研究を進めていた。調査に出るのは春から夏にかけての繁殖期で，冬の間に調査地に向かう学生はほとんどいなかった。「よし，繁殖期と非繁殖期，両方やってやろう」。負けず嫌いの僕はそう考えて，冬の混群の研究に加え，春から夏にもフィールドワークを行うことにした。

じつはその2年前（修士課程1年）にも，繁殖期に調査をした経験があった。対象としたのはシジュウカラで，巣箱を設置して繁殖の様子を調べていたのだ（図4）。観察中に，ハシブトガラスがしばしば巣箱にやってきた。卵やヒナを襲いにきたのだ。シジュウカラの親は，カラスの接近に気づくと，

図4 巣箱のヒナに餌を運ぶシジュウカラの親鳥。黒いネクタイ模様が太いのはオスの特徴。

図5 シジュウカラ用巣箱。頑丈そうに見えるが，後述するようにじつはとても脆弱だ。

急いで巣箱の近くに戻り，「チカチカ」と聞こえる警戒の声を発した。巣の近くで鳴くことは，カラスに「巣はここですよ」と知らせるようなものである。このコストを上回る何らかの利益があるはずだ。

　もっと観察を積めば，何か面白いことが分かるかもしれない。そう考えた僕は，シジュウカラの親子間コミュニケーションに関して研究を進めることにした。調査地である軽井沢の森に，シジュウカラ用の巣箱を 60 個ほど仕掛けた。1 人で作ったので，作製から設置までに 3 週間もかかってしまった（図5）。

シジュウカラの音声研究，最悪の幕開け

　2008 年 5 月。博士課程のフィールドワークが始まった。やる気満々で臨んだ繁殖期。シジュウカラの音声を録音しようと，マイクとレコーダーをカバンに入れて，毎日朝から巣箱を回り，繁殖状況をチェックしていく。軽井沢のシジュウカラの個体群では，4 月下旬から巣箱にコケなどの巣材を運び入れ，5 月上旬から中旬にかけて産卵，下旬にヒナの孵化が始まるのが例年の繁殖スケジュールとなっている。

　しかし，この年，巣箱が何者かに荒らされるという事件が起きた。巣箱の入り口から巣材が外に出され，卵やヒナが次々に消失したのである。何が起

図 6 カメラ目線のホンドテン。巣の入り口から卵やヒナを掻き出して捕食する。

きているのだろうか。シカやイノシシのハンティング用に作られたセンサーカメラを購入し，設置することにした。

　犯人はすぐに分かった。ホンドテンである（図6）。巣箱の天井に登り，手を伸ばし，巣材を外に引きずり出して，ヒナを捕食していた。しかも，日に日に被害にあう巣の数は増えてゆく。1つ巣箱がやられると，翌日にはその隣の巣箱もやられる。テンは明らかに学習しているのだ。

　何とかならないかと思い，至急，ホームセンターで猫よけ用の棘のあるプラスチック材を購入し，木にくくりつけてみた。しかしまったく効果はない。プラスチック材なんか簡単に飛び越えて，巣箱に乗ってしまうのだろう。

　次に，巣材を半分に減らしてみた。こうすれば，巣の入り口から産座までの距離が稼げるし，卵やヒナまで手が届きにくくなるに違いない。これは当初，効果があったかに思えた。しかし，テンのほうも学習し，そのうち巣の入り口を犬歯でかじり，広げるようになってしまった。こうなると僕とテンとの知恵比べ，リアルいたちごっこである。

　結局，大半のテンに巣箱が荒らされてしまった。何か研究を行うには巣の数が足りない。博士課程での研究に暗雲が立ち込めたある日，大きな発見があった。

ヘビの存在を示す声

　2008年6月10日。いつものように巣箱を見回りにいくと，親鳥のけたたましい声を聞いた。今までに一度も聞いたことのない「ジャージャー」という声だ。カラスに対する「チカチカ」という警戒声とはまったく異なる音質だ（図7）。シジュウカラのコンタクトコールである「ヂクヂク」という鳴き声にやや似るものも，聞き慣れている僕にはまったく異なるものだと分かった（実際に2つの音声を聞かせてみると，多くの人がこれらを聞き間違える）。巣箱を見ると，その真下までアオダイショウがせまっていた。親鳥はそれに近づき，羽を広げたりホバリングをしたりしながら「ジャージャー」と鳴いている。今までに見たことのないディスプレイであった。急いでマイクとレコーダーで録音した。

　アオダイショウが巣の入り口までせまってきたので，とりあえず捕まえて，巣箱の中をのぞいた。ヒナは全部で12羽いるはずである。しかし，確認できたのは7羽であった。巣立つのにはまだ早い。アオダイショウが捕食したのかと思い，腹を手で探るが，ヒナらしいものは何も入っていない。いったい何が起きたのだろう。アオダイショウを持ち帰り，翌日，他の巣のシジュウカラに見せてみることにした。

　昨日の状況を再現しようと，別の巣箱に向かった。アオダイショウをプラケースに入れ，巣箱の真下の地面におき，親鳥が来るのを待った。しばらくすると，青虫をもった親鳥が戻ってきた。そして，アオダイショウを発見す

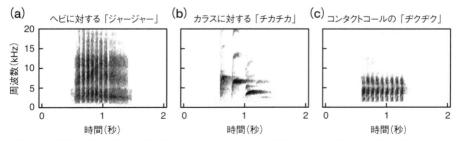

図7　2種類の警戒声(a), (b)と，コンタクトコール(c)のサウンドスペクトログラム。まったく異なる鳴き声であると視認できる。

るやいなや，「ジャージャー」と鳴き声を発した。「昨日の鳴き声だ！　やはり，あの声は個体差などではなく，ヘビに特異的な鳴き声だったんだ！」。そう思うやいなや，目を疑う出来事が起きた。

巣箱から次々にヒナが飛び出してきたのである！　ほんの20秒ほどで相当数のヒナが飛び出した。すると，親鳥も鳴き止んだ。あわてて巣箱を確認しにいく。この巣箱には，ヒナが11羽もいたはずなのに，もう1羽も残っていない。巣立ったヒナたちはしばらくすると群れを形成し，親鳥から餌をもらうようになっていた。

驚きと興奮が入り混じった，何とも言えない感情がわいてきた。通常ならば，巣立ちは数時間かけて行われる。ヒナの成長が不ぞろいな巣では，2日以上かかる場合もある。そんな甘ったれたシジュウカラのヒナたちが，親鳥の鳴き声を聞くやいなや，いっせいに巣箱を飛び出したのである！

ヘビが侵入する前に巣箱を飛び出すことは，ヒナが生き残るための唯一の方法である。しかも，ヒナは生まれてから一度も外へ出たこともなく，ヘビを見たこともない。生まれつき鳴き声を理解する能力をもっていると確信した。

ヒナが巣箱を飛び出せるのは，せいぜい孵化後16日目から巣立ち（18日目）までの3日間くらいであろう。その短期間に起こるかどうかも分からないヘビからの襲撃に備えて，ヒナは生得的に鳴き声の意味を読み解く能力を進化させているのである！　自然淘汰の力は，時に想像を絶する能力を進化させる。あのときの興奮は今でも忘れることができない。

この発見をぜひ博士課程でのテーマにしたいと考えた。そのためには論文化する必要がある。科学論文としては，1例の報告ではほとんど何も議論できない。さらに複数の巣において実験を行い，統計学的に妥当な結論を導くに足りるデータ数をかせぐ必要がある。行く手を阻むのは憎きホンドテンの存在である。巣箱を改良することにした。

巣箱の改良

調査から戻った僕は，足早に動物園（井の頭自然文化園）に向かった。ホンドテンを観察するためだ。巣箱を改良する前に，敵の特徴を知ろうと考えたのだ。センサーカメラが捉えた写真からは断片的な情報しか得ることができないが，実際に見てみると，いろいろなことが分かる。木登りがとても上手

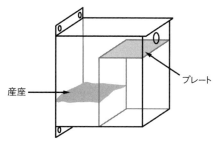

図8 改良した巣箱。巣の入り口の手前にプレートを置くことで，テンやカラスによる捕食を防ぐことができる。

だし，動きも俊敏だ。手を見てみると分かるのだが，じつにしっかりとした鉤爪(かぎづめ)がついているし，ヒトの手のように可動性も高い。卵やヒナをつかみ取るのは簡単だろう。腕の長さを測らせてもらうと，だいたい 13 cm であることが分かった。

新しい巣箱には，巣口の内側に 13 cm のプレートをおいて，その先に産座を造れるように空洞を作ってみた (図 8)。これでテンの手が卵やヒナに届くことはないだろう。捕食を防ぐことができるはずだ。

2009 年の春がきた。すべての巣箱を付け替えた。どうであろうか。結果からいうと，テンによる捕食は，わずか 1 巣にすぎなかった。センサーカメラを仕掛けてみても，やはりテンは訪れるものの，手が巣箱の奥まで届かずに捕食に至らない。また，ハシブトガラスも飛んでくるが，頑強に作った巣箱には手も足も (いや，くちばしも) 出ず，すぐに諦めて飛び去ってしまう。いたちごっこに完全に勝利をおさめた。やっと実験を行うことができる。

シジュウカラの警戒声 ── 捕食者の種類をヒナに伝える

2009 年 6 月 3 日。実験の日が迫った。順調に繁殖が進んでいた巣が 25 個ほどあった。半分の巣にはアオダイショウを，半分にはハシブトガラスの剥製を提示することにした。カラスの剥製は，駆除個体の屍体を頂戴(ちょうだい)し，剥製師に作ってもらった。剥製を作るには，1 個体およそ 3 万円もかかった。なけなしの貯金をはたいて，3 個体用意できた。アオダイショウは殺すと色が落ちてしまうし，かわいそうなので，生きたままアクリルケースに入れて提示

した。実験用に4個体，捕獲しておいた。ヘビを捕まえるのは得意だ。

　巣箱には事前に小型カメラを設置しておく。巣箱の外で発せられた親鳥の鳴き声に対して，ヒナがどのような反応を示すのか調べるためだ。カメラからはケーブルを伸ばし，モニターに接続する。こうすることで，実験中も遠くから巣箱の中のヒナの様子が確認できるようにしておいた。巣箱の前には，集音用にマイクとレコーダーを設置する。準備は整った。

　まずはカラスの実験だ。巣の前にカラスの剥製を提示し，親鳥を待った。親鳥は青虫をもって巣箱の近くの止まり木にやってきた。するとすぐさまカラスの剥製を見つけ，「チカチカ」と聞こえる鳴き声を発した。この鳴き声に反応し，巣箱の中のヒナたちはいっせいにググッとうずくまった。そのままカラスの剥製を5分以上提示し続けたが，この間，親鳥は鳴き声を発し続けていた。巣箱の中のヒナたちは，普段ならば親鳥が巣に近づくと餌乞いの鳴き声を発するのだが，一声もあげずにうずくまり続けた（図9）。

　ハシブトガラスは自然樹洞に営巣したシジュウカラの巣を襲う際，巣の入り口からくちばしを用いてヒナをつまみ出して捕食する。親鳥の「チカチカ」に対してうずくまることで，カラスに捕食されるリスクを軽減できると考えられる。

　次は，アオダイショウの提示である。アクリルケースに入れて巣の前に置き，親鳥を待つ。

　親鳥は，アオダイショウを見つけると「ジャージャー」というしわがれた鳴

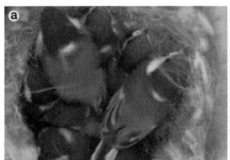

図9　親鳥の警戒声に対するシジュウカラのヒナの反応。巣箱の内部を小型カメラで撮影。「チカチカ」と聞くとうずくまり（a），「ジャージャー」と聞くと巣箱を飛び出す（b）。

き声を発した。「去年聞いた鳴き声だ！」。この声はヘビに対してしか発せられ
ないので，久しぶりに聞くと興奮を覚える。すぐにモニターを見る。ヒナは飛
び出すだろうか？　カラスの実験とは，ヒナの反応は明らかに違う。キョロ
キョロ周りを伺っている。と思うやいなや，いっせいに巣口に向かってジャン
プを始めた。1羽，2羽，ぞくぞくと巣箱を飛び出した。20秒ほどですべての
ヒナが巣箱を脱出した。昨年の野外観察を再現できたと言える（図9）。

　結果はとても明瞭だった。カラスを提示する実験は合計11巣において行っ
たが，すべての巣で親鳥は「チカチカ」と発し，ヒナはその声を聞くとうず
くまった。ヘビを提示する実験は計10巣において行った。これらの巣におい
ても，すべての親鳥が「ジャージャー」と発し，その声にヒナは飛び出した。

　これら2つの反応を取り違えると，ヒナは容易に捕食されてしまうだろう。
それに，巣箱の中のヒナにとって，迫りくるカラスやヘビを目視することは
至難の技だ。シジュウカラのヒナはこれらの鳴き声を聞き分け，適切な反応
を示す能力を生得的に備えていると考えられる。これは大きな発見である。

　ダーウィン以来，長い間，動物の発する鳴き声は，喜びや恐怖など，個体
の感情しか伝えないと考えられてきた（Darwin 1871）。環境中の対象物や出
来事を伝える能力は，ヒトの言語にユニークだと信じられてきたのだ。一部
のオナガザルでは，異なる種類の鳴き声を使い分け，タカやヒョウといった
天敵の種類を伝える証拠が集まってはいたものの（Seyfarth *et al.* 1980），霊長
類学者も言語学者も，これらと同等の能力が鳥類においても進化していると
考える研究者は多くなかった。

　しかし，実験の結果は，ヒトとは系統的にかけ離れた鳥類（シジュウカラ）
においても，捕食者の種類を伝える鳴き声が進化していて，しかもそれを生
まれて間もないヒナが聞き分けたことを示している。何とかこの成果を世界
に発信したい。そう考えた僕は，さっそく論文を執筆した（Suzuki 2011）。

つがい相手にも捕食者の種類を伝える

　このような鳴き声の使い分けは，ヒナの飛翔能力の発達する巣立ち間近に
限られているかもしれない。そう考えた僕は，まだ羽が生えそろっていない
孵化後6日目ほどのヒナのいる巣に，カラスやアオダイショウを提示してみ
ることにした。

前回の実験と同様に，巣箱の前にヘビやカラスの剥製を提示し，親鳥の行動を観察した。予想に反して，シジュウカラの親は，ヒナがまだ未熟なうちでも，捕食者に対して警戒声を発したのである。たしかに，鳴き声の頻度は巣立ち前に比べると圧倒的に低い。しかし，たしかに鳴いたのだ。もちろん，この時期のヒナは巣箱を飛び出すこともできないし，うずくまっても意味がないほど体は小さい。それでは，親鳥はなぜ警戒声を発したのだろう？

ひょっとすると，これらの鳴き声は，ヒナだけでなく，つがい相手にも捕食者の種類を伝えているのかもしれない。どのような捕食者が巣に迫っているか伝えることができれば，つがい相手も捕食者を効率的に見つけだせるだろうし，スムーズにヒナの防衛を始めることができるだろう。そう考えた僕は，録音した鳴き声をスピーカーから再生し，つがい相手の反応を調べることにした。

親鳥が餌をもって巣箱の近くに戻ってきたタイミングを見計らい，「チカチカ」あるいは「ジャージャー」を再生した。「チカチカ」に対しては，親鳥は巣箱に入るのをやめ，首を水平方向に振りながら枝を飛び移り，周囲を警戒した（図10）。こうすることで，カラスを効率的に特定することができるだろう。一方，「ジャージャー」を再生すると，親鳥は体をクルッと反転させ，地面を凝視した（図10）。ヘビは地面から木を這い上がって樹洞（巣箱）に侵入するので，地面を見渡すことで，効率的にヘビを探し出すことができるだろう（Suzuki 2012c）。合計14巣において実験を行ったが，どの親鳥も警戒声を

図10 警戒声に対する親鳥の反応。「チカチカ」に対しては空を警戒し（a），「ジャージャー」に対しては地面を見る（b）。

聞き分けて，同様の反応を示した。

　つまり，シジュウカラの警戒声は，ヒナだけでなくつがい相手にも捕食者情報を伝えていたのだ。

その後の研究

　研究を続けていくなかで，ホンドテンが巣を襲うのは夜間だけではないことが分かってきた（Barnett *et al.* 2013）。6月はとくに活発で，朝から昼にかけても夜間と同様，頻繁に巣箱に訪れヒナの捕食を試みる。シジュウカラはホンドテンにどのような鳴き声を発するだろう。ヒナの反応から推測すると，テンの手から逃れるには，うずくまる行動が正しいので「チカチカ」であろう。親鳥の行動から考えると，ヘビと同様に地面から近づくので「ジャージャー」かもしれない。テンを提示する実験を行った。

　結果から言うと，シジュウカラはホンドテンに対して「チカチカ」という声と「ヂクヂク」という声を合わせて発することが分かった（Suzuki 2014）。「ヂクヂク」という声は，前述したようにコンタクトコールと呼ばれる声で（図7），他個体を誘引する機能をもつ。これは理にかなっている。ヒナは「チカチカ」という声を聞いてうずくまることができるし，親鳥は「ヂクヂク」という声をたよりにつがい相手に近づいて，「チカチカ」によって周囲を警戒することができる。通常，親鳥はホンドテンに近づきながら警戒声をあげるので，発信者の周囲を探すことで，効率的にテンを見つけることができるのだ。

　一連の研究から，シジュウカラの警戒声が，ヒナやつがい相手に捕食者の種類を伝え，適切な行動を促すことが明らかになった。これらの研究をするだけでも，博士課程のすべての期間を費やしてしまった。もちろん，非繁殖期にも混群の研究も続けていたが，シジュウカラの鳴き声の研究をまとめ，博士論文とした。

　博士号取得後も，いろいろな発見があった。たとえば，シジュウカラの警戒声は，巣箱において抱卵中のメスにも捕食者の種類を伝え，適切な行動（「チカチカ」には巣箱の外を確認し，「ジャージャー」には飛び出す）を促すことが分かった（Suzuki 2015）。また，これらの鳴き声は，周囲で繁殖する他種の鳥類にも捕食者の接近を伝えることも分かってきた（Suzuki 2016）。

おわりに

　この章を書いている 2015 年 12 月現在，僕は日本学術振興会の特別研究員として，カラ類の研究を続けることができている。もちろん，繁殖期と非繁殖期の両方で研究を継続している。卒業研究から合わせると，もう 10 年以上も同じ調査地に通って鳥を追いかけてきたことになる。こんなに夢中になって打ち込めたのは，やはり，発見の瞬間がたまらなく面白いからだ。初めてコガラが餌場で「ディーディー」と鳴くのを見つけたとき，シジュウカラのヘビ特異的な鳴き声を見つけたとき。すべて今でも鮮明に覚えている。

　僕が対象としているシジュウカラは，イギリスを中心にヨーロッパでは古くから膨大な量の研究が行われてきた。にもかかわらず，新しい発見ができたのは，他の人が見ているよりも多くの時間をカラ類とともに過ごしてきたからだと思っている。本当の科学的な発見とは，どこにでもありふれていて，誰も気づかなかったことだろう。だから，他の誰よりも観察すれば，きっと何か新しい発見があると僕は思う。

　また，先生や研究室に恵まれたというのも大きいと感じている。上田研究室には，博士課程とポスドク時代の計 8 年間籍を置かせていただいた。学生の主体性を重んじる上田先生のポリシーは，多くの労力と試行錯誤を必要としたが，結果としては自ら研究を進める力を育むことができたと思っている。また，冗談をかわしつつも切磋琢磨できる仲間がいたこと，海外の研究者と共同研究する機会をいただいたことも大きな経験となった。本当に感謝している。

　僕はこれからも鳥類の行動研究を続けていく。まだまだ新しい発見が待っているはずだ。次のテーマは何にしようかと考えるだけでわくわくしてくる。

10

スズメプロジェクト
── スズメ研究誕生の裏話とその広がり ──

(三上　修)

はじめに

　上田先生に初めてちゃんとお会いしたのは，1998年，私が大学4年生のときだった。当時，私は東北大学の学生だったのだが，上京する機会があり，上田研究室で行われていた鳥ゼミに参加したのだ。鳥ゼミとは，東京近辺在住のアマチュア・プロの鳥研究者が集まり，ゼミをして議論をしたり交流したりする場である。現在では規模が随分大きくなって，30名近くの参加者がいることもあるが，当時は10名弱の小規模なものだった。

　その後，学会で上田先生にお会いすれば挨拶し，飲み会に同席させてもらうこともしばしばだった。さらに，上田先生と九州大学の江口先生が獲得された科研費（オーストラリアでの托卵鳥および協同繁殖鳥の研究）の研究グループに入れてもらったことで，よりいっそう，上田先生と交流する機会が増えた。2006年と2007年には，オーストラリアの野外調査にも連れて行ってもらった。上田先生はお忙しいので，私がオーストラリアでご一緒できた時間は1週間ほどだったが，上田先生の鳥類学に関する膨大な知識と鋭い観察力，そして絶妙な料理の腕前に触れられたのは良い機会だった。

　そんな上田先生の研究室に私が在籍することになったのは，2008年の4月からのことだ。当時私は国から給与をもらって研究する学術振興会の特別研究員（学振ポスドク）だった。任期は3年で1年目は九州大学にいた。しかし任期の1年目が終わる頃に妻が東京に就職することになった。東京と福岡で別々に暮らすのも不経済だし，幸いなことに学振ポスドクは任期期間中の移

動が可能だったので，上田先生に受け入れ教員をお願いしたところ，快諾いただき，立教大学上田研に所属することになったのだ。

立教大学の雰囲気

　立教大学には，それまで何度か足を踏み入れたことはあったが，毎日通ってみると，私がそれまで所属したことのある大学（東北大学と九州大学）とは随分と趣の異なる大学であることが分かってきた。東北大学と九州大学は，国立大学で，お世辞にもキャンパスの雰囲気が洗練されているとは言いがたい。敷地内にある多くの建物の外壁はコンクリート色で「歴史的」ではなく「単に古く」，また敷地内に場当たり的に建物を作っている感じがあった。

　対して立教大学はキャンパス内の景色がとても美しい所だった（今もそうである）。正面門を入るとツタに覆われた古くも趣のあるレンガ造りの建物が迎えてくれる（図1）。新しい建造物も外観に気が使われており，こちらはシャープな雰囲気を出している。そのため，構内のどこの風景を切り取っても，大学の入学案内パンフレットの表紙に出来そうだ。建物の美しさは，キャンパス内の清掃によりさらに高められている。毎朝，数十人の職員が，

図1　おしゃれな立教大学の建物。

キャンパス内を枯れ葉1つ落ちていないように清掃をして下さっているおかげであった。立教大学のキャンパス内は音も美しかった。クリスチャン系の大学なので賛美歌が聞こえてくるのだ。極めつけは，毎年，12月になると準備されるクリスマスツリーである。正門近くにある2本の大きなモミに電飾が施され，ライトアップされる。夜になると，わざわざ写真を撮りに来る方もいるくらい美しいクリスマスツリーになるのだった。

　キャンパス内がこれほど美しいのは，立教大学が学生のキャンパスライフを充実させるためにキャンパス内の雰囲気の維持に非常に気を使っているからである。学生もその雰囲気を大切にしており，歩いている学生はみなおしゃれで，テレビドラマで見るキャンパスライフを，地でいっているような大学だった。

　見た目だけではなく，立教大学は研究機関としての機能も充実していた。一般に私立大学は，国立大学に比べて研究資金面ではあまり恵まれていない印象がある。しかし，立教大学の経営は健全であり，上田先生は研究費を獲得するのがうまかったので，上田研の学生はみな研究費に苦労することなく，のびのびと研究していた。

　比較のために私が大学院生のころの状況を書いておくと，野外研究にかかる費用の大部分は自分で稼ぐものだった。道具の購入はもちろん，私の場合は調査地を遠方にしたこともあって，ガソリン代や宿泊費は自腹だった。そのために春から夏に調査をして，夏から翌春にかけては，毎月1週間はアルバイトにあてて研究費を稼ぐという生活だった。こんなにアルバイトに時間をかけていると研究も滞る。あまりに行き詰まったので，一度，その旨を当時の指導教官に相談したところ「車を持っているんだから，車を売ればいいよ」という，あまりに無体な（車を売れば野外調査に行けなくなってしまう）アドバイスをもらってしまった。これは結構ひどいケースだと思うが（実際，私は，大学院生の後半，研究費のやりくりに疲れてしまい野外調査をやめてしまった），上田研では，そういった心配は皆無だった。しかも大学院生であれば，なんらかの資金によって学費は帳消しになっているほどだった。

鳥の研究では昆虫の研究には敵わない？

　上田研は研究資金に恵まれ，4年生，修士課程，博士課程，ポスドクがそ

れぞれ数名在籍しており，研究をする雰囲気は整っていた。本来ならゆった
り楽しく研究を始められる環境であったが，私はかなり焦っていた。という
のも給与をもらえる期間は残り2年であり，その間に就職を決めなければな
らなかったからだ。当時（今もそうだが），生き物の行動や生態を研究する分
野の友人たちは，就職に苦労していた。日本全体が，バブル経済が崩壊した
影響（いわゆる失われた20年）を引きずって不景気だったし，子供の数が減
少するため大学などのポストは減っていく一方だったからである。さらに，
私の世代は第二次ベビーブーム時代の最後で，同年代人口が多く競争が激し
かった。

　しかも「このまま鳥を対象とした研究をやっていても，就職の際に，昆虫
を対象に研究している同世代の研究者には敵わないのではないか」という不
安もあった。なぜそんなことを思ったかというと，同年代の昆虫を対象とし
ている研究者のほうが，自分よりもいい研究をし，どんどん論文を書いてい
たからだ。私の力不足もあるが，これは鳥を対象とする研究が，構造的に昆
虫を対象とする研究よりも，やりづらいからだと思う。問題は以下の4つに
集約できる。

　1つは，サンプル数（データ数）が稼げないことである。昆虫は数百のサン
プル数をとることができる。しかし鳥の研究の場合は，数十あれば頑張った
ほうである。

　2つめは，野外で鳥類研究を行うと，捕食や天候によって，見たい効果が
検出できない場合があることだ。一方，昆虫を対象とした研究の場合，条件
を整えた室内実験を組むことでこれを回避することができる。

　3つめは，鳥は昆虫に比べて寿命が長いことだ。昆虫では年に何回か繁殖
に関わるデータをとることができ，実験室内で進化を観察することだって可
能だ。しかし鳥の場合，1年に1回しか繁殖データをとれないことが多く，
進化を観察するには，数十年の歳月が必要になる。実際，ダーウィンフィン
チの研究は40年にもおよぶ長期研究である。

　そして最後は，鳥を対象とする研究は法的に越えなければならないことが
多いことである。昆虫が対象であれば，野外でテントウムシを捕まえて，マ
ジックで個体識別のために印をつけることに何の許可もいらない。必要であ
ればテントウムシを解剖したっていい（もちろん生命倫理をないがしろにして

はいけないが）。一方，鳥の場合は，捕獲する，印をつける，解剖する，のそれぞれに異なる許可を得なければならない。研究途中で「こういうことがしたい」と思っても，実行するには書類を書いて数週間待つ必要がある。

　これらの差は研究の進展だけでなく，研究者の成長にも違いをもたらしている気がする。というのも，昆虫の若手研究者はテンポよく研究をすることができ，1年に複数の研究を同時進行することも可能である。その結果，論文を作成する機会が鳥の研究者よりも多い。やはり論文というものは数を書くほどうまくなっていく。そして一つひとつの論文作成の間隔が短いほど，前の経験を忘れずに生かせるので，うまくなっていく速度が速い。一方，鳥の研究は，周到に準備しても自然条件によってまともなデータがとれないことが起こりうる。研究の速度が遅いので前に論文を書いたのは1年前なんてことが珍しくない。

　このように鳥を対象とした研究は不利なことが多い。では，当時の私が昆虫を対象にした研究に転向してうまくいくかといえば，当然，その道を先に進んでいる人たちに追いつくのには時間がかかる。自分が慣れている鳥を対象とした研究でやっていくしかない。しかしどんな研究をすればいいのだろうか。少なくとも十分なサンプル数が稼げるものをしなければならない。

　研究の方向性にも悩みをもっていた。当時，私の大枠の研究テーマは「群集における個体間相互作用の役割」であり，一般の方に研究の意義を容易に伝えられるものではなかった。こういった研究を続けていくのは今後難しいだろうと思っていた。日本経済は落ち込んでいて，国家予算は国債の発行でどうにかしのいでいる状況だ。きっとこれから，社会のニーズに合わない研究をする余力は減っていくだろう（それの是非はともかく，その傾向は現在でも続いている）。となれば，これからの時代の研究には，一般の方に意義を分かってもらえる側面が必要なのではないかと考え始めていた。

打算的な精神から生み出された無邪気なスズメ研究

　自分が得意な鳥を対象とし，サンプル数を稼ぐことができ，一般の方にも分かりやすい研究とは何だろうと悩む日が続いた。ある日，スズメはどうだろうかと思いついた。数はたくさんいるし誰もが知っている。学振ポスドクで申請した研究は，都市の鳥に関する研究だったので，申請内容からも逸脱

せずにすむ。スズメなんて研究され尽くしていそうだが，身近であるがためか，かえって基本生態以外ほとんど研究されておらず，その意味でも手をつけやすそうである。

　研究対象をスズメにするとしても，何をすればいいかが問題である。前述したようにスズメの基本的な生態についてはすでに研究されていて，今さら，それについてさらに詳しく調べたところで，それが世の中のニーズをつかんでいるとは思えない。もっと，無邪気で子供にでも面白いと思ってもらえる研究をする必要がある。そこで，日本にいるスズメの数を数えるのはどうだろうかと考えた。誰も知らないのに，説明不要で，誰でも興味をもってくれそうな内容だ。ただし研究と呼べる代物ではない。科学というのは，自然現象に潜む一般則を見つけるところにある。「スズメの数」という個別事象を調べたところでどうにもならない。それについての懸念はあったが，前述したように，研究の方向性を変えなければジリ貧であることは間違いないので，博打要素を覚悟しつつも着手することにした。

　日本にいるスズメの個体数を調べるといっても，1羽1羽数えていても埒があかない。そこでスズメの巣の密度を調べることにした。試しに大学の周りや家の周りを歩いて，スズメの巣の数を注意深く数えてみた。するとスズメの巣は100 m四方に数個程度見つかることが分かってきた。スズメの巣が町中にあることは知っていたが，調査してみるまで，こんなにたくさんあるとは思っていなかったので驚きだった（表1）。

　スズメの巣探し調査は，事前に詳細な地図が手に入るという点で，準備が非常に楽だった。通常の野外調査では，最低限の下見が必要だし，簡易的な地図を作成する必要がある。しかし都市については，正確な地図をインター

表1　住宅の新旧とスズメの巣の密度

調査地	作られた推定年代		調査面積 （m²）	巣の数	巣の密度 （巣/10,000 m²）
岩手県紫波郡矢巾町	古い	1970 – 1986	138,899	64	4.61
	中程度	1994 – 1999	96,457	26	2.70
	新しい	1999 – 2008	131,538	16	1.22
埼玉県入間郡三芳町	古い	1961 – 1975	107,141	21	1.96
	新しい	1997 – 2007	121,586	5	0.41

ネット上からいとも簡単に入手できる。建物一つひとつの形まで分かるから，スズメの巣の位置を正確にプロットすることもできる。ただし欠点もあった。それは存外あぶないことである。早朝に歓楽街でスズメの調査をしていたら，非合法なものを買わないかと付きまとわれたことがあった。さらに人目も気になる。スズメの巣を探すためには，他人の家をじろじろ見ることになるのだが，それは周囲から見るととても怪しい。私は，背も低いし若く見られるほうだから，この調査には向いていたと思うが，もっと背が高くて険しい顔をしていたら通報されていたかもしれない。

　試行錯誤を重ねてスズメの巣を探す調査法を確立し，実際に日本のいくつかの都市のいくつかの環境（町の中心部，住宅地，農地が混ざったようなところなど）で調査を行った。これにより環境ごとのおおよその巣の密度を把握できた。この密度に，日本にあるそれぞれの環境の面積を掛ければ，日本全体のスズメの巣の数が出せる。環境の面積については電子データがある。日本全体の1 km四方ごとに，建物，林，水面などの面積が，詳細に記されているのだ。

　必要な値はそろっているので計算すればすぐに答えは出そうなものだが，そうは問屋が卸さず，研究室で夜中にパソコンに向かってひとり叫んでしまった。「どこからどこまで日本なんだ！」と。どういうことかというと，日本政府が日本の領土としてはいるが，実効的な支配が及んでいないところがある。たとえば北方四島である。ここにいるスズメの数を類推しようとしても，微妙な場所なので，先ほど書いたような環境に関する面積情報がないのだ。

　愕然としてしまった。「日本にスズメは何羽いるのか」という，とても無邪気な疑問を解こうとしていたはずなのに，領土問題という厄介な問題に踏み込まなければならなくなってしまったからである。論文の中で，それをどう表現するかも迷った。結局，投稿した先の編集者に理由を告げて相談して，日本本土（北海道島，本州島，四国島，九州島，沖縄島の5つの島だけ）にいるスズメの数ということにした。こうすれば，細かな島は考慮しなくて済むからだ。

　そんな予想外の苦難はあったが，スズメの巣の数は約900万巣と推定された。1つの巣に雌雄がいると仮定すると，成鳥の数は巣の数の2倍。そして，

そこからヒナが巣立っていくので，日本には，おおよそ数千万羽のスズメがいるということが判明した。もちろん，この数字は厳密なものではない。それくらいの桁でいるという程度のものだ。しかし，誰しも知らなかったスズメの数がひとまずは出たことになる。

スズメ研究がウケタ！

　日本にスズメが何羽いるのかという結果を，日本鳥学会で発表した。それまでの私の研究に対する評価は，「小難しく，聞いていても面白いのかどうなのかもよく分からない」というものだったと思う。それが，一転して，鳥の数を数えるという単純すぎる研究をしたために，いろいろな反応があった。「面白い」と単純に言ってくれる人もいたが，「これから，この話はどんな風に展開するつもりなんだ」と少し怒ったように聞いてくる人もいた。「これって，研究とは言えないよね？」と率直に言ってくる人もいた。

　学会発表から数ヵ月経って，小学生朝日新聞の記者の佐々木さんという方が電話を下さった。「日本に何羽スズメがいるかを調べたそうですが，詳しくお話を聞かせてもらえませんか？」という取材依頼だった。どこからか情報をつかんで連絡して下さったのだ。私にとっては初めての新聞取材だったので，一生懸命話したことを覚えている。その記事が掲載されたことが契機となって，他の新聞社や，雑誌，ラジオ，テレビからもスズメの数についての取材がきた。合計で30くらいの新聞，ラジオ，テレビ，雑誌で紹介していただいたと思う。

　取材をして下さる方の中には，とても丁寧に話を聞いてくれる方もいれば，ぞんざいな方もいた。記事になったものを読んでみたら，自分が言っていたことと全然違うことが書いてあるということもあった。そういったメディア対応を何とかすることができたのは，上田研にいたからこそだと思う。というのも，上田先生のところには，1週間に1度くらいは，メディアから取材の電話や質問がくる。上田先生から，それらにまつわる話を聞いていたので，知らず知らずのうちに対応の仕方が身についていたのだ。上田先生から学んだ対応のコツは，（1）科学者の使命として，メディア対応はなるべくしたほうが良い，（2）しかし，相手はそれで飯を食っているのであり，こちらがボランティアでどこまでも協力しなければならないわけではない，（3）掲載さ

れた記事に誤りがあっても，正確なものは論文に掲載してあるという自信を
もつこと，であった。

上田研の一日，そしてワイン事件

少し話をずらして，上田研の一日を簡単に書いておこう。といっても時代
によって異なるから，私がいたころの話だけれど。

上田研は，朝は9時ごろから人が集まり始める。そして各自が自分の机や
実験台に座って研究を進める。時々，研究について議論することはあるけれ
ど，基本的に個々人が黙々と研究を進めるというスタイルだった。

ところが夕方になると雰囲気が変わる。上田先生が普段いらっしゃる教授
室から，院生の部屋へやってくる。何をするかというと，院生部屋の入り口
にある前にしゃがんでおもむろに冷蔵庫をあけ，中に入っているビールを取
り出すのだ。すると，なんとなく始まる。宴会が。じゃあ，という感じで誰
かがコップを準備する。そして，北村俊平さん（現石川県立大学準教授）が何
かを作ってくれる。北村さんは，料理がお上手で，タイなどを調査地として
いたこともあったので，一風変わったものも作ってくれる。週に1度くらい
の頻度で，このように突然始まる宴会があり，鳥のこと，研究のこと，人生
のこと，いろんな話をした。そんななかで学ぶことはたくさんあった。たとえ
ば，先に書いたメディア対応などは，こういうときに上田先生の話を聞いて
身につけたことだ。

宴会の話をしたついでに，飲み会がらみの上田研の歴史に残る事件につい
て話しておこう。2009年12月19日（土）のことだ。冒頭で書いた「鳥ゼミ」
があり，外部から若手の鳥の研究者が集まってきていた。上田先生は先にお
帰りになられて，立教大学内外のポスドク・院生の合計7〜8名で飲んでい
た。しばらくして酒がなくなり「どうしようか」という話になった。私はそ
んなに酒に強いほうでもないので，酒がなくても困らない。隣の部屋にいる
友人（森本）と話すために席を外した。

10分ほどで話が終わって部屋に返ってくると，酒がなくなったといってい
たわりには，皆でワインを開けて楽しそうに飲んでいる。私はそのワインを
見て声がつまった。「それは … 上田先生がクリスマスに飲むために大事に
とっておいたワイン …」と。しかし酔っ払っている田中，北村（亘），齋藤，

栄村は「大丈夫，大丈夫！」と飲んでいる。むしろ飲みながら「この味からすれば，そんなに高くない」とか，うそぶいている（酔っぱらっているから味もよく分かっていない）。私は，「大丈夫かなー」と思い，そのワインのラベルをたよりにパソコンで価格を検索してみた。最安で 12000 円＋税，高いところだと 18000 円するワインだった。すぐに酔っ払い連中に報告した。「そのワイン，最安のところ探しても 1 万 2 千円するよ …」。

田中，北村，斎藤は絶句した。「別にいいじゃん，飲んじゃえー」と上機嫌だったのは，酔いから覚めていない栄村だけだった。栄村はまだ上田先生のワイン好きをそこまで知らなかったのだ（栄村の名誉のために書いておくと，この当時は野放図だったが今はとても素敵な女性になっている）。一方，問題の深刻さを認識した田中，北村，齋藤，ほか数名は酔いが覚め，今後の対処について相談をし始めた。「知らない振りして帰ろう！」と言いだすものもあったが，結局，飲んでしまった数人でお金を出し合って買うことになった。たしか，たくさん飲んだと自覚している人が多めに出したように記憶している。ちなみに私は飲んでいないので，お金を出さなかったはずだ。

買うのはいいが，その後どうするかだ。こっそり戻すか，正直に上田先生に話すか。その全ての責任を負ったのは齋藤だった。ここからは，その愛称であるタケマック（名前が齋藤武馬だから）と書くことにしよう。タケマックが責任をもつことになった理由は「タケマックなら，いざとなっても上田先生から許してもらえるだろう」という，単純だがこれ以上ない満場一致の理由からだった。タケマックはその面で伝説的なところがあった。誰からも好かれ，初対面の人からも親切にされるのだ。タケマックは，上田研の卒業生ですでに上田研には所属していないので，何かあっても直接的な被害が少ないことも理由の一つだった。タケマックの素敵なところは，こういうときに本当に自分が悪いと思い込んでしまうところだろう。普通なら「なんで僕がっ！？」となるのに，粛々と任を引き受けてくれたのだ。終電の時間が近づいてきたので，その日は明確な方策を決めずに解散となった。

一夜明けて，日曜日の午前中にワイン返還作戦の算段がメールでやりとりされた。タケマック（齋藤）が私に宛てたメールが残っている。

= = = = = = = =
表題：ワインをどう戻したらよいだろう？
From 齋籐　　　2009 年 12 月 20 日 10:20
To: 三上
Cc: 田中

三上さま
Cc:田中さま

昨日は，お疲れ様でした。

ワインのページみました。同じワインのようですね。ワインは，同じ年，同じ
ラベルのものを探すのが大変なので，紹介してもらったこのサイトから買おう
とおもいます。皆様からお金もいただいたことですし。

買った後にどのようにあの冷蔵庫に戻すかが問題となるとおもいますが，上田
研に届くように手配していいですか？　届いたワインを先生が受け取ってし
まったらバレるので，三上君やその事情を知っている他の方が受け取るのがよ
いとおもいますが，可能ですか？　まあ，事情を説明すれば，先生にはバレて
もいいとはおもいますが，よい案があったら，智恵をかしてください。

武馬
= = = = = = = =

　私はメールで「腹をくくって，上田先生にちゃんと話したほうがいい」と
いうことを伝えたところタケマックも承諾し，タケマックから上田先生へ謝
罪メールを送り，上田先生からお許しをいただけた。
　月曜日に上田先生がワインを惜しむように，おっしゃっていた。「タケマッ
クやからなー（2 秒くらい間，天井を見つめる）悪い予感はしてたんやけど
なー …」。すべてはタケマックが犯人となり，すべてかぶってくれた。ありが
とう，タケマック！　今だから言うけど，一番飲んでいたのタケマックじゃ
ないから，主犯は別の 2 人だと思うよ！

スズメプロジェクトの誕生

　話を戻そう。日本にいるスズメの数を推定した研究は，私が目指していたよ

うに，一般のニーズをつかんだ研究だった。次に，当時スズメが減っていると言われていたので，それについても検討した。さまざまなデータを用いて検証したところ，1990〜2010年ごろにかけて，日本にいるスズメの数は少なくとも半減している可能性が示された（三上 2008, 2012, 2013; 三上ら 2013）。こちらも身近なスズメのことなのでメディアなどでずいぶん取り上げてもらった。

　本来ならここで終わるはずだったスズメ研究を，さらに進展させる契機があった。2009年10月，私の学振ポスドクの期間はあと半年となっていたにもかかわらず，その後の就職先が決まっていなかった。あと半年経つと無職になってしまう。妻が働いているとはいえ，1人分の給与で首都圏（家賃が高すぎる！）で暮らすのは難しい。どうにかせねばと思い，大学などの公募に片っ端から応募していたが落ちまくっていた。たぶん20連敗くらいしたと思う。

　そこで自分の就職確率を少しでも高めようと，自分のポストを作り出す作戦に出た。ポスドクを雇える研究助成金を獲得し，そのポスドクに自分がつくという手だ。これには大きな額の助成金が必要である。そこで見つけたのが三井物産環境基金だった。上田先生と相談のうえ，スズメに関するテーマで応募した。代表者は上田先生で，通れば私をポスドクとして雇ってもらうという算段である。応募した内容は，「身近な生き物であるスズメが減少していることは，環境指標としても重要であるし，それらの研究を通して，身近に感じられる生き物がいる価値を再認識することにつながる」というものだった。

　自分の人生がかかっている書類だから上田先生と相談のうえ，必死で書いた。そのおかげもあってか（もちろん上田先生の研究実績が効いたことは疑いがない）見事に受理された。その連絡がきたのは2010年2月ごろだったと思う。しかし，幸いないことに，私は，その年の4月から岩手医科大学に助教で採用されることが決まっていた。そこで急ぎ2名のポスドクを探すことになった。白羽の矢が立ったのは若手の鳥研究者で，野外調査にも慣れている笠原と松井だった。

　2010年4月から3年間，笠原・松井の両名には立教大学のポスドクとなってもらった。スズメプロジェクトと銘打ち，彼ら2人が実質的に研究を引っ張り，上田先生をプロジェクトリーダーとして，私がマネージメント，森本がブレーン，それに学部4年生が調査を手伝ってくれるという形だった。加藤（19章を執筆）もその一員だった（図2）。

スズメプロジェクトの誕生　　　　　　　　　　　　　　　　　　　　　　　　　　　197

図 2　スズメプロジェクトのメンバー。左から，森本，三上，上田先生，笠原，松井。

　選りすぐりのポスドク 2 名を迎えて万全の態勢に思えたが，スズメプロジェクトは，当初，思いどおりにいかなかった。笠原・松井は，私などよりずっと鳥の繁殖に関わる研究に慣れていたが，それでも苦戦した。巣箱を掛けてもスズメが思ったように入ってくれないこともあったし，研究するには個体識別が必要なので，スズメを捕まえて色足環をつけたいのだが，捕獲用の網を仕掛けても，なかなか捕まらないのである。

　どうもスズメは，スズメ同士での情報伝達が巧みらしく，危険を互いに教えあっているようなところがある。一度こんなこともあった。親鳥が餌やりのため巣箱に入った瞬間に巣箱に網をかぶせて親鳥を捕獲しようと試みた。2 人で行い，1 人が遠くから望遠鏡で巣を見て，もう 1 人が巣の近くではあるが，巣から見えない物陰に隠れて待つという作戦だ。ところが，その巣の夫婦の片割れと思われる 1 羽のスズメは，その作戦が分かっているらしく，巣から少し距離をとって，全体を俯瞰できる場所に止まって，ずーっと警戒の声を出し続けているのだ。そのせいか夫婦の片割れも巣に戻ってこない。結局この作戦は失敗に終わった。スズメは人間とともに生活をしてきたために，じつに人間をよく観察していて少しも油断していないのだ。

図3 巣の持ち主ではないスズメによる卵の排除（笠原撮影）。

　失敗もあったが，それでも笠原・松井の工夫と努力によって，スズメの減少要因の解明や，スズメのこれまで知られていなかった基礎生態など，さまざまな成果があがってきた。たとえば，巣の密度が住宅地の新旧によって変わること（三上ら 2013），スズメが巣を乗っ取るためなのか，交配相手を確保するためか分からないが，他の巣の卵を落としていること（Kasahara *et al.* 2014）などが明らかになってきた（図3）。

　私のほうは赴任したばかりの大学の業務に追われて，彼らほど集中した調査はできなかった。しかし年に3～4回，岩手から新幹線に乗って立教大学へ行って進捗状況を議論できるのは，とても良い刺激になった。上田研を離れてから3年間，上田研の雰囲気に浸れたことは大きかった。この研究費のおかげで研究をしたい気持ちを継続することができた。

スズメ研究の波及効果

　スズメ研究が好評だったので，一般書を書く機会にも恵まれた。じつは，そういった話がくる前に，スズメについての研究成果がある程度まとまったので，本を書きたいと思い，自分からいくつかの出版社に声をかけていた。しかし「鳥の本は売れない」，「売れるような文章を書けるかどうか実績がないから，判断できない」と断わられていた。

　そんななか誠文堂新光社の方が「ぜひ書いて下さい」という依頼を下さった。普通，本というのは，ある程度，著者と話が進んでから出版社の会議で

その本の企画が通るかどうか決まるものだが，誠文堂新光社からの依頼は「企画は通っているのですぐに書き始めて下さい」というものだった。もちろん喜んで書いた。ただ，今になって思うと少々不思議だ。実績もないのに，いきなり本を書かせてくれるなんて。ひょっとしたら，誰かが口添えをしてくれたのかもしれない。実際にそうだったかは不明だが，いつ誰が自分を助けてくれるか分からないから，普段から周囲になるべく敵は作らないほうがいいことは確かだ（時々，どうしても我慢できないこともあって，そうもいかないこともあるんですけどね…）。

　執筆を依頼されて，意気揚々と書き始めたがなかなかうまくいかない。私は5000字程度の文量であれば読みやすい文章を書く自信はあった。だが1km走れるからといって10km走れるとは限らないように，5000字書けるからといって5万字書けるとは限らない。長く書いていると息切れする。長くなると読み手が飽きないような全体のバランスも重要になってくる。その際，上田先生の本はとても参考になった。上田先生の本から，読みやすい文章，分かりやすい構成とは何かを学んだ。前述した飲み会のときに，本の書き方を相談したこともあった。

　ただし本を発行する理念においては，私は上田先生とは違うところがある。上田先生は「本は売ろうと思って書くもんやない」と常々おっしゃっている。だが私は「本は売れなければならない」と思っている。それは金を儲けたいというのではない。実際，本を書いても大して儲からない。うまくいけば1冊当たり数十万円くらいは手に入る。しかし，それにかかる労力を考えると割に合わない。そうではなくて，出版社が「鳥の本は売れない」と思うと，その先が続かなくなってしまうのだ。今は出版不況の時代で，私が本を書きたいといっても出版社の対応は冷たかった。「鳥の本は売れない」という思い込みがあるからだ。しかし若手が面白い本を書き「鳥の本は売れる」という認識をもってもらえれば，その後が続きやすい。これから本を書く若手研究者にはそのことを意識してほしいと思う。

　その後，岩波科学ライブラリーからも本（三上 2013）を書く機会をいただいた。そのきっかけは池袋で佐藤君が開催してくれたサイエンスカフェで，スズメの話をする機会をもらったことにある。そこに岩波書店の方がいらっしゃっていて，岩波の『科学』に小さな記事を書くことになったのだ。その

記事が掲載された後，1冊の本を書く依頼がきた。その小さな記事は，試験のようなものだったのかもしれない。出版社としては，本を依頼するときに，執筆者としてふさわしいか，それまで書いたさまざまなものを参考にするのだろう。だから，小さな記事とはいえ油断できない。

　1冊目に書いた誠文堂新光社から出た本（三上 2012）は，緑陰図書（中学校の読書感想文の推薦図書）に選定された。さらにそれを読んで下さった国語教科書会社の方から，中学校1年の説明文に使わせてほしいという連絡があり，2016 年度から国語の教科書に掲載されることになった。昔の尋常小学校（明治から戦前までの小学校）の教科書を見ると，スズメのことがかなり詳しく書いてあり，スズメについては誰でも当たり前に知っていた。しかし最近は，学校でスズメのことを学ぶ機会なんてなくなってしまったから，今回，国語の教科書に掲載されたことは，身近な生き物に少しでも興味を持ってもらえる機会につながるのではないかと考えている。

　一連のスズメの研究は，日本の鳥学にも，わずかながら変化を与えたかもしれない。ある方に次のように言葉をかけていただいた。「これまで鳥の研究は，何か変わった生態を持った鳥を対象にするといった傾向があって，身近な鳥の研究は避けられる雰囲気があった。しかし，君らのスズメの研究が注目されたことで，そういう研究でもいいのだという雰囲気が生まれた」と。実際どうなのか分からないが，もし研究の分野に幅が生まれるきっかけになったのだとしたら光栄なことだ。

　じつは私がスズメの研究を始めた当初，上田先生も「なんでスズメなんかやるんやろう」と思っていらっしゃったようだ。そして，私の一番の理解者である妻（妻も鳥の研究者）も，ずいぶん後になって吐露したことだが，私がスズメの研究を始めるといった当初，内心では心配していたようだ。「就職できなくて迷走しているのではないか」と。しかし，その時点では，暖かく見守るのが最善だろうと，放っておいたとのことだった。

上田研で学んだこと

　スズメの研究は，予想外にうまくいった。これは，私が就職をするために，自分の研究方針を意図的に変えた成果ともいえるが，偶然の要素がかなり大きかったと今になって思う。ある程度は，一般受けするだろうという目論み

はあったが，自分が考えていた以上の反響があった。たまたま私の研究を面白いと思ってくれる方がいて下さって，口伝えかネットか分からないが情報拡散をしてくれて，それが徐々にメディアの方の目にも触れたのだろう。

　こんな風に思えるようになったことが，私が上田先生から一番学んだことのような気がする。うまく言葉にできないが，臨機応変あるいは泰然自若ということだろうか，人生は自分の思うようにならないことところがある，それに振り回されないで生きるのがコツであることを学んだ。ただし，それは，自分から何もしないということではない。ちょっと話が飛ぶが，上田先生は教育者としては間違っているが，赤信号でも平気で横断歩道を渡る。一方，青信号だからといって平気で渡ることはしない。赤信号でも青信号でも十分周囲を確認してから渡る。なぜなら，本質は信号の色ではなく安全に横断歩道を渡れるかどうかだからである。上田先生は，電車を待つときにもホームの最前列では待たない。なぜなら最前列では，何かの突発的な人の動きで線路に落ちるかもしれないからだ。電車に乗るときも先頭車両には乗らない。事故が起きたときに死亡する確率が高いかだら。これらを神経質にこなしているのではない。ごく自然に自分の身に無駄に危険が及ばないようにしていらっしゃる。野生生物っぽい危険感知能力が身についていらっしゃるのだ。

　危険を避け，しかし日常を楽しみ，そして，だからといって自分のやり方に固執しないという姿勢を上田先生から学んだ。これは鳥の研究者には特に必要な生き方だと思う。先にも書いたが，野外調査は思いどおりにいくとは限らない。昔の私なら，研究が予定どおりに進まなければ，自分の能力，自分の境遇（研究費が不足しているなど）を呪ったものだ。だが，うまくいかないことはよくあるものだと思い，それを楽しめれば余裕が生まれる。余裕が生まれれば見えてくるものもある。研究も面白くなる。そういう気の持ちようの大切さを上田先生から学んだ。

　この章の始めほうで「鳥を対象とした研究では昆虫を対象とした研究に敵わないのではないか」と書いた。それはある一面では事実だろう。実際，同じ年代の鳥研究者と昆虫研究者の論文数を比較すると，昆虫の研究者のほうが多い。鳥の雑誌と昆虫の雑誌のインパクトファクター（論文の質を評価する１つの指標）を比べても昆虫のほうが高めであり，これは昆虫の研究者の人口が多いためだと思うが，インパクトファクターでのみ評価される場合には，

鳥の研究者が不利なことを示している。

　しかし，本書の別の章で語られている上田研関係者の鳥研究の進展を見れば，そうではないことが分かるだろう。結局，昆虫の研究では，条件を揃えて実験に持ち込めるという強みを歴史的にもっており，その強みを生かして研究しているにすぎない。一方，鳥だからできる研究，鳥だからこそ面白い研究というものも数限りなくある。たとえば，カッコウのような認知や学習が絡む話はそうだろうし，スズメの場合は，一般の方にとって，分かりやすい，親しみがわきやすいというのが有利な点だ。

おわりに

　私は，一時期，鳥を対象とする研究では先がないのではないかとくよくよしていた時期があった。しかし，上田研で，上田先生と友人たちの研究に触れるなかで，その考えは変わった。鳥の研究には，面白い部分はまだまだたくさんある。面白い研究をするには，普段からの野外観察と論文をたくさん読むことが必須だ。上田先生の研究が面白いのは，この2つを着実になさっているからだ。私は最近，どちらもサボり気味だった。しかし2014年10月に北海道教育大学に赴任した。前任の岩手医科大学では，講義をするだけで，学生に研究を指導するということはなかった。しかし，今は4年生とともに，スズメの研究を再開している。上田研で身につけたこと，学んだことを私の学生に少しでも伝え，彼らと新しい発見をしたいと思っている。

河川の鳥たちのご近所づきあい
── 鳥との関係，人との関係 ──

(笠原里恵)

はじめに

　河川というと，どのような風景を思い浮かべるだろうか。コンクリートで固められた河道に沿って，濃い色の水が，ゆっくりと都市の中をいく様子だろうか。それとも，透き通った水が岩に当たって白い飛沫をあげながら，針葉樹や広葉樹の茂る林の中を駆け下っていく渓流の様子だろうか。山の上から平地へ，そして海へと，河川は生き物にとって不可欠な水を運び，水は溶け込んだ窒素やリンなどのさまざまな物質を運び，流れは土砂を運び，そして珪藻や水生昆虫などの生き物を運ぶ。運ばれてきたそれらを魚が食べ，鳥が食べる。

　本章では，河川にすむ鳥たちの生態や互いのつながり，人との関係について，自分の研究とそこから感じたことを述べたい。

河川と人とのつながり

　歴史的に，人々は，飲み水や農業用の灌漑用水，肥沃な土壌，内水面漁業，水力発電などの恩恵を河川から享受してきた。もちろん，人と河川とのつきあいには自然の恵みだけでなく闘いもあった。大雨などで生じる増水は，河川周辺に住む人々の家を浸水させ，田畑を押し流し，人々の命を奪うこともあった。1896年（明治29年）に旧河川法が制定されて以降，1964年（昭和39年）の新河川法の制定を経て1997年（平成9年）の改正まで，河川管理の焦点は，いかに増水による被害を抑え，人間生活に水を役立てるか，にあった。

1997年の改正では，治水と利水に重点をおいて行われてきた河川管理の方向性が大きく変わることになった。河川生態系や植生の保護・育成が河川管理の目的に加わったのだ。高度経済成長期における環境汚染や都市化などによる，環境の急激な変化と引き換えに手に入れた物質的な豊かさから，人々の価値観は精神的な豊かさへと移行し，河川は治水や利水のためだけではなく，人々に潤いを与える重要な水と緑の空間として認識されるようになったのである。

しかしながら，河川の生態系に配慮しつつ管理を行うといっても，治水や利水のために，人によって河川は改変され続けてきた。加えて，河川の姿は地域によっても異なっている。背景となる，河川とどのように関わってきたかという歴史はもちろん，河川そのものの構造，たとえば流れる水量や地形，勾配，淵や瀬，砂礫地や草地，樹林地などの形成状況，気候などが異なるからだ。それぞれの地域における，そもそもの河川生態系とはどんなものだろうか？　どんな生き物がすみ，どんなふうに生きているのだろうか？　河川管理者も研究者も，まずはそこから明らかにする必要があった。

河川法が改正される少し前，当時の建設省（現在の国土交通省）の働きかけのもとに，配慮すべき環境や維持すべき河川環境のあり方について，河川工学と生態学の研究者が共同で研究・議論する場として河川生態学術研究会が発足した。工学と生態学の研究者が現実の河川をフィールドに一緒に調査を行う，その最初の調査地として選ばれたのが東京都を流れる多摩川と，長野県を流れる千曲川であった。千曲川は長野県，山梨県，埼玉県の境にある甲武信ヶ岳の中腹からから湧き出る水を源流とし，長野県内を流れて新潟県に入り，そこから信濃川と名前を変え，日本海に注ぐ。その幹川流路の総延長は367 kmで，日本最長の河川である。大きなダムを持たず，自然の流量変化が見られ，台風などによる大雨で生じる増水では水位が大きく上昇し，低水路（川の中）の環境が大きく変わる。千曲川研究グループの調査が開始されたのは1995年度，研究グループのメンバーには，信州大学教育学部生態学研究室の中村浩志先生がいた。私が信州大学の修士課程に進学したのはその数年後で，河川に生息する鳥類を対象とした私の研究生活はそこから始まった。

信州大学教育学部生態学研究室

私が信州大学の修士課程に進学したとき，中村先生はカッコウの托卵研究

信州大学教育学部生態学研究室

図1 千曲川の鼠橋地区（長野県埴科郡坂城町）。鼠橋から下流を望む。流れの中に砂礫地が発達し，砂礫地上には草地やヤナギ林が点在する。低水路と高水敷の比高差は大きく，高水敷には左岸に見えるようなハリエンジュ林が発達している。

を中心に，フクロウ類やタカ類など，学生とともにさまざまなテーマに取り組まれ，精力的に研究を進めておられた。近年，中村先生が保全活動に力を注いでおられる，絶滅危惧 IB 類（環境省 2014）のライチョウについても，捕獲調査や遺伝的構造を調べるための採血を始めたのはこの頃であった。多くのテーマを同時に扱い，とにかく多忙な中村先生であったが，さらに河川生態学術研究会千曲川研究グループで鳥類調査を担当されており，すでに数年間，千曲川の鳥類の繁殖状況を調査されていた。私の修士課程での研究は，中村先生の調査を引き継いで，河川で繁殖するさまざまな鳥たちの繁殖数，そして営巣環境や利用環境を明らかにすることになった。

調査地は長野県埴科郡坂城町で，千曲川の中流域にあたる（図1）。幅約 400 m の堤外地は（堤防に挟まれて川が流れている側のことを堤外地といい，堤防によって洪水や氾濫から守られている住居や農地のある側を堤内地という），崖あり，砂礫地あり，池あり，ヨシ原あり，低木林も高木林もありの調査地で，繁殖している鳥類は30種前後。種によって繁殖する時期が違うので，私の調査は，3月中・下旬のモズやイカルチドリの繁殖開始とともに始まり，7月下旬から8月上旬のオオヨシキリの繁殖終了まで続いた。

私も研究室の学生も，自分の調査の前後や合間をぬって互いの研究の野外

調査の手伝いに参加することがしばしばあった。自分の河川での繁殖調査を終え，中村先生や学生と一緒に托卵探しを終え，ライチョウのすむ高山帯での調査が終わる頃にはすでに秋だった。真冬には当時の研究室恒例のオナガのねぐら調査もあった。ほぼ1年中，中村先生とフィールドに出る機会があるなかで，いろいろな鳥の生態の巧妙さや自然の雄大さ（そして中村先生のバイタリティとか調査技術とかセンスとか諸々，とにかく，凄さ）に圧倒されながら，鳥や自然とのつきあい方に対する視点を学んだ日々は，あっという間に過ぎていった。信州大学教育学部生態学研究室は，2012年3月に中村浩志先生がご退職されたことでいったんは閉じてしまったが，いずれ復活の日が来ると信じたい。

　修士課程の2年間，河川で繁殖する種全部の営巣環境を記録するために巣探しに重点をおき，断片的に個々の種の行動追跡を行って，利用環境を調査した。そうしているうちに，類似した環境を利用する種の棲み分けや，複数の植物群落を繁殖に利用する種の環境選択などに興味を持ち始めた。そこで，東京大学緑地植物実験所におられた加藤和弘先生の研究室に博士課程の学生として受け入れていただいてからは，河川環境のいくつかの要素を代表する鳥たちを選び出し，営巣場所と食物内容をより詳細に調査し，それぞれが好む，もしくは必要とする環境を明らかにすることにした。博士課程での目的は，個々の種の研究結果をもとに，最終的には，現在の河川環境を評価すること，大きな環境変化をもたらす増水の発生が鳥類の繁殖や繁殖数の経年変化に与える影響を検討することであった。それを話し始めるとたいへん長くなるので，ここでは，調査対象としたカワセミとヤマセミ，それからイカルチドリ，コチドリ，イソシギに焦点を当てて，調査の話をさせていただこうと思う。

川の漁師，小さなカワセミと大きなヤマセミの棲み分け

　カワセミは比較的名前の知れた鳥だ。体に対して大きな頭と長いくちばし，青とも緑とも見える背中の中央にひときわ目立つ水色の羽を持ち，お腹は橙，足は朱色と，さまざまな色をその体に持っている。一方で，ヤマセミは渋い。ちょっとボサボサした冠羽，顔と背面，首周りは白と黒の鹿の子模様だ。腹部は白く，オスは胸に，メスは翼の内側に橙が入る。カワセミの体長は約16

cm（34〜44 g），ヤマセミは 41〜43 cm（230〜280 g）（Fry *et al.* 1992）と，体の大きさは異なるものの，両種とも土の崖に奥行きのある横穴を掘って営巣し，魚を主食とする。くちばしの形状も類似しており，枝や岩などの止まり場から水中に飛び込むか，もしくはホバリングによって空中から水中に飛び込んで採食を行うという採食生態も共通している。

　一般に，カワセミは河川の中流域から下流域，ヤマセミは上流域に分布するとされているが，千曲川では 2 種が同所的に生息している。修士課程のとき，私はこの 2 種の調査中にある疑問を持った。生態学的な共通点が多いとするならば，繁殖期には営巣場所や食物などの資源に競争が生じるのではないだろうか？　体の大きいヤマセミはカワセミを邪魔に思って追い払うようなことはしないのだろうか？　その疑問を解決するために，博士課程へ進学後，私は 2 種が繁殖期にどうやって棲み分けているのかを営巣場所と採食場所，そして食物内容の比較から明らかにしようと調査を開始した。

　千曲川でのカワセミとヤマセミの巣探しは，3 月下旬頃から始まる。2 種の利用する崖については，西村（1979）の京都での先行研究があり，そこではヤマセミは河川から 1000 m 以上離れた崖でも営巣するが，カワセミはほぼ 500 m 以内の崖に営巣する，とされている。千曲川では，2 種の営巣場所はもっぱら川の流れに面した露出した土崖だ（図 2）。自然の流量が維持された千曲川では，大きな増水が生じるたびに土が削られ，土面が露出した崖ができる。その崖という崖を見て回ることで巣らしき穴を見つけるのだ。彼らの巣穴の入り口は，縦長の楕円で，下側の左右には，親鳥が出入りの際に足を掛けることでできる窪みが見られるのが特徴だ。ただし，比較的近い距離（同じなわばりの中など）に同時期に巣穴が複数見られる場合は，たいてい 1 つが本物で，他は掘りかけてやめてしまったものである可能性が高い（時期が違えば 1 回目の繁殖が失敗しての再営巣や 2 回目繁殖ということもある）。稀に全部が掘りかけで，本物はまったく違う場所に造られていることもある。

　カワセミの巣穴は時に 50〜80 cm も奥に伸びており，最奥部に少し広い産室がある。ヤマセミの巣穴はなお深く 100 cm を超えることも珍しくないため，卵の有無を巣の外側から確認することはまず無理である。では，途中で掘るのをやめてしまった巣穴と，実際に使われている巣穴の違いはどうやって見分ければいいのだろうか？　実直に長時間観察して，親鳥の巣穴への出

入りを確認するには，彼らの1回の抱卵時間はちょっと長い。抱卵交代は，カワセミで30分〜3時間おき，ヤマセミで2時間〜5時間おきであり，かなり幅があるのもやりづらい。体の小さいカワセミでは，うっかり抱卵交代を見逃してしまうこともあるかもしれない。そこで，私は巣と思しき穴を発見

図2（a）カワセミと（b）ヤマセミの巣穴。出入りの際に足を掛けるので，鍵穴のような形をしている。

するたびに，その入り口に目立たないような大きさ 1～2 cm の草片を置いていくことにした。半日くらい経過してから穴の入り口を確認すると，使われていない穴の草片はそのまましなびているが，使われている穴の草片は，彼らが出入りする際に外に蹴りだされてなくなっているか，入り口に留まっていたとしても土にまみれている。

　こうして見つけた 2 種の巣の環境を種間で比較すると，営巣崖の水面から頂上部までの高さの平均はカワセミで 239 ± 127 cm（N = 42），ヤマセミで 321 ± 131 cm（N = 16）であり，水面から巣穴の下縁までの平均の高さはカワセミで 174 ± 114 cm，ヤマセミで 261 ± 129 cm であった（笠原 2009）。つまり，ヤマセミのほうが高い崖，もしくは水面から高い位置に営巣する傾向が見られた。カワセミでは，時には水面から頂上部までが 50 cm しかない崖の，水面から 20 cm の高さに巣が見られたこともあった（残念ながら，雪解け水や長雨などで水位が上がると，こういう巣は水没してしまう）。営巣環境の違いは，西村（1979）の，ヤマセミは 2 m 以上の崖に営巣することが多く，カワセミは 2 m 以下の崖にも普通に営巣する，という研究結果とおおよそ矛盾なく，私の次の目的は，彼らがヒナに運ぶ食物の種類と大きさを特定することとなった。

親鳥たちの子育てメニューを知る方法

　ヒナたちが何を食べているかを調べるには，親鳥を追跡して獲物を捕らえるところを直接観察する方法から，頸輪法，ビデオ撮影，ペリット（昆虫の外骨格や魚の骨など消化できなかったものが吐き出されたもの）を拾ってきて調べる方法，糞を洗って中に含まれているものを調べる方法，解剖して胃の内容物を調べる方法，羽毛や血液，体の組織を用いた安定同位体比分析などさまざまな方法がある。いずれの方法にも，良い点と良くない点がある。

　たとえば，頸輪法は，針金などを用いて巣の中のヒナの首を軽く（呼吸はできるが，ものは飲み込めない程度に）しばり，親がヒナの口に入れた食物を直接採取する方法である。親鳥がヒナに与えている食物試料を直接得られるのは良いのだが（図 3），しばり加減が非常に難しい。しばり方が弱ければヒナに食物を飲み込まれてしまって食物試料が得られないが，しばり方が

図3 頸輪法でモズのヒナから得た食物。(a) 3ヒナから採取した，爬虫類，クモ目，カメムシ目（アカスジキンカメムシの幼虫）。(b) 5ヒナから採取した小型哺乳類の肉片（毛が残っている），イモムシ2体。右端に写っているのは巣の底から見つけたペリット。

強いとヒナの呼吸を妨げて命に関わる。頸輪法によるヒナへの影響は日齢や種によって異なるが，羽田・堀内（1970）は，ヒガラのヒナから食物を採取した場合では，1日に1回，1〜2時間の範囲であれば，それによって一時的に体重が減少しても，1日ほどで回復する，と述べている。食物内容を明らかにするために多くの試料を得ようとすれば，結果として多くの巣を必要とする。また，孵化後数時間で親鳥とともに巣を離れる早生性の種のヒナにはこの方法は使えない。ペリットや糞の分析でも時間をかければ何を食べていたか分かることが多い。しかし，体に硬い部分がなく消化されやすい鱗翅目の幼虫などは検出できないので，食物全体を評価する際には注意が必要である。

　ビデオ撮影は，一度設置してしまえば，ビデオカメラが巣の様子を1日中撮影して，データを集めてくれるという点で便利である。カメラが警戒されなければ（もちろん警戒されないようにいろいろ配慮して設置するのだが），鳥たちの自然な姿を記録することができる。図4は，私が調査を行った鳥たちの録画映像から切り出してきた一場面であるが，食物内容を目で見て判別することができる。ビデオ撮影は，食物をまるごと持ってきて巣に入る前に止まり場を利用するカワセミやヤマセミ，おわん型もしくはコップ型の巣（上が開けていて撮影しやすい）を造るオオヨシキリやモズなどの種では有用な調

親鳥たちの子育てメニューを知る方法

図4 (a) 巣で待つヒナにウグイを持ってきたヤマセミ。止まり木にとまろうと足を体の前方に出している。(b) オイカワを持ってきたカワセミ。この止まり木は撮影者が設置したもの。(c) 大型のトンボの仲間を持ってきたオオヨシキリ。(d) 甲虫の仲間を持ってきたモズ。

査方法かもしれない。また，ビデオカメラが思わぬ場面を捉えていることもある。たとえば，鳥の繁殖に大きな影響をもたらす捕食者の来訪などである（図5）。実際にヒナが捕食される様子が捉えられることで，なかなか出会う機会のない捕食者が特定されるし，捕食されなかった場合でも，人間が直接目にすることが難しい自然界の日常を垣間見ることができる。

　もちろん，ビデオ撮影による調査も良くない（たいへんな）点がある。ビデオ撮影では，撮影は機械が自動で行ってくれるが，食物の判別は自分で行わなくてはならない，という点だ。つまり，当たり前の話だが，録画映像はすべて確認しなくてはならない。カワセミやヤマセミのように，ヒナに食物を運ぶ頻度が1時間に数回程度の種はまだよいが，モズやオオヨシキリ，スズメのように，かなり頻繁に，時には1分に1回くらいの頻度で食物を運んでくるような種では，4時間の録画映像の分析に4時間以上かかる，というの

図5 (a) モズのヒナの頭上に現れたアオダイショウの幼体（矢印）。口をいっぱいに開けてもモズのヒナの頭を飲み込むことができず，何度か試してから去っていった。(b) オオヨシキリの巣を襲ったアオダイショウの成体。口から見えているのは巣内ビナの足。親鳥がけたたましく鳴くなか，4羽の巣内ビナのうち，2羽を飲み込んで去っていった。

が珍しくない。

　そして，ビデオは常に判別可能というわけではない。え，少し前の行で，目で判断できると書いているのに，と思われるかもしれないが，それは，撮影がうまくいったときの話である。長時間の撮影を行えば，日の当たり方は時刻によって変化するし，風や雨などの急な天候変化もある。ビデオカメラを設置したときの角度によっては，逆光や天候による明るさ不足で鳥がシルエットのように黒く写ってしまうことがある。また，杭で三脚をしっかり固定していても，強風が巣やカメラの位置をずらしてしまい，いつのまにか画面に巣が映っていないこともある。また，持ってくる食物が小さすぎて親鳥のくちばしから何か黒っぽいものが見えているだけ，という場合もあるし，親鳥の動きが素早すぎて，どう再生速度を遅くしても，何を持ってきたのか分からない場合もある。親鳥の警戒心からか，もしくは巣に戻ってきたときにどこに止まるかを決めているのか，常にカメラに背中を向けてヒナに給餌し，もってきた食物をまったく見せてくれない個体もいる。

　一方で，カメラをまったく気にしないどころか，ビデオカメラの上を止まり場として使用を試みた（と思われる）ヤマセミがいた。このヤマセミの例では，個体がビデオカメラを警戒しないことが分かった時点で，より近くで鮮明な画像を撮ろうと，もともとその個体が使っていた自然の止まり場である

枝の近くにビデオカメラを設置してしまったのが災いしたように思う。

映像の中で，止まり場の枝に戻ってきたヤマセミは，ふとビデオカメラのほうを向き，そのまま羽を広げて枝から飛び立った。すぐに，ビデオカメラにかけた布カバー越しのカシャカシャという足の置き場を確かめるかのような音とともに，カメラに映し出された川と空と画面に突き出た止まり場の枝が小刻みに揺れ始めた。ヤマセミにしてみれば，新たに出現した止まり場（三脚の上のビデオカメラ）を試そうとしたのかもしれない。その日の録画映像のなかで，ヤマセミは止まり場の枝とビデオカメラの上面を何度も行ったり来たりしていた。一方で食物内容はほとんど映っておらず，大半はカシャカシャという音と，小刻みに揺れる風景だけであった。翌日，三脚の位置を戻し，念のため，カメラの位置を止まり場の枝の高さよりも下げた。位置を戻したことが良かったのか，ビデオカメラの上部の幅と布カバーの素材は，ヤマセミにとっていい止まり場ではなかったのか，それは分からないが，その後ヤマセミがカメラの上に乗ることはなかった。

巣の近くに自然のいい止まり場がない場合は，木の枝を加工して止まり場を作ることもある。自作の止まり場の具合や，設置場所と巣の位置関係などがうまくいって，目標の個体が巣に入る前にとまってくれるようになれば，しめたものである。

2005年と2006年に，私はカワセミ7巣とヤマセミ5巣で，親鳥が巣に搬

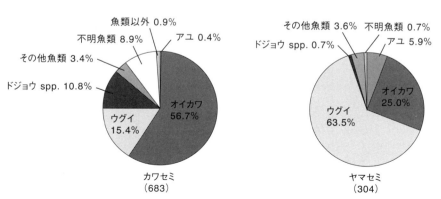

図6 ビデオ撮影を行った，カワセミ7巣，ヤマセミ5巣における，巣内ビナに搬入された食物内容。括弧内の数字は総搬入回数を示す。

入する食物のビデオ撮影を行った (Kasahara & Katoh 2008)。その結果，カワセミでもっとも利用されたのはオイカワ，次いでウグイであり，またドジョウの割合も相対的に高かった（図6）。ヤマセミでもっとも利用されたのはウグイ，次いでオイカワであった。また，録画映像の魚の体長と，それをくわえている親鳥のくちばしの長さを比較して推定したところ，運ばれてくる魚の平均の体長は，体の大きいヤマセミで，12.8 ± 2.5 cm，体の小さいカワセミで7.5 ± 1.5 cm であった。利用する割合は異なるものの，カワセミもヤマセミも，オイカワとウグイが好きなのだろうか？　千曲川で行われた魚類構成を調べた研究を見てみると，この2種の魚は千曲川の優占魚種であることが分かった（傳田ら 2001）。日に日に大きく成長し，要求量の増すヒナたちに十分な食物を与えるには，魚種を選ぶよりも，たくさんいる，捕りやすい魚を運んでいると考えられた。

では，カワセミとヤマセミでウグイとオイカワを利用する割合が異なるのはどうしてだろうか？　これは，彼らが運んでくる魚の体長や，魚を捕る場所，そして魚の生息場所と関連している。調査期間中，ビデオ撮影と平行し

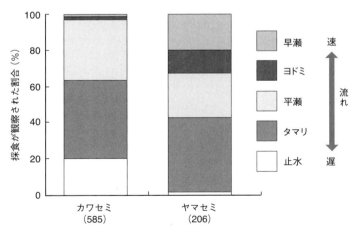

図7　カワセミとヤマセミの採食が観察された地点の流れの状態の割合。早瀬（水面が白く泡立つ），ヨドミ（水面は滑らかだが，水面下の流れは速い），平瀬（穏やかな流れ），タマリ（岸近くの流れが滞った部分），止水（池などの流れていない水）。括弧の中の数字は総採食観察数。流れの状態を表す用語は便宜的に筆者が定義したものであり，一般的な河川用語とは異なる。

て，私はカワセミとヤマセミを追いかけてどこで採食しているかを調べる行動追跡調査も行っていた。その結果，カワセミは浅い場所や流れの緩やかな場所で採食を行い，一方でヤマセミは深い場所や流れの早い場所でも採食を行う傾向が見られた（図7）。カワセミが運んでくるオイカワやドジョウ，小さな魚類は，一般に河川の岸近くの浅水域や流れの緩やかな場所，止水域などに生息する。一方で，ヤマセミの運んでくるウグイはおもに河川の水深の深い部分に生息する。そして，オイカワよりもウグイは体長が大きくなる。

　ヤマセミとカワセミの採食場所の違いはヒナに与える食物の違いと関連しており，それは彼らの体の大きさの違いを反映していると考えられた。一般に，体サイズが大きくなるにつれて，体を維持し，成長するためのエネルギーを得るために食物に対する要求性は高くなる。体の大きなヤマセミのヒナがカワセミのヒナよりも大きな魚を必要とするのは不思議ではないが，データをもとに明らかにすることで，その違いが実際に見えてくる。

　これらの調査結果から，カワセミとヤマセミは，営巣場所と採食場所を違えることで棲み分けていると考えられた。そして，この違いと，その両方の資源を提供できる千曲川の自然環境が，2種の共存を可能にしているように思う。全体として，営巣場所も食物も，ヤマセミが求める条件はカワセミよりも厳しいことが分かった。心配なことに，増水によって土が削られ，高い崖ができるような状況は，増水の発生頻度の低下やコンクリート護岸，緩傾斜護岸などの普及によって減少しつつある。ヤマセミは2013年度の時点で，31の都府県のレッドデータリストで危惧種として選定されており，今後，生息地の保全や確保などが必要になってくるだろう。一方で，カワセミが利用する環境の特徴は，この種が都市公園などのちょっとした水辺に進出できる理由といえるかもしれない。この研究では，共存する種のそれぞれが好む生息環境を明らかにすることを通して，維持していくべき千曲川の姿が少し見えたように思えた。

ヤマセミと釣り人の関係

　河川で調査をしていると，釣りや河原でのバーベキューなど，いろいろな方法で，水辺に親しむ人々を見る機会がある。人々が河川に親しみ，自然を満喫することは，自然を大切に思い，次世代につないでくうえで大切なこと

である。しかしながら，自分にも戒めを込めて思うのは，そこは，あなた方だけの場所ではないのですよ，ということである。河川が重要な生息場所となっている種にとって，今後もそこで生息し続けられるかどうかは，彼らの物理的な生息環境を整えるとともに，水辺に親しむ人々との共存にかかってくるだろう。人の活動によって鳥が受けていると思われる影響についても述べておきたい。

　ヤマセミの巣のビデオ撮影を行っていた2006年6月下旬，回収したビデオの録画映像を確認していると，早朝と夕方以外，ヤマセミがまったく映っていない日があった。止まり場を変えてしまったのかもしれないと思う一方で，他の心当たりもあった。ビデオを回収したときに，川にぽつりぽつりと釣り人がいたことである。

　翌朝，ビデオを設置した後，ヤマセミに警戒されないように，対岸に回って堤防道路の上に止めた車の中からヤマセミの行動を観察した。朝5時，川に人影はほとんどない。ヤマセミが魚を運んできていったん止まり場に止まった後，巣に入った。いつもどおりの光景である。しかし，7時を回ると，堤防道路に車が次々と止まり始めた。車から降りてきた人たちは胴長やウェットスーツに身を包み，釣り竿を持って水の中に進んでいく。その姿に，はっと思い当たることがあった。千曲川のこの地区での，鮎釣りの解禁である。それまではほとんど人がいなかった河川も，鮎釣りが解禁されると，県内外から集まった多くの釣り人で賑わう。20～30mおきくらいに川の中に人が並び，浅瀬で隔てられた中洲では，オフロード仕様の車で乗りつけたらしく（地道に石を整えて道を作っているのを見ることもある），車の影からも釣り竿が伸びている。

　当然，ヤマセミの巣の周辺にも釣り人がどんどん立っていく。川の中に入らず，崖の下に椅子と水筒を用意して，長時間楽しむ準備は万全，という人たちもいる。彼らは，背後の崖にある穴にはまったく気づいていないのだろう。しかし，その穴の中にはヤマセミのヒナがいて，親鳥が運んでくる魚を待っている。私は，何度かは釣り人にどいてくれるよう声をかけてみた。しかし，親切に場を開けてくれる釣り人のあとにもすぐに新しい釣り人が現れるうえ，巣の真下以外にも周辺に多くの釣り人がいるという状況に，すっかり，お手上げ状態になってしまった。

親鳥の姿は巣から約 120 m 離れた高木の茂った葉の中に見つけた。親鳥も魚を運びたいが，人間が巣の前に陣取っていては巣に近づくことができないのだろう，魚をくわえたまま，じっとしている。しかし，30 分たっても，1 時間たっても釣り人はいなくならない。3 時間後，魚をくわえたヤマセミは，

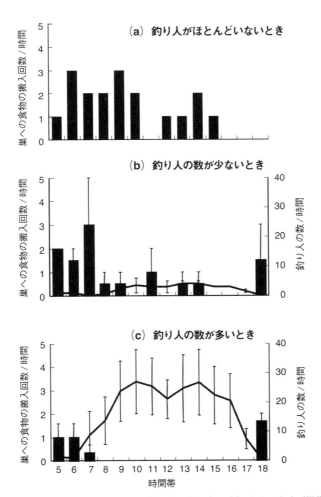

図 8 釣り人が，(a) ほとんどいないとき (撮影日数 = 1)，(b) 少ないとき (撮影日数 = 2)，(c) 多いとき (撮影日数 = 3) の，ヤマセミの 1 時間当たりの食物の搬入回数と 1 時間当たりの巣の周辺釣り人の数。黒い棒と誤差棒はヤマセミの食物の搬入回数の平均 (±SD) を，折れ線とその誤差棒は釣り人の平均の人数 (±SD) を示している。笠原・加藤 (2007) を改変。

その魚を自分で飲み込み，釣り人の立つ流れの上ではなく，河畔林の上を飛んで下流に消えて行った。そして30分もたたないうちに，再び魚をくわえ，高木の茂みの中で，じっと巣のほうを見ていた。そんな姿を少なくとも4度観察した。釣り人が多い日は，昼間にまったく魚が運べなくなり，早朝や夕方の，まだ釣り人が現れない（または帰った後の）時間に魚を運んでいた（図8）。しかし，鮎釣りが解禁される前の総量には到底足りていなかった。巣の中のヒナも空腹なのか，巣の周辺に釣り人がいないときには，穴から顔を出して鳴き続ける姿が観察された。胃が痛くなる光景だった。

　7月上旬，この巣から2羽のヒナの巣立ちが確認された。朝5時，巣穴から顔を出したヒナは，親鳥の盛んな促しの鳴き声にも，なかなか飛び出せずにいたが，2時間後，釣り人たちが集い始める前に，親鳥とともに上流に飛び去っていった。今回の事例では無事にヒナが巣立つことができたが，最悪の場合，ヒナが餓死する可能性もあっただろう。ヤマセミは巣造りからヒナの巣立ちまでに約2ヵ月半かかるため，育雛期後半での失敗は，その年の繁殖を終了させてしまう可能性もあった。

砂礫地の忍者，イカルチドリとコチドリ，ときどきイソシギ

　カワセミとヤマセミの調査では，ビデオを設置する際に川を渡る，もしくは深い流れに接した崖下に降りる，という危険作業はあったものの，土崖の表面の穴を探すこと自体は難しいことではなかった。当然ながら，巣探しが（相対的に）難しい種もいる。大小の石で構成された礫河原，一見石だらけの何もないように見えるそこに生息している，イカルチドリ（体長19〜21 cm，41〜70 g），コチドリ（体長14〜17 cm，26〜53 g），そしてイソシギ（体長19〜21 cm，33〜84 g）である（体長と体重は del Hoyo *et al.* 1996 より）。

　イカルチドリとコチドリは，頭はずんぐりと丸く，体は背面が茶色で，腹面は白い。額から目にかけてと，首周りが黒く，目の周りには黄色い縁取りがある（アイリングと呼ばれる。羽毛ではなく皮膚である）。イソシギはチドリ類2種よりもやや小さな頭と細長いくちばしをもち，背面はオリーブがかった褐色，腹面は下尾筒まで白い。尾羽（というより，おしり）を上下に振りながら歩くのが特徴だ。3種とも，長めのしっかりした足を持ち，水際を走り回っては水生昆虫などを食べている。

千曲川では，イカルチドリはおおよそ3月下旬から，コチドリとイソシギは4月中旬から産卵が始まる。チドリ類2種は，開けた砂礫地の地上に浅い皿状の窪みを掘って，平均4卵を生む（図9）。窪みの底には小石が敷き詰めてあることが多いが，何も敷かず，単なる窪みに卵が置いてあるだけの巣もしばしば見られる。イカルチドリの卵は青みがかっていて，赤褐色の細かな斑が入っている。コチドリは，黄褐色の地（橙や緑がかった地色もある）に，濃い褐色の斑が入っている。小石の上に置かれた彼らの卵は周囲の砂礫によく溶け込んでいて，見つけるのは容易ではない。

　起伏のない平らな砂礫地であれば，双眼鏡で砂礫地を見渡すことで彼らが抱卵している姿を見つけることもできるのだが，双眼鏡で一望できない場合は，広大な砂礫地を歩き回って巣を探すことになる。そのとき，手掛かりになるのは親鳥の行動である。彼らのヒナは早成性で，孵化したときにすでに羽毛を持ち，目もすぐに開き，自力で採食を行うことができる。そして孵化後数時間で親鳥とともに巣から離れてしまう（その後，独り立ちまで1ヵ月間ほど親鳥とともに行動する）。つまり，彼らの巣の位置を確定できるのは，基本的に卵が巣にある抱卵期間（イカルチドリで約27日，コチドリで約23日，イソシギで約21日）だけなのである。

　イカルチドリもコチドリも，親鳥は抱卵中に人間などの外敵を確認すると，すっと立ち上がって巣から離れる。立ち上がった後は，たいてい人が歩いてくる方向に背を向けて反対側へ歩いていく。砂礫地でも目立たない彼らの羽色と静かな動きは，さながら闇夜の忍者のようだ。しかし，歩き出した親鳥に気がつくことができたなら，巣の発見までもう一頑張りである。親鳥を見失わないようにしながら，ゆっくりと後ずさりして距離をとる。人の動きを察知した親鳥は動きを止めて，背を向けたまま，顔だけを横に向け，その目はしっかりとこちらを見ている。親鳥がそのまま動かないようであれば，さらに距離をとる。そのうちに，脅威は遠ざかったと考えるのか，彼らは巣に戻り，座ってお腹をグリグリと卵に押しつける動きをして抱卵を再開するので，それまでじっと待つ。このグリグリとした動きをするかどうかは，そこが巣かどうかの見極めに重要である。なぜなら，彼らはしばしば，何もない地面にぺたりと座り込み，さも巣があるかのように振る舞うことがあるからだ。

　親鳥が巣に戻っても，すぐに近づいてはいけない。砂礫地はどこもかしこ

図9 (a) イカルチドリ，(b) コチドリ，(c) イソシギの巣（左）とヒナ（右）。よく見ると，チドリ類 2 種の巣の底には小石が敷かれている。砂地を好むコチドリでは，砂地に残った足跡を注意深く観察することで巣にたどり着くことができる（場合もある）。イソシギの巣は草の根元に造られることが多い（写真はシロバナシナガワハギ）。3 種とも，卵もヒナも砂礫地によく馴染む色をしている。離巣後，外敵に会うとヒナは親鳥の鳴き声で地面に伏せる。見つけるのは卵よりもはるかに難しい。

も似たような風景であるうえ，距離感がつかめないので，不用意に近づくと，巣のたしかな場所が分からなくなってしまうからだ。抱卵している親鳥の周辺にある，石の色や配列，流木などちょっとした目印を覚えておき，さらに，卵を誤って踏んづけたりすることのないように，慎重に巣に近づく必要があるのだ。

　チドリ類2種にまして，イソシギの巣探しは難しい（もちろん感じ方には個人差がある）。この種は草がまばらに生えた環境で草の根本に浅い窪みを作り，枯れ草を敷いて巣を造るのだが（図9），まばらに草の生えた環境は，砂礫地ではごくごく平凡であるし，草の根元などに造られた巣は，双眼鏡で眺めて見つかるものではない。イソシギはチドリ類2種と違って，抱卵交代の頻度が高くない（中村・中村 1995）ので，日中，ピーリーリ，ピーリーリ，と鳴きながら水辺を飛び回っている彼らを追跡しても，砂礫地の内側に戻る気配をなかなか見せない。広大な砂礫地の中，イソシギの巣を探すのは雲をつかむような話にも思える。

　それにばかり期待してはいけないが，偶然に近い状況で見つかることもある。砂礫地をさんざん歩いて疲れはて，岩に背を預けて川の流れをぼんやり眺めているようなとき，突然，おしりを振り振り砂礫地内に向かって歩いてくる個体に会うことがあった。水際での採食がおもな活動である（ように見える）彼らが砂礫地の中のほうまで上がってきたら，巣がある可能性が高いといえる。そんなときは，石になりすまして目だけを動かして個体を追跡する。座ったまま動かなければ，人だと認識しづらいのか，どんどんと距離を詰めてくる。イソシギが急に立ち止まってこちらを見ているような気がしても，目を合わせてはいけない。けれども，目の端ではいつも個体を捉えておく。個体が草陰に入って出てこなかったらその周辺が怪しい。草陰の位置を周囲の目印とともに覚えて，あそこが巣だ，という場所をしっかり見据えながら立ち上がる。視線の高さが変わるので，覚えた目印さえあやふやになりがちなことには要注意である。イソシギはチドリ類2種と違って我慢強い個体が多く，草陰に近づいてもなかなか出てこない。もう数歩で個体が消えた草陰の真上に立つ，という頃になって，突然草陰の少し先からイソシギが飛び出し，ジャージャーいいながら羽を激しくばたつかせる擬傷行動を見せたら，当たり，である。

イカルチドリとコチドリも行うが（口絵 ④），擬傷行動の激しさは，イソシギが一番，という印象がある。擬傷行動は親鳥の命を懸けた名演技だ。声を上げながら体を傾けて片翼をあげてバタバタさせ，尾羽や両翼を広げて，時に激しく，時に力なく震わせ，まるで傷ついて飛べずにもがいて，弱っているかのように見せる。そうして外敵の注意を自分に引き付け，巣が見つからないようにするのだ。親鳥は，敵が十分に巣から離れるまで，注意深く敵の様子を見ながら擬傷行動を続け，敵が誘いに乗ってこないと，敵のほうに近づいていくことさえある。そして十分離れた安全圏まで敵を連れ出すと，唐突に擬傷行動をやめて飛び去るのだ。とはいえ，イソシギの必死の防衛策も，私にとっては巣があることの確実な証拠だ。草をかき分けてしまうと，跡がついて捕食者に巣が見つかりやすくなる可能性があるので，できるだけ目だけで地上付近を探すと，薄い褐色の地に濃い黒褐色の斑があるイソシギの卵を見つけることができる。

　チドリ類やイソシギの巣は，見つけた後でさえ，ちょっと目を離すともう分からなくなるほど周囲に溶け込んでいる。次回の訪巣時に見つけられるだろうかと不安になるほどだ。しかし，だからといって，巣の周辺に目印をつけるようなことは避けるべきである。なぜなら，誰もいないような河原でも，じつは見られていたり，追跡さえされているかもしれないからだ。誰に（何に）かといえば，千曲川の調査では，もっとも注意すべきはハシボソガラスの視線であった。

　ハシボソガラスの観察能力と記憶力はけっして侮ることができない。河川敷の疎林に営巣する彼らの繁殖時期（とくに抱卵開始から育雛時期）はおおよそ 3 月末から 5 月下旬で，チドリ類の繁殖時期と重複する。ハシボソガラスは十分に警戒したチドリたちの動きをよく観察していて，巣の卵を食べに現れる。ペロリと丸呑みしてしまうのだ。遠くから双眼鏡で巣を観察していたら，視界の中に突然現れ，あれよあれよと食べられてしまったこともある。砂礫地をうろうろと歩き回る人間を追跡して巣の位置を特定することは，イカルチドリやコチドリを追跡するよりも，もっと簡単であろうことは，容易に想像できる。鳥たちの巣の周辺に目印をつけることは，人間をよく観察している彼らに巣の場所を教えてしまう危険性を高くする。それは自分の調査もうまくいかなくなるし，イカルチドリやコチドリの繁殖にも深刻な影響を

与えかねない。ハシボソガラスだけではなく，ヘビや夜行性の哺乳類にもヒントを残してしまわないように，調査を行う際は，常に注意深く行動する必要がある。

イカルチドリとコチドリと河原の人々

　ところが，河川の砂礫地において，捕食者対策となる彼らの巣の隠蔽性の高さが，逆に仇になってしまっているのが，人とのつきあいである。砂礫地で営巣している彼らの巣は調査経験があっても簡単に見つけられない。鳥を見る目的ではなく川に訪れた一般の人たちがその存在に気がつかないのも無理ないことかもしれないが，彼らの繁殖地での状況はなかなか過酷である。

　コチドリが渡来し，イカルチドリの抱卵も始まる3月下旬は風もまだ冷たく，河川を出歩く人も少ない。千曲川では，6月の鮎釣りの解禁までは，鳥たちにとっておおよそ平穏な日々が続く。しかし，河川によって人の活動時期やその内容は異なる。たとえば，都市を流れるある河川では，4月も半ばをすぎて気候が良くなってくると，河原では週末ごとにバーベキューや釣りなどが行われ，多くの人で賑わうようになる。河原には大きなテントがそこここに立てられ，子供から大人，ペットの犬，そして大型車までが行き交う。営巣しているイカルチドリやコチドリ，イソシギにとっては，営巣を開始したときには想像もしていなかった脅威が突然降りかかってくることになる。人々は鳥たちの都合などお構いなしだし，イカルチドリやコチドリの地味な羽色や，周辺の砂礫地の風景に溶け込む見事な保護色の巣や卵を前にしては，その存在にさえ気づいていないだろう。親鳥の擬傷行動という防衛策も，卵やヒナを食べようと近づいてくるカラスやヘビなどの捕食者には有効だと思われるが，川を訪れた人々の多くは，親鳥の懸命な行為に気づかないか，気づいても何を意味しているか分からないかもしれない。

　脅威に巣を離れた親鳥たちは，警戒して巣に戻れないまま長時間を過ごすことになる。外気に卵が冷えすぎても，直射日光にさらされて卵が熱くなりすぎても，親鳥は卵を温めることも，お腹の羽毛を水で濡らして卵を冷やすことも，中腰になって卵の上に影を作ることもできない。親鳥による盛んな擬傷行動や，人々が去った後に残されたゴミが捕食者を呼び寄せるきっかけになるかもしれない。最悪，卵やヒナが踏み潰されることもあるのだ。河原

224　　　　　　　　　　　　　　　　　　　11　河川の鳥たちのご近所づきあい

に車が入りやすい地形であったり，河原が砂や細かな礫で構成された河川では，車が通るたびに親鳥たちが慌てて飛び退る姿や，巣の周辺に多くのタイヤの痕跡が見られた（図10）。卵が冷たく，周囲に親鳥も見えず，放棄されて

図10（a）イカルチドリの巣を挟むように真っすぐ伸びるタイヤの跡。今回は踏まれずに済んだが，次回は分からない。（b）コチドリの巣の周辺に無数についたタイヤの跡。この巣は卵がすでに冷たく，抱卵にくる個体も観察できなかった。矢印は巣の位置を示す。

いると思われる巣，再訪巣時に親鳥もヒナも確認できないまま空になっている巣もあり，タイヤの跡に胃がキリキリと痛んだ。

　人や車に撹乱を受けても，イカルチドリ，コチドリ，イソシギは繰り返し砂礫河原で繁殖する。彼らが好む草本植物のまばらな露出した砂礫地はなかなか代替地がないからだ。彼らの好む砂礫環境の維持のためには，河川で生じる適度な増水が重要である。増水が生じなければ砂礫地には草本植物が茂り，彼らの営巣可能な環境は減少してしまうだろう（増水の減少は，全国のイカルチドリとコチドリの減少の要因としても，よくあげられる）。コチドリでは工事現場や長期間利用されない駐車場など，ちょっとした砂利のある空間を利用して営巣する，ということも知られているが，営巣することと，そこで繁殖がうまくいく（たとえば卵が孵化に至る，ヒナが親から独り立ちできる）こととは別問題である。注意深く評価する必要があるだろう。捕食者をいち早く察知できる広い砂礫地があり，食物となる水生昆虫が豊富に得られる河川は，彼らにとって重要な生息環境である。だからこそ，繁殖期にそこで人から受ける負の影響は非常に大きい。

　ヤマセミの事例とイカルチドリやコチドリの事例に共通しているのは，人は彼らの繁殖行動を意図的に撹乱しているのではなく，その存在に気がついていないために，配慮することを思いもしないのではないか，ということだ。研究者や河川管理者が，研究を通して河川生態系を理解し，その維持や質の向上に努めることはもちろん重要であるが，河川の生き物と人の生活がうまく折り合い，身近な生き物たちが知らず知らずのうちに希少種にならないようにするためには，一般の人々に河川で生息する生き物のことを知ってもらい，自分たちの活動が彼らにどう影響するのかを理解してもらうことがより重要だろう。そして，河川に生息するさまざまな生き物に配慮することを，河川で活動する際のマナーの１つとして，人々の間で定着させていくような，人と野生の生き物の間をとりもつ活動が今後求められていくのではないだろうか。

おわりに

　私が立教大学理学部上田研究室に所属させていただいたのは 2010 年からで，減少傾向にあるとされるスズメについて，その要因を明らかにするプロ

ジェクトに携わらせていただいたのがきっかけである。上田先生の放任主義と懐の深さは，上田研に集う人々の自主性を培い，議論し合える仲間と研究を深めていく過程に多大に貢献していた，と勝手に推測している。私も，共同研究者と調査方法から発見まで共有し，工夫し，吟味することの大切さと楽しさ，時には難しさを学ばせていただいた。上田先生と上田研の皆様に，深謝申し上げる。

島はやっぱり面白い
― 南大東島の自然と鳥 ―

(松井　晋)

はじめに

　かれこれ 20 年以上前の話になるが，日本野鳥の会大阪支部の『むくどり通信』に連載されていた「どくとる上田の生活は自然保護だ」を読んだのが，私にとって上田恵介先生との最初の出会いだった。自然保護とはあまり関係のない記事も多かったように思うが，当時中学生だった私が強く引き付けられたのは，鳥の調査の後のビールがうまい！　というお話だった。

　私は小学生の頃からバードウォッチングを始めた。中学・高校になると部活が忙しくあまり真面目に鳥を見ていなかった頃もあったが，琉球大学に進学して伊澤雅子先生の動物生態学の研究室でイリオモテヤマネコ・オリイオオコウモリ・カンムリワシの野外調査を手伝ったりしながら楽しく過ごした。卒業研究では大学構内の建物で繁殖しているイソヒヨドリの繁殖生態を調べた (伊澤・松井 2011)。

　沖縄の亜熱帯の自然は，私が生まれ育った大阪とは生物相がずいぶん違うので，すべてが刺激的だった。また多様な生物がすむサンゴ礁の海が近くにあるので，週末はいつも仲間とスクーバダイビングやシーカヤックにでかけた。なかでも慶良間諸島の海の透明度の高さは抜群で，大袈裟にきこえるかもしれないが，視界の広さは海の中にいることを忘れてしまうくらいだった。琉球大学の学部生のときに，多様な生物を実際にみて，いろいろな動植物を調べている先輩たちの調査を手伝わせてもらえたことで，生物の分類・生態・進化は互いに密接に関連する学問分野だということを実際の体験を通して理解できた気がする。

琉球大学を卒業した後，子供の頃の趣味を転じて鳥類生態学の研究者を目指すため，大阪市立大学大学院の動物機能生態学研究室に進学した。この研究室は昔は動物社会学研究室と呼ばれており，上田先生もこの研究室に在籍されていたので，私は晴れて上田先生の後輩になった。私の指導教官だった高木昌興先生もポスドクのときに上田研に在籍していたので，立教大学と大阪市立大学の学生らの交流は多かった。大学院のときの研究課題は，沖縄県の南大東島にすむモズの生活史進化だったが，それに加えて南大東島の鳥類相のデータも集めていた。大学院時代の8年間は，子供の頃から憧れていた生活，つまり，野外調査に没頭して，その後にビール！　という贅沢な生活を満喫できた。しかし昨今は，大学院のときにもう少しお酒を控えて，もっと論文を書いておけばよかったと反省している。

それはともかくとして，私は大阪市立大学で学位を取得した後，立教大学の上田先生の研究室にポスドクとして所属させていただいて，都市と農村にすむスズメの生態調査に携わった（三上ら 2011, 2013, 2014；松井ら 2011a, b；加藤ら 2013）。私が立教大学でポスドクをしていたときに，東日本大震災と福島第一原子力発電所の事故が起こったため，鳥類の放射線影響評価に関する研究も同時並行で進めることになった（五十嵐ら 2015；松井ら 2015；Matsui *et al.* 2015；Sternalski *et al.* 2015）。そして，動物の生活史進化に関する基礎研究と（松井 2014），鳥類の放射線影響評価に関する研究をどのようなバランスで進めていくかずいぶん困惑した。

これまで紆余曲折しながら研究を続けてきたが，本章では太平洋に浮かぶ亜熱帯の島，南大東島で8年間野外調査に没頭していた大学院時代を振り返りながら，大東諸島の成り立ちや，そこに住む動物を紹介し，当時はまだ大東諸島で確実な営巣記録が得られていなかったヨシゴイの巣を上田先生と一緒に探索したときの様子などを紹介する。野外研究の醍醐味は，やっぱり面白くて楽しいことである。

太平洋に浮かぶ大東諸島

琉球大学を卒業後，沖縄で友だちとドライブ中に，次に進学することが決まっていた大阪市立大学の高木先生から突然電話が入った。「調査地は南大東島でいい？」と聞かれ，私は思わず「はい」と即答した。南大東島は聞いた

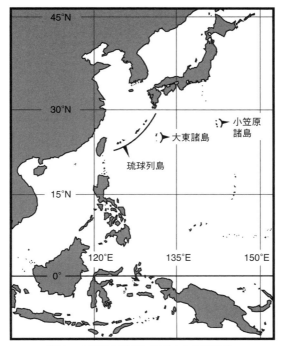

図1 太平洋北西部に位置する大東諸島。

ことはあったが，その位置が正確に分からなかったので，電話が終わった後，すぐに友人と本屋に立ち寄って地図を見た。それは，那覇から東に約390km離れた太平洋に浮かぶ大東諸島の島だった。ちなみに，そのときに乗っていたホンダのトゥデイは，その後，船で南大東島まで運ぶことになり，調査用の車としてマフラーが落ちて走れなくなるまで活躍してくれた。

大東諸島は南大東島と，そこから北東に約8km離れた北大東島，そして南に約160km離れている沖大東島の3島からなる。南大東島および北大東島は沖縄本島や小笠原諸島とほぼ同緯度にあり，沖縄本島から約390km，小笠原諸島から約1100km離れている（図1）。南大東島（25°50′，東経131°14′）は，大東諸島の中でもっとも大きく，面積は約30 km^2，周囲が約20kmの長楕円形の島である。サンゴ礁が隆起して形成した大東諸島は，大陸と過去に一度も陸続きになったことがない海洋島と呼ばれる島々からなり，大陸の一部が地

殻変動で切り離され現在の姿になった大陸島と呼ばれる琉球列島の他の島々と成り立ちが大きく異なる。

Steadman (2006) によると，太平洋の島々は7つに分類することができる。活火山，侵食された火山島，ほぼ環礁に近い島（侵食された火山島と環礁との間の発達段階），環礁，州島（サンゴ礁にサンゴや有孔虫の遺骸や石灰岩の小片が堆積してできた島），隆起した石灰岩の島，それらが混成している島である。大東諸島の3つの島々は，フィリピン海プレート上にある隆起した石灰岩の島で，5200万〜4800万年前に赤道付近で誕生した (Klein *et al.* 1978；Klein & Kobayashi 1980)。

南大東島はプレートテクトニクスの活動によって，1年間に8.78 cmの速度で琉球海溝に向かって北西方向に移動していると推定されている (Takeshi Matsumoto & Shigeru Nakao unpublished data)。また，大洋中央海嶺から離れていくにつれて地殻が沈降するため，それに伴って島も沈降し，その間に大東諸島の島々は驚くほどサンゴを厚く堆積させた (Whittaker & Fernández-palacios 2007)。北大東島では地上から431.67 m以上の深さまでサンゴが堆積しており（杉山1934），中新世後期や鮮新世から最近に形成された岩石（石灰岩）が記録されている (Schlanger 1965)。ボーリング孔のデータから中新世と鮮新世の境界は103 mで，その境界には *Cardium* 属の貝化石を含む青灰色の泥が厚さ2 mくらい堆積している (Schlanger 1965)。

ESR年代測定法によって，北大東島は約120万年前から隆起が始まったと推定されている（河名2001）。またRb-Sr年代測定法を使った研究で，南大東島の地表の方解石の地質年代は，標高15.9 mでは約140万〜30万年前，標高17.1 mでは約160万〜60万年前に形成されたと推定されている（河名2001）。同じくRb-Sr年代測定法を使って，沖大東島の隆起が始まったのは約60万〜50万年前と推定されており，南大東島や北大東島より遅く隆起が始まったと考えられている（河名・大出1993）。Steadman (2006) によると，世界に隆起したサンゴ礁の島々が出現したのは，わずか200万〜100万年前，もしくは，それより最近のことのようだ。

南大東島はリング状のサンゴ礁，すなわち環礁が隆起して形成された (Saplis & Flint 1948)。このため島の周りには砂浜がなく，海岸線は切り立った崖に取り囲まれている（図2b）。かつて礁原だった場所は，島の外側をドー

ナツ状に取り囲んでいる幅約 1 km の丘（標高は最大 75 m）になっている。そして，かつて内湾（ラグーン）だった島中央部の窪地にはカルスト湖沼群が見られ，小さな池が 30 個以上点在している（Schlanger 1965，図 2c）。図 2a の衛星写真の矢印のところを見ると，島の中に環状の森林があることに気がつくだろう。そこは礁原と内湾の境界に位置する傾斜のあるサンゴ礁だったと

図 2（a）南大東島の衛星写真（2003 年 1 月 14 日撮影。南大東村教育委員会提供）。(b) アダンなどが生育する海岸線の岩礁地帯。(c) 島の中央部にあるカルスト湖沼。(d) 島を一周する環状の斜面林に生育するダイトウビロウ。(e) サトウキビ畑を中心とする農耕地。

ころで，現在では斜面林になっている（図 2d）。

　つまり，大東諸島は赤道付近で誕生し，過去にも大陸と一度もつながった
ことがなく，サンゴ礁が隆起して形成された大陸から遠く離れた島々と言え
る。そしてこのような島の成り立ちは，生物相にも大きく影響している。た
とえば，大東諸島には在来のヘビ・カエル・トカゲの仲間や，地上徘徊性昆
虫のオサムシ類がいない。これらの分散能力の低い動物たちは，海洋で隔て
られた大東諸島に自力ではたどり着けなかったのだろう。

南大東島の気候と台風

　大東諸島は亜熱帯性海洋気候に属し，琉球列島の中でもっとも雨の少ない地
域である。琉球列島の島々では 2000 mm を超える降水量があるが，大東諸島
の年間降水量は 1643.4 mm で，沖縄県内でもっとも少ない。大東諸島と同様に
海洋島に属す小笠原諸島（父島）ではさらに年間降水量は少なく 1300 mm 程度
である。大東諸島や小笠原諸島は，梅雨前線の影響が少ないために，亜熱帯域
に位置する琉球列島のほかの島々と比べて降水量が少ないのが特徴である。

　南大東島には地方気象台があるので，ここで毎日集められている 1 時間ご
との降水量，気温，風速などの気象データを詳細に知ることができる。この
ような全国各地で測定された気象データは気象庁のホームページ「過去の気
象データ検索」に公開されているので，鳥類の繁殖成績と気象条件の関係性
を調べたいときになどにたいへん便利である。

　南大東島には太平洋を北上する台風が多く接近するため，台風ニュースに
たびたび登場する。沖縄気象台で公開されている台風の記録を調べてみると，
1955～2003 年に太平洋では 1 年間で平均 26.7 個の台風が発生しており，その
うち平均して年間 3.8 個の台風が南大東島から 300 km 以内の範囲に接近して
いた。南大東島に接近する台風の勢力は，夏から秋にかけて強くなる（図 3）。

　そして，鳥類の繁殖期に，稀に非常に勢力の強い台風が接近すると，鳥類
の繁殖成績に大きな被害が出ることがある。たとえば，2004 年 6 月に南大東
島に接近した非常に強い勢力を持つ台風第 6 号（DIANMU）は，風速 15 m/
秒以上の時間が 55 時間継続し，最大風速は 28.6 m/秒，最大瞬間風速は 48.7
m/秒にまで及んだ（図 3）。この台風の影響でモズ巣が枝から吹き飛ばされた
り，営巣している木が倒れたり，巣内に風雨が吹き込んでヒナが衰弱死した

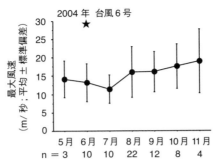

図3 南大東島に1984〜1997年までに接近した台風の最大風速の季節変化（沖縄気象台の公開データに基づき作成）。2004年6月20日に南大東島のモズの繁殖に大きな打撃を与えた台風6号は，南大東島での1947年からの観測史上，6月では最大となる28.6m/秒の最大風速を記録した。

ために，この台風が通過したときに繁殖していた巣はすべて失敗してしまった (Matsui *et al*. 2006)。1970〜2004年の35年間で4〜7月に南大東島に接近した合計42個の台風の勢力を調べてみると（1〜3月の台風接近はなかった），モズの繁殖期には11年に1回の頻度でこのような被害が起こりうる非常に勢力の強い台風が南大東島に接近していることが分かった。

南大東島の開拓の歴史

　人々の活動は世界各地で多くの鳥類に影響を及ぼしている (Steadman 2006)。そして，太平洋に浮かぶ絶海の孤島，南大東島もその例外ではなかった。

　南大東島は，1900年に最初の開拓民が入植して開墾を始める前は，ダイトウビロウが優占する鬱蒼とした森林に覆われていた（図2dは残存するダイトウビロウの二次林）。そして1920年代までにサトウキビ畑を中心とする農耕地は島全体の約40％を占めるようになり，1921年の島民の数は4000人となった。しかし森林がほぼすべて伐採された後，サトウキビ畑の塩害が深刻になったことから，1921年から1926年にかけて，モクマオウ，リュウキュウマツ，テリハボク，フクギといった島外から持ち込まれた樹種を中心に，合計185万本の樹木がサトウキビ畑の境界や丘陵の斜面に植林された（南大東村誌編集委員会 1990）。このため現在では，在来種と移入された樹種が混交する二次林が，耕作に適さない石灰岩が露出している丘陵の斜面や島中央部

の湿地帯に残されており，大東諸島の固有亜種のダイトウオオコウモリやダイトウコノハズクの重要な生息地となっている。そして現在は農耕地が島全体の約60％を占めている。

　島中央部にあるカルスト湖沼群の主要な池は水路で結ばれており，昔は収穫したサトウキビをボートで運搬していた。現在はこの水路は使われておらず，ヒメガマやフトイが生育し，バン，カイツブリ，ヨシゴイなどの水鳥の繁殖場所となっている。

南大東島の動物相

昆　虫

　東（1989）は南大東島の昆虫の種構成を沖縄県全体と比較するために，南大東島と沖縄県全体の目別種類数割合（その目に属す昆虫の種数／昆虫の合計種数）を算出し，南大東島は沖縄県全体と比べてバッタ目，カメムシ目，トンボ目，チョウ目の占める比率が高いことを示した。南大東島は農耕地が占める面積が高いために，バッタ目やカメムシ目が占める比率が高いと考えられる。トンボ目の占有率が高い理由は，この目が遠く離れた島に到達できる飛翔力をもっていること，南大東島には比較的豊かな湿地があるためだと考えられる。チョウ目の占有率が高い理由ははっきりわかっていないが，チョウ目はほかの昆虫と比べて飛翔力が高いことが1つの理由として考えられる。一方で，飛翔力の低い陸生の甲虫類は，南大東島では沖縄島より占有率が低く，南大東島は甲虫類の好適な生息環境となる森林面積が狭いことが理由の1つとしてあげられる。さらに南大東島には水生の甲虫類にとって好適な生息環境となる湿地が比較的豊富にあるにもかかわらず，これらの種数割合は八重山諸島や沖縄島よりも低い。つまり，飛翔力の低い甲虫類にとっては大東諸島を取り巻く海洋が移動を妨げる大きな障壁になっていると考えられる。

陸域・汽水域・淡水域の脊椎動物（鳥類を除く）

　隔離された海洋島である南大東島の陸域・汽水域・淡水域に生息する脊椎動物に関する資料を調べてみると，鳥類を除くと合計21種の記録が見つかった（表1）。この中で現生の在来種は，飛翔力のある哺乳類ダイトウオオコウモリ，淡水域から汽水域で成長して産卵のために海に移動する降河魚のオオ

ウナギ，国内では大東諸島の集団だけが在来とされているオガサワラヤモリ
の3種だけである。

淡水域から汽水域を利用する魚類は，人為的に持ち込まれた移入種6種が生
息し，淡水域と海を往き来するオオウナギだけが在来種である（吉郷 2004）。

在来の両生類は生息しておらず，ヌマガエル・ミヤコヒキガエル・オオヒ
キガエルは人為的に移入された（太田・当山 1992）。

南大東島で唯一の在来の爬虫類と考えられているのがオガサワラヤモリで
ある（Yamashiro *et al.* 2000）。その他のヤモリ類2種，カメ類3種，メクラヘ

表1 南大東島の陸域，汽水域，淡水域に生息する鳥類を除く脊椎動物

科名	学名	和名	在来種	外来種	出典
淡水魚			1	6	
Anguillidae	*Anguillia marmorata*	オオウナギ	○	–	吉郷（2004）
Cypronidae	*Cyprinus carpio*	コイ	–	○	吉郷（2004）
Cypronidae	*Carassis auratus*	ギンブナ	–	○	吉郷（2004）
Cobitidae	*Misgarius anguillicaudatus*	ドジョウ	–	○	吉郷（2004）
Poecilidae	*Poecilia reticulata*	グッピー	–	○	吉郷（2004）
Cichlidae	*Oreochrromis mossambica*	カワスズメ	–	○	吉郷（2004）
Belontiidae	*Macropodus opercularis*	タイワンキンギョ	–	○	吉郷（2004）
両生類			0	3	
Bufonidae	*Bufo gargarizans miyakonis*	ミヤコヒキガエル	–	○	太田・当山（1992）
Bufonidae	*B. marinus*	オオヒキガエル	–	○	太田・当山（1992）
Ranidae	*Rana limnocharis*	ヌマガエル	–	○	太田・当山（1992）
爬虫類			1	6	
Emydidae	*Mauremys mutica*	ミナミイシガメ	–	○	中川（2009）
Emydidae	*Trachemys scripta*	アカミミガメ	–	○	中川（2009）
Trionychidae	*Pelodiscus sinensis*	シナスッポン	–	○	中川（2009）
Gekkonidae	*Lepidodactylus lugubris*	オガサワラヤモリ	○	–	Yamashiro *et al.* (2000)
Gekkonidae	*Hemidactylus frenatus*	ホオグロヤモリ	–	○	太田・当山（1992）
Gekkonidae	*Gehyra mutilata*	オンナダケヤモリ	–	○	未発表
Typhlopidae	*Ramphotyphlops braminus*	ミミズヘビ	–	○	太田・当山（1992）
哺乳類			2	3	
Rhinolophidae	*Rhinolophus* sp.	キクガシラコウモリの一種	＊	–	下謝名（1978）
Pteropidae	*Pteropus dasymallus daitoensis*	ダイトウオオコウモリ	○	–	Kuroda（1921, 1933）
Muridae	*Rttus rattus*	クマネズミ	–	○	池原（1973）
Musteridae	*Mustela itatsi*	ニホンイタチ	–	○	池原（1973）
Felidae	*Felis silvestris catus*	ノネコ	–	○	金城・伊澤（2004）
合計			3（現生） 1（絶滅）	18	

＊は大東諸島で絶滅した種，○は大東諸島で現在見られる種。

ビ類1種は移入種である。移入種のオンナダケヤモリは南大東島で2007年5月に鳴き声が聞かれ（堀江明香・赤谷加奈　私信），2007年11月9日に当時小学生だった山川詩織と山川可純の両氏によって捕獲された記録がある。

　哺乳類の中ではコウモリ類2種が在来種である。小型コウモリの仲間であるキクガシラコウモリ属sp.はすでに絶滅しており，大東諸島の固有亜種として有名なダイトウオオコウモリだけが現存している（Kuroda 1921, 1933: 下謝名1978）。

　クマネズミ，ノネコ，ニホンイタチの哺乳類3種は南大東島に人為的な影響で入り込んで野生化した。最初の開拓民が移り住んだ1900年より以前は南大東島にネズミ類はいなかった（南大東村誌編集委員会1990）。最初に南大東島で1頭のネズミ類が見つかったのは1907年で，その後しばらくネズミ類はまったく目撃されなかったそうだ（南大東村誌編集委員会1990）。しかしその後，おそらくクマネズミと考えられるネズミ類は建築資材などに紛れ込んで1917年に南大東島に入り込んだと考えられており，侵入後に急激に個体数を増加させ，1920年には約224000個体，1921年には約98000個体が捕殺されたと南大東村誌には書かれている（南大東村誌編集委員会1990）。この頃，1匹の犬が1日に100〜150個体のネズミ類を捕まえたそうだ。

　クマネズミを駆除するために1966年に鹿児島県から478頭のニホンイタチが導入された（池原1973参照）。池原（1973）はチョウセンイタチ *Mustela sibirica* PALLAS が南大東島に導入されたと記述しているが，これはおそらく誤りで，再検討を要する。かつてネズミ類の駆除のためにニホンイタチが日本全国の島々に導入されていたからである（白石1982; Ohdachi *et al.* 2009）。ニホンイタチとチョウセンイタチは成獣の尾率（尾長/頭胴長）で形態的に識別することができる。ニホンイタチは尾率が40％前後で，チョウセンイタチの尾率は50％以上ある（Ohdachi *et al.* 2009）。南大東島で轢死体として回収した3個体のオスの成獣の尾率は48.0％で，ニホンイタチにしては比較的高い値となるが，50％を下回ったことからもニホンイタチと思われる（松井晋・松尾太郎　未発表）。

　ノネコについてはペットとして南大東島に持ち込まれた個体が野生化したと思わる。これらの移入哺乳類は在来の生物群集への影響が懸念されている。たとえば，サトウキビ畑の並木や林縁の樹上にお椀型の巣を造って子育てす

るモズは，これらの移入哺乳類に巣を襲われることが多く，モズの巣が低い位置にあり，地上から見えやすいほど，ヒナが捕食される危険性が高くなることが分かった（Matsui & Takagi 2012）。

鳥　類

　琉球列島から海で隔てられた南大東島でこれまでに213種の在来鳥類が記録されており，その中には固有種1種と固有亜種8種が含まれている（姉崎ら2003；高木・松井2009）。鳥類を除く在来の脊椎動物が4種しかいないことを考えると（表1），飛翔力の高い鳥類は，ほかの脊椎動物と比べて圧倒的に多くの種が南大東島に生息している。

　人為的な環境改変は世界中で鳥類の個体数減少を引き起こす主要因となっているが，大東諸島でも環境改変による鳥類の絶滅が過去に起こっている。1900年以降，森林から農耕地へと環境が大きく変化したことにより，大東諸島と沖縄諸島周辺の固有種だったリュウキュウカラスバトが絶滅し，大東諸島にのみ生息していた亜種ダイトウノスリ，亜種ダイトウヤマガラ，亜種ダイトウミソサザイも絶滅したと言われている（環境省自然環境局野生生物課希少種保全推進室2014）。また亜種ダイトウウグイスとハシブトガラスは他地域でも繁殖しているが大東諸島の集団が絶滅した（梶田2002；姉崎ら2003）。絶滅が起こった一方で，森林から農耕に環境が変わったことで，これまでに大東諸島に生息していなかったスズメ，モズ，亜種不明ウグイス（ダイトウウグイスとは別亜種）が新たに定着した（高木・松井2009）。これらの種は，民家周辺や開けた環境を好むため，人為的な環境改変が定着を可能にしたと考えられる。

　南大東島の湿地帯では亜種ダイトウカイツブリ，バン，リュウキュウヨシゴイ，ヨシゴイ，ヒクイナが繁殖し，森林では亜種ダイトウコノハズク（Takagi *et al.* 2007a,b；Akatani *et al.* 2011），森林や民家周辺の並木では亜種ダイトウヒヨドリ（Matsui *et al.* 2010）や亜種ダイトウメジロ（堀江ら2005；Horie & Takagi 2012），農耕地や民家周辺の開けた環境ではスズメやモズ（Matsui & Takagi 2012），海岸線の岩場や建物の隙間ではイソヒヨドリ，開けた環境の草地では亜種不明ウグイスが繁殖している。

　冬季にはオオバン，チョウゲンボウ，ムナグロ，ヤマシギ，トラツグミ，シロハラなどが毎年越冬のために飛来する。春の渡りの時期にはチュウサギ

やアマサギが畑を耕運するトラクターの後について餌を探している姿をよく見かける。また春と秋の渡りの時期には，湿地や貯水池にはアオアシシギ，セイタカシギ，ツバメチドリ，クロハラアジサシなどの渡り鳥がやってくる。この時期は普段見慣れないツツドリ，ヨタカ，ヤツガシラ，ツバメ，メボソムシクイ，イカル，コムクドリなども農耕地周辺に飛来する。また台風に巻き込まれてオオグンカンドリやアカアシカツオドリなどの南方系の種が偶発的に飛来した記録もある（高木・松井 2009）。

　私は大阪市立大学のメンバーと一緒に南大東島で鳥類の観察記録を収集して，2002 年から 2008 年までに 162 種を記録した。そしてこれら南大東島で記録された鳥類の生息区分を分類した結果，1 年中島に生息する種類が 7.4%（12 種），春もしくは秋の渡りの時期に島を一時的に通過する種類が 21.0%（34 種），冬に越冬のために島にやってくる種類が 11.1%（18 種），数年に一度の頻度で不定期に島にやってくる種類が 49.4%（80 種），台風などの影響で偶発的に島にきた種類が 9.3%（15 種），不明が 1.9%（3 種）となった（高木・松井 2009）。南大東島に 1 年中生息する種類は 12 種にとどまったが，定期的もしくは不定期的に島にやってくる渡り鳥は 132 種もいることが分かった。

いくつかの新しい発見

外来種クマネズミの樹上営巣とモズの巣の乗っ取り

　外来生物の侵入は，捕食・種間関係・新しい病原体の持ち込みなどを介して，その地域の生物多様性を低下させる。とくに，隔離された海洋島では，外来生物が島嶼生態系に与える影響は非常に大きい。クマネズミ *Rattus rattus*，ドブネズミ *R. norvegicus*，ナンヨウネズミ *R. exulans* を含むネズミ類は，本来の生息地ではない世界の海洋島や島嶼群の 80% 以上で野生化している。そして，これらのネズミ類は，捕食を介しておよそ 56% の鳥類の絶滅に関与したと考えられている。しかし，野生化したネズミ類が島嶼性鳥類に及ぼす捕食以外の影響については，ほとんど知られていない。

　私は南大東島で 2002〜2006 年までクマネズミの樹上営巣，樹上に造られたモズの巣のクマネズミによる二次利用や乗っ取りについて調べてみた。私は毎年 2 月から 8 月までサトウキビ畑の境界に植栽された並木や二次林の林縁部でモズの巣を探して繁殖生態を追跡していた。そのときにススキやサトウ

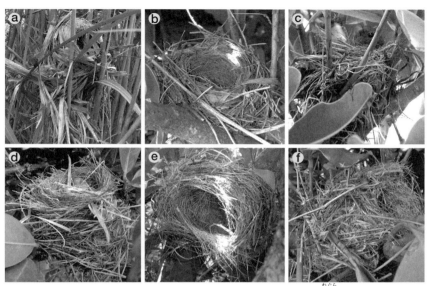

図4 (a) クマネズミの巣，(b) 通常のモズの巣，(c) モズの巣内を塒にするクマネズミ，(d) 産座をかき出されたモズの巣，(e) 90度傾けられたモズの巣，(f) ドーム状に改変されたモズの巣。

キビの葉が粗雑に集められて出入口がススキの穂で少し隠された正体不明のドーム型の巣に何度か遭遇していた。そしてあるとき，その巣の中に赤裸の子ネズミがいため，クマネズミの巣だということが分かった（図4a）。さらに，モズの巣の内層の巣材を掻き出してドーム型に改造された巣から（図4f参照），クマネズミの親1匹と幼獣2匹が出てきたこともあった。

そこで2005年に見つけた198巣のモズの巣のうち，128巣についてクマネズミの仕業と考えられる巣の改造が見られるかどうかを調査した。その結果，モズの繁殖が終わる夏までに29巣（22.7%）が改造されていた。改造された巣は大きく3つのタイプに分けることができた。その内訳は，内層の巣材が掻き出された巣（51.7%，15巣，図4d），90度傾けられた巣（10.3%，3巣，図4e），ドーム状に改造された巣（37.9%，11巣，図4f）となった。繁殖が終わったモズの古巣が改造される場合も多かったが，クマネズミに卵が捕食された後で改造された巣もあった。さらに産卵前のモズの巣をクマネズミが一時的に塒などで利用すると，モズはその巣を放棄することも分かった。この

ようなモズとクマネズミの相互関係は盗み寄生に当てはまると考えられた。クマネズミが鳥類に与える潜在的影響を評価する際，卵やヒナの捕食圧はもちろん重要だが（Matsui & Takagi 2012），営巣場所を巡る種間の相互関係も考慮する必要がある（詳しくは Matsui *et al.* 2010 参照）。

移入種アシナガキアリの鳥類への影響

　侵略的外来種の一種であるアシナガキアリが南大東島の在来鳥類3種に影響を与えていることが分かったので，国内では初めてとなるアシナガキアリの鳥類への影響を報告した（詳細は Matsui *et al.* 2009 参照）。

　2004年6月9日に，孵化後18日目でうまく飛べないモズの巣立ちビナ1個体が農道でアシナガキアリの群れに襲撃されて，重度の角膜炎になっており，数日後に死亡した（図5a）。また2007年7月12日には，ダイトウメジロの巣立ちビナ3個体が，地上付近でアシナガキアリに攻撃され，そのうち1個体が致死的な外傷を負っていた（図5b）。この日は台風が接近して風が強い日で，これらのヒナはうまく飛べない状況で巣立った様子だった。地上にうずくまっていた1個体の体には10匹以上のアシナガキアリが群がっており，重度の角膜炎や目の周りの皮膚や鼻孔の炎症が見られ，数日後に死亡した。木の上もしくはコンクリートの花壇の縁に止まっていた2個体の巣立ビナは，アシナガキアリがほとんど体に群がっておらず，目立った外傷はなく，親から給餌を受けていた。

　アリ類の攻撃を回避するために，鳥類は跳びはねたり，つついたり，足踏みしたりすることが知られている。しかし地上にいる飛翔能力の低いモズやメジロの巣立ちビナは，このようなアリ類の攻撃を退ける行動をとれなかったために，致死的被害を受けたのだろう。

　さらにアシナガキアリの影響はダイトウコノハズクでも見つかった。アシナガキアリが生息する樹洞（1巣）と生息していない樹洞（4巣）で2004〜2008年にかけて営巣したダイトウコノハズクの繁殖成績を比較した結果，巣立ち成功率や巣立ちヒナ数には差が見られなかったが，アシナガキアリが生息する樹洞では，メス親が入れ替わる頻度が高いことが明らかになった。樹洞の中のアシナガキアリの群れは，その中で卵やヒナを長期間温めるメス親に大きなストレスを与えるのだろう。このため，そこで繁殖したメス親たちは，

いくつかの新しい発見

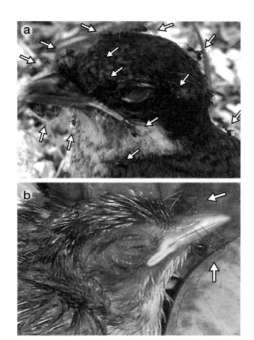

図5 南大東島で見つかったアシナガキアリに襲撃されている（a）モズおよび（b）ダイトウメジロの巣立ちビナ。矢印はアシナガキアリを示す（Matsui *et al*. 2009 より転載）。

その樹洞で継年的に繁殖することを諦めたのかもしれない。脆弱な島嶼生態系においてアシナガキアリが野生鳥類に及ぼす直接または間接的な影響を今後注視していく必要がある。

ついにヨシゴイの巣を発見！

　開拓初期の大東諸島では 1922 年 9〜10 月，1928 年 2 月，1936 年 10〜11 月に折居彪二郎らによって鳥類調査が行われ，1928 年 2 月に南大東島で記録されたヨシゴイは，亜種 *sinensis* に分類された。しかしその後，大東諸島における鳥類相調査は，1972 年 10 月まで行われなかった（池原 1973）。姉崎ら（2003）は南大東島における 1974〜2002 年の記録をまとめ，8 月を除くすべての月にヨシゴイが観察されていることから，南大東島でヨシゴイが繁殖している可能性を指摘していた。ヨシゴイは営巣場所としてヒメガマなどの植生

を好むことが知られている。南大東島の中央部に点在する池は，サトウキビ運搬のために人工的に掘削した水路で結ばれ，現在では利用されなくなった水路にフトイやヒメガマが繁茂し，ヨシゴイの繁殖に好適な環境となっていた。しかしそのような湿地での鳥類調査はほとんど実施されておらず，ヨシゴイの巣はずっと見つかっていなかった。

2005年6月に上田先生が南大東島にやってきた。上田先生の目的は，ダイトウコノハズクの巣で繁殖するガの仲間の採集だったが，時間を作ってもらって一緒にヨシゴイの巣を探索してもらった。最初はカヌーを使って水路で巣を探したが，植物が繁茂しているとカヌーでは中には入っていけないため，結局は水路に沿って歩きながら巣を探した。そちらのほうが効率よく探索でき，そうこうするうちに上田先生があっさりヨシゴイの巣を発見した。そのおかげで，大東諸島におけるヨシゴイの初営巣記録を報告することができた（口絵 ⑤，詳細は松井ら 2006 参照）。調査の後は，もちろんオリオンビールで乾杯した。

おわりに

研究計画を立てて，必要なデータセットを野外で集めて，データ整理をして分析し，論文をしっかり書き上げることが研究の基本である。とはいえ，野外でデータを集めていると，思いがけない発見がでてくることもしばしばである。私はモズの生活史進化をメインに研究していたが，今回はそのフィールドワークのついでに，ついついやってしまったサイドワークを中心に紹介させていただいた。予期せぬ発見があることは，まさに野外調査の魅力の1つである。ただ意外な発見があると，そのデータ収集や報告のために思った以上に時間を費やしてしまうことも多々あるので要注意である。

太平洋に浮かぶ南大東島には那覇から1日2便ある飛行機と，1週間に1〜2回 運航している定期船でアクセスできる。赤道付近で誕生してプレートに乗って今の位置までやってきた島の成り立ち，開拓の歴史，在来種と外来種の関係性をイメージしながら自然観察すると，まだまだ面白い発見はたくさんあるはずだ。

テリカッコウとその宿主の托卵を巡る攻防

(佐藤　望)

はじめに

　多くの鳥類は繁殖の時期となると，巣を造り，卵を温め，ヒナに餌を与えるなどの子育てを行う。しかし，そのような子育てを自ら行わず，ほかの鳥に押しつける鳥がいる。それが本章の主役であるカッコウ類である。カッコウ類は世界中に約 140 種いるが，そのうちのおよそ半数が托卵という繁殖方法で子孫を残す。本章では前半部分で托卵を巡る共進化について，後半部分で自身の経験と研究を紹介する。

カッコウの托卵

　まずは日本に生息しているカッコウがどのように子孫を残すのかを見てみよう。カッコウのメスはオオヨシキリやモズなど自身よりも小さな鳥の巣に卵を産み付ける。産み付けられた鳥（宿主と呼ぶ）は自分が産んだ卵と一緒にカッコウの卵を温め，カッコウの卵を孵化させる。孵化したカッコウのヒナはまだ目も開いていないうちに巣内にある卵をすべて外に放り出して巣を独占する。こうすることで，宿主が運んでくる餌を独り占めする。カッコウのヒナは成長すると，やがて宿主よりも大きくなり，巣立った後もしばらく宿主から餌をもらい，やがてどこかに去っていく。

　このようにカッコウの親は子育てを一切せず，宿主に子育てを強要することで子孫を残しており，このような繁殖スタイルを托卵と呼ぶ。巨大なカッコウの巣立ちビナに餌を与える小さな宿主の姿はとても異様で（ぜひインター

ネットで cuckoo, nestling を画像検索してみてほしい），古くから人々の興味を引き付けてきた。たとえば，動物学の祖と呼ばれているアリストテレスはカッコウの托卵について『動物誌』（岩波文庫）に記載している。日本でも『万葉集』の中にカッコウの仲間であるホトトギスの托卵を示唆する歌が詠まれており，古くから托卵が知られていたと考えられる。托卵はまた，生物学者の好奇心も鷲掴みにし，これまで多くの観察，研究が行われてきた。その結果，今日ではカッコウの托卵行動についてだけでなく，宿主の行動も分かってきた。たとえばある宿主は自分の巣にカッコウの卵があることに気づき，それを巣から持ち出して外に捨てる。これはカッコウの托卵に対抗するための宿主の行動である。

　一方，カッコウの卵の模様や大きさは宿主の卵によく似ている。ヨーロッパに生息しているカッコウはメスによって，托卵する種が異なるが，それぞれが利用している宿主の卵とよく似ている。これによって，カッコウの卵は宿主に自分の卵だと思わせているのだろう。カッコウの卵が宿主を欺いていると本当に実感したのは，ポーランドの博物館の卵コレクションを見たときだ。小さなケースの中にカッコウの卵とともに，托卵された宿主の卵が一緒に保管されており，一度に両方を見ることができた。それを一つひとつ写真に撮る作業をしたのだが，どれも宿主の卵によく似ており，どれがカッコウ類の卵か分からないこともあった。百聞は一見に如かず，である。

　このようにカッコウは托卵を成功させるために，宿主は托卵を阻止するためにそれぞれ行動や卵の模様を進化させており，このような両者の関係を共進化と呼ぶ。

托卵を巡る共進化

　托卵の共進化はまずカッコウが宿主に托卵するところから始まる。それまで托卵をされた経験がない鳥類の中には，カッコウの卵が巣内にあっても気づかずに受け入れてしまう種もいるはずだ。カッコウの托卵を受け入れた宿主はカッコウの卵を孵化させ，そのカッコウのヒナによって，自分の卵をすべて捨てられてしまうから，自身の子を残すことができない。このような状況が何世代も続くと，宿主の努力によってカッコウの個体数はどんどん増え

ていくが，一方，宿主の個体数はどんどん減っていくだろう。そんななか，宿主の中にカッコウの卵に違和感を覚えてその卵を排除する個体がいれば，その個体は托卵されても子を残すことができる。その結果，その個体は他の個体よりも多くの子を残すことができる。そしてその子も親同様にカッコウの卵を見分けて捨てることができれば，その子も他の個体よりも子孫を多く残せるはずだ。このような状況が何世代も続くと，やがてカッコウの卵を排除できる個体がどんどん増えていく。

　一方，カッコウ側は卵排除行動をする宿主の個体数が増えてくると，宿主の巣に卵を産み付けても，子孫を残しにくくなる。そんななか，宿主の卵に似ている卵を産むようなカッコウのメスがいれば，そのメスが産んだ卵は他のメスが産んだ卵よりも生き残る可能性が高くなる。宿主の卵排除行動を免れたカッコウの卵から孵化したカッコウのメスがやはり同じように宿主の卵に似た卵を産む（つまり，卵の模様が遺伝する）場合，そのカッコウも他のカッコウよりも多くの子孫を残せるため，やがて集団内には宿主の卵によく似た卵を産むカッコウばかりになるはずだ。このようにして，カッコウも宿主も托卵を巡って，それぞれ行動や卵の模様などが進化してきた。

カッコウの托卵の謎

　托卵を巡る攻防は宿主の卵排除行動やカッコウの卵擬態だけではない。たとえば，宿主はカッコウの姿を巣の近くで見れば攻撃を仕掛けるし，カッコウのメスは攻撃を回避するために宿主の巣にとまった途端，あっという間に卵を産むことで宿主からの攻撃を回避しようとする行動をとる。また，カッコウのメスは産卵直前に巣内の卵を通常1つ取り出す。これによって，巣内の卵の数は変わらない。この行動はカッコウが栄養補給のために食べる，巣の中の卵の数を変えないために抜き取るなどの仮説があるが，近年，三上ら（Mikami *et al.* 2015）が卵を抜き去るのは宿主がカッコウの卵を排除するモチベーションを下げるために行うという新しい仮説も提唱している。

　このようにカッコウと宿主は托卵を巡って熾烈な争いを繰り広げている。しかしカッコウの卵が宿主の防衛をかいくぐり，孵化してヒナになると，宿主は

カッコウのヒナに盲目的に餌を与える。多くの研究者がカッコウの研究を行っているにもかかわらず、宿主がカッコウのヒナを巣の外に捨てる行動はおそらく一度も観察されていない。宿主よりも何倍も大きく成長し、外見も宿主と似ていないカッコウのヒナに、なぜ宿主は餌を与え続けるのだろうか。この謎に挑戦し、現在でも支持されているのが Lotem (1993) の仮説だ。Lotem は宿主がカッコウのヒナを排除するためには自身のヒナと見分ける必要があることに注目した。自分自身のヒナの特徴を知らなければ、宿主はカッコウのヒナが自身のヒナでないと判断することはできないはずだ。Lotem は宿主が自身のヒナの特徴を生まれながらに知っているわけではなく、直接見て覚えると仮定した。具体的には宿主は最初の繁殖のときに見た自分の巣内のヒナを自分の子として覚え、それ以降の繁殖のときに自分の記憶と同じ特徴を持つヒナは育て、そうでないヒナは育てないという方法でヒナを見分けると仮定した。この場合、宿主にとって大きな危険を伴う。というのもカッコウの卵は通常、宿主の卵よりも早く孵化し、宿主の卵が孵化する前に巣の外に押し出して卵を捨ててしまうため、宿主がヒナを覚える最初の繁殖で托卵されると、カッコウのヒナ「のみ」を自身のヒナだと覚えてしまう。間違って覚えてしまった宿主は自身のヒナは育てず、カッコウのヒナのみを育てるようになるため、自身の子を一切残せない。Lotem はこのことを数理モデルによって示し、イギリスの科学雑誌 Nature に研究が掲載されている。

カッコウ以外のカッコウ類の異なる共進化パターン

膨大な調査結果や理論的な研究 (Lotem 1993 など) によって、カッコウの宿主はヒナを排除することができない (進化しない) というのが現在の通説である。一方で 2000 年代に入るとカッコウ以外のカッコウ類の調査も盛んに行われており、それによって、カッコウ以外のカッコウ類とその宿主についても少しずつ明らかになってきた。

その中でも大きな発見の 1 つがオーストラリアに生息するマミジロテリカッコウの宿主であるルリオーストラリアムシクイの行動である (Lamgmore *et al.* 2003)。この宿主はマミジロテリカッコウに托卵されてもその卵を排除する行動はせず、基本的に受け入れるが、ヒナになると数日間給餌をした後、ヒナのいる巣ごと放棄することが明らかとなった。また、マミジロテリカッ

コウをはじめ，テリカッコウ属のヒナは宿主のヒナによく似ており（Langmore *et al.* 2011），これらはカッコウとその宿主ではほとんど見られなかった，ヒナの段階での共進化が起きていることを示唆している。

　私が研究を始めた頃はこのように，テリカッコウ属とその宿主の研究が注目され始めた頃であり，ちょうど立教大学上田研究室でもテリカッコウ属の1種，アカメテリカッコウとその宿主であるセンニョムシクイ属の研究を開始するときであった。このようなタイミングが重なり，私は卒業研究としてオーストラリアで調査を行うことができた。

研究のきっかけ

　ここからは托卵研究の話から少し離れて，私の研究を始めたきっかけについて述べたいと思う。私が最初に托卵を知ったのは，大学3年のときである。卒業研究のためにどこかの研究室に配属する必要があり，研究内容を聞くために上田研究室を訪れたときだ。正直なところ，カッコウの托卵や鳥類学にほとんど興味はなく，ついでに寄って話を聞いてみようという程度の気持ちで訪れたのだが，海外で調査ができるチャンスがあると聞いて，上田研究室に所属することにした。当時は海外に憧れており，海外で生活しながら，卒業研究ができることは私にとって夢のような話だったからだ。

　そんな理由で研究室を選んでしまったため，所属した直後はどんな研究をしている研究室か分からなかった。そこで手始めに，分かりやすそうな日本語の本から読み始めてみることにした。その中で出会ったイアン・ワイリィ『カッコウの生態』（どうぶつ社）や上田恵介『一夫一妻の神話－鳥の結婚社会学－』（蒼樹書房）は，何も知らない私の研究意欲に火を着けるのに十分すぎる内容が書かれており，すぐにこの分野の虜になってしまった。念願だった海外生活が実現することもあって，出国までは興奮を抑えきれなかった。

　私はアカメテリカッコウとその宿主であるハシブトセンニョムシクイを研究することになった。この種に注目したのは，両種のヒナがよく似ているからだ。両種のヒナとも体色が黒く，白い羽毛を身につけている。おそらく擬態しているのだろうが，なぜ擬態しているのかよく分かっていなかった。また，この種の托卵に関する情報がほとんどなかったため，まずは現地に行って基

本的な生態について調べてみることにした。

ダーウィンでの生活スタート

上田教授と私を含む学生2人が向かったのはオーストラリア北部のダーウィンという街だ。日本から直行便がないため，乗り継ぎを経て到着した。乗り継ぎの時間がほとんどなかったため，教授から「手荷物だけでくるように」という要求に応え，長期間の滞在にもかかわらず，ザックとフレンチホルンのみを持ってオーストラリア大陸へと出発した。ダーウィン国際空港に着くと東京の夏とは違う気候を肌で感じ，熱帯に来たとすぐに実感できた。宿舎に着くと，自分が想像していた以上に素敵な環境で驚いた。ここに着くまではジャングルの中での生活をイメージしていたが，宿舎は市街地の中にあり，すぐ近くに大きなスーパーマーケットもあった。宿舎はアパートの1階だったため，外を出るとすぐに芝生があり，その先にはマングローブ林と海があった（図1）。

研究対象のハシブトセンニョムシクイはマングローブ林に営巣するので，調査地まですぐにたどり着ける。手始めにアパートの周辺で巣探しをするこ

図1 マングローブ林での調査風景（三王達也撮影）。

とにした。私たちが滞在していた部屋の隣には，ダーウィン大学の鳥類研究者である Richard Noske 博士が住んでいたので，調査中はだいぶお世話になった。調査地も案内してもらえたし，到着したときにはすでに巣も見つけていて，到着後すぐに巣を見ることもできた。

托卵された巣の発見

　Noske 博士に教えてもらったハシブトセンニョムシクイの巣は托卵されており，幸先の良いスタートだった。巣の中には2つの宿主の卵（白っぽい卵で赤い斑点がある）と，アカメテリカッコウ（オリーブのような色をしている）が入っていた（図2）。宿主の巣は木の枝にぶら下がっていて，中を外から見ることができない。そのため，巣の中を撮影するために小型カメラを使って，巣の中の様子を撮影することにした。アカメテリカッコウのヒナもカッコウ同様，巣内にある卵を外に捨てることは文献によって知っていたのでその瞬間を撮影できることを期待していた。小さなカッコウのヒナが宿主の卵を背中に背負って外に放り出す瞬間を映像で見たことはあるが，自分自身で撮影するとなると興奮を隠しきれなかった。当時使っていたビデオカメラは最大4

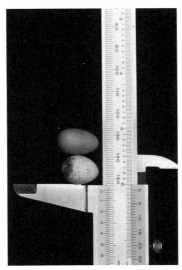

図2 テリカッコウ属（上）とセンニョムシクイ属（下）の卵。色や模様が異なる。

時間連続撮影することができたが，いつアカメテリカッコウの卵が孵化し，ヒナが宿主の卵をいつ外に放り出すか分からないので，なるべく 24 時間撮影し続けることにした。余談だが，24 時間撮影するためには 4 時間ごとにテープとバッテリーを交換しなければいけない。当時ストイックな調査に憧れていた私は深夜もマングローブ林に行って交換をしたが，近隣住民からはかなり怪しまれていたのだろう。ある日，警察がマングローブ林を捜索し，すべてのビデオ機器を没収していった。後日，返却してくれたが，Noske 博士からはお叱りを受けた。ただし，英語がほとんど分からない私にとってはたいして効果はなく，この後もめげずにビデオ撮影は続けた（ハシブトセンニョムシクイが夜は巣内で寝ているだけということを知ってからは，夜の撮影は中止した）。

宿主によるヒナ排除の発見

しばらく撮影を継続していると，アカメテリカッコウのヒナが孵化した後，ヒナが巣からいなくなっていることに気づいた。何が起きたのか分からず，とりあえず，回収したビデオテープをアパートに持ち帰ってすぐに確認してみると，何かが巣の中からヒナをつまみ出している瞬間が映っていた。しかし，映像にはつまみ出した鳥のくちばしと顔の一部が映っているだけで，当時の私はこれが何の鳥か判断することができなかった。そこで Noske 博士にビデオを見てもらうと，ヒナをつまみ出していたのは巣の主であるハシブトセンニョムシクイだろうという返事が返ってきた。『カッコウの生態』を読んだだけの私の知識でも，この行動が普通でないことはすぐに気づいたし，この研究に関わっていたすべての研究者が，ハシブトセンニョムシクイがアカメテリカッコウのヒナを排除するとは予想していなかった。当時の僕はこの発見の重要性を漠然としか認識できていなかったが，周りの反応を見てとりあえず喜んだ。もっとも，喜んだ理由は新しい発見というよりも，これで卒論が何とかなるという安心感からだったと思う。

大学院に進学

卒業研究を全力でやろうと，1 年間休学して 7 月から 12 月まで調査を行った。予定ではそれで完全燃焼して，帰国後は就職活動に専念するつもりでい

たが，思いのほか面白い発見をしてしまい，もう少し研究を続けたいという気持ちが出てきてしまった。そんななか，先輩から「高校で生物を教えないか？」という誘いが舞い込んできた。話を聞きに行くだけのつもりで先輩が勤めている高校に行ってみると，その場で高校の非常勤講師となることが内定した。そしてこのときにいただいた給与のおかげで大学院に進学するチャンスも得た。せっかく面白い発見をしたのだし，もう少し研究を続けていたいと思いながら就職活動をしていた私にとっては思ってもいないチャンスだった。

　もっとも，週5日授業を行いながら，大学院の試験勉強をすることは容易ではなく，夏に受けた大学院試験は不合格だった。2回目の試験も面接で厳しいご指摘を受けたのでおそらく良いスコアではなかったと思うが，結果は合格だった。合格としてくれた上田教授や学科の先生方に対して，必ず成果を出して恩を返そうと決意できたことが院試を受けて得た一番の収穫かもしれない。

卵をあえて受け入れている？

　調査を続けていくにつれて少しずつ理解が進んだ。たとえば，ハシブトセンニョムシクイはアカメテリカッコウの卵を排除しないこと (Sato *et al.* 2010b)，マングローブセンニョムシクイもアカメテリカッコウのヒナを排除すること (Tokue & Ueda 2010) などが明らかとなってきた。しかし，これらのセンニョムシクイ属は「なぜアカメテリカッコウの卵を受け入れ，ヒナになってから排除するのか」という一番解決したい謎は，謎のままであった。

　アカメテリカッコウのヒナは巣内の卵をすべて捨てる行動をするため，宿主にとって危険である。また，宿主はアカメテリカッコウが孵化するまで，卵を温め続けなければいけない。これらのことから卵の段階で捨てるメリットは大きいはずだ。さらに，アカメテリカッコウの卵と宿主の卵は色も模様も形も異なっており，見分けることも容易である。それにもかかわらず卵は受け入れ，ヒナになってから排除するのは，（1）何らかの理由で卵を捨てられない，（2）卵を受け入れることにメリットがある，のどちらかだろう。

　（1）の宿主が卵を捨てられない理由はいくつか考えられる。たとえば人には

容易に区別できるが宿主自身は卵を見分けることができない，宿主のくちばしが小さいため卵を外に持ち去ることができない，アカメテリカッコウの卵の殻が固くて宿主が割れないため持ち去ることができないなど，宿主がアカメテリカッコウの卵を捨てたくても捨てられないために卵を受け入れているという考えだ。おそらくこれらの要因は卵排除行動の進化を阻害する原因になっていると考えられるが，これらに関してはまだ証明できておらず，現在の研究課題の1つである。

　もう1つの可能性として，宿主にとってアカメテリカッコウの卵を受け入れることにメリットがあることだ。これまでの托卵研究でヒナを排除する宿主の行動は観察されていなかったことから，ヒナ排除はデメリットが多い，もしくは進化しにくいと考えられてきた。そのため，はじめはこの可能性を考慮せずに宿主が卵を排除したくてもできないから，その結果，ヒナ排除行動が進化したと考えていた。

　この先入観を捨てて，托卵された卵をあえて受け入れて，ヒナになってから外に捨てるほうが宿主のためになることがあるのではないかという視点で考えてみた。その結果，「ある状況」のときには托卵された卵を受け入れて，ヒナになってから巣から持ち出したほうが宿主にとってメリットがあることが分かった。

　その状況とは，1つの宿主の巣に複数のアカメテリカッコウのメスが卵を産むという状況である。ヒナを捨てるハシブトセンニョムシクイは1回の繁殖で，2個か3個の卵を産むが，分かりやすくするため，ここでは2個とする。カッコウ同様，アカメテリカッコウも宿主の巣に産卵するとき，巣から卵を1つ抜き去るため，托卵されると巣内はカッコウと宿主の卵がそれぞれ1個ずつとなる。ここでもし宿主が托卵された卵を捨てると，巣の中には宿主の卵が1個となる。この後，再びアカメテリカッコウが托卵すると，再び巣内から1個卵が抜去されるため，巣内にはカッコウの卵が1個のみとなってしまう。つまり，卵を捨てる宿主タイプでは，2回托卵されると宿主は自分の卵がすべてなくなり，繁殖することができなくなってしまう。

　一方，宿主が卵をあえて捨てず，ヒナになってから捨てる場合はどうだろうか。同じように巣内に宿主の卵が2個あり，2回托卵される状況を考えてみよう。1回目の托卵では同じようにアカメテリカッコウが卵を抜き取り，産

卵するので，宿主の巣内には宿主の卵と托卵された卵がそれぞれ1個ずつとなる。その後，異なるアカメテリカッコウのメスがその巣に托卵すると，同様に巣内から卵を1つ抜去るが，巣内のアカメテリカッコウの卵を抜き去れば，結果的に宿主の卵は托卵された卵によって「守られる」。

このように，1つの巣に複数回托卵されるような状況では，皮肉なことに托卵された卵が宿主の卵の身代わりとなることがあるのだ。実際にヒナを捨てる宿主はしばしば複数回托卵されることが分かっており，宿主にとって，卵を捨てずにヒナになってから捨てるほうが自分の卵を守れるという効果があった（Sato *et al.* 2010a）。

ここまでは宿主の視点から考えてきたが，今度はアカメテリカッコウの視点で考えてみよう。アカメテリカッコウが巣に来て卵を抜き去ろうとしたとき，巣内には宿主と托卵された卵が1つずつあるとすると，どちらを持っていったほうが良いだろうか。宿主の卵を持ち去れば，巣内には2つの托卵された卵が存在することになる。アカメテリカッコウのヒナは巣内の他の卵やヒナを捨てようとするため，ヒナ同士で「殺し合い」が起こると考えられる。実際にカッコウのヒナ同士が互いを押し合う場面が観察されたケースもある。

このような状況はアカメテリカッコウの親にとっても良いことではない。先に托卵された卵によって，せっかく托卵しても自身の子を他のヒナに殺される可能性があるからだ。つまり，アカメテリカッコウの親が巣から卵を1つ抜き去る際，巣内に他の個体が産卵したアカメテリカッコウの卵が存在すれば，それを選択的に持ち去ったほうが，自身の子のためになる。

このようなアカメテリカッコウの間での闘争は昔から予測されているが，実証されたことがなく，現時点では有るともないとも言えないが，もしこのような闘争が存在すれば，宿主はアカメテリカッコウの卵をヒナになるまで捨てずにおいたほうが，より自身の子を守ることができる。このテリカッコウ内の闘争については調査も試みたが，なかなかデータが集まらず，いまだに証明できていない。これも今後の課題である。

いずれにしても，複数のカッコウによる托卵があれば，宿主は托卵された卵がヒナになるまで巣内にキープしたほうが宿主にとってメリットがあるということが理論上では説明できたので，今度はそれを実証できないか試みた。

どうやってこれを実証すれば良いだろうか。まずはヒナを捨てる行動を示

した宿主に注目してみた。これまでヒナを捨てる行動が見つかった宿主はオーストラリアの熱帯地域に生息するハシブトセンニョムシクイ，マングローブセンニョムシクイと，後述するカレドニアセンニョムシクイの3種である。これらセンニョムシクイ属はオセアニアや東南アジアにおよそ20種おり，おそらくすべての種がテリカッコウ属に托卵されている。

　センニョムシクイ属は上述の3種以外はほとんど研究されていないが，ニュージーランドに生息しているニュージーランドセンニョムシクイはいくつか詳細な研究がされている。たとえば Brian Gill 博士はニュージーランドの南島において，3年間，ニュージーランドセンニョムシクイの繁殖とそれに托卵するヨコジマテリカッコウの托卵について調査したが，そこではヒナを捨てる行動も，托卵された卵を捨てる行動も発見されておらず，1つの巣に複数回托卵（以後，重複托卵）された例もなかった (Gill 1998)。一方で，ヒナ排除行動をする3種はそれぞれ重複托卵された巣を発見することができた。これらの結果はテリカッコウ属による重複托卵がヒナ排除行動の進化に関与しているのかどうかを示唆している。

舞台はニューカレドニアへ

　博士課程ではこれまでほとんど誰も研究していないカレドニアセンニョムシクイについて調べることにした。ここでは新しい調査地を見つけて研究をするまでを述べる。

　カレドニアセンニョムシクイを選んだ理由はいくつかある。研究上，重要な点としては，カレドニアセンニョムシクイが熱帯地域に生息している点だ。これまで知られているヒナ排除行動を行う種はすべて熱帯地域に生息しているため，カレドニアセンニョムシクイもこの行動を進化させている可能性がある。もう1つはヨコジマテリカッコウに托卵されている点である。ニュージーランドに生息しているニュージーランドセンニョムシクイもヨコジマテリカッコウに托卵されている点など，カレドニアセンニョムシクイとニュージーランドセンニョムシクイの共通点が多いため，比較がしやすい。現実的な点としてはカレドニアセンニョムシクイを研究しているライバルがいない，調査地として利用できる場所があった，受け入れ研究者を見つけることができたなどがあげられる。これも海外で1から調査をするうえでは非

常に重要な点であり，調査地や協力体制を確立できるかどうかで，研究の成果が大きく変わるだろう。もっとも，一番心を踊らせたのは，天国に一番近い島と言われるほど美しい島であることや，ユニークな生物がたくさんいる地域であったこともここに書いておきたい。長期間，海外で調査するには，それなりのストレスがかかるため，もし，海外で調査を考えているのであれば，自分自身が行きたいと思えるような調査地から検討したほうがいい。自分が課題としている研究ができることが最優先であることはもちろんなのだが，世界地図を見ても，図鑑を調べても，どこが最適な調査地なのかは分からない。そこで調査をしている研究者とコンタクトが取れれば有力な情報を得ることもあるが，それでも基礎情報がほとんど分かっていない生物を調査するため，最終的には実際にやってみないと分からない。実際に調査を開始しても，すぐに成果がでないことも多いだろうから，気長に調査をする必要もある。これらは研究者を目指すうえでかなりのプレッシャーになるため，だからこそ心が踊るような場所で調査するほうがいいと思う。これらの理由でニューカレドニアに生息するカレドニアセンニョムシクイについて調査を行うことにした。博士過程1年目の夏頃のことである。

　研究対象や調査地を決めた後は，調査許可申請やら研究計画作成やらの事務作業が待っている。ニューカレドニアの公用語はフランス語なので，現地の情報をインターネットで調べることも難しいし，許可申請書の作成は不可能である。そのため，現地の研究者であり，私の指導教員でもあるJörn Theuerkauf博士にお願いして申請書の作成を共同で行った。

　これらの事務作業をこなしながら，研究室のゼミで研究計画発表の準備も行った。しかし，ここにきて1つの壁にぶつかった。研究計画が書けないのだ。というのも，私が当時持っていた情報はカレドニアセンニョムシクイが調査地にいる（らしい）ヨコジマテリカッコウの宿主である，カレドニアセンニョムシクイの巣の写真1枚と，調査地の写真1枚くらいだったと思う。これではゼミ発表後の質疑に何も答えられない。どうしようもなくなったので，仕方なく，インターネットで見つけてきたニューカレドニアのプロモーションビデオを流して，調査地の代わりにニューカレドニアの環境を紹介し，調査したい項目とその理由についてだけ発表した。調査の環境や研究対象についての質問は基本的に「分からない」と答えるしかなかった。こん

な研究計画発表で調査に行かせてくれる研究室は私の知る限り上田研究室だけだ。

ニューカレドニア調査

　プレッシャーと希望を胸にニューカレドニアへと旅立った。心の支えは直前に買ったフランス語の参考書だけだった。現地に着くと，Theuerkauf 博士が空港で待っていてすぐに私を見つけてくれた。何で分かったのかと聞くと，「男1人でいる日本人はお前だけだった」と言われて納得した。たしかに周りの日本人は新婚さんやグループばかりで，男1人で来ているのは私だけだった。

　その日に自分の研究計画を説明したが，2時間以上かかった。日本語なら数十分もあれば説明できる内容がこれだけ時間がかかったにもかかわらず，投げ出さずに最後まで聞いてくれた Theuerkauf 博士には今でも感謝している。

　次の日からはさっそく調査を行った（図3）。新しい調査地はすべてが新鮮

図3　ニューカレドニアでの調査風景．巣にアプローチがしにくい場合は小型カメラを使って巣内を確認した（田中啓太撮影）．

で，感動の連続で，毎日が発見の連続だった．この年は私のほかにも日本から何人か調査に参加してくれたが，毎日遅くまで自分らが発見したことや研究について話し合い，時には明け方まで議論していた．このときの経験はその後の研究にも私自身の成長にも大きく関わっていると思う．

カレドニアセンニョムシクイのヒナの色

　幸運なことに初年度の調査ではヨコジマテリカッコウに托卵されたカレドニアセンニョムシクイの巣が1巣見つかり，撮影したところ，カレドニアセンニョムシクイが托卵された卵を孵化させた後にヒナを排除することを確認した．また，さらに予想していなかった発見もあった．カレドニアセンニョムシクイのヒナの体色についてである．最初に見つけたヒナはどれも薄いピンク色をしていたのだが，その後，濃い体色をしているヒナもいることが分かった．一般的にどの鳥も種内のヒナの体色にバリエーションはほとんどないが，カレドニアセンニョムシクイのヒナには薄い色（以後，薄タイプ）のヒナと濃い色（以後，濃タイプ）のヒナが存在している（Sato et al. 2015，図4）．これはいったい，どんな意味があるのだろうか．

　先述したとおり，アカメテリカッコウのヒナの体色はハシブトセンニョム

図4　ヨコジマテリカッコウのヒナ (a) と，カレドニアセンニョムシクイのヒナ (b, c)．カレドニアセンニョムシクイのヒナの体色は濃いタイプと薄いタイプとあり，写真の2羽のヒナは同じ巣から生まれた個体（素材提供：田中啓太）．

図5 ヒナの色を測定している田中啓太氏。

シクイやマングローブセンニョムシクイのヒナの体色とよく似ている。これは宿主がアカメテリカッコウのヒナだと見破られないようにするために進化した擬態であると考えられる。ニューカレドニアのヨコジマテリカッコウもカレドニアセンニョムシクイの薄タイプのヒナの体色に擬態していると思われるが、濃タイプのヒナとは似ていない。ヒナの体色が個体によって異なっているのは、ヨコジマテリカッコウのヒナ擬態から逃れるための進化だと考えている。このような状況ではヨコジマテリカッコウは完全な擬態をすることができなくなるからだ。これらのことから、濃タイプのヒナを産む宿主はヨコジマテリカッコウのヒナ（薄タイプ）のヒナを容易に区別して排除できるが、薄タイプのヒナを産む宿主はヨコジマテリカッコウのヒナを受け入れていないのではないかと考えた。しかし、実際には、どちらのタイプのヒナを産む親もテリカッコウのヒナを排除したため、ヒナの体色についてはもっと複雑なストーリーが隠れているはずである。ここでは詳細に説明できないため、興味がある方は是非、佐藤らの論文（Sato *et al.* 2015）を読んでいただきたい（図5）。

おわりに

　これまで9シーズン，海外で調査を行ってきた。数日間のみの調査を含めると，オセアニア，東南アジアの5カ国でセンニョムシクイ属とテリカッコウ属の調査を行った。センニョムシクイのおかげで，熱帯から温帯にわたってさまざまな環境を直接見ることができた。これらの経験は私にとって財産であり，刺激的な生活を送ることができ，新発見をすることもできた。

　世界にはほとんど研究されていない鳥がたくさんおり，まだまだ大発見がたくさん眠っていると思う。2015年からニューカレドニアの調査に参加したあるイタリア人は「ここは生物学の金鉱山だ」と表現していたが，そのとおりだと思う。誰も研究したことのない鳥類を海外で調査することは成果があげられないという大きなリスクがあるが，一方で大発見をする可能性もある。リスクがあるためけっしてお勧めはできないが，もし挑戦したいのであれば，安全対策だけは常に意識して望んでほしい。生きて帰ってこれれば，たとえ研究上の成果が芳しくなかったとしても，大きな財産を手にしているはずだ。

　また，海外で調査するならば，その地域と方との交流をしたほうが絶対に

図6　マングローブ林でフレンチホルンの練習をする執筆者。

いい。オーストラリアの調査にはフレンチホルンを持って行き，ダーウィン大学交響楽団に入れてもらって，週に一度の練習がとても息抜きとなったし，英語の勉強にもなった（図6）。ニューカレドニアの調査地があるファリノでは，会う人全員に挨拶を5シーズンし続けた結果，今ではほとんどの人に知られているし，多くの友人ができた。フランス語が分からない私たちを釣りに連れて行ってくれたり，食事に誘ってくれたりしている。海外での生活は不安がつきものだと思うが，今では故郷に帰るような気持ちで現地入りできるし，何かあれば必ず助けてくれるという安心感を持って，調査をすることができている。これも海外で調査するための秘訣だと思う。

14

ヤブサメの複雑な隣人関係

(上沖正欣)

はじめに

「自分を愛するように隣人を愛しなさい」と，その昔イエス・キリストは言った（らしい）。私は今も昔もサンタクロースは信じていても，神様は信じていない。それでも，この言葉のとおり身近にいる者同士，互いに助け協力し合うというのは，至極常識的で合理的なことに思えるし，実際に私たちはそうして生きているはずである。

しかしじつは，生物にとって協力し合うというのは，当たり前のことではない。ヒトでさえ，何の見返りも期待できないのに自己犠牲を伴う協力（利他的行動）をするのは，躊躇することが多い。これには，リチャード・ドーキンスにより有名となった「利己的遺伝子」という概念が関係している（Dawkins 1976）。つまり，生物は基本的に利己的に行動し，自らの遺伝子（子孫）を残すことが最優先であるという大前提があるのだ。ただ，これは自らの利益になる場合には積極的に協力する，と言い換えることもできる。では「協力」とは生物学的には，どう解釈すればよいのだろうか？

たとえば私たちが子育てをする場合，両親だけでなくその親戚や近所の人，保育園や幼稚園の職員など多くの人に協力してもらうだろう。鳥類にも，オス親とメス親以外の個体（ヘルパー）が繁殖に参加する，協同繁殖と呼ばれる繁殖様式が存在する。こうした子育てを手伝う者たちは，なぜ利他的行動をするのだろうか？　ヒトの場合は，お礼やお金といった利益が期待できるた

め協力すると考えられる。しかし鳥のヘルパーは，そうした見返りはもちろん期待できない。それに，ヘルパーは自らの子を残す機会を犠牲にしていることになり，先ほどの前提と矛盾しているように思える。では，ヘルパーは協同繁殖において，どういった利益を得ているのだろうか？　ここでは，私が研究していたヤブサメの，複雑な隣人関係を伴う繁殖生態を通して，この疑問と野外鳥類調査の面白みを紹介したいと思う。

ヤブサメの夜鳴きに惑わされた学部～修士時代

「ヤブサメを研究しています」というと，鳥を知らない人からは「流鏑馬って，あの馬に乗って矢を射るやつ？」と言われ，鳥を知っている人からは「どうしてそんな地味な鳥を？」と十中八九返される。たしかにヤブサメは地味な鳥だし，流鏑馬を研究していたほうがカッコよかったかもしれない。私がヤブサメを研究することになったのは本当に偶然である。ヤブサメの繁殖生態の話に入る前に，まずは上田研で研究を始めるきっかけとなったヤブサメの夜鳴きの話を書いておきたい。

ヤブサメは日本で繁殖するウグイス科の夏鳥である（図1）。3〜4月頃に，ほかの夏鳥より一足早く東南アジアから渡ってくる。全長は約10 cmと，日本でもっとも小さい鳥の1つだ。それが遠く離れた東南アジアから渡ってくるのだから，鳥の飛翔能力というのは本当に驚異的だ。一般的に，ヤブサメを含め渡り鳥ではオスがなわばりを構えるために繁殖地に先に渡来する。そしてオスは，なわばり獲得と同時に，メスを引き付けるために盛んにさえずる。ヤブサメのさえずりは，同じ仲間のウグイスのような美声とは違い，「シシシシシ ……」というごく単調な声だ。諸説あるが，これを昔の人は藪にそぼ降る雨音のようだということで「藪雨」と名付けたらしい。何とも風情がある。しかし，現代の我々にとっては，とても単調で甲高く，夏の夜に草原で鳴く虫のように聞こえ，図鑑にもそう書かれていることが多い。ヤブサメは地面や藪の茂みで行動するため，余計に虫が鳴いているように聞こえるのだろう。その声は本当に鳥らしくないので，ヤブサメがもし夜に鳴いていたとしたら，誰も鳥が鳴いているとは思わないだろう…。そう，フクロウのような夜行性の鳥ならともかく，「昼行性の鳥は夜鳴かない」というのが普通である。しかし普通の鳥ではないヤブサメ，何と夜もさ

図 1　ヤブサメ。短い尾羽と眉斑が特徴。

えずるのである。

　物心ついたときから私は生き物（とくに鳥）が好きで，中学生になると地元愛媛の野鳥の会に入会して，野鳥観察に夢中になった。そのときに出会ったのが，愛媛大学大学院でヤブキリ（紛らわしいが，ヤブサメではない）の研究をしていた小川次郎氏だ。小川さんは鳥の師匠として，そして人生の先輩として，多感な時期の私にたくさんのことを教えてくれた恩人である。小川さんは鳴く虫の研究をしていたため，夜な夜な昆虫採集することが多かった。1998 年の春先，いつものように小川さんとその親友の今川義康氏が夜間昆虫採集に出かけたとき，木の天辺で鳴いている虫のような，でも虫ではない謎の声に気づいた（小川 1998）。おそらく，普通の人が聞いていれば「お，虫が鳴いているな」で終わっていただろう。しかし，気温が低くても鳴いている，鳴いている個体の密度が低い，飛びながら（！）でも鳴いている，などの特徴から，彼らはそれが虫ではなく，どうも鳥が鳴いているらしいと見当がついたという。

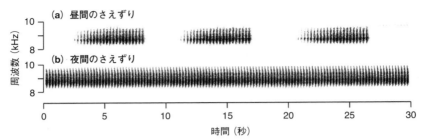

図2 ヤブサメのさえずりのソノグラム。(a) 繁殖地渡来直後の昼間のさえずり。数秒間のさえずりを何度か繰り返す。(b) 夜間のさえずり。昼間のさえずりとリズムは変わらないが，途切れなくずっと続く。

　ただ，その時点でヤブサメだとすぐには分からなかった。なぜなら，昼のさえずりと異なり，普段ヤブサメがいる地面ではなく木の高い場所で，時には飛びながらさえずっており，しかもその声が驚異的に長かったためだ。ヤブサメの昼間のさえずりは「シシシシシ……」と5〜8音節くらいなのに対して（図2a），夜間さえずりは長いときには21時過ぎから夜明けまで延々と規則的に続くので（図2b），生き物というよりは機械音に近いくらいである。野鳥の録音の第一人者だった故・蒲谷鶴彦氏でさえ，小川さんの録音を聞いて「これはヤブサメではない」と断言されたほど，特異的なのだ。しかし，いくつかの状況証拠から小川さんらはこの声をヤブサメと考え，その後何年間か簡単な調査を行っていた（小川1999）。後日分かったことだが，このヤブサメの夜鳴きは小川さんらより一足早く，神奈川県で最初に1例報告されていた（宮脇1997）。

　いったいなぜ彼らは夜に一生懸命鳴いているのだろう…？　小川さんは自身の研究もあり，本格的にこの夜鳴きについて野外調査をすることがかなわなかった。そこで立教大学に進学が決まった私に，卒論をやるならヤブサメの夜鳴きをしないか？　と提案して下さったのだ。立教大学を選んだのはもちろん上田研究室で鳥の研究をしたかったからなので，私は二つ返事で承諾した。入学後すぐに研究室を訪問してその話をすると，上田先生も興味を持って下さり，学部，そして修士までヤブサメの夜間さえずりを研究することになったのだ。そういった経緯で学部〜修士の間は，ヤブサメの繁殖期の4

月ごろになると，妖怪でも出てきそうな真っ暗な森の中を毎晩歩いて，夜間さえずりについて調べていた。

しかし，結局いまだにヤブサメがなぜ夜間にさえずるのか，明確な結論は出せていない。昼行性にもかかわらず夜間もさえずる鳥というのは，ヤブサメ以外にもいくつか知られている。たとえば，初夏の夜にホトトギスが夜空を鳴きながら飛んでいるのを聞いたことがある人もいるかもしれない。喧しい声で有名なオオヨシキリや，8章に出てきたオオセッカも夜に鳴くことがある。これは，昼間に比べて夜間は気流の乱れが少なく，周囲の雑音も少ないため，なわばりを主張したり，後から渡ってくる個体やメスを誘引したりする際に声が遠くまで届き都合がいいからだと考えられている。実際に，こうした性質を応用して，希少な渡り鳥をスピーカーで誘引し，新たな繁殖地を創設する保全活動も行われている（Schlossberg & Ward 2004）。ヤブサメも，おそらくこうした理由でさえずっているのではないかと思っているが，真相は闇の中だ。

余談だが，ヤブサメの夜間さえずりは，遠くからでも本当によく聞こえる。昔の人も，その正体は分からなくても，鳴き声には気づいていたのでは？と思って調べてみると，ウィキペディアの項目「夜雀」の中にそれらしい記述を見つけた。西日本には夜雀という「チッチッチッチ」と不気味に鳴き，夜の山道を歩くものにまとわりつく不吉な妖怪が言い伝えられているらしい。これはまさにヤブサメの夜間さえずりのことではないか。一緒にいても聞こえない人がいることがあるという記述もあり，周波数が高く，人によっては聞こえないヤブサメの声と合致する。もしかしたら，私が調査していたのはこの妖怪夜雀で，それに惑わされていたのだろうか…。ヤブサメの夜鳴きの謎が明らかになるのは，やはり当分先かもしれない。

難しい調査地選定

ヤブサメの夜鳴き調査には，1つ大きな問題があった。ただでさえ夜間の調査のため物理的制約が多かったのだが，地元ということで選んだ愛媛の調査地には谷や藪が多く，どうにも個体追跡が難しかったのだ。せっかく足環や発信機を付けても，すぐに見失ってしまう。そのため，フィールドを変える必要が出てきた。もう少し歩きやすい場所で調査したい。しかし，

野外調査のフィールドを変えるのは，たやすいことではない。新しい場所では土地勘も使えない。調査しやすく，かつヤブサメがたくさんいる場所が見つけられるか，ヤブサメは渡り鳥なので，下手をすれば調査地選定だけで1年を棒に振ってしまうかもしれない，宿泊場所は確保できるのかなど，さまざまな問題を解決しなければならない。博士に進んでもこのまま慣れた同じ場所で続けるべきか，思い切って新しい場所へ行くか。それともこの際，思い切ってヤブサメではない別の種類を研究したほうがいいだろうか…。

そう逡巡（しゅんじゅん）する中，何かきっかけでもつかめればと，20年ほど前にヤブサメの繁殖生態に関する論文を出していた森林総合研究所の川路則友氏に連絡を取ってみた。かなり昔のことだったので，当時の状況が聞ければラッキー，くらいにしか考えていなかった。しかし，川路さんからもらった返事はもっとラッキーなものだった。何と，全国の支所を異動の末，その20年ほど前に調査をしていた札幌支所にちょうど戻って来ているから，一緒に森を歩いて案内できますよ，とのことだった。何という巡り合わせ。一人で新しい調査地に乗り込むのは不安だったので，とても心強かった。そのうえ，札幌の森はヤブサメも多く，観察しやすいらしい。川路さんから現地の状況をいろいろと聞くうちにそれまでの懸念は払拭されていき，札幌を新たな調査地とすることに決めた。やはり，困ったときは誰かに相談してみるものだ。

北の大地での新たなスタート

博士課程に進んだ2010年4月，不安と期待を胸に，まだ雪の残る札幌の地に降り立った。調査地となった森林総合研究所北海道支所羊ヶ丘実験林は，有名なクラーク像がある，さっぽろ羊ヶ丘展望台のすぐ裏手にあった。南で育った私にとって，北の大地の森は景色も植物も動物もすべてが目新しく，とても新鮮だった。シラカンバの白い幹と新緑の緑のコントラストが美しい見通しのいい森，大きなフキ，林床を覆うササ，そして森中に漂う生き物の気配（図3）。愛媛で悩まされていた歩きにくい起伏の激しい地形，観察し難い鬱蒼（うっそう）とした暗い森，行く手を阻む棘々のノバラ，それらすべてが解消され，文字どおり目の前が開けたようだった。調査地選びは，本当に大切だ

図3 調査地の森。写真は新緑の時期。夏になると草が生い茂り，巣探しは難しくなる。

ということを実感した瞬間でもあった。札幌に行ってからもしばらくは，繁殖生態ではなく，夜間さえずりをメインとした調査を考えていた。そのため，22時過ぎに山に入り，夜間さえずりを記録し，朝9時頃まで捕獲して色足環をつけたり，テリトリーマッピングをしたりして，終わったら自転車で15分ほど離れた宿に戻って，昼過ぎから夕方までは寝るという，昼夜逆転の生活を送っていた。

　しかし，ここでもまた新たな問題が立ちはだかった。愛媛と北海道ではヤブサメの行動が異なっていたのだ。夜間さえずりについて言えば，調査範囲内の個体数は同じくらいいるはずなのに，札幌では愛媛と違って夜間さえずりを行う個体数が少なかった。また，愛媛ではほぼすべての個体が木の高い所に止まるか飛んでいたが，札幌では飛んでいる個体はおらず，地面近くで鳴いている個体もいたりしたのだ。なぜこうした違いがあるのか？　とても面白い問題でもあったが，混乱してしまった。よく論文でも，「この地域個体群においては…」と限定された表現がなされることが多いが，その意味が分かった瞬間でもあった。偏った視点にならないためにも，より一般的な傾向を導き出すためにも，野外調査においては違う地域個体群の傾向を見ておく

ことはとても重要なのだ。ただ，夜間さえずりの個体数が少ないことは，大きな誤算だった。

　私はそれでもとにかく，やれることはやろうとヤブサメを捕獲し，足環を付け，行動を追跡することは続けていた。川路さんは，出勤前の早朝はご夫婦で実験林内を散策されており，同時にヤブサメの巣探しもされていた。巣材を咥(くわ)えたメスを追跡して，巣場所を特定するのだ。そこで，朝は一緒に回り，巣探しの極意を教わりながら，見つけた巣にはビデオを仕掛けていった。そのときは，ビデオ映像は後で何かに使えるだろう，という程度にしか考えていなかった。しかし，このビデオ映像のおかげでヤブサメの面白い繁殖生態に気づくことになる。

巣探しに翻弄された野外調査

　繁殖生態を調べる際の調査努力の8割，いや9割以上と言ってもいいくらい重要なのは巣探しだ。繁殖生態を調べる以上，巣が見つからなければ，いくらヤブサメを見つけて捕獲できたとしても，データがまったくとれないことになる。しかし，鳥たちも捕食者に見つからないように巣を造るのだから，

図4　ヤブサメの巣。矢印の位置にヤブサメの巣がある。こうした窪みは森中の至る所にあり，巣探しは極めて困難。

そう簡単には見つからない。札幌に行くまでに，ほかの調査地でヒバリやセンニョムシクイ，オオセッカの巣探しをしてある程度経験を積んだつもりだったが，ヤブサメは体が小さく地上営巣性で，地面のごく小さな窪みに埋め込むようにして巣を造るので，見つけるのは相当難しかった（図4）。何となくこういう場所が好きなんだな，と分かっても，森の中には好きそうな場所が無数にあったので，的を絞ることはできなかった。造巣・育雛期には巣材・餌運びしている個体を見つけて追跡できればいいが，産卵・抱卵期はほとんど不可能だった。しかも，普通ほかの鳥なら巣に近づくと警戒声を出すことが多く，それを目印に巣場所を特定できるのだが，ヤブサメは巣の近くに行っても警戒声を出さず，忍者のようにコソコソと歩いて無言でどこかに行ってしまう。センダイムシクイやアオジ，コルリといった別の種類の巣は次々と見つかるのにヤブサメの巣はなかなか見つからない。親鳥の行動から絶対にこの範囲にあるはずなのに！　と血眼になっても見つけられず，何の収穫もないまま1日が終わり，歯がゆい思いをすることが何度もあった。さらに厄介だったのは，時期が進むと下草が伸びてきて，巣場所の特定がさらに難しくなることだ。ヤブサメは1シーズンに2～3回繁殖するが，2回目以降の巣探しは困難をきわめ，巣立ちビナが出てから巣場所に気づき，言いようのない敗北感を味わうこともあった。その分見つけると嬉しさも大きいのだが，今度また何か調査するときには，巣探しの必要がない，巣箱を使う鳥の調査をしようと心に誓っているくらい，大変な思いをした。

　巣探しを含め，野外調査の方法は，とくに誰かに体系立てて教わったわけではなく，ほとんど我流だった。そこでは小さい頃に野山で遊んだ経験や，研究室に入ってから富士山，オーストラリアのマングローブ林，青森県の仏沼など先輩の調査地に行って，見よう見まねで覚えた技術がとても役に立った。教科書には絶対に書かれていない，でも野外調査のときには必須のことがたくさんあった。たとえばヤブサメをカスミ網で捕獲する際，なわばりの中に適当にかけても，なかなか捕まらない。しかし，毎日観察していると，鳥の通り道のようなものが見えてきて，そこに網を張るとうまくいくのだ。野外実験だけでなく室内実験も同じだが，そうした具体的には言い表せない感覚的な要素や，調査地に通うことで分かる勘のようなものが結構あり，それが効率よくデータ収集できるかどうかに大きく関わってくる。そこが野外

コラム　ツツドリに騙されたヤブサメと私

　札幌でヤブサメの1回目の産卵が始まるのは，5月下旬頃だ。毎日1卵ずつ産み，通常6卵産む。苦労して見つけた巣に，いつ卵が産み込まれるのだろうか，とワクワクしながら待っていた。そしていつものように巣のチェックに訪れたある日の早朝，そこに1つの卵を見つけた。私が野外で初めて見たヤブサメの卵。綺麗な赤茶色をしていて，丸い。体の割には，大きな卵を産むんだな，ウグイスの仲間だからウグイスに似た卵なんだな，と思った。でも，すぐに違和感を覚えた。どうも，写真で見たのと模様が違う。ヤブサメの卵は白地に赤い斑点があるものだったはずだ。だとするとこの卵はいったい…？

　じつは，その最初に見つけたヤブサメの巣にあった卵は，カッコウの仲間ツツドリが托卵したものだったのだ(図5)。そしてそれは北海道でツツドリがヤブサメに托卵した最初の例でもあった(上沖ら 2011)。そう，私はカッコウに騙される宿主の親鳥と同じように，ツツドリに危うく騙されるところだったのだ！　ツツドリが赤い卵を産むのは北海道の個体群だけで，本州のものとは異なっており，これは寄生者と宿主の関係の進化を探るうえで非常に興味深い現象である(Higuchi 1998)。また，この隣人ツツドリがヤブサメのヒナを襲うなど(Kamioki et al. 2011)，両種の面白い隣人関係が見られた。

図5　ツツドリに托卵されたヤブサメの巣。上方に写っているのがツツドリの卵。

調査の難しさでもあり，面白さと言えるかもしれない。また，調査地では危険な生物にも気をつけなければいけなかった。カッコウの研究を手伝いに行ったオーストラリアではクロコダイル，北海道ではヒグマの恐怖があった。どちらも襲われたら一巻の終わりである。しかし，実際にもっとも注意を払うべき相手は，小さなマダニだった。ちょうど，マダニによる死者が出たというニュースも当時あったため，藪漕ぎした後は必ずダニを払い落とし，宿舎に帰ったら必ず風呂場で全身チェックしていた。巣探しとダニには調査中相当苦しめられたが，私は幸いとくに大きな事故をすることなく，調査を進めることができた。

ヤブサメの複雑な隣人関係に巻き込まれた博士課程

　ヤブサメの卵が孵化し始める6月中頃になると，巣で録画したビデオを宿に帰ってチェックするのが日課となった。親鳥が一生懸命ヒナに餌を運んでいる姿を見るのは，とてもいいものだ。ヤブサメはほかの多くの鳥と同様一夫一妻なので，オスとメスの2羽で育雛する。ただ，ほかの鳥と違っているのは，普通ヒナへの給餌割合は雌雄半々かメスに偏っていることが多いのだが，ヤブサメの場合，ヒナへの給餌はオスが7〜9割を担っているところだ。そうしてオスは給餌に一生懸命で，育雛期間中は巣の周りではさえずらない（これも巣探しが難しい要因の1つだった）。その一方でメスはひたすら抱雛している。それだけでも変わっているのだが，ある日ビデオを見ていると明らかにペアではない，つがい外のオスが頻繁に映っているのに気がついた（図6）。しかもそのつがい外オスは気まぐれに巣を訪問している感じではなく，ずっと巣の前に居座っていた。たまに巣内ビナに餌をやったりすることもあったが，ほとんど1日中巣の周りでさえずったり，うろうろしたり，ペアを追いかけ回したり，巣をのぞき込んだりしているだけだった。奇妙なことに，ペアの雌雄ともに，このおじゃま虫を歓迎するでも嫌がるでもなく，本当に文字どおり空気のように接しているように見えた。野外調査が進んでいくうちに，すべてではないにしろかなりの割合でこのつがい外オスが居着いている巣があることが分かった。はて，いったいこいつは何者なのだろう？

　繁殖活動にペア以外の第3の個体が加わるというのが，協同繁殖の最も単純な定義である（Cockburn 1998）。つまりヤブサメは一夫一妻だが協同繁殖

図6 巣に現れた「おじゃま虫」。一番手前にいるのがおじゃま虫。巣の前にペアオスがいて，巣内にメスとヒナがいる。

種でもあり，このつがい外オスはヘルパーであると言えるだろう。しかし，ヘルパーは通常，その名のとおり巣材運びや巣の防衛，抱卵，ヒナへの給餌など繁殖活動を何らかの形で手助けするはずだが，ヤブサメのヘルパーは見ている限りではそのような行動はほとんどせず，むしろ捕食者に巣が見つかりやすくなったり（実際，私が巣探しするときにはおじゃま虫を目印に巣を見つけていた），ペアを追いかけてむしろ邪魔をしているようにさえ見えた。他種では，情報収集や浮気目的などのために近隣個体の巣を訪れることは知られているが，ヤブサメのようにずっと巣に張り付くような行動をする種は，調べた限りいなかった。こういったことから，ヤブサメのつがい外オスをヘルパーと表現するには少し違和感があるので，川路さんの言葉を借りて，以後この個体の特徴をより的確に表現している「おじゃま虫」と呼ぶことにする。

　ヤブサメのおじゃま虫の存在は，比較的最近になって知られたものである。最初に論文として発表されたのは，長野県で仕事のかたわら野鳥の生態を研究されていた大原均氏と，大阪市立大学（当時）の山岸哲氏だ（Ohara & Yamagishi 1984; Ohara & Yamagishi 1985）。Ohara & Yamagishi（1985）の論文では，何とツツドリのヒナが占拠していた巣でもおじゃま虫を観察している。

それ以前には，兵庫県の黒田治男氏がおじゃま虫をあぶれオスではないかとして地元の愛鳥会会報で報告している（黒田 1980）。一緒に調査していた川路さんも，ヤブサメの基礎繁殖生態の論文の中で言及しており（Kawaji *et al.* 1996），それによると観察した巣の約半数でおじゃま虫が見られたという。いずれの文献においても，育雛期に1羽もしくは2羽のオスが現れ，巣の周りをうろうろして，よくさえずるという点が共通している。私もこれらの文献を読んでおじゃま虫の存在はすでに知っていたのだが，実際に自分の目で確かめてみるとまた違った感覚で「この変な奴はいったい何者だろう？！」という強い興味が湧いてきた。そうして，夜間さえずりそっちのけ（！）で繁殖生態をテーマに博士課程の研究を行うことになったのである。

　思いがけない方向転換だったため，1年目は準備不足なまま終わってしまい，十分なサンプル数を稼ぐことができなかった。そこで2年目以降の野外調査では巣探しを重点的に行い，ペアやそのヒナ，そしておじゃま虫の行動をビデオに収め，血液サンプルを集めることに注力した。そして札幌での野外調査を通して，最終的には4年間で32巣，成鳥100個体，ヒナ172個体分のデータを得ることができた。

鳥のペアは複雑な事情を抱えた仮面夫婦

　ここで，鳥類の配偶様式について簡単に触れておきたい。1万種近くいる鳥類のじつに90％以上が，雌雄が協力して子育てを行う社会的一夫一妻であるとされている。また，協同繁殖種は5〜10％とされている（Koenig & Dickinson 2004）。我々ヒトも一夫一妻制で，集団で協力して子育てすることも多いので，この割合はごく普通だと思うかもしれないが，じつはこうした一夫一妻や協同繁殖といった配偶様式は，生物全体で見ればきわめて珍しいものだ。魚類や昆虫のほとんどは大量の卵を産みっぱなしで子の世話をしないし，哺乳類は授乳のできるメスのみが子育てを行うのが普通である。しかし鳥類は，産卵数が少なく（卵への投資が大きく），孵化したヒナへの給餌には相当な労力がかかり，両親による協力が必要であるなどの理由から，一夫一妻制の配偶システムが進化したと考えられている（Clutton-Brock 1991）。鳥類の協同繁殖種の多くは，留鳥性が強く年中同じなわばりを持っていたり，群れで行動したりする種が多い。これは協同繁殖という利他的行動には血縁関係

が関係するためである（同じ場所に留まれば，自然と親子・親戚間のつながりが強くなる）。

　生物におけるその極端な例が，ハチやアリの仲間の真性社会昆虫だろう。ミツバチのワーカーはすべてメスで，女王のために文字どおり身を捧げ，自分の子を残すことなく死んでいく。ダーウィンは，ある形質が次世代に伝わることで生物は進化するという自然選択説を提唱した 1859 年当時，なぜこのような種が進化しえたのか，その矛盾に答えることができなかった。この問題は生物学における大きな謎だったが，約 100 年後の 1964 年にハミルトンが血縁選択説を発表したことで解決された（Hamilton 1964）。今では高校の生物学の教科書にも書かれている有名な話だが，ミツバチは半倍数性の遺伝様式であるため，自らの子（血縁度 0.5）を残すよりも女王から生まれる姉妹（血縁度 0.75）に投資したほうが，自らの遺伝子をより多く残すことができるのだ。つまり，自らの繁殖機会を犠牲にしたとしても，血縁者を助けたほうが適応的（包括適応度）であるという考え方である。この理論は，遺伝形式の異なる鳥類にも当てはまり，実際に自らが繁殖するリスク（死亡・繁殖失敗など）が大きい場合には血縁者を援助する種がいることが知られている（Hatchwell *et al.* 2014）。

　しかし，ここで問題となるのが，見かけ上の社会的配偶関係と，内面的な遺伝的配偶関係は必ずしも一致しないということだ。普段私たちが家族や親戚との血縁関係について言及する場合も，社会的関係から推測しており，本当に文字どおり血がつながっているか調べているわけではないだろう。けれど，科学的に血縁関係を証明するには，DNA を調べなければならない。鳥類においても 1980 年代までは足環による個体識別などにより個体間の関係図を描くことで血縁関係を推定していた。そのため，本当の遺伝的関係までは分からなかったが，1990 年代以降になると親子判定にも DNA を使った分子生物学的手法が盛んに用いられるようになった。すると，意外な事実が明らかとなったのだ。何と，社会的一夫一妻が 9 割以上を占める鳥類でも，遺伝的一夫一妻だったのはほんの一握りで，確認されている中ではわずか 10％ほどであることが判明したのである（Griffith *et al.* 2002）。つまり，鳥もヒトと同じように（？），オスやメスはそのじつ，隙あらばよりよい相手と関係を結んでいた（浮気していた）のである。協同繁殖

種でも同様で，繁殖に参加しているグループの遺伝関係を調べてみると，血縁関係にない個体がヘルパーとなっていたり，手伝いをしているだけと思われていたヘルパーがペアメスと交尾をして巣内に子を残していたり，巣内ビナにヘルパー以外の子が混じっていたりと，複雑で多様な遺伝関係を結んでいることが分かった。そのため今日では，鳥類の繁殖形態の成り立ちを研究するうえで個体間の遺伝関係を明らかにすることは，避けては通れない道となっている。

　社会的形態と遺伝的形態の乖離(かいり)が生じる理由としては，オスもメスも自らの巣にいる子の世話をしつつ，オスはほかのメスとも交尾してより多くの子を残そうとし，メスはよりよいオスと交尾して子の質を上げるというそれぞれの思惑があると考えられている（Akçay & Roughgarden 2007）。また，鳥類の協同繁殖の進化に血縁関係はたしかに関わっているが（Cornwallis *et al.* 2010; Riehl 2013），実際には血縁関係だけではなく，系統的制約・生態的制約・生活史・気候条件などの要因にも左右されることが指摘されている（Arnold & Owens 1998; Cockburn & Russell 2011）。

　では，そうした背景がある中で，ヤブサメのおじゃま虫は，何のために他人の巣を訪れているのだろうか？　考えられる可能性としては，（1）ペアのいずれかの個体と血縁関係にあり，繁殖を手伝っている，（2）訪問巣内のヒナに自分の子が混ざっていて（そこのメスと浮気をした結果），その世話をしている，（3）ヤブサメは複数回繁殖するため，訪問巣のメスと交尾できれば2回目以降の巣で自分の子を残せるかもしれず，適応的である，（4）単に巣やヒナに強い興味がある，などが考えられる。野外観察の印象からは，（3）や（4）の可能性も高いと感じたが，実際に検証するのは難しい。一方で，（1）と（2）の2つの血縁選択の可能性は，DNAを用いた血縁判定により確実に検証できるため，まずそれらを調べることにした。

見えない血縁関係を見たい

　野外調査で収集した血液サンプルから血縁判定をするには，血液からDNAを抽出し，そこからマイクロサテライトと呼ばれる個体に特有の反復配列の多型領域を見つけ出し，遺伝子マーカーを作成し，血縁関係を判定したい個体間に共通の配列があるかを読みとることが必要になる。頭に入っているか

どうかは別として，学部時代は一応分子生物学専攻だったため，学生実験として DNA 抽出や PCR 操作の基礎は学んでいたが，親子判定をするには，より専門的な知識と，高価な機器が必要になるため，1人ではできそうになかった。外部機関に依頼する手もあったが，お金もかかるうえに，やはり自分の研究を他人任せにしてしまうことは避けたかった。幸いにも，科学技術の進歩のお陰で，今は便利な「次世代シーケンサー」というものがあり，以前は遺伝子マーカーの開発に数年かかるのもざらだったが，うまくすれば1年以内に何とかなるらしい。でも，次世代シーケンサーって，どこにあるんだろう？　いろいろと調べてもさまざまな壁が見えてくるだけだったそんなある日，偶然にも研究室ゼミの発表で，栄村さんが京都大学の井鷺裕司研究室に所属していた友人の安藤温子さんと共同でクサトベラの遺伝子解析を行うことを耳にした。しかも，次世代シーケンサーを使うというではないか。このときは栄村さんが救いの女神に見えた。鳥と植物で分類群は異なるが，どうやら一緒に実験できそうだということで，京都大学野生動物研究センター村山美穂教授らと共同で研究を行わせてもらうことになった。

　それまで私は京都に縁がなく訪れたことがなかったので，とても楽しみだった。京都に行く荷物をまとめながら，思えば，地元で野鳥の会に入会したことから始まり，小川さんや川路さん，安藤さん，そしてもちろん上田研の人たちに出逢って，こうした人とのつながりで研究は進んでいくんだなと，しみじみ感じていた。京都大学での実験生活は，大学近くのゲストハウスを朝出て研究室に行くと，夜遅くまで PCR，シーケンサーによる塩基配列の読み取り，遺伝子座を特定するジェノタイピング，データの確認，という単純作業の繰り返しの日々だった。慣れない作業に戸惑うことも多かったが，安藤さんや井鷺研のメンバーに，細かな流れやコツを丁寧に教えてもらいながら，徐々にうまくこなせるようになっていった。途中，これなら早く終わるな，せっかく京都に来たからには，少しくらい観光したいな，とも呑気に考えていたが，実際はそんな余裕はなく，最終日も新幹線の時間ギリギリまで実験室で作業して帰ったのだった。それでも，京都大学の美味しい学食を思う存分味わい，ゲストハウスで出逢った宿泊客と夜遅くまで議論したりして，楽しく充実した1ヵ月を過ごすことができた。

DNA 解析から見えてきたヤブサメの複雑な隣人付き合い

　京都での PCR とジェノタイピングを終えて，全272 個体の遺伝子座を特定することができた。これでようやく本当の意味での血縁関係を判定できる準備が整ったのだ。はたして，ヤブサメのおじゃま虫は巣のペアやヒナと血はつながっていたのだろうか？

　まずはおじゃま虫が訪問巣のペアオスもしくはメスのいずれかと血縁関係にあったかどうか。調査した 32 巣のうち，おじゃま虫がいたのは 23 巣。そのうち，ペアと血縁関係があった巣は … 何と 0 巣だった（上沖正欣ら 未発表）。しかし，これはある程度予想していたことだった。なぜなら，ヤブサメは渡り鳥で，かつ調査地への帰還率が低く（上沖ら 2014），留鳥と違って血縁関係を維持することは難しいと思われるからだ。実際，渡り鳥で協同繁殖する種は稀で，ヨーロッパハチクイなど限られた種でしか知られていない（Lessells *et al.* 1994）。

　次に，おじゃま虫と訪問巣のヒナとの血縁関係，つまり親子関係があるために巣を訪れている可能性を調べた。協同繁殖種の中には，自分が浮気した相手の巣でヘルパーとなる（結果として自分の子を世話する）種が知られているため（Davies *et al.* 1992; Blomqvist *et al.* 2005），ヤブサメでもそうした関係があるのでは？　と予想していた。しかし，おじゃま虫と訪問巣のヒナとの間に血縁関係が認められたのも，0 巣だった（上沖正欣ら 未発表）。つまり，ヤブサメのおじゃま虫は，訪れているペア・ヒナいずれとも血縁関係はなく，赤の他人の巣をわざわざ訪れているということになる。

　では，なぜおじゃま虫は赤の他人の巣に執着しているのだろうか？　もう 1 つの可能性としてあげた，つがい外交尾を求めるためだろうか？　もしおじゃま虫として訪れた巣のメスとの浮気が目的で，それが成功していたならば，2 回目以降の巣におじゃま虫の子が混じっている可能性が高くなる。しかし，1 回目におじゃま虫が来ていた巣で，なおかつ 2 回目も同じメスの巣を追跡することは非常に困難で，そうした例は 4 年間で 2 つしか見つけられなかった。しかも野外調査でありがちだが，そのうち 1 つは血液サンプルを採取する前に大雨に流され，残った 1 つからもその遺伝的証拠を得ることはできなかった。ただ，状況証拠はいくつかある。観察していると，本当にお

じゃま虫はしつこいくらいペアを追いかけている。どうやら，目的はヘルパーとしての手伝いではなくメスにあって，抱雛している時間が多いメスを巣の近くで待ち伏せしているようなのだ。また，おじゃま虫は繁殖期後期になると，ほとんど見られなくなる。これは，繁殖期後期になるとペアメスがシーズン内にまた次の営巣をする可能性が低く，交尾をしても子を残すことが期待できないためだと考えられる。しかも川路さんは，繁殖中に何らかの理由でペアオスがいなくなってしまったメスが，おじゃま虫と巣の中で交尾する場面をビデオに収めており，これらのことからも，おじゃま虫はメスとの交尾を狙っている可能性は高いと考えている。確実な証拠はつかめなかったが，もし本当におじゃま虫がメスとの交尾を狙って巣を訪れているのであれば，別の意味で，ヤブサメは冒頭の言葉どおり，隣人を愛している，ということになるかもしれない。

　おじゃま虫とは直接関係はなかったが，遺伝解析の結果から，ヤブサメでは約30%の巣でつがい外子が見つかった（上沖正欣ら　未発表）。この値は，これまで報告のある種の中でも，比較的高く（通常は10〜20%くらい），ヤブサメのオスはつがい外交尾の機会を頻繁に狙っていると思われた。単純に比較はできないが，Kawaji *et al.* (1996) は，オスが隣接なわばりに侵入した際にそこのメスが受精可能期であった割合を36.4%と報告しており，今回の結果とも一致する。面白い例として，お隣さん同士のオスの子がそれぞれの巣につがい外子として含まれていた巣もあった。これは，自分のメスに対するオスのガードがお互いに甘かったのだろう。お隣に浮気しにいったつもりが，じつはそのお隣さんに自らも浮気されていた，というまるでアメリカのB級TVドラマのような展開である。さらに，巣の中のヒナがすべてペアオスの子ではなかったという例も見つかった。ただこれは浮気の結果というよりも，観察から，産卵後すぐにペアの相手を変えたから（今風に言うならスピード離婚か）だと推察された。

　こうして，双眼鏡を通して見ていた野外調査からは分からなかった，遺伝子解析を通して初めて見えてきた事実から，ヤブサメが見た目にも，そして中身も複雑な隣人付き合いをしていることが明らかになったのだった。私とヤブサメとの付き合いも，まだまだこれから複雑な関係が続いていきそうである。

おわりに

　子供の頃に生き物に興味を持つきっかけは人それぞれだと思う。でも，とくに理由もなく男の子が乗り物を好きになるように，そして女の子が人形を好きになるように，私は虫や鳥が好きだった。家の前には小さな川が流れていて，少し歩いた裏手の山は絶好の探検場所だった。そういう環境で育って，虫や鳥を家で飼ったりするうちに，将来は生き物の仕事がしたいと漠然と思うようになった。転機が訪れたのは，中学生の頃。コンラート・ローレンツの『ソロモンの指環』(早川書房) を読んで，動物行動学を知ったことがきっかけだった。この本を読んで，動物の行動を観察するという行為が学問になり得るのだ，ということを知り，図書館で行動学や生態学などの科学書を借りて読むうちに，研究者になりたいという夢を持つようになった。そしてそのまま夢を持ち続けて，大学に進んだ。

　しかし私は現在，鳥は関係しているが研究者ではなく別の分野で働いている。子供の頃の夢を諦めたわけではないけれど，実際に研究者として働いている人というのは，日本はもとより世界でもほんの一握りで，厳しい世界であるということを知ったというのもあるかもしれない。加えて，研究者として働けても時間を気にせず自由に研究できるのはポスドクまでで，職についたとしても，研究活動を続けるのは難しいという現実もあった。

　ただ，私は悲観しているわけではない。巨大な実験施設や高価な試薬がないと研究ができない分野も多いなかで，私がやっていた行動生態学は，野山に出かけて鳥を見る，そんな簡単なことで研究ができてしまう学問だ。日常のちょっとしたアイデアで，立派な研究がいくらでもできる。本書にあるすべての研究が，それを示している。いつでも，どこでも，工夫次第で研究ができるというのは，この分野の大きな強みだ。

　何やら難しい数式，複雑な実験道具，モジャモジャ頭で白衣を着た人。それが普通の人が抱く科学者のイメージかもしれない。しかしそんな世間の固定観念があてはまらない研究分野が行動生態学だ。また行動生態学，野外鳥類学のテーマは一般の興味を引き，理解も得やすい内容だと思う。分子生物学が好きな小学生よりも，鳥好きな小学生のほうが絶対に多いはずだ。私は高校生のときに初めて鳥学会に参加したが，それまで学会は何やら小難しい

議論が行われていて近寄りがたい集まりというイメージだった。でも，蓋を開けてみれば研究者同士が交流し，最新の知識が得られる楽しい場所だった。論文も，小説を読むより面白い事実が書かれていて，ワクワクすることが多いものだ。科学とは自然がどんなに面白いものかを教えてくれる学問で，分からない，ということも科学だということも知った。研究者の，研究に対する常識，そして社会が抱く，科学に対する堅苦しいイメージ。そうした敷居がなくなれば，講義に出るように学会に参加したり，書店で本を手に取るように論文を読んだり，ブログを書くように研究成果を発表する時代がくるかもしれない，と思うのは非現実的だろうか。

　けれど，学部 1 年生から博士 6 年まで上田研で過ごした 12 年間で，そうした夢を持っても少しもおかしくはないくらいに科学は最高に面白いものであると，私は上田先生から教わったような気がしている。

南の島巡りで見つけたクサトベラの変わった種子散布戦略

(栄村奈緒子)

はじめに

　私は上田研究室に博士課程後期から在籍し，クサトベラ *Scaevola taccada*（図1）という海岸植物の種子散布を研究していた。この研究室に入ることに決めたのは，上田先生が鳥の種子散布の研究をされていたからである。先生は『種子散布－助け合いの進化論 (1, 2)』（築地書館）という本の編著者でもある。研究室に入ってみて，先生からの研究の指導と言えば「何でもやってみたらええんや」だった。そして本当に好きなように，鳥とあまり関係のな

図1 クサトベラ *Scaevola taccada*（キク目クサトベラ科）。

い研究をやらせて下さった。最初は鳥がメインの研究をするつもりであったが，研究を進めていくうちに，気がつくと植物がメインの研究になってしまったのだ。

上田研では各自がテーマ設定から計画まで自分で決めて研究を進めている人ばかりであった。これは，在学時は大変なこともあったが，自分で考えたことを検証し，それを論文という形にまとめるためのよい訓練になった。5年間かけて 2015 年に学位を取得し，卒業してもうすぐ 1 年になる。まだ博士研究員（ポスドク）という身分で定職についていないが，クサトベラについて知りたいことがまだまだたくさん残っているので，クサトベラの種子散布研究を続けている。

種子散布

種子散布は植物にとって分布を拡大するために重要なイベントである。被子植物では，種子を包む子房が果実となる。果実の形態が多様であるのは，散布体として種子散布に関わる特徴を備えていることに関係している。代表的な種子散布の様式として，水散布，動物散布（被食型と付着型に分けられる），風散布などがあげられる。一般的に種子の散布様式によって，その植物の生育環境は異なる傾向がある。たとえば水散布は海岸や河川域に，動物被食散布は森林に，風散布は開放地や林縁に生育している植物に多く見られる（How & Smallwood 1982）。

クサトベラ ─ 種子散布に関わる果実の二型

クサトベラはキク目クサトベラ科に属する常緑低木で，太平洋とインド洋の亜熱帯から熱帯地域の海岸に広く分布する（図 1）。国内では南西諸島の屋久島・種子島以南と，小笠原諸島に分布している。沖縄と小笠原では，海岸近くの公園や道路の生け垣として使われているのをよく見かける。和名の「クサトベラ」は，若い枝が木化しておらず，葉がトベラの葉に似ることに由来する（図 2）。この名前は見た目どおりで納得できるけれども，ちょっと紛らわしい。クサトベラを知らない人に名前を伝えると，「クサ」か，「トベラ」の仲間のどちらかによく間違えられる。実際には本種は「クサ」（草本）ではなく木本で，成木の樹高は 5 m くらいまで成長する個体もいるし，セリ目ト

ベラ科の木本である「トベラ」とはたしかに葉がそっくりであるが、まったく異なる分類群に属する（図2）。花は白色で普通の花を半分に切ったような形をしていることから、英名では"half flower"と呼ばれる（図3）。小笠原諸島ではクサトベラに「カイガンタバコ」という島名があり、昔は葉がタバコの代用品として使われていたようである。

　クサトベラは夏に幅1 cmほどの白色の果実をつける。この果実は外見では違いが見られないが、種子散布に関わる形態に二型が見られる（Emura *et al.* 2014）。すなわち、果実の果皮の一部がコルク化している型（コルク型）と、

図2 クサトベラ（a）とトベラ *Pittosporum tobira*（セリ目トベラ科）（b）。まったく異なるグループに属しているが、たしかに葉の形が似ている？

図3 クサトベラの花。

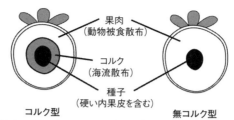

図4 クサトベラの果実二型。イラストは果実の断面図。(a) コルク型果実は果肉とコルクを持つが，(b) 無コルク型は果肉を持つ。

していない型（無コルク型）が存在する（図4，口絵③）。コルクは水に浮くため，海流散布に関わる形質である。また，いずれの果実も果肉をもつ。この果肉は動物の餌となるため，動物被食散布に関わる形質である。つまり，コルク型は海流＋動物被食散布型，無コルク型は動物被食散布型の散布様式を持っている。無コルク型の果実の存在は今まで知られていなかったが，私が2010年の博士後期過程の1年生のときに見つけた。見つけた場所は奄美大島瀬戸内町のホノホシ海岸で本種に関する調査を始めた2日目であった。

　クサトベラの果実の二型は個体間の変異であり，1つの個体（木）にはどちらか一方の型の果実だけを持っている。コルク型と無コルク型の個体は集団内で混在して生育する。種子散布に関わる形態の変異が個体内にある植物は多く知られているが，個体間にある植物は多くない。個体間で果実の色に変異がある植物であれば，いくつか知られている。たとえば，マメ科の木本である *Acacia ligulata* では赤色型の果実は鳥，黄色型の果実はアリにより散布されやすいそうだ（Whitney & Lister 2004）。しかし，本種のように果実の色以外の個体間の変異は珍しい。

クサトベラとの出会いから研究テーマの設定まで

　クサトベラの存在を知ったのは，私が小笠原諸島に住んでいたときである。小笠原諸島は東京から約1000 km南に位置する大小30ほどの島からなり，このうち父島列島の父島と母島列島の母島に合計2500人ほどが暮らしている。小笠原諸島は一度も大陸と陸続きになったことのない「海洋島」であるため，住んでいる生物は海を越えて到達できたものに限られる。そのため生

物相は大陸のものと異なり，独自の進化を遂げた固有種が多く生息する。たとえば，メグロ *Apalopteron familiare* は小笠原諸島固有の鳥で，現在は母島列島の一部の島でのみ生育している。

　私は鹿児島大学農学部を 2005 年に卒業後，小笠原諸島へ渡り 2 年半ほどふらふらと住んでいた。学部時代は野鳥研究会に入ってサークル活動に明け暮れていた。バードウォッチングのためにトカラ列島などの南西諸島の島でキャンプをした生活が忘れられず，卒業後はどこかの南の島で何年か野鳥を見ながらのんびり暮らしてみたいと思っていた。インターネットで仕事を検索したら，小笠原諸島の父島で寿司屋のアルバイトの募集があった。この仕事なら毎日島の魚が食べられそうなのでいいなと思い，父島に住むことに決めた。当時はまだ世界自然遺産に登録されていなかったので知名度が低く，私は小笠原諸島と言えばメグロがいることしか知らなかった。

　父島での生活は寿司屋の仕事が夕方からなので，日中は毎日のように鳥を求めて島中を歩き回ったり，海でシュノーケルをしたりして過ごした。そのうちに山で見たきれいな花や果実，海で見たサンゴにすむきれいな魚や食べられそうな魚や貝の名前が気になりだした。島に住んでいる人は島の生き物に詳しい方が多く，名前や生態をよく教えていただいた。クサトベラはどこの海岸でも生えていたので，最初に覚えた植物の 1 つであった。また，豊田武司編著『小笠原植物図譜』（アボック社）などの小笠原に関する図鑑やガイドブックを手に入れて，鳥以外の島の生き物の名前を少しずつ覚えるようになった。名前を覚えた生き物が増えるにつれて，島には多くの種類の外来種が生息していることにも気づいた。

　父島には小笠原自然文化研究所（通称：アイボ）という島の生物（おもに動物）の生態や保全の調査・研究を行っている NPO がある。私は島で観察した野鳥を伝えるために，この事務所によく通っていた。寿司屋のアルバイトの契約期間の 1 年間が終わると，アイボの堀越和夫さんに声をかけていただき，研修生として父島と母島でアカガシラカラスバトや海鳥など小笠原の鳥類の保全に関する生態調査に関わった。その後，父島から 70 km 北にある無人島の聟島でアホウドリ新繁殖地形成事業が始まり，山階鳥類研究所の出口智広さんのもとでアホウドリのヒナの飼育スタッフとして働いた。このように生物の研究や調査の仕事に関わっているうちに，島の生物の生態や進化に興味を持つよ

うになったので，大学院に進学することに決めた。小笠原諸島ではなく別の島に住む選択をしていたら，今頃はまったく別の道に進んでいたかもしれない。

修論研究では，小笠原諸島の聟島で鳥の種子散布に関する保全生態学的な研究を行った。小笠原に住んでいたときからお世話になっていた出口智広さんと森林総合研究所の川上和人さんが研究の指導をして下さったので，小笠原で研究を行うことができた。修士課程の大学院は卒業研究でお世話になった鹿児島大学農学研究科の曽根晃一先生の森林保護学研究室に進学した。曽根先生は森林性ネズミによる種子散布の研究をされていて，鳥による種子散布の研究を行うということで受け入れて下さった。上田研への進学も考えたのだが，私学の授業料と東京での生活費が高いことから断念した。調査地の聟島は外来種ヤギの食害と踏圧によって大部分が草原化しており，種子散布として働く留鳥は在来種のイソヒヨドリと外来種のメジロだけが生息している。私の修論研究は，この2種の鳥類が種子散布者として聟島の植生回復に働く役割を調べることが目的であった。調査の1つとして，鳥の糞に含まれる種子を採集して，どのような植物の種子散布に関わっているのかを調べていた。そのときにイソヒヨドリの糞からクサトベラのコルク型の種子が見つかったことで，本種の果実について興味を持つようになった。イソヒヨドリはクサトベラ果実の外側の果肉部分だけを消化し，内側のコルク部分は種子と一緒に排泄していた。クサトベラについて植物図鑑や文献を調べたら，種子はコルクを持つことで長期間海水に浮き，海流に散布されることが書かれていた。クサトベラの（コルク型の）種子が海流に運ばれて浜に漂着しているのではないかと思い，小笠原の浜へ出かけて探してみたら，小さな木片やゴミの漂着物に交じってたくさん見つかった。

その後，ほかにも海岸植物で海流と動物被食散布の両方の様式の果実を持つものがあることを知った。たとえば，小笠原諸島に分布する種では，タコノキ（タコノキ科），モモタマナ（シクンシ科），モンパノキ（ムラサキ科），コハマジンチョウ（ゴマノハグサ科）など広い分類群で見られる。これらの果実はクサトベラのコルク型の果実と同様に，外側に動物の餌となる果肉と，内側にコルクや繊維質などの水に浮く構造を持つ。タコノキとモモタマナは大型の果実であり，島で唯一の在来の哺乳類であるオガサワラオオコウモリが散布者となる。残りの3種は小型の果実で，イソヒヨドリやヒヨドリなどの

鳥が散布者となる。

　クサトベラが2つの散布様式を持つことでどのような利点があるのか考えているうちに，研究テーマを思いついた。海流にだけ種子が散布される場合，種子は海岸近くにしか分布を広げられないが，動物にも種子が散布されることで，より海から離れた環境に分布を広げることができる。海から離れるにつれて，クサトベラ個体のおもな散布媒体は，海流から動物にシフトすると考えられる。なぜなら海から離れた環境では，果実に海流散布に関するコルクの形質は不要になる。そのため，この環境の集団ではコルクの体積が減少し，代わりに果肉の体積が増加するような，環境によって果実の形態変異があるかもしれない。この仮説を確かめることが，博士課程の研究の始まりだった。調査を始め，海から離れた環境で無コルク型の存在を発見したことによって，この仮説をさらに裏づけることになった。

島巡り調査 ── 海岸タイプごとの二型の出現頻度の違い

　南西諸島と小笠原諸島の島々を巡ってコルク型と無コルク型の個体の出現頻度を調べた。南西諸島（大東諸島を除く）は，小笠原諸島の「海洋島」に対して，過去に大陸と陸続きであった「大陸島」と呼ばれる。調査は島の海岸沿いの道路を原付で走ってクサトベラの集団を探し，集団を見つけたら50個体ほどの結実木の果実型を記録する，という方法で行った。調査した各集団を海から隔離の程度の小さい順に砂浜，岩場，海崖の3つの海岸タイプにグループ分けを行い，海岸タイプ間の二型の出現頻度を比較した（図5）。海岸タイプは国土地理院（電子国土Web）発行の2万分の1地形図の記号から分類した。

　クサトベラはたいていどこの海岸でも普通に生えていて，遠くからでも見つけやすいので，道路を走りながら集団を探すことは苦にならなかった。同じ海岸性の木本であるタコノキの仲間やモンパノキと一緒に生えていることが多いので，本種を見つける際の目印になった。宿泊は節約のためにキャンプ場や海岸でテントを張って寝ることもあった（図6）。防犯のため，男性に見られるように髪を短く切り，よれよれのTシャツと短パンを着用していた。そのうえ，体は真っ黒に日焼けして，大きな荷物を持っていたので，浮浪者と思われていたかもしれない。1人で浜にテントを張って寝ていると，深夜に警察から職務質問されたことがある。事情を説明したら，「危ないので何か

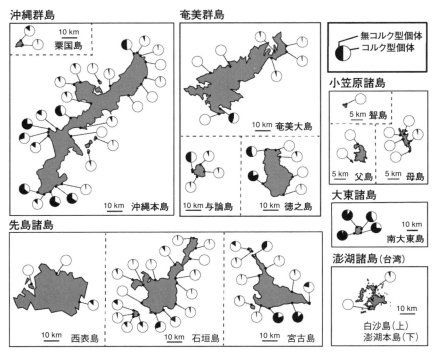

図5 二型の分布。円グラフは各集団におけるコルク型個体(白色)と,無コルク型個体(黒色)の出現頻度を示す。二型の出現頻度は各集団では約50個体について果実型を調べた結果を示す。Emura *et al.* (2014) より改変。

図6 調査の様子。

あったらすぐに連絡して下さい。」と心配して下さった。今思うと，怪我も事故もなく調査が無事に終了して本当によかった。小笠原諸島ではアイボと出口智広さんが，無人島での調査を可能にさせて下さった。南大東島では島まるごと館（当時）の東和明さんをはじめ，多くの方々が親切に接して下さった。ここではすべての方の名前をあげることはできないが，ほかにも個々の島で多くの方にお世話になった。共同研究者である琉球大学の傳田哲郎先生は西表島と台湾の澎湖諸島の集団で分布と出現頻度のデータをとって下さった。そのおかげで3年間に南西諸島と小笠原諸島にある合計23島91集団，4467個体のデータを得ることができた。

　コルク型と無コルク型の個体は南西諸島と小笠原諸島の島々に広く分布していた（図7）。南西諸島と小笠原諸島の調査以外にも，国際学会でハワイに，上田研の院生であった佐藤望君の調査の手伝いでニューカレドニアに行った

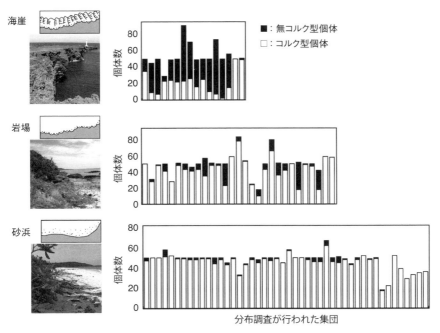

図7 海岸タイプごとの二型の出現頻度。左のイラストは各海岸タイプの地形図の記号を示す。Emura *et al.* (2014) より改変。

ときに，海岸で両方の型の個体を確認できたので，二型はクサトベラの分布域内全体に広く存在しているようだ。

　二型の出現頻度は，海岸タイプによって異なる傾向が見られた（図7）。コルク型と無コルク型はすべての海岸タイプで出現したが，砂浜集団ではコルク型個体が優占的に出現し，海崖集団では無コルク型個体の出現頻度がほかの海岸タイプと比べて高かった。この結果から，二型の出現頻度が異なる要因を考察してみた。砂浜のクサトベラ集団は潮間帯から少し離れた場所に帯状に分布していることが多く，台風時に波をかぶりやすい（図7の写真）。クサトベラの結実時期である8〜10月は，ちょうど台風シーズンと重なる。砂浜ではクサトベラの種子は海流に運ばれる頻度が高くなると予想される。そのため，果実に浮遊能力を持つコルク型にとって有利な環境であるが，無コルク型個体には種子が海の底に沈んでしまうために不利な環境である。海流にコルク型の種子が散布されることで，コルク型の果実を持つ個体が増加するのかもしれない。一方で，海崖の集団は，海崖の上に面的に分布していることが多く，波がほとんど到達しない。そのため，海崖におけるおもな種子散布媒体は動物だと考えられる。動物に無コルク型の種子が散布されることで集団内に無コルク型の果実を持つ個体が増加するのかもしれない。

　このように，海岸タイプによって種子散布に関する選択圧に違いが生じ，二型の出現頻度に違いをもたらしていると考えられた。しかし，この考察は果実の形態が親から子へと遺伝するという前提をおいているが，この前提が正しいのかは分かっていない。現在，コルク型と無コルク型の個体を交配させた種子を発芽させて実生を育てている。この実生が成木になって果実を作ったときに，本種の遺伝様式が明らかになるはずだ。しかし，クサトベラは木本なので成木になるまで5年くらいはかかるかもしれない。

果実二型の種子散布能力の違いを調べる試み

　種子が海流に散布されるためには，長期間海水に浮遊する能力を持つほうが有利である。クサトベラの果実を海水に入れたとき，コルク型では3ヵ月以上浮遊し続けることが先行研究で知られているが（Nakanishi 1988），無コルク型については分かっていなかった。そこで二型間で果実の海水における浮遊能力の違いを調べるために，果実の浮遊実験を行った。

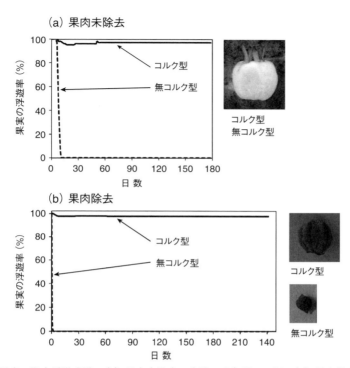

図8 果実の海水浮遊実験。(a) 果肉未除去の実験では各型100個，(b) 果肉除去の果実は各型430個の果実を用いた。写真は上から果肉未除去の二型の果実，果肉除去したコルク型と無コルク型の果実を示す。Emura *et al.* (2014) より改変。

　この実験は琉球大学理学部の傳田哲郎先生と学部生の酒井美由紀さんが行った。方法は海水を入れたプラスチック水槽に二型の果実を入れて，2〜3日おきに沈んだ果実を記録した。水槽に入れた海水には流れがないが，海では常に流れがある。野外の状況に近づけるために，1週間に少なくとも3回は水槽の撹拌を行った。実験は，外側を被う果肉を除去した果実と，除去していない果実で行った。その結果，2つの果実型間で海水の浮遊能力に明瞭な違いが見られた（図8）。コルク型果実は9割以上が果肉の除去の有無に関係なく2ヵ月以上海水に浮き続けた。対して無コルク型果実では，果肉を除去したものは実験直後に沈み，未除去のものでも10日以内にはすべて沈んだ。コルク型の果実は，より優れた海流散布能力を持っていると考えられた。

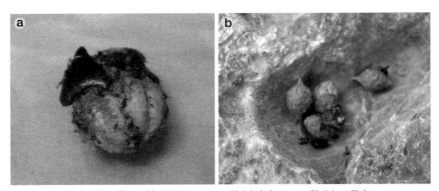

図9 鳥の糞から検出されたコルク型 (a) と無コルク型 (b) の果実。

　本当は二型間の種子の海水浸水後の発芽能力の違いも知りたかったのだが，発芽実験が失敗してしまった。コルク型の種子は3ヵ月間海水にさらされた後でも，種子の発芽能力を失わないことが先行研究で知られているが (Nakanishi 1988)，無コルク型の種子については分かっていない。無コルク型の種子は海流散布に必要な形態であるコルクを持っていないので，海水への耐性も低下しているかもしれないと予想した。海水に1週間ほど浸水させたコルク型と無コルク型の種子を蒔いてみたのだが，方法が悪かったのか1つの種子も発芽しなかった。今思えば，果肉を除去するための洗浄が不十分で種子が腐ってしまったことが原因だと考えられる。自然環境下であれば，この果肉は海に洗われるか，果実を食べた動物の腸内で消化されることできれいに除去されるのだろう。

　コルク型と無コルク型の果実はどちらも果肉を持っているので，動物被食散布の特徴を持っている。調査地内ではクサトベラの果実が，どちらの型でもイソヒヨドリ，ヒヨドリ，メジロなどの陸鳥に採食されていることが糞分析や目視観察から確認されている（図9）。島巡り調査の結果，海から隔離の程度が大きい海崖の集団では無コルク型の出現頻度が高かった。この原因は無コルク型がコルク型よりも鳥に選択的に散布されているためではないだろうか。無コルク型はコルク型のコルクの部分が果肉になっているため（図4），果実当たりの果肉の割合が高く，餌としての効率がよい。鳥の目では私たちと同様に，果実の二型を外見で識別することができない (Tanaka et al. 2015)。

コラム　研究室に住むウズラ「うっずー」

　ここでは上記の話にあったウズラ *Coturnix japonica* を紹介したい。私が在学中は，一番の仲良しであった。このウズラは上田研のメンバーの1人（一鳥）であり，「うっずー」という名前をもらっていた（図10）。

　うっずーは2012年春に研究室で孵卵機の卵から生まれた。ウズラの卵はカッコウの研究チームが孵卵機を研究で使用するために，予備実験として手に入れたものであった。孵化直後は皆で食べようかと話していたが次第に愛着がわいてしまい，それ以降ずっと研究室に住んでいた。オスなので，毎朝とご機嫌なときに「御吉兆ー（ゴキッチョー）！」と縁起よく鳴く声は廊下まで響きわたる。うっずーは人が好きなようで，人の足にまとわりついたり，足元でくつろいだりする。名前を呼ぶと寄ってくることもあった。気分屋なところがネコに似ている。一度，沖縄の調査から研究室に戻ったときに，うっずーに採ってきたばかりの新鮮なクサトベラの果実を与えたことがある。最初に無コルク型の果実を与えると，果肉部分をある程度つついて食べたあとに，丸呑みした。まだほしそうにしていたので，次はコルク型の果実を与えると同じように食べたのだが，その後にかなり怪訝な顔をしていた（ように私には見えた）。うっずーにはコルクの有無の違いが分かるのかもしれない。

　上田先生の退職に伴い研究室がなくなるため，その後のうっずーの行き先を心配していたのだが，上田研ポスドクの笠原里恵さんが国立科学博物館の西海功先生を引き取り手として探して下さった。私はアパートの1人暮らしで調査のために家を長期間空けることもあり，引き取ることができなかった。よい行き先が見つかって本当に安心した。

図10　上田研に住んでいたウズラの「うっずー」。

鳥は果実を二型の果実を食べて学習することで，違いを認識しているのかもしれない。今度，実際にこれらの鳥が二型果実の選択に違いがあるのか，観察によって確かめてみたい。

おわりに

これまでの研究から，クサトベラには異なる種子散布様式を持つ果実の二型が存在し，各型は有利な環境で出現頻度が高くなること，二型の果実間で潜在的な種子散布能力が異なることが明らかになった。本種の二型は生育地環境に関して異なる適応戦略を持つと考えられた。

クサトベラの近縁種は，南半球のニューカレドニア，サモア，フィジーなどの各島で海から離れた内陸に分布する固有種が存在する（Howarth *et al.* 2003）。これらの近縁種の果実はすべて無コルク型の果実のように果肉を持ち，コルクを持たない。そのうえ，これらの果実の色は鳥が好む紫色である。推測にすぎないのだが，私は無コルク型の存在が内陸の固有種へ種分化が生じた原動力になったのではないかと考えている。海流散布でコルク型が島に定着後，集団内に無コルク型が出現して，鳥による種子散布によって島の内陸へ分布を広げていくうちに島の固有種が生まれたのかもしれない。実際には島の生物で長距離散布能力をもつ祖先種が定着後，その能力を失うことで固有種へと種分化したものが多い。今後，クサトベラの二型がいつ，どのように進化したのかを分子レベルで明らかにすることで，この答えを知る手掛かりが得られるだろうと考えている。

両親で子育てをするモズの繁殖生態を追う
── 親鳥と巣を襲う捕食者の戦い ──

(遠藤幸子)

はじめに

　現在，私たちの目の前に多様な生き物が存在し続けているのは，自然の中で彼らが繁殖し，子を残しているからである。自然の中には，彼らの卵やヒナを狙う捕食者が存在し，親でさえ捕食者から襲われる危険がある。餌がいつでも豊富にある保証もまったくない。そのような世界の中で，生き物たちはどのように振る舞い，わが子を残しているのだろうか？

　鳥類は，動物の中でも珍しく，多くの種で社会的に一夫一妻の繁殖形態が進化している (Gill 2009)。私は，両親で子育てをするモズという小鳥を対象に，彼らの繁殖生態の野外調査を修士課程から博士後期課程の7年間行ってきた。本章では，私がモズたちの繁殖生活を追うなかで直面した，自然の中で子を残すことの厳しさと，それに対抗する親鳥たちの繁殖生態の一面についてご紹介したい。

オスもメスも子育てをするモズ

　ギチギチギチ …。里山や公園を歩いているときに，もしこのような鳴き声を聞いたら，木の杭や電線を眺めてみてほしい。本章の主人公，モズがいるかもしれない。モズはスズメ目の小鳥で，冬の間は単独でなわばりを張って暮らしているが，繁殖期に入るとオスとメスとが一緒に暮らし始める。彼らは，雌雄で仕事を分担しながら，巣造りからヒナへの給餌までをともに行う。たとえば，抱卵期にはメスのみが抱卵する。その一方で，オスは抱卵してい

るメスに餌を運ぶ。卵が孵化してヒナが大きくなると，両親がヒナに餌を持ってくる。

このように，モズの雌雄は，多くの時間と労力をかけて自分たちの子を育て上げる。その子育ての拠点となるのは，巣である。産卵，抱卵，卵の孵化，ヒナの巣立ち…，巣ではこれらのことが目まぐるしく起こる。今回は，私のモズの繁殖生態の研究第一弾である，モズの巣場所の特徴と巣における卵やヒナに対する捕食の起こりやすさとの関係を調べた研究についてお話する。

調査地軽井沢

私の調査地は，長野県軽井沢町の下発地地区にある。浅間山がとてもきれいに見えるこの地区は，軽井沢町内では珍しく畑と草原が広がり，その周囲は林で覆われている（図1）。この土地に，モズは3月中旬からやってきて7月下旬まで，繁殖を行う。私も，モズが飛来してくる時期を見計らって，神奈川県から軽井沢町へと拠点を移す。そして，モズの繁殖期間の間，中軽井沢の宿泊場所から毎日自転車で調査地に通っていた。

7年間の調査中，この土地で私が出会った生き物はもちろんモズだけではない。この場所には，さまざまな鳥たちが繁殖のためにやってくる。たとえ

図1 調査地の風景。長野県軽井沢町下発地地区。

ば，ノビタキやホオアカ，オオジシギなどの草原に生息する鳥や，林で繁殖するセンダイムシクイなどだ。ニホンキツネやニホンイタチなどの哺乳類に会うこともしばしばあった。フィールドでは，毎日，そして何年通っていたとしても，新しい生き物に出会ったり，今までよく見ていた生き物の新たな一面に気づいたりする。今思い返すと，年を経るごとに好きなものがどんどん増えていったフィールド生活であった。延べ2年以上暮らした軽井沢の調査地は，私にとって第二の故郷のような，とても大切な場所である。

モズの繁殖を追いかける

モズたちは調査地に飛来後，(1) つがい形成，(2) 造巣期，(3) 産卵期，(4) 抱卵期，(5) 育雛期 (図2)，(6) ヒナの巣立ち・巣立ち後の子育て期を経て，ヒナを独り立ちさせる。私は，毎日の調査によって，調査地にいるつがいの繁殖状況を把握していた。これは私のすべての研究の土台となる重要な作業である。

巣を探すことは彼らの繁殖の過程を追う上で欠かせない。軽井沢のモズは，抱卵期が約15日，育雛期も約15日である (Endo 2012)。つまり，約30日間にわたるモズの子育てを調査するには，何としても早い段階で巣を見つける

図2 モズの巣と巣立ち前のヒナたち。

ことが必須となる。そのため，モズが調査地に飛来してからは，時間があれば彼らがどこにいるかを記録し，巣造りが始まるタイミングを逃さぬよう，各場所を毎日モニタリングすることが日課であった。

モズは両親で巣を造る。造巣期には，雌雄が頻繁に巣に巣材を運ぶのが観察される。彼らは，細い枝や枯れ草などの巣材を巧妙に組み合わせ，お椀型の巣を完成させる（口絵 ⑥）。何とも器用である。これらの巣は平均して約 124 cm の高さに掛けられており（n = 30），私の身長は約 160 cm なので調査しやすかった。巣が高いところにあるときは，ビデオカメラに外部接続できる小型のカメラを細い棒にくっつけて，巣の中を撮影し，卵やヒナの状況を確かめた。

モズの巣造りを追いかけるうちに，1 つのことが気になった。モズの巣を見ると，どの巣も形態は似ているが，巣の掛けられている場所は多様であった。鳥類にとって繁殖失敗のおもな原因は，巣における卵やヒナの捕食であることが多くの種で知られている（Ricklefs 1969）。それゆえ，モズにとってどのような場所に巣を造るかは，巣における卵やヒナの捕食を防ぐうえで重要な選択となるのではないだろうか？　そこで，まず本調査地におけるモズの繁殖失敗の原因を調べた。私は，2008 年と 2009 年の 2 年間の調査で 38 個の巣を見つけた。そのうちの 16 巣は，巣内のすべての卵やヒナが捕食されたことにより，繁殖に失敗していた（約 42％）（図 3）。卵の時期に捕食された巣は 8

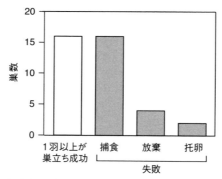

図 3　調査地のモズの繁殖結果（n = 38）。モズの繁殖失敗のおもな原因は巣における卵もしくはヒナの捕食であった。1 羽以上が巣立ち成功した巣のなかには，ヒナの一部が捕食された可能性のある巣が 2 巣含まれる。Endo (2012) の結果をグラフ化。

巣，ヒナの時期に捕食された巣も 8 巣で，繁殖段階によって捕食される頻度は異ならなかった。これより，モズたちは繁殖期間を通して，卵とヒナが捕食される危険性にさらされていることが示唆された。いったい，モズの親鳥たちはどのようにして，子が捕食されることを回避しているのだろうか？

植物の棘を利用して，捕食回避？

　各つがいの巣場所を特定していくと，棘のある枝の横に巣が掛けられているのがしばしば観察された（30 巣中 14 巣）。調査地に生育する植物の構成を考えると，モズが棘のある枝をもつノイバラを選んで営巣しているのではないかとも考えられた。ノイバラは棘がとても鋭く，注意深く調査をしていても，時々手に刺さってかなり痛い思いをする。このような体験もあって，棘のある枝の近くの巣は，捕食者に襲われにくいのではないかと考えた。そこで私は，各つがいの巣場所の特徴と彼らの巣が捕食されるかどうかを調べることにした。

　野外調査は，（1）巣探し，（2）初卵日（最初の卵が産み落とされた日）の特定，（3）その後の抱卵期・育雛期における卵とヒナの経過観察によって構成された。また，巣場所の特徴を定量的に評価するために，巣場所の 3 ヶ所の部位を測定した。巣の近くに棘の枝があることで，巣における捕食が起こりにくくなるかを明らかにするため，巣に接している棘のある枝の本数を数えた。次に，棘の有るなしにかかわらず，巣に接している枝の本数を数えた。これは，捕食回避のために棘のある枝が重要なのか，それとも枝自体の存在が重要なのかを確かめるためだ。枝が巣の周りに密集していると，周囲から巣が見えにくくなり，捕食者によって巣場所が特定されるのを防ぐかもしれない。またニホンイタチやアオダイショウなどは地上から巣に近づくため，低い場所にある巣ほど見つかりやすくなるだろう。そこで地上からの巣の高さの測定も行った。

　調査の結果，私の予測に反して，巣に接している棘のある枝の本数が多いからといって，巣における捕食が起こりにくくなることはなかった（図 4）。一方で，巣に接している枝の本数が多いほど，巣における卵やヒナの捕食は起こりにくかった（図 4）。

　卵やヒナが捕食されなかった巣場所の特徴は，捕食者となる動物の探索行

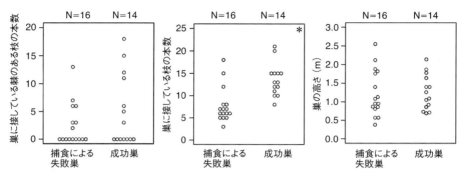

図4 営巣場所の特徴と巣における卵やヒナの捕食の有無。＊：巣に接している枝の本数が多いほど，卵やヒナの捕食を受けずにヒナを巣立たせている巣が多かった。巣に接している棘のある枝の本数と巣の高さは，捕食された巣とそうでない巣の間で違いは見られなかった。なお，この解析には，1羽以上のヒナが巣立ったが，一部のヒナが捕食された可能性のある2巣は成功巣のデータとして含まれていない。また，捕食以外で繁殖が失敗した巣のデータについても省いて解析を行った。Endo (2012) を改変して転載。

動と関連があるに違いない。そこで実際に，どのような動物がモズの卵やヒナを襲っていたのかを明らかにするため，巣から少し離れたところにビデオカメラと自動撮影カメラを設置し，捕食現場の撮影を試みた。ビデオカメラの映像から，卵の捕食者がハシボソガラスであることが明らかになった（n = 2 巣）。ハシボソガラスは，調査地でよく観察され，繁殖もしている。視覚を用いて獲物を探す彼らに対しては，外部から隠れた場所に巣を造ることが卵やヒナを守ることにつながると考えられた。そのため，枝の密集した所に掛けられた巣では捕食が起こりにくかったのかもしれない。これらの一連の調査から，モズにとって枝の密集した場所に巣を掛けることが，ハシボソガラスなどによる卵やヒナの捕食を原因とした繁殖失敗を防ぐうえで，重要であることが示唆された。

ただし，本調査では確認されなかったが，オナガ，アオダイショウ，ニホンイタチ，イエネコや齧歯類も，鳥の卵やヒナの捕食者となることが知られている（たとえば，Kameda 1994; Hamao *et al.* 2009; Tojo & Nakamura 2011）。これらの種は，私の調査地においても観察されていることから，彼らがモズの卵やヒナの捕食者となっている可能性も心に留めておく必要があるだろう。

これらの調査は，私が東邦大学で修士課程に所属していたときの2年間で

行ったものである。じつは私は，この調査のときに初めて，鳥の繁殖を野外で観察した。卵が捕食された現場を目の当たりにしたときは，とても悲しい気持ちになったことを覚えている。その一方で，野外における動物たちのつながりを改めて実感した出来事として，私の記憶に強く残っている。

この調査結果をまとめた論文は，海外の雑誌に掲載された（Endo 2012）。これが，私の初の英文の論文となった。この論文を書き上げるにあたっては，多くの方々に論文を読んでもらい，ご意見や英語のおかしいところのご指摘をいただいた。これらの方々と The Wilson Journal of Ornithology の編集長と査読者の方々には感謝の気持ちでいっぱいである。

巣に近づくときは慎重に

調査をする際に常に気をつけていたことがある。それは，自分自身がモズの繁殖の妨害にならないようにすることだ。とくに巣場所を確認するときや，ビデオカメラを設置するときには，最大限の注意を払った。まず，周りに捕食者であるカラスの仲間がいないことを確認した。さらに，モズの親鳥が巣にいるときは，巣に近づかないようにした。なぜなら，巣に近づく私のような存在は，親鳥に卵やヒナを危険にさらすものとして認識される可能性があるからだ。それによって，彼らを警戒させてしまうかもしれない。実際，私が巣の近くにいるときに親鳥に見つかってしまい，親鳥をギチギチと鳴かせてしまったことがある。親鳥を鳴かせてしまうと，その声によって捕食者に巣の存在を察知される被害を生み出す可能性もある。このように，自分の行動がモズの巣を危険にさらしかねないことを常に意識におきながら，調査することを心がけた。

新たな研究テーマとの突然の出会い

上記の巣場所の研究をまとめた後，私は次の研究テーマに取り組んだ。しかしその研究は暗礁に乗り上げていた。そのとき，私は野外であるモズの行動に出会った。

その日の私は，例のごとく，1人で1つのモズのつがいを観察していた。そのつがいは巣を造り終えたあとで，メスはつがい相手と見られるオスに対して（色足環による個体識別をしていない個体であったので厳密には分からない），

ひっきりなしに鳴きながら餌をねだっていた。あるとき，鳴き続けていたメスの所に遠くから別のオスのモズがやってきて，そのメスの背中に乗っかった。すぐにつがいオスであろう，オスの攻撃に遭い，遠くからやってきたオスは追い出された。一瞬の出来事であった。

　先行研究において，モズのメスが餌をねだって鳴いている時間は，造巣期から産卵期にかけて長くなることが示されていた（Yamagishi & Saito 1985）。産卵前であるこの時期，メスは受精可能である可能性が高い（Gill 2009）。それゆえ，つがい外のオスは，餌乞いの声を指標としてメスに近づき交尾することができれば，そのメスとの間に子を残すことができるかもしれない。そのようなことを考え，その日はドキドキしながら帰路についた。

　宿舎に帰って文献検索をした結果，モズと同じくオスからつがいメスへの給餌行動が観察されるヨーロッパコマドリという外国の鳥で行われた研究が見つかった（Tobias & Sedden 2002）。この研究では，ヨーロッパコマドリのメスが，モズのメスと同じように産卵前により頻繁に鳴くようになること，さらに，音声データを編集して作った，メスが高い頻度で鳴いている音声をなわばりの境界で流すと，隣のなわばりのオスがスピーカーに近づいてくることが明らかにされていた。これより，オスが隣のなわばりの受精可能であろうメスが発する特有の鳴き声を盗聴していることが示唆された。また，つがいオスはメスに給餌をすることによってメスの鳴く頻度を低下させ，つがいメスのつがい外交尾を防いでいるのではないかと考察されていた。

　これまで，鳥類で見られる産卵前のオスからメスへの給餌は，卵を生産するメスへの栄養補給としておもに機能していると考えられていた（遠藤2014）。Tobias と Sedden の研究は，オスからメスへの給餌の新たな適応的意義を提唱したと言えるだろう。この先行研究と私が出会ったあの日のモズたちの光景は，私のこれまでのオスからメスへの給餌行動の見方を変える大きなきっかけとなった。

　繁殖期におけるオスからメスへの給餌行動は，さまざまな昆虫，哺乳類，そして鳥類で観察される。この行動は，交尾の際に行われることが多くの種で観察されており，そのため「求愛給餌」と表現されることも多い。一方で，両親で子育てをする鳥類では，オスからメスへの給餌はつがいを形成した後によく観察される（遠藤2014）。さらに，モズなどのように，メスもオスに対

して餌をねだる行動をとって，自らオスに働きかけている鳥もいる。このようなつがい形成後の餌を介した雌雄の行動の意味を解明することは，一夫一妻で繁殖をする雌雄の新たな関係性を明らかにすることにつながるかもしれない。そして，その当時の私は，モズを対象にオスからメスへの給餌に焦点を当てた研究を行うことを決めた。

　その後私は，つがい形成後に見られるメスの餌乞いとオスの給餌行動が，彼らの繁殖においてどのような役割を果たしているのかを明らかにするため研究を行ってきた。これらの研究に関しては，論文として雑誌に投稿する予定であるため，本章で詳しく述べることができなかった。今後，論文として世に発信されたものがみなさまのお目に止まれば幸いである。今はそれらの研究成果を論文として出版できるよう，頑張るのみだ。

おわりに

　論文を読んだり，学会発表を聞いたりしていると，これまでの自然や生き物の見方をまったく変えてしまうような研究と出会うことがある。そのような研究に出会うと，それまで見てきた自然の景色が違って見える。そんな景色を，自分が自然や生き物と向き合う中で見つけたい。そして，それを研究として自分の力で生み出せるようになりたい。これは研究に向き合い始めてからずっと思い続けてきたことだ。つい，目の前のことで目一杯になりそうな日々を過ごしかねないが，初心を忘れず，野外で観察されたこととしっかり向き合っていきたい。

　私は，上田研究室に博士後期課程から入った。そして今年，学位取得に向け博士論文を提出することができた。博士後期課程から行動生態学の研究を始めた私は，当初研究計画で何度もつまずいていた。そのときに，上田先生と上田研メンバーには研究的にも精神的にも支えられた。上田研に所属して行った研究は，上田先生，共同研究者，上田研究室の仲間，そして，ここではご紹介しきれない多くの方々のご助言やご協力があってこそ，行えたものである。これらの方々に心より感謝申し上げます。

　また，下発地地区における野外調査は，篠原ご夫妻をはじめ，下発地地区で農業をされている方々，住民の方々のご協力により実施することができた。下発地に住んでいる方々からいただいたお言葉や，おいしいレタスやキャベ

ツなどには，調査中に本当に励まされた。軽井沢で過ごした調査期間は，これらの方々に支えられて私にとって何にも代え難い日々となった。この場を借りて深くお礼申し上げます。

　そして最後に，私は軽井沢にいるモズたちの力強く生きている姿に魅せられて，研究を続けてきた。私の生き物に対する見方を変えてくれた彼らに心から感謝する。

キビタキの生態研究

(岡久雄二)

はじめに

　日本の鳥に関する図鑑の表紙にもっとも多く登場している鳥は何かご存知だろうか。それは，他の鳥にはないような鮮やかな橙色の羽をもつ鳥，キビタキである。キビタキはおもに夏鳥として九州から樺太に飛来する。学名は *Ficedula narcissina*。イチジクの木で餌を食べるスイセンの色をした鳥という意味である (Higgins *et al.* 2006)。

　キビタキ属の特徴は何よりもその可愛らしさにある。なかでもキビタキは性的二型が明瞭であり，オスは純黒色の上面に赤橙色の喉を持ち，それらとコントラストをなすような翼の白色を身にまとっている。一方，メスは黄土色の上面を持ち，非常に地味である。小鳥の中でも体型が丸みを帯び，美しい羽の色を進化させているため，多くのバードウォッチャーにとっては魅力的な鳥だ。

　そのせいもあってか，中国ではキムネヒタキ Green-backed Flycatcher *F. elisae* を Chinese Flycatcher，韓国ではマミジロキビタキ Yellow-rumped Flycatcher *F. zanthopygia* を Korean Flycatcher と記すようになっている。こうした流れに対抗するなら日本のキビタキ Narcissus Flycatcher は "Japanese Flycatcher" だと言える。

世界から見たキビタキの位置づけ

　キビタキの分布を文献から調べてみると，驚くことに，ほぼ日本でしか繁殖していないことに気がつく。キビタキは近い将来には別種に分けられるだろう

基亜種キビタキ *F. n. narcissina* と，リュウキュウキビタキ *F. n. owstoni* の2亜種が認められている（日本鳥学会 2012）。亜種キビタキはおもにボルネオ島で越冬し，興味深いことに春の渡りでは中国や韓国，アムール沿岸を北上するにもかかわらず，最終的には日本に渡ってしまい，なぜか島でしか繁殖しないとされている（Polivanov 1981）。秋には日本列島を世界のキビタキのほとんどが南下する。実際は近年，繁殖分布がロシア沿岸部に伸びつつあるのではないかと考えられており，北方領土の解釈にもよるため少し曖昧だが，キビタキはほぼ日本でしか繁殖しない島好きの鳥だと言えるだろう。もう一方のリュウキュウキビタキには琉球列島で留鳥の個体群（アマミキビタキ *F. n. shonis* とリュウキュウキビタキ）と，渡り鳥の個体群（ヤクシマキビタキ *F. n. jakusimae*）があるが，これらも島でしか繁殖しない（Kuroda 1925）。

さて，そんなキビタキだが，その進化の歴史を遡ると東南アジアに行き着く。系統地理学的研究に基づいて，キビタキ属の鳥類は東南アジアで進化したことが知られており，およそ30種が認められている。この属のうちじつに26種は東南アジアとつながりを持って生息している。キビタキ属鳥類は500万年前ごろに東南アジアで進化し，その後，気候変動と島の分裂に伴って，種分化していったと考えられている（Outlaw & Voelker 2006, 2008）。さらに，長い翼を獲得し，渡りの習性を身に着けたものが繁殖地を北に移し（Outlaw 2011），現在もムギマキ *F. mugimaki* やニシオジロビタキ *F. parva*，オジロビタキ *F. albicilla*，キビタキ，マミジロキビタキなどはユーラシア大陸全土の北方と東南アジアとを渡っている（del Hoyo *et al.* 2006）。

アジア圏と関わりなく生息しているキビタキの仲間はたった4種しかいない。その4種とは，マダラヒタキ *F. hypoleuca*，シロエリヒタキ *F. albicollis*，ハンエリヒタキ *F. semitorquata*，そしてこれらと最近別種にされたアトラスマダラヒタキ *F. speculigera* である。これらは行動生態学・生態学のモデル生物と言われる（たとえば，Lundberg & Alatalo 1992）。世界中での研究例の多さはインターネットで検索してみればすぐに実感できる。鳥類の進化，地球温暖化の影響，社会性，同種内・異種間コミュニケーションなど，新たな研究課題を見つけるのが難しいのではないかと感じられるほどに研究が進んでいる。すべての文献を読むのはほぼ不可能だ。

一方で，アジアとのつながりを保っている他の約26種に目を移すと，その

研究例は非常に少ない。まともに研究されているのはポーランドのニシオジロビタキの生態や性選択の研究（たとえば，Mitrus 2007, 2012），中国におけるマミジロキビタキやキムネヒタキに関する簡単な生態の記載研究がある程度だ（たとえば，Wang *et al* 2007, 2008）。キビタキについても生態研究はほぼ存在せず，英語の学術資料でさえも，限られた情報から推測をもとに記述されている文章や，情報がないとまとめられているものが多かった（たとえば，del Hoyo 2003; Higgins *et al.* 2006）。

　こうした世界の構図の中で研究を始めるには，日本で繁殖するキビタキの生態を研究することの重要性がどこにあるのか，それを考える必要があった。まず必要なのは，野外でキビタキの生態をしっかりと追跡し，ほかのキビタキ属鳥類と何が同じで何が異なっているのかを解明することである。なぜなら，どのような生物なのかという情報がなければ，実験や分析を行っても最終的な考察ができないためである。

　また，非常に多くの研究者がヨーロッパで対象としているキビタキ属鳥類をアジアにおいて研究することで，ヨーロッパとアフリカに分布を移した前述の4種がキビタキ属の中でどのような種なのかを見直すことにつながるだろうと考えた。種ごとの性質に重きをおく行動生態学であれば，こうした研究が評価される可能性は高い。きっと，ヨーロッパ圏の研究者は，アジアに生息する謎のキビタキ属鳥類の生態について知りたいと考えているのではないだろうか。

　そこで私はまず，富士山（図1）においてキビタキの生態をじっくり追跡することにした。なぜ富士山なのか？　と思われる方もおられるかと思う。それは，種の本来の生態を観察するのであれば，人為のない自然環境での調査が好ましいと考えられるためである。原始林の残る富士山ならば人間の影響をほとんど受けていないキビタキの姿が見られるはずである。また，富士山はキビタキの密度が非常に高く，予備調査において，軽井沢や奥日光などの他地域よりもはるかに生息密度が高かったためである。さらに，火山性の大地の影響で低木・亜高木が非常に少ないため，キビタキの観察にも適している可能性があった。

富士山でのキビタキの調査

　さぁ，キビタキを研究するぞ！　ということで最初に調査を始めたのは3月だ。キビタキは夏鳥であるため，日本には5月ごろ到着すると記述されるこ

図1 富士山と広がる裾野（撮影：岡久雄二）。

とが一般的だが，南日本では3月に初認されることがある．そもそも，誰もまじめに研究したことがない対象の生態を調べるのであれば，努力量やコストパフォーマンスは度外視してでも，細心の注意を払う必要がある．

ということで，なぜか夏鳥のキビタキを研究する予定だったはずにもかかわらず，膝まで雪が積もる3月の富士山でキャンプ生活をしながら，調査地の整備とカスミ網による鳥の捕獲を開始した．1人で，毎朝3時ごろに起きて，鳴いている鳥を探し，夜までカスミ網を張る毎日だった．

そして春を心待ちにしながら，ドカッと一晩で雪が30 cm以上も積もった翌日，残雪の上にキビタキが飛来したのだった．雪の積もる富士山で生活して1ヵ月，長いこと待ちわびた春の訪れに心が震えた．

その後は毎日，ヘッドランプを頭に装着し，日の出のおよそ1時間前から鳴き出すキビタキのなわばり把握と個体識別に努めた．こうした調査によってキビタキの生態が少しずつ見えてきた．

亜種キビタキは標高1800 m以下の落葉広葉樹林，針広混交林，常緑針葉樹林，照葉樹林，カラマツ林，農耕地，住宅地，モウソウチク林など，多様な環境で繁殖する．渡りの途中には都市公園やヨシ原で観察されることもある（中村・中村 1995; 藤巻 2007a, b）．富士山では，広葉樹林から針葉樹林まで広く生息しており，夏鳥の優占種である（Okahisa *et al.* 2014）．

富士山には，4月24日ごろに最初の個体が渡来することが多く，その後1

週間ほどでメスや若いオスが渡来する。オスは渡来後すぐにさえずり始め，繁殖期間を通して，およそ 1.13 ha のなわばりを防衛する (Okahisa 2014)。オスのみがさえずり，メスはけっしてさえずらない。6月の富士山では 3:30 過ぎから 19:15 ごろまでさえずることが多く，さえずり始めの照度は 1.5 ルクス，さえずり終わりは 0.9 ルクスである (森 1946)。

　さえずりは地域や個体ごとに異なる。コジュケイやツクツクボウシ，ジュウイチ，ノゴマ，ノスリなど他の鳥とよく似た声を出すと言われるが，富士山ではキビタキが優占種のためか，他種に似た声を聞くことはなかった。個体ごとにさえずりは異なっており，慣れてくるとさえずりだけで個体を識別することも可能だ。分断林や開放的な場所の個体のほうが声は高く，鬱蒼とした富士山の個体は声が低いと思われる。

　なお，一般的に聞かれるコジュケイやツクツクボウシに似ているとされるさえずりが，他の音声を学習することによって獲得した声であるかは明らかでないため，全国のキビタキのさえずりを研究するプロジェクト（バードリサーチonline）(http://www.bird-research.jp/1_katsudo/kibitaki/nakimane.html) が進行中である。

　メスは，繁殖地に渡来するとつがいを形成するために，さえずっているオスに近づく。なわばりにメスがやってくるとオスはディスプレイを行い，自らの羽の色をメスに見せつける。ちょうど∞の字を空に描くようにブンブンブンと音を立てながら飛び回り，メスのそばに止まって喉のオレンジ色を見せつけながら頭を振る（岡久 2014。動画閲覧可能　http://www.momo-p.com/）。

　メスはオスのディスプレイを見て，オスのことが気に入ると尾羽を振ってオスに応え，つがいを形成する。もし，オスが気に入らないと，さっさと次のオスを探しに行ってしまう。多くの場合，メスは繁殖地に渡来した日のうちにつがいになる相手を決めるようだ。足環を装着してメスの行動を追跡できた例は少ないが，4羽以上のオスのなわばりを回ってオスを選ぶようである。

　またキビタキのオスは律儀にも，つがい外交尾の前でさえもディスプレイを行う。派手な動きをするうえに，ディスプレイの際は，通常のさえずりと異なる変わった声を出すため，メスの浮気がばれてしまうこともしばしばだ。そうした場合には，つがいオスと浮気相手のオスとの修羅場が繰り広げられる。

　なわばりとメスを巡ってオス同士は非常に激しく闘争する。オス間闘争の

際にはブンブンという羽音のような声をだし，くちばしをパチッパチと叩き合わせながら威嚇する。オス同士は至近距離で相手をにらみつけ，グリリリという警戒声を出す。行動がエスカレートしてくると，追い合いを始める。さらには，空中でホバリングしながらつつき合いを始め，地面に落ちてからも馬乗りになって相手を攻撃する。華麗な可愛らしい鳥とされるキビタキだが，オス同士の闘いは命懸けだ。

　けんかに夢中になると，相手のオスのことしか見えなくなるようで，観察していた私の身体に当たってきたことや，止まっている車にぶつかってしまうことさえあった。隙だらけのため，戦っているオスにハイタカが飛び掛かったこともあるが，ハイタカの襲撃は俊敏に躱(かわ)していた。止まっているものは目に入らなくても，捕食者の攻撃はよけられるのが興味深い。

　さて，こうしてさまざまな愛憎ドラマを終えると，一夫一妻で繁殖を始める。なお，オスは帰還率が高く，毎年同じ場所になわばりを形成する。繁殖地へ戻ってきた個体の99％は同じなわばりを利用していた。キビタキの寿命は不明だが，最長で6年間ほど富士山で繁殖したオスがいる。メスは分散するため，同じ場所に戻ることはほとんどない。戻ってきた場合であっても，かつての夫は魅力的に見えないのか，2年続けて同じペアになることはきわめて少ない。

　さえずっているキビタキを見つけ，毎年の動向を探るのは習熟すれば簡単だが，繁殖生態を調査するのには本当に骨が折れた。まず巣を見つけるのが非常に難しい。典型的な樹洞性の鳥とは異なり，さまざまな場所に営巣できるため，営巣場所が絞り込めない。そのうえ，警戒心が非常に強いため，人間がいると巣に近づかない。キビタキに見つからないように，最初は全身迷彩服で森の地面に張り付いて，さらにブラインドシートを被って眼だけ出すといった方法で巣を探した。匍匐前進を繰り返すので，もはや完全に軍事演習だ。1日10時間以上地面に張り付いていた日もある。

　さらに，巣を見つけても非常に高いことがある。20 mを超える高さにある巣を最初に見つけたときは，ただ絶望した。昇柱機，ロープクライミング，はしご，10 mほどのポールカメラなど考えつくものは何でも利用して，何とか巣の中をモニタリングした。また，枯れ木を選好するという習性が非常に厄介であり，下手をすれば，営巣木が倒壊して，キビタキと心中する羽目になる。実際，枯木に営巣したために，台風によって巣が倒壊することもあっ

た。登っていたら今頃，私は死んでいただろう。そうしたわけで，毎日「キビタキと戦争だ」と言いながら過ごしていた。こうした必死の調査の結果，6年がかりで何とかキビタキの繁殖生態を把握することができた。

キビタキの繁殖生態

　キビタキはつがいになると，雌雄で巣場所を決め，メスのみが造巣する。おもな営巣環境は，入口の広い半開放性樹洞だが，キツツキの古巣，自然樹洞，折れた木や枝の先端，枝の基部の窪み，折れた竹，廃屋の屋根など，さまざまな場所に営巣する（図2。清棲 1978; Okahisa *et al.* 2012; Nechaev 1984; 井上 2014）。巣の高さは0.5〜20 mまでさまざまだ。巣材はおもに落ち葉，コケ，樹皮，植物の繊維，根状菌糸束，動物の毛を利用してカップ型の巣を造る。落ち葉を敷き詰めたうえに産座を造るのが一般的だが，落ち葉ではなくコケばかりを敷き詰める個体もいた。産座は直径6.50±0.37 cm，深さは3.24±0.71 cmである（Okahisa *et al.* 2012）。

　一腹卵数は3〜6卵。卵はわずかに青みがかった白色で，褐色斑が入ることが多い（Okahisa 2014）。大きさは長径18 mm，短径14 mm，重さ1.5〜2.0 g（清棲 1978）。抱卵期間は10〜13日，育雛期間は10〜16日である（Nechaev 1984）。富士山における卵の孵化率は96.8%，巣立ち率は73%程度である（Okahisa 2014）。年2回繁殖を行うものは全体の10%程度である。

　キビタキ属の多くは渡り性であり，樹洞で営巣する。ただし，入り口が狭く捕食者から逃れるのに適した樹洞は留鳥のカラ類（ヤマガラやシジュウカラ，ゴジュウカラなど）が先に利用してしまうため，それよりも遅く渡来するキビタキ属の仲間は，留鳥の好みに適さなかった入り口の広い樹洞を利用す

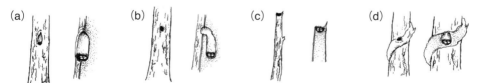

図2　4タイプのキビタキの営巣場所とその断面図。(a) 入り口の広く浅い樹洞。(b) 入り口が狭い樹洞。(c) 古木の頂部。(d) ツルの隙間。Okahisa *et al.* (2012) より引用（描画：東郷なりさ）。

図3 抱卵するキビタキのメス（撮影：岡久雄二）。

るように進化してきたと考えられる（図3）。

こうした入り口の広い樹洞は繁殖においては不利になりうる。たとえばキビタキでは巣にいるメスにオスが給餌することはほとんどないため，メスは1羽で卵を抱いては時折，巣の外に出て餌を食べるということを繰り返さなければならない。ほかの樹洞性鳥類と異なり，巣の入り口が広いため，メスが巣を離れている間は卵やヒナが雨や雪にさらされてしまう。

また，入り口が広い樹洞では捕食者に狙われるとひとたまりもない。富士山では巣立ち率が73％だったが，地域によっては巣立ち率が30％を下回ることもある（Nechaev 1984）。とくにハシブトガラスやアオダイショウのいる地域では，ほとんどが捕食されてしまうことがある。また，キビタキ用の巣箱として入り口の広い巣箱を掛けている地域があるが，こうした巣箱が捕食者にとっての餌台になっていると思われる報告も多い。キビタキ用の巣箱は掛ける場所を考えなければ，キビタキにとってのエコロジカルトラップになってしまう。

このように「少し不利な営巣環境」を利用してきた結果，キビタキは繁殖を短期で終えることができるように進化しており，産卵からたった10日で孵化し，10日で巣立つことが可能になっている。近縁のキビタキ属鳥類の抱卵日数が通常12～16日，育雛が12～18日であることを考えると，キビタキの繁殖期間の短さは異常とも言える。実際，ヒナを計測してみると，孵化してから6日で親鳥と同じ体重に達するものがあり，最初は計測方法を間違えた

かと思った。当時，共同研究をしていた虫の研究者からは「キビタキは鳥ではなくて，虫の一種だ」とよく笑われたほどである。

　また，親鳥が巣から逃げ出す行動も高度に進化している。ちょうど水泳の飛び込みのように，羽ばたかずに巣を蹴りだして地面へ急降下し，地上すれすれで方向転換する動きは非常に高速で，一度目にすると衝撃を受ける。入り口の広い樹洞という環境だからこそ，捕食者の接近を目視でき，巣から逃げ出す高い能力をもつことから，巣が捕食されたとしても親鳥の生存率が高いということがキビタキの戦略なのだろう。

　このほかに，繁殖期間の採餌行動を見てみると，興味深いことに，キビタキは昆虫などの無脊椎動物を採餌するフライキャッチャーの一種とされているものの，飛翔している昆虫を食べることは少なく，枝葉に付いた虫に飛びつくか摘み取るのが主であった（岡久ら 2012）。地上で昆虫を捕る姿も観察され，とくに鱗翅目の幼虫が地上に降りる時期には地上採餌が多く観察される（Murakami 1998, 2002）。採餌行動には性差があり，オスはソングポストの周辺でついばみ採餌するのに対して，メスは巣の周辺でホバリングや飛びつきで葉に付いた餌をとる傾向にある（岡久ら 2012）。このように，雌雄の繁殖における役割の違いが採餌生態にまで影響していた。富士山の個体群ではメスのほうが空中採餌に適している横に広いくちばしを持つ傾向にあり，オスのほうが細長いくちばしをもつ傾向にあるため，雌雄の形態と生態は強く相関しているようにも思われる。

　また，ヒナが巣立つと，両親は2〜3週間程度，巣の外でヒナに給餌する。ヒナは最初のうちは地面にうずくまっているが，だんだんと動き回るようになり，他の個体のなわばりの境界近くで餌をねだることがあった。面白いことに，他個体のなわばりでヒナが餌乞い行動をすると，隣接したなわばりのオスが何羽か順番にやってきてはヒナを確認して戻っていき，さらにはコルリのオスまでやってきて，キビタキのヒナの真横に立ってしばらく悩んでから戻っていった。オスはどうもヒナの声とあらば，自分のヒナ以外であっても気にする習性があるようである。不思議とメスでは同じことが起きないため，ヒナに対する認知が雄雌で異なるのかもしれない。

　富士山では8月初旬まで巣立ちがあるが，雄雌で換羽の時期が異なり，8月ともなるとオスは新しい美しい羽への換羽を始めるため，メスばかりがヒ

ナの世話をする傾向にある。そして，繁殖を終えるとメスも繁殖後換羽を行った後に越冬地へ渡去する。

　稀に，秋の繁殖後完全換羽を終えた個体が繁殖を終えたなわばりで8〜9月にさえずっていることもある。私の観察している富士山北麓の個体群ではこうした個体は，ほぼすべてが第2回冬羽の個体であり，通常のさえずりのほかに，きわめて複雑な声や周辺の個体のさえずりをまねたような節を小さな声で休みなく鳴き続けることがあった。おそらくは，他の鳥類で知られる幼鳥歌のようなものであり，初繁殖の際に記憶した声を反復することで翌年から流麗なさえずりを歌うことができるようになるのではないかと思われる。

論文執筆と海外からの反応

　5ヵ月以上も人間社会を離れて富士山にこもり，キビタキだけを毎日見たことで，キビタキについては世界一詳しいと自負するに至り，論文を執筆するに足るデータも集積できた。そのため，先行研究の論文を机に積み上げて，にらめっこしながら自分の論文を書いていった。百聞は一見に如かずという言葉があるが，これに似て，百読は一書に如かずだと思う。1本論文を書くには，簡単に論文100本程度を読まなければならない。実際，自分がこれまで1本の論文を書くときに読んだ論文の数を平均してみると，およそ100本になる。野外調査と同時に多読症になることが研究を行ううえでは求められると痛感した。

　デスクワークの甲斐もあり，いくつかの記載論文も執筆できた。ただし，残念ながら今の世の中，どれだけ苦労してとったデータであっても鳥類の基礎生態の解明では評価されない。調べている分には面白いのだが，卒業論文や修士論文として扱ってもらえる研究室もほとんどないだろう。「趣味研究」と笑われることも多い。

　だが，そんな国内の意見や潮流は無視して基礎生態の論文をいくつか発表してみると，意外と海外から問い合わせが来るようになった。おもには，同じキビタキ属鳥類の生態をヨーロッパで研究している学者からの問い合わせが多く，ニシオジロビタキ，マダラヒタキ，シロエリヒタキの研究者からポツポツとメールが届いた。「日本語で書いた原稿でも構わないから，これまでに出版した著作をすべて送ってくれ」という問い合わせも多かった。キビタキの研究を始める当初に考えたとおり，海外の研究者は謎のキビタキ属鳥類，

キビタキの生態が気になっていたのだ。

　ただし，残念ながら国内ではとくに読者からの反応もなかったため，日本語で書いてしまった原稿があったことを後悔した。自分の研究のおもな読者はヨーロッパの研究者だったため，論文を書くほどにポーランドや北欧を意識して執筆するようになっていったように思う。

キビタキの羽色の研究

　これまでの研究で，富士山におけるキビタキの生態を記載するという仕事はおおむね終えた。しかし，キビタキの生態できちんとした研究をなそうと考えたとき，キビタキの材料としての面白みについて非常に悩んだ。「キビタキはどういった研究に向いた材料なのか」，「キビタキ特有の面白さはどこにあるのか」と考えたすえ，たどり着いたのが羽色である（図4）。

　キビタキと言えばオスの羽色の鮮やかさに目を奪われるが，そのほかに，初めて繁殖期を迎える若いオスは成鳥と異なる羽色を持っているという大きな特徴がある。目立った違いがあるのは，オスの黒色の羽と若い個体に混じる褐色の羽だ。初めて繁殖を行うオスの第1回夏羽では後頭部や上面，尾や風切などに淡褐色の羽が残っており，褐色部の広さは個体ごとに異なる。じつは，若いオスが変わった羽の色をしていることは，江戸時代には知られており，当時は半分だけオスという意味で「半ナリ」と呼んでいたらしい（刀襧 1907；堀田・鈴木 2006）。半分だけオス，半分はメスのような地味な色の羽をもっている若いオスは古くから注目されていたのだが，着目した研究は存在しなかった。

　鳥類の若鳥が成鳥と異なる羽の色を持つという特徴を羽衣成熟遅延（delayed plumage maturation）と呼ぶ。キビタキでは，この羽衣成熟遅延の地域差と個体差が大きい。それは，換羽する羽の枚数が個体ごとに異なることによって生じている。小鳥類は一般に，秋と春，年に2回換羽を行う。傷んだ羽が抜け，新たな羽を生やす換羽によって，羽の飛翔能力を保ち，美しい羽を身に着けることで社会的な情報伝達を行う。キビタキでは，換羽の際に入れ替える羽の枚数が個体ごとに異なっている。こうした中止換羽（suspended moult）は渡り鳥のいくつかの種で見られる特徴だが，世界中の文献を探しても研究例は限られている。その進化的な意義も十分に議論されているとは言い難い。ただ，おそらくは換羽する枚数を減らしてエネルギー消費を下げつつ，重要

図4 闘争する2羽のキビタキ(描画：東郷なりさ)。

な部分は換羽することで羽の機能を保つという2つの戦略を並行して行っている結果として生じた形質だと思われる。

　そのため，キビタキが換羽することにはエネルギー的なコストがあり，繁殖地で利益となる羽色の発現と換羽によるエネルギー消費の間にトレードオフが生じるのではないかと考えた。もしそうならば，キビタキの脂肪蓄積量と換羽の関係を調べてみれば，負の相関が検出されるはずである。そこで，富士山に渡来した日のキビタキを捕獲し，その換羽枚数と脂肪蓄積量との関係を調べることにした。

　再び，富士山に引きこもり，春に渡来したばかりのキビタキを狙ってカスミ網を張り，1羽ずつ捕獲した。そして，すべての個体について羽の1枚1枚が春に換羽した新羽であるか，前年の秋に換羽した旧羽または換羽していない幼羽かを記録した。その結果，キビタキの若鳥について，羽を多く換羽している個体ほど，繁殖地への渡来時に脂肪蓄積量が少ない傾向が明らかとなった(Okahisa et al. 2013)。つまり，キビタキの若い個体が多くの羽を換羽し，オスらしい羽色になるには何かしらのエネルギーコストがあるということである。換羽は非常に大きなエネルギーを消費する渡り鳥にとっては一大イ

ベントであるため，こうしたエネルギー消費は換羽によって起きている可能性がもっとも高い。ただし，オス間闘争などの社会的な機能がエネルギー消費に影響している可能性もあった。

　そこで，次に着目したのがキビタキの社会における羽の色の機能である。ここでは，キビタキのもつ，黒，白，茶色，黄色のすべての羽の色に研究対象を拡張した。

　羽衣成熟遅延の機能として「地位伝達信号仮説」がある。この仮説は，若いオスが自分は若く，闘争に弱いということを他のオスに羽の色によって伝え，オス間の闘争コストを下げるという仮説である。日本では同じヒタキ科のルリビタキにおいて，こうした現象が認められている（Morimoto *et al.* 2005）。キビタキが持つ羽の色のうち，羽衣成熟遅延の明瞭な褐色と黒色の程度がオス間闘争の勝率や激しさに影響するのであれば，キビタキの「半ナリ」は地位伝達信号であるかもしれない。

　そこで，春の渡来期にオス同士の闘争の激しさと羽色の関係を調査した。オス間の闘争は先行研究（Morimoto *et al.* 2005）に倣って，にらみ合い，追いかけ合い，つつき合いの3タイプに分類することにした。「オス間闘争に対する羽色の影響を調べる」と言うのは簡単だが，生態学的なさまざまな効果を考慮すると，前年までの繁殖履歴が明らかなすべてのオスを捕獲し，今年の渡来時期となわばりの位置を特定し，換羽・羽色の状態を確かめ，闘争しながら飛び回る複数のキビタキの足環を判別し，追跡したうえで闘争を記録する必要があるため，データ収集は非常に難しかった。また，当然のことだが，なわばりを巡るオス間闘争は渡来期にしか起こらず，データが収集できる期間は非常に短い。そのうえ，1度の闘争が何時間も続くことがあり，1人では1年間にとれるデータの数が限られるため，十分なデータを収集するためには5年もかかってしまった。

　さて，長い時間をかけて闘争を観察すると，渡来した個体が作ったなわばりに，後から別個体が侵入した場合，防衛者は勝率が高く，侵入者の勝率は低かった。さらに，侵入者は褐色部が広いほど，闘争の勝率が低くなっていた。その一方で，侵入者の羽の褐色部が広いほど，闘争が穏やかに終わることが明らかとなった。つまり褐色部の広い個体は闘争に弱く，メスと似た褐色の羽を見せることで激しい闘争を避けていたのだ。

キビタキの「半ナリ」は自分が弱いという地位をほかのオスに提示することで，闘争の労力やけがの危険性を回避するのに役立っている。さらに，羽を入れ替えるエネルギーコストも避けているため，二重の意味でエネルギー消費の少ない生き方だったのである。一方で，多くの羽を換羽して黒い色を発現するにはエネルギーを消費するが，そうしたオスは闘争に強くなるようである。

どうやらオス間関係では，若いオスが持つ羽衣成熟遅延が機能していることが明らかとなった。では，異性間関係ではどうだろうか。興味が湧くのは雌雄の関係だ。キビタキの鮮やかな羽はメスにモテるために役立つのだろうか？

雌雄の関係として，オスがつがいになる順序と羽色の関係を調べた。すると，メスはオスの齢に応じて，注目する羽を変えていることが分かった。たとえば，成鳥のオスとつがう場合，メスは肩の白斑の大きさに注目していた。じつは白斑が大きなオスほど長寿命であるため，高齢個体は大きな白斑をもつ。メスは白斑の大きいオスを選ぶことで，生存力の高い（遺伝的な質が高い）オスを選んでいるのだ。一方，若いオスとつがう場合，メスは喉の橙赤色が鮮やかなオスを選んでいた。橙赤色は食物から摂取するカロテノイドで発現する。羽に寄生虫がつき，オスが質の高い食物を食べられないと，発色が著しく悪くなるため，メスは橙赤色の鮮やかなオスを選ぶことで，健康であり，食物を運んできてくれるオスを選択しているのだ。繁殖経験のある成鳥とつがう場合，繁殖は成功しやすいため，メスはできるだけ質の高い子を残そうとする。一方，若いオスが相手だとほとんどの場合で繁殖は失敗してしまうため，メスにとっては自分のためによく働くオスを選ぶほうがよいのだろう。

興味深いことに，オスの成熟遅延の程度はメスには注目されていなかった。そのため，一連の研究から，キビタキのもつ黒色と褐色はオス間闘争と個体の渡り戦略，橙赤色と白色は異性性選択によって進化してきたことが明らかとなった。キビタキが身にまとうさまざまな色は，それぞれが異なる情報を伝達し，キビタキの社会で機能していたのだった (Okahisa *et al.* 2014)。

未解明の研究課題

こうした成果から，見えてきたキビタキの生態をまとめ，博士号を取得した。ただし，まだ解明できていないことがある。これから研究したら面白そうなキビタキの話をしておきたい。

羽色について言えば，まず換羽の程度の地域差を調べたいと思っている。富士山で行った研究に基づけば，北海道や樺太などの北方まで渡る個体群は渡りのために多くのエネルギーを蓄積する必要があることから，おそらく換羽の枚数が少ないはずだと考えられる。一方で，九州などで繁殖する個体であれば，渡りのためのエネルギー消費が比較的少ないため，多くの羽を換羽している可能性がある。単純に言えば，全身茶色の若鳥は北に多く，黒い若鳥は南に多いのではないかと思う。現在はただの推測だが，日本全国で繁殖するキビタキの個体群ごと，個体ごとの事情があり，異なる社会性が存在する可能性は否定できない。日本各地でキビタキを目にしたら，ぜひその個体の模様に秘められた進化やドラマを考えてほしい。

また，リュウキュウキビタキはキビタキ以上に謎の鳥だ。ようやく分類的な問題が決着しかかっているため，今後はキビタキと別種として，その生態や進化が注目されていくだろう。生息分布が狭く，個体数は少ないとの意見や（日本野鳥の会 1979, 1980; 沖縄野鳥研究会 1986），生息数の減少が指摘されている（安座間 1988; 茂田 1991; del Hoyo 2006）。それにもかかわらず，分布情報さえも十分に整備されてないため，生息分布の詳細の解明が急務である。Brazil (2009) は個体数を 100～10000 ペア程度と推測しており，Dong *et al.* (2015) は IUCN レッドリストの絶滅危惧 II 類に登録すべきだとの意見を述べている。

とくに沖縄島の個体群は生息地とされる沖縄島北部の森林で行われた調査でもほとんど記録されておらず（安座間 1988），1980 年代に絶滅したのではないかという意見さえあったため，個体群動態の解明が急務である。類似する分布域に生息する絶滅危惧種がリュウキュウキビタキよりも多く観察されることは繰り返し報告されている（たとえば，環境庁 1981; 環境庁 1982; 花輪ら 1983; 樋口ら 1987 など）。現状は情報不足が著しいだけであり，詳細な調査がなされた後に個体群ごとにレッドリストに登録することも検討されるべきだと考えられる。

おわりに

さて，今回はおもに，日本国内でのキビタキの基礎生態の話をさせていただいたが，実際には南半球で研究したり，他の共同研究を行ったりと寝る間のない幸せな日々を過ごさせてもらった。振り返って幸運だったと思うこと

は，早い段階で自分が行う研究分野と対象生物を決められたこと，それらの
きっかけを与えてくれる人々や支えてくれる仲間に出会えたこと，地獄のよ
うに辛い日々でも逃げださない覚悟を持てたことだと思う。

　私は生態学者を究極のアスリートだと思っている。世界中を飛び回り，人
間社会から離れた野山で生活し，翼の生えた鳥を追いかけ，捕まえ，樹上遥
か高い位置にある巣に登り，数式やソフトウェアを駆使して，論理と原稿を
組み立てていく。求められるスキルは「科学」という言葉からイメージされ
るものよりも「スポーツ」や「冒険」に近い。そうした冒険家精神で研究成
果を残していく過程こそが，生態学の一番の魅力だと思う。もし，我々のよ
うな分野での研究を目指す方がいたら，論理的に相手を打ちのめし，現場で
も誰にも負けない技術力をもった，頭の良いバカになってほしい。

　現代は情報が溢れており，物事が高速で移り変わっていく社会だ。論文は
年に140万本以上出版されており，各論文誌の成果は雑誌だけでなく科学
ニュースやSNSで配信され，紙で印刷されるよりも前にインターネット上で
読むことができるようになっている。オープンアクセスも増えており，電子
メールやResearch Gateなどで簡単に別刷り請求ができる。こうした状況の
中では世界中の研究成果がネットの海を飛び回り，すべてを網羅することは
非常に困難である。そのため，自分の知らない面白い研究成果を見るだけな
らば，世界の成果をインターネットで調べれば十分だ。実際，アマチュアの
方でも，最新の研究に非常に詳しい方々がおられる。

　こうした社会の中において，自分で研究し，自らの成果を出版する研究家・
研究者を目指すからには，成果や流行を追うことなく，努力を重んじて，自分の
信じる研究に真摯に取り組んでほしい。立教大学上田研究室的に言えば「最
新の研究成果なんて，読まんでよろしい。自分の面白いと思う研究をやれ！」
ということだ。ぜひ，鳥類生態学の新たな時代を切り開いていってほしい。

　本章を執筆するにあたり，森本元氏，高木憲太郎氏，小西広視氏，佐々木
礼佳氏，大久保香苗氏，東郷なりさ氏，斎藤仁志氏，杉田あき氏，小峰浩隆
氏，脇坂綾氏，小島みずき氏，渡辺千夏氏，岡崎祥子氏，梶田学氏ほか多く
の方々にご協力いただいた。心よりお礼申し上げる。

18

糞や葉に化けるアゲハチョウ
── 鳥の目を欺く昆虫 ──

(櫻井麗賀)

はじめに

　昆虫は，地味な色彩から派手な色彩まで，じつにさまざまな色彩をしている。では，なぜこのように多様な昆虫たちが存在しているのだろうか。要因の1つとして鳥類の存在がある。天敵である鳥類に見つかって食べられないように，昆虫たちはそれぞれに進化を遂げているのだ。私はこの昆虫と鳥の関係に興味をもち，大学院生の頃から昆虫，とくに鱗翅目昆虫（チョウ・ガ）を対象として，捕食回避に関する研究を行ってきた。

　私が上田研究室に所属したのは大学院修了後だ。新しい環境を求めて研究室を探していたときに，最初に希望したのが上田先生のところだった。というのも，鳥類のみならず，昆虫の研究も行ってきた上田先生の論文や本は目にする機会が多く，その研究活動に興味があったからだ。そして，念願かなって研究室に所属できたときは嬉しかった。

　研究室には鳥の研究者が多かったが，哺乳類や植物を研究する人もいて，各自が好きな研究ができるとても自由な雰囲気だった。おかげで私も昆虫の研究を好きにさせてもらった。また，新しい人たちと出会い，一緒に研究を行うことで，とても貴重な経験を積むことができた。本章では，上田研究室での大きな思い出の1つである，アゲハチョウ科の幼虫とさなぎを対象とした研究について記したいと思う。

捕食者としての鳥

　私が上田研究室に在籍していたときには「なぜ鳥の研究室で虫の研究をし

ているの？」と質問されることがあった。当時，上田研究室で昆虫の研究を
していたのは私1人だけだったので不思議に思われても当然なのだが，私の
研究テーマは「昆虫が鳥からの捕食を避けるためにどのように形態や行動を
進化させているのか」を明らかにすることだったので，「敵である」鳥につい
て学べる環境はありがたかった。

　たとえば，ある昆虫のカラフルな色彩は鳥が嫌がる色なのだと予想したと
すると，鳥はカラフルな色彩が見えているのかという疑問が最初に浮かぶだ
ろう。もし鳥が色を認識できず，昆虫が白黒にしか見えていないなら，その
考えは間違いということになる。なお，本書の第4章で紹介されているよう
に，実際には鳥は色を識別できる。この鳥の優れた色覚のおかげで，昆虫た
ちは鳥に攻撃されないように巧みに色彩を進化させていると考えられている。
また，鳥がカラフルな色の昆虫を嫌がるのか検証するため，鳥に昆虫を提示
する室内実験をしようと思った場合には，野鳥を飼育する必要が生じること
もある。しかし，野鳥の飼育は慣れていない人には難しいうえに，実験をす
る場合には鳥がどのような行動をするのかという，本や論文には書かれてい
ないコツのようなものがとても重要になる。この点において，近くに鳥の研
究者がいれば調査について行って鳥のことを学ぶ機会が得られるし，気軽に
話を聞くこともできる。実際に上田研究室の人たちには鳥に関することをい
ろいろと教えてもらい，研究の大きな助けになった。

昆虫の体色

　昆虫は鳥からの捕食を逃れるためにどのような進化を遂げているのだろう
か。その1つとして昆虫の体色が捕食回避に役立つことが知られている。た
とえば，ある昆虫は鳥に見つからないよう背景に似た色彩をした体色をして
おり，これは隠蔽色と呼ばれる。また，ある昆虫は派手な色彩で自らの毒性
を鳥にアピールして捕食を避けていることが知られている（警告色）。

　このように昆虫は鳥からの捕食を避けるためにさまざまな色彩を進化させ
ているが，私がとくに関心を持っていたのは，木の枝や鳥の糞，石や葉など
の食べられないものへの擬態で，これは擬装（masquerade）と呼ばれる。この
タイプの生物で身近な例の1つはシャクトリムシだ。木の枝かと思ってよく
見ると，体をピンと延ばして木の枝そっくりな姿をした幼虫で驚いたという

経験をされた方は多いのではないだろうか。このほかに葉にそっくりなコノ
ハムシや，花に擬態するハナカマキリ，鳥の糞に擬態するトリノフンダマシ
などがいる。なお，食べられないものに擬態する生物は昆虫に限らず，鳥類
や爬虫類などさまざまな生物で知られている。たとえば，オーストラリアガ
マグチヨタカは休んでいるときに直立した姿勢をとり，まるで木の一部のよ
うに見える。このように擬装はさまざまな生物で見られる現象であるにもか
かわらず，隠蔽色や警告色などに比べて研究がほとんど進んでいなかった。

　擬装に関する研究としては，Skelhorn らが 2010 年に Science で興味深い
論文を発表している（Skelhorn *et al.* 2010a）。その論文の中で Skelhorn らは，
擬装は食べられないものだと捕食者に勘違いさせることで捕食を回避してい
ることを実験で示した（Skelhorn *et al.* 2010a）。それでは，捕食者の目を欺く
ために，生物たちはどのような進化を遂げているのだろうか。本章では，こ
の謎に迫るべく取り組んだ研究を紹介する。

研究仲間

　研究内容にふれる前に，研究を一緒に行った上田研究室の 4 人のメンバー
を紹介したいと思う。1 人目は，当時，上田研究室で博士号を取得したばか
りだった鈴木俊貴君である（9 章参照）。鈴木君は長年カラ類の研究をしてき
た生粋の鳥類研究者だが，鈴木君は鳥だけでなく昆虫も昔から大好きで，昆
虫の研究もしたいとずっと思っていたそうだ。続いてのメンバーは学部 4 年
生の吉川枝里さん，木下豪君，大山弘貴君の 3 人である。じつはこのメン
バーで昆虫の研究を始めるまでには少し紆余曲折があった。上田先生は鳥の
研究者として知られているので，上田研究室に所属してくる学生の多くは鳥
の研究を行う。例に漏れず，この 3 人も当初は鈴木君とカラ類に関する研究
を一緒に行う予定だった。ところが，4 年生たちは就活などがあったために春
先から始まるカラ類の研究に参加できなかったのだ。

　生き物を対象としたフィールド研究の難しさは，データを集められる時期が
限られていることだ。たとえば，鳥の繁殖に関する研究をしたいならチャンス
は 1 年に 1 回しか巡ってこないので，そのチャンスを逃すと次にデータを集め
られるのは 1 年後になってしまう。4 年生は 4 月に研究室に配属されて翌年の
1 月には卒業論文をまとめなければならないので，1 回しか巡ってこない初め

てのフィールド調査で確実にデータを集めなければいけないという厳しい状況に置かれている。前出の3人の話に戻ると，もちろん夏から秋にかけても鳥の研究はできるが，鳥を野外できちんと観察するには訓練が必要なので，冬までに4年生の3人全員が卒業論文にまとめられるくらいに十分な量のデータを集めることは難しそうだった。そこで，夏以降でも研究できるテーマとして，アゲハチョウの幼虫とさなぎに目をつけた。幼虫やさなぎであれば鳥よりも観察が比較的容易なことも選ばれた理由だ。こうして，昆虫の研究をしていた私が加わり，5人の昆虫研究チームとなった。

　4年生の3人それぞれが卒業論文を書くため，吉川さんとの研究はナミアゲハの幼虫を対象とし，木下君との研究はアオスジアゲハの幼虫とさなぎ，大山君との研究はアオスジアゲハとミカドアゲハのさなぎの比較研究を行うこととした（鈴木君と私はすべての研究を一緒に行った）。まずはナミアゲハの研究について紹介しよう。

ナミアゲハの幼虫の体色変化

　ナミアゲハ *Papilio xuthus* は日本に広く分布しているチョウだ。そんな身近なチョウの1つであるナミアゲハの幼虫には，とても面白い特徴がある。ナミアゲハは1齢幼虫から脱皮を4回繰り返して最後は5齢幼虫になるが，4回目の脱皮の際に体の色を白色と黒色の混ざった色から緑色に変えるのだ（図1）。この色彩の変化は劇的で，体色を変化させることを知らないと，別種の幼虫かと思うほどである。この4齢と5齢の色彩の違いは捕食回避の機能としても違うタイプに分類され，4齢幼虫までの白と黒の色彩は鳥の糞への擬装で，5齢幼虫の緑色は葉の上で幼虫の姿が見えにくくする隠蔽だと言われている。アゲハチョウの幼虫が4回目の脱皮の際に体色を変えるメカニズムについては二橋亮らが研究を行っており，幼若ホルモンによって制御されていることが分かっている（Futahashi & Fujiwara 2008）。一方で，なぜナミアゲハの幼虫が成長途中で体の色を変えるように進化したのかは分かっていなかった。ナミアゲハは成長途中で体の色を変えることで生き残るうえでのメリットを得ているのだろうか。

　ナミアゲハの幼虫は葉をたくさん食べて，どんどん成長する。このため，写真のように4齢幼虫と5齢幼虫の大きさはかなり違う（図1）。ナミアゲ

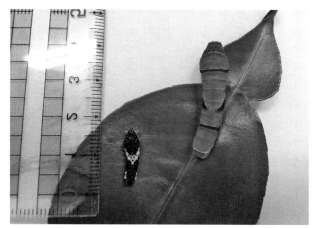

図1 ナミアゲハの4齢幼虫（左）と5齢幼虫（右）。

の幼虫を野外で採集し，実験室内で飼育して幼虫の大きさを測ったところ，4齢幼虫はおよそ25 mmまで成長し，5齢幼虫は40 mmを超える大きさになっていた。

　この大きさの急激な変化は，ナミアゲハの幼虫が成長途中で体の色を変えることと関係ないだろうか。というのも，アゲハチョウの4齢幼虫のように食べられない物に擬態する生物では，擬態の対象物と大きさが違うほど捕食されやすくなることが知られている (Skelhorn et al. 2010b)。もし，幼虫が鳥の糞よりも大きくなりすぎている場合，鳥は幼虫を糞ではないと見抜いて攻撃するかもしれない。その場合には体の色を隠蔽的にすることで生き残る可能性を高めていると推測される。そこで，アゲハチョウの幼虫が生息している場所に落ちていた鳥の糞を採集して一番長い部分を測定してみると，大きい糞でも4齢幼虫程度の大きさしかなかった。つまり，ナミアゲハの5齢幼虫は鳥の糞よりもはるかに大きくなるのだ。5齢幼虫が糞色をしていても，鳥に糞ではないと見破られて食べられてしまうため，5齢幼虫は体の色を緑色に変えて，生き残れる可能性を高めているのかもしれない。

　以上のことから，「ナミアゲの幼虫が成長途中で体色を変えるのは体が大きくなるため」との仮説を立てた。そして，幼虫のサイズが小さいときには糞色のほうが緑色よりも鳥から攻撃されにくく，幼虫が大きいときにはその逆

になると予測した。この仮説が正しいのか明らかにするためには，4齢幼虫で体色が緑色と糞色，5齢幼虫で体色が緑色と糞色という4種類の幼虫を鳥に提示して，どれを攻撃するのか調べれば良い。しかし，自然下では緑色の4齢幼虫と糞色の5齢幼虫は見つけられないので，アゲハチョウの幼虫に似せた人工の幼虫モデルを使って実験を行うことにした。

　幼虫モデルを使った実験にはいくつかの先行研究があるので，それらを参考にして幼虫モデルを試作した (Rowland *et al.*, 2008; Hossie & Sherratt 2012, 2013)。幼虫モデルは鳥が食べても大丈夫なように，小麦粉とラード，水，食用色素を混ぜ合わせて作られている。まず，先行研究の配合どおりに混ぜて幼虫モデルを作成したが，でき上がってみると固すぎてボロボロになりやすく，うまくいかなかった。先行研究は海外で行われていたので気候の違いや使用する材料の質が違っていたため，同じレシピでうまくいかなかったようだ。そこで，私たちの実験に適した幼虫モデルを作り出すため，小麦粉とラード，水，食用色素の配合を変える試行錯誤を繰り返して適度な堅さをもつ白色のペーストリーを作成した。また，白色と黒色の混ざった糞色の幼虫モデルと緑色の幼虫モデルを作るためには黒色のペーストリーと緑色のペーストリーも必要なので，白色のペーストリーに食用色素を加えて黒色のペーストリーと緑色のペーストリーを用意した。そして，ナミアゲハの4齢幼虫と5齢幼虫の大きさに模して幼虫モデルを形成し，4齢幼虫の大きさで体色が緑色と糞色，5齢幼虫の大きさで体色が緑色と糞色という4種類の幼虫モデルを作成した (図2)。

　幼虫モデルができたら，次のステップは幼虫モデルを野外において野生の鳥に提示することだ。幼虫モデルを野外に4日間ほど置いて幼虫がどのくらい鳥に攻撃されたのかを調べた先行研究があったので，予備実験としてでき上がった幼虫モデルを数日間，野外に置いてみることにした。ところが，一晩のうちに乾燥して変色してしまった。さらに雨にぬれると幼虫モデルが溶けてしまうことと強風が吹くと葉の上に置いた幼虫モデルが落ちてしまうことが分かった。これらのことから，私たちの実験では風が弱く天候の良い日の昼間7時間だけ幼虫モデルを野外に置くことにした。幼虫を置く場所はナミアゲハの食草であるミカンやサンショウなどのミカン科の木である。

　実験は大学からのアクセスが良い東京近郊で行うことにした。自然が少な

図2 糞色の幼虫モデル。

いイメージの東京だが，ミカン科の木は多く，気をつけて歩いてみると思いのほかすぐに木を見つけることができる。ただし，実験に適した木は限られるので，実験期間中は都内各地を歩き回って木を探した。

朝から出かけて適当な木を見つけると葉を等間隔で4枚選び，4種類の幼虫モデルをそれぞれの葉の上にピンでとめて置いた。そして，およそ7時間後に幼虫モデルが鳥に攻撃されたか否かを確認に木のところへ戻った。幼虫モデルが鳥に攻撃されると幼虫モデルがなくなっているか，幼虫モデルに鳥のくちばしの跡が残されているので判断することができる。

実験の結果，小さい幼虫モデルでは糞色のほうが緑色よりも鳥から攻撃されにくく，大きい幼虫モデルでは緑色のほうが鳥の糞色よりも攻撃されにくくなっていた。この結果は「ナミアゲハの幼虫が成長途中で体の色を変えるのは体が大きくなるため」という仮説が正しいことを示している。つまり，ナミアゲハの幼虫は4齢幼虫のときには鳥の糞に似ることで生き残る可能性を高め，5齢幼虫のときには隠蔽的な緑色になることで生き残る可能性を高めているのだ。

また，実験では糞色の幼虫モデルでは小さいほうが大きいものよりも鳥か

ら攻撃されにくくなっていた。これは幼虫モデルが本物の鳥の糞に大きさが似ているときには鳥が幼虫モデルを糞だと勘違いして攻撃しないが、幼虫が大きくなると鳥に幼虫だと見破られて捕食されるため生き残る可能性が急激に下がることを示している。この結果から、鳥の糞への擬態には大きさが重要であることが分かる。鳥の糞に擬態する生物は昆虫のほかにクモやカエルなどさまざまいるが、これらの生物は総じて体が小さい傾向がある。体が大きすぎると鳥の糞に似なくなるため、体が大きすぎる生物では鳥の糞の擬態は進化しにくいのかもしれない。ナミアゲハのように、体が大きくなりすぎる生物では成長途中で体の色を変化させるなど、鳥に食べられないような生き残りの術を進化させていると考えられる。

さなぎの捕食回避戦略

ここまでナミアゲハの幼虫について見てきたが、さなぎはどのようにして捕食を避けているのだろうか。ナミアゲハのさなぎには褐色や緑色など色に多型があり、それぞれの色彩が隠蔽的な働きをして捕食を避けていることが知られている（日高ら 1959）。さなぎがどの色になるのかは蛹化する場所の表面の質感で決まり、平滑面であれば緑色のさなぎで、粗粒面であれば褐色のさなぎになる（Hiraga 2006）。たとえばミカンの葉で蛹化すると、葉の表面は平滑なためにさなぎは緑色になり、木の幹で蛹化すると表面がごつごつしているためにさなぎは褐色になる。蛹化する場所の表面の質感でさなぎの色が決まるメカニズムのおかげで、ナミアゲハのさなぎは隠蔽的な色彩になることができ、鳥からの捕食を避けていると考えられる。

では、ほかのチョウのさなぎはどうだろうか。本州以南に生息するアオスジアゲハ *Graphium sarpedon* のさなぎも赤褐色や緑色など色に多型があり、背景の色に似た色になることで捕食を避けていると言われている（Hiraga 2005）。たとえば、野外では食草であるクスノキやタブノキの緑色の葉に付いている緑色のさなぎを見つけることができる。ただし、ナミアゲハとは隠蔽的な色彩になるためのメカニズムが違っており、アオスジアゲハでは蛹化する際の背側と腹側からの照度の違いによって色彩が決まると言われている（Hiraga 2005）。

さらに、アオスジアゲハのさなぎには隠蔽的であることのほかに興味深い

図3　アオスジアゲハのさなぎ（鈴木俊貴氏撮影）。

特徴がある。さなぎの体表面には筋があり，この筋がクスノキの葉の特徴である三行脈に似ているため，自然下で遠目にさなぎを見るとまるでクスノキの葉に見えるのだ（図3）。アオスジアゲハはさなぎで越冬するので，長い冬の間に鳥から見つからないようにするためには単に隠蔽的な色をもつだけでなく，葉に化けているほうが生き残れる可能性が高くなりそうなので，さなぎが葉に似るように進化していても不思議ではないだろう。でも本当に葉に化けているのだろうか。アオスジアゲハのさなぎが葉に擬装しているのかはまだ誰も研究していない。そこで，このさなぎの擬装について調べてみることにした。

さなぎが擬装しているか否かを判断する材料の1つとして，さなぎが葉に付くときの頭の向きがあげられる。なぜなら，葉の葉脈の向きは決まっているため，もし葉の葉脈と逆向きになるようにさなぎが葉に付いていれば葉に似なくなり，捕食回避効果が下がると考えられるからだ。そこで，アオスジアゲハのさなぎが葉に付くときの向きを調べることにした。なお，調査を行った10月には都内にいるアオスジアゲハのほとんどが幼虫の状態だったため，幼虫を採集して実験室で飼育して蛹化の状態を見た。

アオスジアゲハの幼虫

　都内でクスノキとタブノキを探し，葉に付いていたアオスジアゲハの幼虫を採集して飼育した。これは蛹化の状態を調べることを目的としたものだったが，飼育していると幼虫はなかなか興味深い行動を見せてくれた。

　アオスジアゲハの幼虫はナミアゲハの幼虫のように脱皮の際に急激に色を変えることはせず，成長に伴って徐々に体色を変化させる。アオスジアゲハの1齢幼虫と2齢幼虫は黒色で，3齢幼虫は黒色か，黒色と緑色の中間的な色彩か，あるいは緑色をしており，4齢幼虫と5齢幼虫は緑色をしている。また，アオスジアゲハの食草であるクスノキやタブノキの葉は若芽のうちは赤色でやがて緑色に変わっていく特徴があり，若齢幼虫が付いていた葉の多くは赤色で，終齢幼虫になるほど緑色の葉に付いていた。さらに，幼虫が葉の表と裏のどちらに付いているのか調べると3齢までは半数以上の幼虫が葉の裏面に付いており，4齢と5齢ではほとんどが葉の表に付いていた。

　アオスジアゲハの若齢幼虫の体色は黒色であり，葉の色に対して隠蔽的な色彩ではないため，葉の裏面に付くことで鳥などの捕食者に見つかるのを避けていると考えられる。一方，3齢以降の幼虫の体色は徐々に緑色に変化し，それに伴って幼虫が付く葉の色も緑色に変化していくので，3齢以降の幼虫は隠蔽的な色になるため葉の表に付くと考えられた。このようにアオスジアゲハの幼虫は体色の変化に合わせて葉の裏側に付くか表側に付くかという行動を変えており，体の色を劇的に変えるナミアゲハの幼虫とは異なる方法で捕食を避けていることが分かる。

アオスジアゲハのさなぎ

　さなぎが葉に付くときの向きや位置を調べるため，幼虫が蛹化する際に，多くの葉が付いたクスノキもしくはタブノキが入っているネット状の飼育ケースに移して，幼虫に蛹化場所を選択させた。その結果，ほとんどの幼虫が葉の裏側に付き，頭を葉柄のほうに向けて蛹化した（図3）。さなぎの体にある3本の線は周囲にある葉の三行脈と同じ向きになっており，遠目からだとさなぎは周囲の葉に紛れていて見つけ出すことが困難だった。このことから，アオスジアゲハのさなぎはタブノキやクスノキの葉の形状に合わせて蛹

化の向きと形態を進化させており，葉に化けることで捕食を避けているように思われた。

　しかしながら，さなぎの頭が葉柄側に向いていることやさなぎの体に筋があることは，捕食を避けるためではなく，単に生理的な制約などのためである可能性も考えられる。これを明らかにするため，アオスジアゲハと近縁種でアオスジアゲハとは異なる食草（オガタマノキ）につくミカドアゲハ *Graphium doson* のさなぎと比較してみることにした。

ミカドアゲハのさなぎ

　ミカドアゲハは西日本以南に分布していることと，採集が11月ということを考慮して石垣島を調査地とした。ただし予算と日程の都合上，1週間でミカドアゲハを探さなければならなかった。遠方のために予備調査を行えないので，限られた時間の中で成果を得るために出発前にできるかぎり情報を収集し，鈴木君，木下君，大山君とともに石垣島へ向かった。

　石垣空港に降り立つと，そこには青い空と青い海が広がり … と思っていたが，実際には今にも雨が降りだしそうな天気で海も荒れていた。晴れの日には葉の上にいる幼虫も雨が降ると姿を消してしまうので，幼虫探しには天候は重要なのだ。なんだか今回の調査は雲行きがあやしいなと思ったが，1週間もいれば天気が良いときも悪いときもあると気を取り直し，レンタカーを借りて一路バンナ公園を目指した。バンナ公園は広大な敷地に亜熱帯性の動植物がたくさん見られる美しい公園で，その一角に世界の昆虫館がある。事前の情報で，チョウに詳しいと聞いていた世界の昆虫館を訪ねると，館長さんが親切にミカドアゲハの食草であるオガタマの木が生えている場所を教えてくれた。

　バンナ公園を後にして，教えてもらったオガタマノキがあるという場所にレンタカーで向かった。最初のオガタマノキは，一番簡単に見つかりそうな場所の木にしたが，それでも見つけるのに苦労した。やっと見つけたオガタマノキは高さが8mほどあり，木全体を見ることはできないので，とにかく手が届く範囲で幼虫とさなぎがいないか葉を1枚1枚確認した。しかし，残念なことにミカドアゲハの幼虫もさなぎも見つからなかった。それから他の場所のオガタマノキを巡ってミカドアゲハ探しを続けたが，幼虫もさなぎも一向に見つから

図4 ミカドアゲハの終齢幼虫（鈴木俊貴氏撮影）。

なかった。このままでは研究費が無駄になるうえに卒論が書けないという焦りの中で島内をぐるぐると周り，そんな日々が3日ほど過ぎた頃，林道横に高さ1.5 mほどの葉が20枚ほどしか付いていない弱々しそうなオガタマノキを見つけた。こんな所にミカドアゲハはいないだろうと思ったが，ふとのぞくとキラキラとした目と目が合った。葉の上にミカドアゲハの終齢幼虫がいたのだ（図4）！じつはキラキラの目はただの模様（眼状紋）で本当の目ではないのだが，見つけた瞬間はたしかに目が合ったような気がした。とにかく追い求め続けた幼虫を発見したときの喜びはひとしおだった。

　それから石垣島を去る日まで毎日ミカドアゲハを探し続けて，幼虫3個体とさなぎ2個体を発見した。さなぎを見つけた場合には葉の表と裏のどちら側に付いているのかと頭の向きを記録し，幼虫を見つけた場合には蛹化の様子を観察するため飼育した。大山君と木下君が3個体の幼虫を1個体ずつ飼育ケースに入れて大切に世話してくれて，幼虫が蛹化する日をみんなで心待ちにしていた。ある日，最初に採集した幼虫がもうすぐ蛹化するかなとわくわくしながら飼育ケースをのぞくと，幼虫が変わり果てた姿になっていた。

図5 ミカドアゲハのさなぎ（鈴木俊貴氏撮影）。

幼虫はさなぎになったのではなく，何と寄生蜂に殺されていた。寄生蜂はアゲハに卵を産み付け，卵から孵った蜂の子はミカドアゲハの体内で成長してから体外へ出てくるため，寄生蜂に殺された幼虫は無惨な姿になってしまう。採集する前から寄生蜂に卵を産み付けられていたようだが，幼虫が死んでしまったことと無惨な姿に二重のショックを受けて，しばらく呆然としてしまった。そして慌てて残り2個体の幼虫を確認してみると，うち1個体はすでに寄生蜂の犠牲になっているようだった。実際，この個体は間もなく寄生蜂のために死んでしまった。

　こうしてミカドアゲハは最終的に3個体分のデータしかとれなかった。石垣島滞在中，天候に恵まれないという不運もあったが，何とも残念な結果になってしまった（ちなみに，大山君は他にも実験を行って，無事に卒業論文を仕上げた）。ただし，データ数は不十分ながら，本調査からミカドアゲハの幼虫は葉裏で頭を葉先に向けて蛹化する傾向があることが分かったことは収穫だった（図5）。アオスジアゲハのさなぎの多くは葉裏で頭を葉柄側に向けていたことから，アオスジアゲハはミカドアゲハに近縁種でありながら，頭部の向きを逆にするように進化しているという興味深い現象が推測された。ミカドアゲハとアオスジアゲハのさなぎは一見よく似ているが，形状が少し異なっており，それぞれ野外では周囲の葉に紛れて見つけにくくなっている。

このことから頭部の向きによってさなぎが生き残る可能性を高めていることも十分にありえそうだ。今後はミカドアゲハのさなぎのつき方のデータ数を増やすとともに，捕食者がさなぎを葉だと勘違いするのか実験的に示したいと思っている。さなぎは地味な存在だが，調べれば興味深い進化を遂げていることがいろいろと分かってくるかもしれない。

おわりに

　私が上田研究室に在籍した期間は2年ほどと短いものだったが，上田先生の活躍を間近に見て，たくさんのことを学ばせてもらった。驚いたことの1つは，鳥類をはじめとした生き物を見る目の的確さだ。上田先生のさりげないコメントの中には鋭いアドバイスや面白いアイディアが含まれていて，とても勉強になった。

　不思議で面白い昆虫たちはたくさんいる。本章に記した研究に関してもやり残してることはまだ多くある。私は上田先生のようにはとてもなれないが，先生を目標として少しずつ経験を積み重ね，生物の不思議さを少しでも解き明かせればと思っている。

巣箱を使う鳥たちの観察：大潟村の樹洞営巣性鳥類
その1．スズメの研究 ── 孵化しない卵の謎 ──

(加藤貴大)

はじめに

　私は学部から立教大学に入学し，理学部の生命理学科を専攻した。上田研究室には4年生の卒業研究から博士前期課程（修士）まで在籍し，修士号を取得した。この原稿を執筆している現在は，総合研究大学院大学の先導科学研究科へ編入学し（総研大は5年一貫制博士課程である），博士号の取得を目指している。ここでは，私が上田研究室へ入った経緯や研究の内容について紹介したい。なお，未発表の研究データが多いので，研究結果についてはあえて詳細を省かせていただきたい。

上田研究室に入った理由

　私はいわゆる「鳥好き」ではなかった。上田研究室に入るまで，鳥を意識して見ることは皆無だった（ムクドリが分からないぐらいのレベルである）。それにもかかわらず，鳥類学や行動生態学を専門とする上田先生の研究室に所属させてもらった経緯について，まずは説明したい。

　立教大学理学部生命理学科では，学部3年生の後半にどの研究室で卒業研究をしたいかの希望届を提出する。そして，成績順にその願いが叶えられるという噂だった。私が在籍していた当時，立教大学理学部の生命理学科には分子生物学の研究室が多く，生物の生態について研究している部屋は上田研究室のみであった。

　そんな状況だったので，我々学部生にとっての上田研究室は，異彩を放つ

存在であった。なにせ理学部生命理学科の講義は生化学や分子生物学が中心なので，上田研究室では何をやっているのか，未知の部分が多かったのだ。私は分子実験が苦手ではなかったものの，目や肩が疲れるので好きではなかった。何より，直接目で観察できないものをあまり信用できない質だった（これは勘違いだったのだが）。だから，このまま卒業研究でも実験室にこもって1日中実験するなんて，あまり想像したくなかった。それに対し，上田研究室は鳥類生態を調べているようなので，きっと山野で鳥を追いかけたり探したりするのだろう。何とも楽しそうである。

　これだけの理由で，私は希望届の一番上に上田研究室を書いて提出した。私は成績が良くなかったが，この年に上田研究室を希望したのは3人だけだったようで，めでたく上田研究室に所属することができた。こう書いていると少し消極的な感じだが，結果的に最善の選択をしたと信じている。上田研究室に入ったことは私の人生における1つのターニングポイントだったのだ。

都市のスズメの巣はどこ？

　学部4年生になり，卒業研究が始まった。私の研究テーマはすぐに決まった。奇しくも，私が4年生になると同時に上田研究室で「スズメプロジェクト」が始まったからである。このプロジェクトの詳細については三上修氏の10章を参照してほしい。大雑把に説明すると，「最近，都市部のスズメの個体数が減っている。この原因を突き止めるために，スズメの生態を調べよう」というものである。スズメなら，鳥に詳しくない私でも知っていたので，卒研生としてプロジェクトに参加させてもらい，指導をいただくことになった。プロジェクトのメンバーは上田先生をはじめ，当時は岩手医科大学の助教だった三上氏，博士の森本氏，松井氏，笠原氏，そして私を含めた2人の4年生である。

　さて，都市のスズメはなぜ減っているのだろうか。私が思いついたのは，「都市部ではスズメが巣を造れる場所が少ない」，「都市部には餌になる昆虫が少ない」の2つであった。どちらも繁殖成績に影響する要因である。餌については笠原氏やほかの4年生が担当していたので，私は営巣場所を調べることにした。おもな研究項目は，都市と郊外へ行き巣を探し，両調査地の繁殖場所を比較することである。スズメの営巣場所が少なくなっているかはともかく，

図1 捕獲調査の際に遭遇した凛々しいスズメ。

　まずは現状把握をしなければならない。そこで、個体数が減っているという都市部と、減少はしていない郊外において営巣場所を比較してみることにした。

　巣の探し方は、松井氏と笠原氏に教えてもらった。調査地を歩いていると、スズメに出くわす。次に彼らが長い時間留まっている場所や頻繁に出入りする場所を観察してみる。その場所へ巣材を運んだり、ヒナの声が聞こえたりすれば、巣である可能性は非常に高くなる。私は都市と郊外に調査区画を設定し、区画内を虱潰しに歩き回って巣を探すことにした。

　各調査区間を3日に1回程度歩いて回っていたが、こんなに鳥（スズメだが）を見るのは初めてだったので、新鮮な体験だった。初めてヒヨドリを認識できたときは結構嬉しかった。スズメの繁殖期間は長く、調査は5月から9月まで続いた。スズメは1回の繁殖に1月ぐらいかけ、なかには年に3、4回繁殖する個体もいるのである。この年の夏は猛暑で、とくに8月は服を絞れるほどの汗が出たが、何とか調査を遂行し、データをとることができた。

　この研究の結果だが、予想に反して都市部のほうが郊外に比べて巣数が少ないわけではなかった。ただ、スズメの営巣場所は調査地間で違いがあった。都市部では、電柱部品の隙間に巣を構えている場合が多かったのだが、郊外では瓦屋根の隙間に巣を造っていた。そもそも調査地間における営巣基質の種類や数が違うので、選好性があるという話ではない。肝心なのは、地域間

で巣場所が異なるという点である。営巣場所の違いが原因で，巣の分布様式も異なっていた。電柱は電線をつなぐ中継地としての役割があるので，ある程度一定の距離を保って配置されている。対して瓦屋根の隙間は，1軒当たりに複数存在し得る。

この違いにより，都市部における巣は調査地内に一様に分布していたが，郊外では密集して分布していた。つまりスズメの繁殖密度および巣の空間配置は，人間の作る営巣基質の配置に依存するのだ。これがなぜ大事なのかというと，集団繁殖するか単独繁殖するかでは，被捕食率や，スズメ同士のやり取り，さらに繁殖成績も違う可能性があるからだ。

そしてもう1つ重要なのは，営巣基質の「質」である。電柱部品の隙間はたくさんあるかもしれないが，そこははたして良い繁殖場所なのだろうか。電柱部品は金属なので，夏は茹で卵になりそうだが，大丈夫なのだろうか。それに，複数のヒナを育てるには狭い気もする。残念なことに，これらの違いがスズメの減少にどう影響しているのかまでは分からなかった。巣立ちヒナ数などを観察できれば良かったのだが，電柱に登ったり，人様の家の瓦屋根を取り外して観察したり，街中で長時間ビデオカメラを構えていたら即，通報されるだろう。もし電柱部品で繁殖するスズメの繁殖生態と営巣基質の「質」を見ることができれば，この研究は都市生態学，保全生態学的な面において，さらに深みを増すはずだ。

この調査結果は「日本鳥学会誌」に掲載されているので，ご興味のある方はそちらを参照していただきたい（加藤貴大ら 2013）。

新調査地「秋田県大潟村」

私は卒業研究を経験して，「研究って面白いな」と感じた。なぜなら，やりたいことを，やりたいだけやって良いからだ。研究を始めた頃，上田先生に尋ねたことがある。「統計解析とか数理モデルとか，難しそうなことがたくさん教科書に載っていますが，どこまでやったらいいですか？」と。それに対して先生は，「どこまでもやったらええ」と返してくれた。研究は，とことん突き詰めていくべきもので，むしろそれが望まれるのである。世の人は「何事もほどほどに」というが，研究はそうじゃないのだ！ 卒業研究で終わるのは物足りなかった私は「よし，もっとやろう」と思い，修士課程に進むこ

とに決めた。とは言え，今後の研究テーマを決めるのは難しかった。当初は卒業研究を発展させて営巣場所の質などを調べたかったが，先述した理由により，難しかった。

何をしたらよいのか悩んでいたある日，吉報が飛び込んだ。「秋田県大潟村で，ある撮影グループが動物の撮影をするのだが，その手伝いを探している」という話だった。これは非常に好都合な話だった。じつは，私は秋田県出身で，大潟村と言えば母親の実家のすぐ近くである。何度か遊びに行ったこともある。まず，祖父に車を使わせてもらえないか，数ヵ月の間滞在してもよいかを相談してみた。その結果，「いいよ」という返事をもらったので，私はその話に手を挙げ，大潟村へ行くことにした。こういう話が出てくるのも，上田先生の研究室ならではだったと思う。これ以降，私は大潟村を調査地にして研究している。

大潟村の鳥たち

秋田県大潟村はかつての八郎潟湖を干拓し（水を抜いて），その土地のほとんどを農耕地にした村である（図2）。大規模農業を目指した国家プロジェクトである。実際に，大潟村は見渡す限りの田んぼが広がっている。ただ，それ以

図2 春の大潟村。数キロにわたる道路の両脇に桜の木と菜の花が植えられており，とても綺麗。

上に注目すべきだと思うのは，生息する鳥類である。オオセッカ，コジュリン，オオヨシゴイ，チュウヒ，オオタカなど，レッドリストに名を連ねる鳥が数多く繁殖している。冬季はガン・カモの渡り中継地としても重要な役割を担っており，多数の飛来が記録されているようだ。農耕地という広大な餌場があるせいか，普通種の個体数もかなり多い。大潟村は鳥の楽園と呼ぶにふさわしい土地であり，鳥類研究をするうえでも理想的なフィールドである。

　このようなフィールドで，私が選んだ対象種は引き続きスズメであった。「なんでわざわざ大潟村でスズメ？」とよく聞かれる。その理由の1つは，大潟村は母親の実家が近いためアクセスしやすかったし，そこでお世話になることができたという地の利である。そしてスズメを選んだ理由は，卒業研究でスズメを対象にしていたことが大きい。対象種を変える選択肢もあったが，スズメは巣箱を利用して繁殖するので，それまで見たくても見られなかったスズメの巣の様子を知ることができたのだ。また，スズメは（野外調査の）初心者向きの鳥であることも大きい。じつは，鳥が巣箱で繁殖することは，研究をするうえで非常に都合がいい。ある先輩が言っていたが，鳥類の繁殖調査をするうえで研究しやすいのは，「巣箱で繁殖」し，「留鳥」で，「性的二型（雌雄で外見が違う）」がある種だという。巣箱を利用するなら繁殖経過を監視することは容易であるし，巣探しをしなくてよい。留鳥なら翌年以降も同じ場所で観察できる可能性は高いだろう。羽色に性的二型があれば性別が分かるので，観察データの質は格段に良くなる。つまり，良い研究をできるのだ。

　大潟村には，樹洞営巣性鳥類が複数種生息している。ムクドリ，コムクドリ，シジュウカラ，アカゲラ，コゲラ，アリスイ，フクロウ，スズメなどだ（口絵 ⑨）。スズメは性的二型が分かりにくいが（最近分かるようになったが），個体数が多く，巣箱を使う留鳥なので，比較的研究しやすそうに見えた。何より，ある程度の観察経験のあるスズメからチャレンジしようという考えに落ち着いた（後からアリスイとコムクドリにも手を出している）。

スズメの未孵化卵の謎

　こうして大潟村でもスズメの調査をすることにしたのだが，大潟村にはスズメがたくさんいたので，個体数減少についての調査は向いてないと思った（地域間比較ならできるが）。そもそも鳥の巣をのぞくのも初めてだったので，

いきなりいろいろなことはできない。私は1年目を上田先生や研究員・先輩方から鳥の扱い方や計測方法などの野外調査の基本を学びつつ，スズメがどういう生き物なのかを知るための期間と位置づけ，ひたすら繁殖経過を記録することにした。

撮影の手伝いの合間の調査だったが，興味深い現象が2つあった。1つは「止め卵」の存在である。スズメの卵の模様はメス個体によって異なる。基本は白地に茶色や灰色の斑であるが，斑の密度や大きさにはバリエーションがあった。このような一腹卵間（メス親によって違う）における変異はほかの鳥でも見られるものである。だが，「止め卵」は一腹卵内（同じ母親の卵）の変異で，最後に産卵した卵だけ，それ以前に産卵された卵より斑が凝縮したようになり，白地面積が広いのである（図3, 4）。

最終卵だけ白い卵を産む現象は仁部富之助氏の著書『野の鳥の生態』（大修館書店）でも紹介されており，最後に産む卵だから「止め卵」と氏は名付けている。私の観察でも，「止め卵」は必ず最終卵だった。この現象は単純に卵殻に与える色素が足りなくなった結果なのか，何か機能があるのかは不明である。ただ，色素が足りないのなら，急に白くなる理由が分からない（徐々に色素が薄くなる例はある）。また，すべての一腹卵において「止め卵」があることから，色素が足りないという説明には説得力がない気がする。となれば，何か生態学的な機能があるのではと期待し，実際に「止め卵」の生態学的機能を解明しようかとも思った。

図3 もっとも右の卵がスズメの止め卵。

図4 止め卵は巣の中でもよく目立つ。

　文献を探してみると,「止め卵」の存在はスズメ以外にも報告されていて,生態学的機能に関する研究は1つだけ見つけることができた。その研究は,止め卵を産むことによって種内托卵を防いでいるという仮説を数理モデルで説明するものだった (Ruxton *et al.* 2001)。私がその実証研究をする手もあったのだが,私にはモデルの前提に無理があるように思えたので,やらなかった。しかし,だからといって当時の私はほかに良い仮説を思いついていなかったので,「止め卵」研究は先送りとなった。

　そして私は,もう1つの興味深い現象を博士前期課程の研究テーマにした。それは一腹卵の孵化率である。スズメ目では捕食などによる消失を除けば,9割以上の一腹卵が孵化に至ると報告されている (Morrow *et al.* 2002)。しかし私の巣箱観察によると,スズメは平均して6割程度しか孵化しなかった。

　この孵化率の低さは尋常ではないらしく,プロジェクトのメンバーも首をかしげていた。当初の私は,ほかの鳥の生態をよく分かっていなかったので,その異常さにピンときていなかった。しかし,やがて私はその不思議さに気づき,もしかして何か面白いことが起こっているかもしれないと考えるようになった。そもそも造卵や産卵,そして抱卵することは鳥にとってたいへん労力のいること(コスト)である。スズメの体重は25g前後で,卵の重さは2.5g程度である。つまり,メス親は体重の10%にあたる重さの卵をいくつも作っている。が,それらの4割は孵化しないのだ。スズメがこの4割の損失

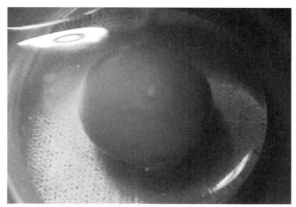

図5 胚発生しなかった卵の中身。真中の白い斑が胚盤で，発生が進めばここがヒナになる。未孵化卵の8割程度は写真のような状態。

をなくす方向に進化していないのは，どういうことだろうか。

とりあえず私は，スズメの孵化率に関する文献を探してみた。すると，ヨーロッパのスズメ個体群でも孵化率が低いことが報告されていた（Summers-Smith 1995）。また，立教大学池袋キャンパスでの一腹卵も孵化率が低かったので，大潟村に特有の現象ではないようだ。さらに興味深い先行研究もあった。未孵化卵の中身を見たところ，ほとんどの未孵化卵では，胚発生を肉眼では確認できなかったのである（図5）。孵化率が低いことが報告されていた（Svensson et al. 2006）。

では，それらの卵は無精卵なのかというと，話はそう単純ではないらしい。というのも，未発生卵の胚盤を核染色して顕微鏡観察したところ，細胞分裂が起こっており，精子が卵膜を貫通した痕跡が確認されていた（Svensson et al. 2006）。つまり，多くの未孵化卵は受精しているはずだが，胚発生が早期に停止しているのだ。なぜ胚発生しないのか，そして胚発生しないことに生態学的な機能はあるのか，私はこの謎を解明することに決めた。

胚の死亡率の性差

私は研究テーマを，「なぜスズメの孵化率が低いのかを解明すること」に決めた。「なぜ」とは，いわゆる至近要因（どのように）と究極要因（何のため

に）の両方である。まず何から調べるべきだろうか。学問上のどの領域に関するテーマなのかも分からなかったので，まず私は胚発生しない卵がどのような環境下で多く見られるかを調べることにした。

　私が注目したのは，繁殖密度だった。その理由は，先行研究において未発生卵にはオス胚が多いと報告されていたことにある。胚の性特異的死亡（死亡率の性差）が見られるならば，もしかしたら胚発生率は繁殖条件によって変化するかもしれないと予想したのである。その理屈はこうである。

　オスとメスが分かれている生物では，生活史の雌雄差が原因で，繁殖環境によっては一方の性別が「有利」になることがある。たとえば，スズメを含む多くの鳥類では，♂のヒナは巣立った場所に留まりやすいが，♀のヒナは巣立ち後にその場所を離れやすいことが知られている（Greenwood & Harvey 1982）。もし繁殖場所の餌などの資源が乏しいとしたら，どちらの性別を産むべきだろうか。

　この場合，「より遠くへ移動する♀のヒナを多く巣立たせる」という予測が立つ。餌が少ないのにその場に留まる♂のヒナを巣立たせても，餌競争が激しくなって十分に餌を捕れないかもしれないからだ。そうなると，繁殖してもヒナを十分に育てられないかもしれないし，自身も餓死するリスクがある。だが，遠くへ移動するメスならば，餌競争を回避できるだろう。このように親が産む性別を調節する現象は「性比調節」と呼ばれる。環境に応じて，有利な性別を産み分けるのである（ただし，脊椎動物における性比調節の存在には懐疑的な研究もある）。

　とにかく，このような背景があったので，繁殖密度が違えば資源競争強度や個体同士の干渉頻度も違うだろうと私は考えた。繁殖密度が高いほど，餌資源競争は激しくなるだろう。また，種内托卵，巣場所の乗っ取りなど，個体同士の相互作用は増加していくと考えられる。ならば，親鳥は巣立ったヒナがそういった競争と相互作用を回避できるようにするのではないだろうか。私はスズメのオス胚が死にやすい原因はここにあると見当をつけた。

　つまり私の仮説は，「繁殖密度が高いほどオス胚の死亡率が高く，巣立ちビナはメスが多くなる」である。ただし，巣立ちビナの性別を調節する方法はやや非合理的に見えて，娘を多く産むのではなく，胚発生の段階で息子を殺すのである。今思うと，研究開始当時は予測を支持する根拠がまったくな

かったので，かなり無理な予測だった．しかし私は，何でもいいから予測を立てておいたほうが研究を楽しめると思う．予測が外れたら，次の予測を立てればよいのである．その繰り返しが，研究の楽しさだと思う．

巣箱による繁殖密度の操作

　上田先生は非常に寛容な先生で，学生の希望を尊重してくれた．過去に「たった一度の人生なんやから，やりたいことをやればええ」とおっしゃっていたのを覚えている．上田先生の指導方針は，曰く「放任主義」で，手取り足取り教えることはせず，学生たちの自由な発想と行動を重視していた（もちろん中間報告などのチェックはあった）．そんな先生のもとには，本書の目次を見れば分かるように，バラエティに富んだ大学院生が集まっていた．研究内容も対象種も調査地もバラバラで，研究対象が鳥ではない先輩までいた．今になって考えると自由度の高い研究室であった．私がスズメの未発生卵の研究をしたいと言ったときも，「ええんちゃう」と許可をいただいた．

　晴れてスズメの研究をすることになった私は早速，スズメの繁殖密度を操作する実験を行った．巣箱を作成して，大潟村の防風林に設置した（図6）．どんな巣箱を作ったのか，作成図を示した（図7）．

　私は巣箱の木材に厚いSPF材を使用しているが，これは長く使いたいから

図6　巣箱づくりの様子．

である。巣箱は松材などでも作れるし，鳥も問題なく使ってくれる。このとき私は，スズメの繁殖密度を操作するために，高密度区（巣箱間距離が5 m以内になるように巣箱20個を設置）と低密度区（巣箱間距離が100 m程度）を作成した（図8）。

巣箱は合計で120個程度設置しており，毎年200程度の繁殖試行を観察できている。さて，繁殖密度が違う区画を作ることができたので，後はひたすら繁殖経過を記録することになった。知るべきは，一腹卵数，そのうち胚発生した卵数，孵化ヒナ数，巣立ちヒナ数，そしてそれぞれの段階におけるヒナ（胚）の性別である。これによって，胚発生段階から巣立ち段階までのヒナの性比の変化を，繁殖密度ごとに知ることができる。

この調査中に痛感したことは，巣箱調査は「やりやすい」ということである。もし，研究対象が地面や木の枝に巣を構えている種だったら，巣を探すことから始めなくてはならない。もし発見できても，すでに繁殖が始まって

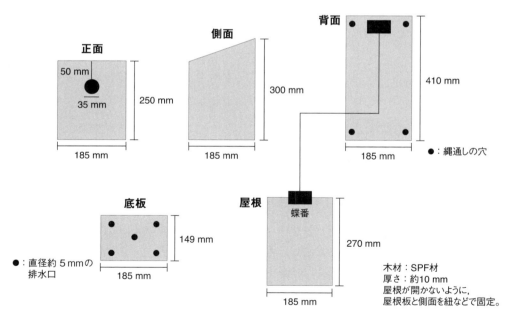

図7 巣箱の設計図。巣穴の直径が35 mmだと，シジュウカラ，スズメ，アリスイ，たまにコムクドリが入れる。シジュウカラは30 mmでも入れるらしい。

巣箱による繁殖密度の操作

図8 作成した高密度区画。先輩の上沖さんと遠藤さんに手伝ってもらい，雪が降る中，設置した。

いたら，正確な繁殖状況を記録することは難しい。しかし巣箱調査では，完璧に鳥の繁殖経過を知ることができるのである。一方でデメリットもある。まず巣箱を作らなければならないし，作った巣箱を運んで，木に括り付けなければならない。さらに，巣箱は自然な繁殖場所じゃないという人もいる。時間が経ったらメンテナンスも必要である。巣箱と自然巣のどちらが良いのかは分からないが，巣箱調査の味を占めてしまった私は，今後も巣箱調査をするだろうし，周りにも勧めると思う。

さて，肝心の結果はどうだったかというと，残念ながら詳しく書くことはできない。というのも，まだ発表していない成果なのだ。とりあえず，予測は支持された。繁殖密度は一腹卵の胚発生率に影響していたし，胚が死亡するほど，巣立ち性比は偏った。この研究から，スズメの胚発生の成功に影響する1つの要因は繁殖密度であることが分かった。ただ，繁殖密度と言っても曖昧である。具体的に何が起こっているのかが重要なのだ。それに加え，胚発生が進まない理由も知らなければならない。それによって，その後のアプローチが変わるからである。胚発生が失敗する生理的な要因についての理解が必要であった。

卵が胚発生しない原因

　胚発生しない原因は大きく分けて2つである．1つは，親鳥の抱卵行動が下手で，うまく発生が進まないことが考えられる．もう1つは，何らかの理由で卵自身に胚発生する能力がない場合である．もし前者ならば，繁殖密度と関連させながら，親鳥の抱卵行動を観察することが有効だろう．もし後者なら，ホルモンレベル，遺伝子発現レベルの研究が必要である．両者を分けることができれば，今後の研究をうまく進められるはずである．では，どうすれば両者を分けられるだろうか．

　私は孵卵器を使った実験を考えた．孵卵器なら温度や転卵頻度などを一定にすることができるので，孵卵器内の卵が胚発生しなかったとしたら，それは親鳥の抱卵行動ではなく，卵自身の胚発生能力が原因だとはじめは考えた．しかし，もし卵に胚発生能力があったとしても，孵卵器の性能によっては胚発生しない卵もあるかもしれない．孵卵器に卵を入れるだけでは不十分なのだ．

　そこで私は，次のような実験を考えた．仮に，胚発生するかまだ分からない一腹卵5つが巣にあるとする．その中から1つを孵卵器に入れる作業をする．もしも抱卵行動が下手なせいで胚発生しないのだったら，残りの一腹卵の発生率がどうであろうと，孵卵器内の卵は一定の確率で胚発生するはずである（100%胚発生すると言いたいところだが，孵卵器の性能にもよるので，一定の確率と言っておく）．

　逆に，卵自身に胚発生能力がないことが原因であると仮定してみよう．巣に残った一腹卵4つがすべて胚発生したら，孵卵器に入れた卵が胚発生する見込みはどの程度だろうか．確率的に考えれば，かなり高いだろう．別の一腹卵では，残りの一腹卵4つのうち1卵しか胚発生しなかったとしよう．このとき，孵卵器に入れた卵が胚発生する見込みはかなり低い．後から当選確率が分かるくじ引きのようなものだ．それまでの調査から，卵が胚発生するかは産卵順番と関係がなかったので（スズメは1日に1卵産む），孵卵器に入れる卵をランダムに選ぶことにした．ただし，スズメは4卵目を産んだ日から抱卵を始めるため，産卵順番が1番目から3番目の卵から選ぶことにした．この実験をするうえでもっとも苦労したのは，擬卵の作成だった（図9）．

　巣から卵を持ってきたら，一腹卵数が変わってしまう．このことが親鳥の

図9 （a）一番上が作成した擬卵。（b）擬卵には Dummy の D が書いてある。

行動や胚発生に影響する可能性も考えられる。そこで，孵卵器に入れる卵を擬卵とすり替える作業が必要になる。しかし，スズメの擬卵なんて売っていないし，模様はメス個体によって違うので，自分で作るしかなかった。ヒナが孵った巣から胚発生していない卵を採取し，小さい穴を開けて，シリマー（注射器のようなもの）で中身を吸い取り，洗浄する。そして，100均で買ったグルーガンで，卵に明けた穴から熱して溶かしたシリコンを流し込む。この作業がたいへん手間なのだ。まず，スズメの卵はメスによって違うので，いろいろな模様の擬卵をたくさん作らなければならない。シリコンを流し込んでいる中で卵殻が割れてしまうこともあったし，指先を火傷することもあった。日中は野外調査なので，擬卵を作るために徹夜したりもした。そのあげく，巣の卵と似ている擬卵がなく，思うようにデータをとれないこともあった。

　さて，肝心の実験結果は私にとってたいへん興味深いもので，今後私が進む方向を示してくれた。この実験の結果も未発表であるため詳しく書くことはできないが，結論だけ言うと，卵自身に胚発生する能力がないことが分かった。つまり，生理的な要因が胚発生の成功に関与していることになる。では，生理的要因とは何だろうか。まだはっきりと分からないが，私はそれがホルモンレベルであると予想している。胚の性特異的死亡について調べてみると，ホルモンレベルとの関係が報告されている（Love *et al.* 2005）。たとえば，メス親にステロイドホルモンを投与すると，オス胚が死にやすくなるのである。ステロイドホルモンにはいくつか種類がある。男性ホルモンとし

て知られるテストステロンや，女性ホルモンのエストラジオール，ストレスレベルの指標として用いられるコルチコステロンなどである。繁殖密度と胚発生率に関係が見られたので，私はメス親のストレスレベルが原因ではないかと予想し，研究を進めている。

おわりに

　私が研究生活をしていて心躍る場面が2つある。1つは，野外研究を始める直前の準備時期だ。この時期に研究計画や仮説を立てたり，調査道具の準備をする。自分が考えたことを実践できるか，妥当な仮説か，取りこぼしはないか，もっとも期待と不安が入り混じる時期だ。もう1つは，調査が終わり，データを解析するときである。立てた仮説が正しいかったかどうか，審判が下される。もし予想が当たるとたいへんうれしいし。また，外れたとしても，1つの可能性が否定されたということであり，それは次の研究につながっている。けっして停滞ではない。データの解析は，研究が一歩前に進む瞬間なのだ。

　もちろん，野外調査も楽しい。巣箱を見ていると，毎日小さな驚きがある。昨日までスズメの卵があったのに今日はコムクドリが居座っていたり，空だったはずの巣箱が翌日には巣材でぎっしりになっていることもある。だから，私は毎年4月から9月までの約半年間を野外調査に費やすが，調査を嫌だと思ったことはない。土日も雨の日も調査地に行ってできることをする。なぜなら，予想外のことが頻繁に起こるからだ。何度やっても飽きるものではない。

　研究はなぜこんなにも面白く，楽しいのだろうか。それはきっと，やりたいことをできるからだ。とくに上田先生は学生に自由な発想で研究をさせ，見守って下さった。だから私も，大潟村という新しいフィールドで一からスズメの研究をできたし，いろいろな実験や観察ができた。私にとっての野外鳥類学の楽しみは，新しいテーマを自分で見つけ，自分の工夫と発想で切り進むことだ。それを教授して下さったのは，ほかでもない上田先生である。先生に深い感謝と慰労の意を込めて，この章の結びとしたい。

巣箱を使う鳥たちの観察：大潟村の樹洞営巣性鳥類 その2. アリスイとアリの研究

(橋間清香)

はじめに

　小学生のときにセキセイインコを飼っていたことがきっかけで鳥が好きになり，野鳥図鑑を見たり，近所の溜め池に冬に渡来するカモなどを見に行ったりしていた。高校生のときは鳥に携わる仕事に就きたいと，鳥類の保護センターの職員を志していた。山階鳥類研究所の方に電話で進路の相談をすると，大学では理学部か農学部に入り一般的な生物の勉強をしてから，大学院に進み鳥を研究することを勧められた。そして進学したのが山口大学理学部生物・化学科。しかし専門としたのは細胞生理学。あまりにも鳥とはかけ離れた分野を研究していた。一時はそのまま山口大学の大学院に進んだが，やはり鳥の研究がしたいと思い，上田研の門を叩いた。そして上田先生の勧めにより秋田県大潟村で巣箱に営巣するアリスイの繁殖生態を研究することになった。ところで野鳥は好きだったものの，身近に生息する種類くらいしか知識はなく，じつはアリスイを知ったのもこのときが最初だった。図鑑で見るとなんだか目がこわいし，可愛くないというのが最初の印象だった。

初めてのフィールドワーク！

　初めて大潟村に降り立ったのは2013年3月下旬。東京から夜行バスで10時間。到着すると猛吹雪だったが，休む暇なく巣箱を組み立てる作業に取りかかった。このような過酷なスケジュールから私の初めてのフィールドワークが始まった。宿は幸いにも村役場の多目的会館を使わせてもらえることに

なった（1泊1000円）。部屋は改装したばかりでとても綺麗なのだが，お風呂が改装前の状態で我慢できずに毎日近くの温泉に通っていた。今思うと贅沢な話である。また宿の洗濯機も二槽式だったので使い方が分からず，村内のホテルに交渉して使わせてもらっていた。その後卒論研究に大潟村にきた4年生が使い方を発見してくれることになる。

そして野外調査にはよくあることだが，調査地の近くにはトイレがなかった。森の中なら茂みに隠れて用を足すこともできるかもしれないが，防風林は疎林で周りには田んぼが広がっていたので，そこで用を足す勇気はなかった。さらに村役場や住宅地，ホテルなどの中心地は1ヶ所に集まっており，調査地から13kmほど離れている。トイレの問題もあるが，自由に動ける「足」が必要だった。免許はあるが車はない，レンタカーを長期で借りると費用がかかる…。そこでまず自転車を購入した。中心地内を動くには良かったが，やはり宿舎から防風林への移動ができない。困ったあげく，村で知り合った農家の方に事情を相談すると，何とバイク屋を紹介してくれ，5万円で原付バイクが手に入ることになった！　私は購入時のやりとりをあまり鮮明に記憶していなかったのだが，同行していた加藤さんによると私はバイク屋の店主に「税込で5万円じゃないとダメなんです！」と値切っていたそうだ。人は自分に都合の悪い記憶を消すという話はどうやら本当のようだ。このバイクは私の調査に欠かせない相棒となり，1年で4000km走った。

アリスイはアリの種類を選んでいるのか

さて私の研究テーマはアリスイの食物事情。「蟻吸」という名前の由来にもなるほど，アリスイはアリを食べることが有名ならば，アリスイにはアリの好き嫌いはあるのか？　という素朴な疑問をもとに研究が始まった。さらに，好みのアリが多く生息している場所になわばりを構えると，繁殖成功につながるのだろうか？　なども気になり，アリスイとアリの関係をおもに研究することになった。

まずは大潟村の防風林で巣箱を設置し，そこで営巣するアリスイの繁殖基礎生態を調べた。アリスイは自身で巣穴を掘らずに樹木に既存の穴を利用する。そのため巣箱を設置するとよく利用し，繁殖期が近づくと毎日の見回りで出会う頻度が増えた。産卵期は5月下旬ごろ，1回の繁殖で1ペアが産む

アリスイはアリの種類を選んでいるのか 353

図1 アリスイの卵 (a) と，ヒナ (b)。卵は約 2～3 cm^3。

卵数は 5～13 卵（図 1a）であり，これは鳥類の中でも比較的多い部類に入る。孵化率は 8 割以上の巣が多く，なかには 10 羽巣立つ巣もある（図 1b）。繁殖時期は 5 月下旬から 8 月中旬ごろまで続き，大潟村の巣箱で繁殖するスズメやコムクドリなどより半月～1 ヵ月ほど遅い。

　アリスイは頭蓋骨に対しての舌の長さが世界一としてギネスブックに登録されており，その長い舌でもっぱらアリを絡め捕るように採食する。繁殖期にアリスイがヒナに給餌する食物をビデオ撮影によって調べたところ，給餌物の約 9 割がアリの繭だった。親鳥は毎回，くちばしからあふれんばかりの繭を運んできていた（図 2）が，この繭をひとまとまりにしている秘密は舌の

図2 口いっぱいにアリの繭を運んできたアリスイの親鳥。

粘液にある。アリスイの舌にはネバネバした粘液がついており，この粘液によって繭がバラバラにならずに一度で大量に運ぶことができるのであろう。アリスイのこのような長い舌や粘液のような特徴は，アリのような小さい動物を大量に採餌する必要があるため，進化上特化したのかもしれない。アリのほかにはカタツムリや甲虫類やガなどの動物も少量給餌された。アリスイの羽色は樹幹と同化して，防風林内では姿を追うのは困難なため，残念ながら採餌の場面は見たことがない。

　次に本題のアリスイのアリ選好性を調べた。なわばり内に生息するアリとアリスイのヒナの糞中に検出されるアリの種類と量を調べるために，アリの種類ごとになわばり内と糞中のアリの量を比較して選好性を検討した。なわばり内に生息するアリの調査にはピットホールトラップ法を用いた。これは4ヵ月のフィールドワークの中で私にとってもっとも辛く，挫折しそうになった調査となった。

　ピットホールトラップは地上で活動する昆虫を捕獲する方法で広く用いられている。従来の方法を参考に，100円均一の透明樹脂コップにエタノールとグリセリンを混ぜた液体（誘因および忌避効果なし）を入れ，サンプリングポイントの穴に設置。放置2日間後にトラップを回収し，コップの中身のアリのみを選別した。この作業をアリスイのなわばり半径100 m内に10～20ポイン

アリスイはアリの種類を選んでいるのか 355

ト設置，アリスイの営巣場所10ヶ所，6月上旬・下旬・7月の3回行った。
　季節は初夏。林床の下草が伸び盛る時期だった。6月上旬はまだ膝丈ほどだったが，6月下旬から7月にかけて下草はぐんぐんと成長し，胸の高さまで伸びる場所が大半だった。現地の防風林の樹木はまばらで樹冠は開けており，大部分の林床の下草の密度は高く，地面の土壌は見えないくらいに生えてい

図3 ピットホールトラップを仕掛ける様子（a）と，回収したトラップ（b）。

た。手には，トラップ用の穴を掘るスコップ「穴掘り君」，ポイント目印用の2 m竹ひご10本，プラスチックコップ，エタノール，グリセロール，フィールドノート，GPSを持ち，草むらに1人挑んだ（図3a）。初めは1人で何とかなると思っていたのだが，疲労の蓄積と2週間で200個というノルマのプレッシャー，さらに防風林に1人という孤独感に襲われ，ある日草むらを目の前に泣いてしまった。その後，7月から卒業研究のためにきた4年生に手伝ってもらい，何とかすべてのトラップ作業をやり遂げることができた。

　作業のたいへんさは変わらなくても，1人ではめげそうなときに誰かがいるだけで心が軽くなり，やる気が沸いてくる感覚を初めて実感し，声をかけあう仲間の存在意義を再確認した。諸事情で1回目や2回目で断念した場所も合わせると，最終的に仕掛けたトラップはじつに500個以上にのぼった（図3b）。

　研究室に帰ってきた後にはトラップで捕まえたアリの種類同定の作業が待っていた。アリの種類など今までまったく関心を持ったことがなく，せいぜい2, 3種類くらいだと思っていたのだが，同定すると何と14種類もいた。しかもこれは林内の，地上で活動する種類に限られているので，樹上に生息する種類や，街中や公園にいる種類も合わせるとさらに増えるだろう。さて結果だが，多く捕獲された順にアズマオオズアリ，トビイロケアリ，アメイロアリであり，この3種で全体の約8割を占めた。トフシアリ，ウメマツアリ，クロヤマアリも捕獲頻度は高かった。

　糞の中のアリの種類を同定するのがさらに厄介だった。なぜなら1個体まるまるきれいに残っている場合もあったが，頭，腹部などのパーツがバラバラになっていた個体が多かったからだ。この同定作業では東京農工大学の佐藤俊幸先生にたいへんお世話になった。東京農工大学の研究室に通わせていただいて，一通りアリの種を同定できるようになった。アリについての助言もいただき，佐藤先生のおかげで私の修論のメインが構成されたようなものだ。この場をお借りして感謝申し上げたい。

　ところでやはりアリスイにはアリの好みがあるようだ。糞から出てきたのは6割がアリの繭だった。繭の種同定はできなかったが，糞中には同時にアリの成虫も出てきたので，この成虫の種類の繭であろうと推測した。その根拠は，給餌の様子を観察したビデオ撮影による。親鳥が給餌したものは9割がアリの繭であり，成虫は単独ではなく口いっぱいに含んだ繭にくっついて運ばれ

てきたようだった。繭とともに糞から検出できたアリの種類は全部で6種類見つかったが、トビイロケアリが全体の64%と圧倒的に多く食べられていた。次に多く検出されたのがアズマオオズアリだったが、この種類は蛹期に繭を作らないため、これらの繭はほぼトビイロケアリの繭だと言ってもよいと考えられる。またアメイロアリやトフシアリ、クロヤマアリは多く生息しているにもかかわらずまったく糞から検出されなかった。次に糞から検出されたアリの成虫の数（利用度の指標）、トラップで捕まえたアリの数（利用可能性の指標）を用いて食物選択性を検討したところ、やはりトビイロケアリを選択して利用しているという結果になった。

　では、なわばり内には14種類ものアリが生息していたにもかかわらず、なぜトビイロケアリを選んで食べていたのだろうか。理由はいくつか考えられる。存在量の多さはもちろん、上記の結果からアリスイは育雛期にヒナのために繭を狙っていると考えられるため、アリの繭の出現時期やアリの巣場所（巣へのアクセスしやすさに関わる）などが大きな要因だろう。まだ確証は得られていないため、大潟村の防風林においてトビイロケアリの巣はどのような場所に多いのか、また大潟村でのアリの繁殖時期、とくに繭の出現時期を調査する必要がありそうだ。

　アリスイは首をクネクネとねじる謎の行動をとることでも有名である。英名は「首を振る者」という意味の"Wryneck"だ。この首ふりはまだ野外では観察されておらず、我々人間が捕獲したときのみ見られる。この行動は某テレビ番組でも放送され、天敵であるヘビの擬態行動だと言われた。見た目はたしかにヘビに見えなくもないが、確証は何もない。

　そこで、私たちはまず捕食者に対する行動なのかを確かめるための剥製提示実験を行うことにした。捕食者として、イタチ（剥製）、カラス（剥製）、ヘビ（生体）の3種類を用意し、それぞれを巣箱から1mほど離れた場所に設置した。そして育雛中のアリスイの親鳥が給餌などで巣に戻ってきたときの反応を観察した。結果は、カラスに対しては翼を機敏にはためかせながら遠巻きに様子を伺っていた。イタチに対しては「キョッキョッ」という警戒声を発しながら、剥製に攻撃しそうな勢いで近づいて飛び回ったり、スズメやコムクドリなどの他の鳥などとともに威嚇する「モビング」を行った。ヘビに関しては反応が見られなかった。ヘビだけは生体を透明のプラスチックケー

スに入れて提示したため，ケースが反射してアリスイには見えにくいのではないかとの懸念もあり，提示方法に再考の必要がある。

じつはこの首ふり行動は，孵化16日目を過ぎたヒナにも見られる。成鳥が敵に対峙したときに首を振らないのであれば，敵に巣を襲われたときにあまり反撃できないヒナが持っておくべき行動なのではないかと考えた。実際，巣内で10羽同時に首を振るとたいへん気持ち悪く，威嚇行動となりうるだろう。

野外調査の楽しみ，苦労

巣箱の鳥たちとの出会いは私にとって大きな喜びだった。大潟村ではスズメ，アリスイ，コムクドリ，シジュウカラが巣箱で繁殖した。自然巣ではないため巣の高さや場所などの生態は分からなかったが，巣材や構造の多彩さが非常に興味深かった。スズメは巣箱いっぱいに稲藁を入れ，産座までトンネルを造る（図4）。コムクドリは古くなり茶色くなった松の葉やヨシの葉などをやや粗く敷き詰め浅い産座を造る。シジュウカラはコケやエノコログサ，さらにどこから持ってきたか不明な犬の毛や洋服の毛玉のようなものを分厚く敷き詰め，ふかふかにしていた。またスズメやシジュウカラの巣は繁殖が進み，ヒナが巣立った後も巣内は綺麗なのだが，コムクドリだけは相当汚い。

図4 スズメの巣穴。産卵前は産座に羽などを敷き詰めてふかふかにする。

繁殖ステージが進むにつれて、桑の実の染みと糞で巣内は巣材も壁面も真っ黒になる。目が大きく青や緑色に光る構造色、赤い頬など見た目は美しいが、家の手入れが苦手（？）という意外な面があり、鳥の種類ごとの性格を知ることができるのも調査の楽しいところの1つだ。

　野外調査は地域の方々の協力があって成しうる。スズメが米を食べて困るから巣箱はつけないでほしいと農家の方からの苦情や、そもそも防風林内に巣箱をつけることへの苦言もあった。またピットホールトラップの設置中に防風林内の下草刈りが始まり、トラップが予定どおりに仕掛けられない危機に直面した。日にちをずらしてもらうように交渉すると、相手方も受託作業なので難航したが、すでにトラップを設置した場所についてはコップの回収にかかる2〜3時間だけ遅らせてもらうことで合意した。その他の仕掛ける予定の場所については下草刈りの予定と重ならないように調整し、遂行することができた。

　この経験を通して、村の人たちとの信頼関係は調査をスムーズに行う上で重要だと実感した。実際に調査の状況を丁寧に説明すると、理解してくれることが多かった。数回同じ場所で会うと、頑張りを認めてくれて花や山菜をくれる人、また調査に使えそうな道具をくれる人もいて、徐々に住民たちから受け入れてもらえたことが感じられた。1人と仲良くなれば複数人とつながることもあり、地域の多くの方々にも支えられて無事調査が行えたと言えよう。

上田先生，研究室の思い出

　上田先生は大潟村に何回か来て下さったのだが、調査地に着いてすぐにカワラヒワの巣を見つけていたのがとても印象に残っている。大潟村の防風林はスズメよりカワラヒワが多いくらいだが、カワラヒワの巣は見つけたことがなかった。しかし先生はいとも簡単に見つけており、驚いたのと同時に巣探し名人という噂は本当なんだなと妙に納得した。

　上田研究室での2年間は短かったけれど、本当に私にとってかけがえのない時間だった。今も戻りたいと思うのはこの2年間の日々だ。大潟村での調査は辛いこともあったが、楽しいことのほうが多かった。また誰の指図でもなく自分の目指す結果に向かって精一杯調査できた経験は何にもかえがたい。

研究室で過ごした日々も思い出深い。何より驚いたのは研究室全体で面倒見がよいことだ。研究費獲得の申請書や学会の発表，ゼミの発表資料までも事前に何度も先輩に添削していただいた。上田先生がそうであるように大らかな人たちの集まっていること，先輩が後輩の指導をするという流れが代々受け継がれているからだろう。このような場所を提供してくれ，受け入れてくれた上田先生には本当に感謝している。

おわりに

　私は鳥類の保護に関わる仕事に就くことを望んでいた。しかし現在は大学で技術職員をしている。生態学分野とはまったく関係のない，医学寄りの研究室でタンパク質同定や質量分析を行っている。学部生時代の知識や経験が役に立ち，就職できた。現在，調査地から車で1時間ほどの場所に住んでおり，休日はアリスイの観察ができる。実際に鳥に関わる時間は少ないが，気軽に鳥たちに会えるフィールドに行くことができるため，この選択には後悔はない。鳥の仕事に就くことを諦めてしまったが，自分に合った鳥との関わり方だと思っている。

オオルリの繁殖生態と美しい構造色の羽

(徐　敬善)

はじめに

　4月になると，東京の街中にある立教大学の池袋キャンパスでは，新学期の期待に満ちたピンク色の桜が心地よく咲き始め，新しい春とともに新入生たちを迎えている。春を知らせる桜の開花とともに研究室のメンバーは各自の調査地に行くための準備をする。繁殖期が早い種を研究しているメンバーは，ひと足早く調査地に向かっている。

　「もうすぐ今年もオオルリたちがやってくる。今どの辺りまで渡って来ているのかな？　昨年来たオオルリたちは今年も無事に渡ってくるかな？」と思い巡らせながら，私も今年の野外調査のために，長野県の軽井沢に出発する準備を急ぐ。

軽井沢のオオルリの繁殖生態

　4月中旬を過ぎると，オオルリのオスが繁殖のために軽井沢の森に1羽，2羽と，到着し始める。繁殖地に到着したオスは最初の数日間は餌を食べて休みながら，長旅に疲れた体を回復させる。このときにはまだ競争相手となるオスたちはあまり到着しておらず，メスたちもまだ飛来していないので，オスはあまり熱心にさえずらない。

　軽井沢では4月中旬はまだ寒い。あちこちにまだ残雪もあり，森にはまだ緑がなく，枯れ枝が目立っている。木の葉がないこの時期は，鳥たち，とくにオオルリを観察しやすい。森に木の葉が生い茂った後は，木の葉に隠れて，

おもに樹上の高い所で活動するオオルリを観察するのは難しい。普段は高い所からあまり降りてこないオオルリだが，この時期は丸裸の木々にまだ餌が不十分なのか，地上付近で餌を捕ることが多い。

この時期はオオルリだけでなく，ほかの夏鳥たちも繁殖地に到着し始める。警戒心がとても強いクロツグミも，繁殖地に到着したばかりの時期には，空腹を満たして疲れた体を癒やすため，湿った土壌を探し回って，餌を食べているので，警戒心が薄くて観察しやすい。

4月末，気温が暖かくなって軽井沢の森に新緑が芽吹き始めると，オオルリのオスたちがいっせいにやってくる。そして5月初旬のゴールデンウィーク頃になると，なわばりを獲得したオスたちの競争的な歌声が森の中に響きわたる。

この頃からメスたちも1羽，2羽と到着し始めるので，オスたちのさえずりはさらに熱情的になる。この時期はオスたちが互いにもっとも敏感な時期で，オス同士の追いかけ合いも頻繁に目撃される。自分のなわばり内でほかのオスのさえずりが聞こえてきたときには，まるで弾丸のように飛んで侵入者を探し回り，なわばりを主張するためにさえずり，自分がなわばりの先住者であることを精一杯アピールする。このときばかりは，美しいオオルリの歌声もまるで警告のメッセージのように聞こえる。

オオルリは森の中の渓谷や小川に沿ってなわばりを作る。オスはメスより先に繁殖地に到着して，自分のなわばりを作るが，なわばりの中に適した営巣場所や，ソングポストとして利用できる高い木々があることも重要になる。この時期のオスたちは，ライバルとなるほかのオスからなわばりを守ったり，メスに求愛したりと大忙しだ。

5月の軽井沢の森は，まるで冬眠をしていた森がいっせいに目覚めたかのように，毎日変化する。新芽が出始めて何日か経つと，森は急速に緑に覆われていく。慌ただしい森の変化に合わせるように，オオルリの繁殖ステージも進行していく。

メスが到着してペアが決まると，巣で卵を抱くのはメスの役目だ。巣はコケ類を使って，木の根元，急斜面に生えた木の根元にできた隙間，薄暗い木の根元，そして建造物の屋根の下などに造られる（図1，2）。

軽井沢にはツキノワグマ，アナグマ，イタチ，キツネ，サルなど多くの野生動物が生息している。これらの哺乳類はオオルリにとっては巣を襲う潜在

的な捕食者である。2013年には壊されて空っぽになった巣の周辺に、ツキノワグマの大きな足跡が鮮明に残っていたこともあった。

　軽井沢の森では、さまざまな哺乳類の捕食者が簡単には接近できないような急斜面、コケ類の生える湿った岩崖、崩れやすい土崖など、滑りやすい斜面に巣を造る場合が多かった。おかげで、哺乳類である私も、巣の調査のときには滑りやすい崖を登るのにかなり苦労した。

　2013年と2014年の軽井沢での調査の結果、繁殖期の初期の一腹卵数はおもに5卵で、やり直し繁殖や2回目繁殖では4卵の場合が多かった。抱卵期間と巣内育雛期間はそれぞれ約13日間だった。抱卵期はオス・メスともにもっとも見つけにくい時期である。オスは夜明けのときだけ少しさえずり、日中はほとんどさえずらない。

　抱卵期から巣内育雛期にかけてはオスのなわばり防衛のための攻撃性は顕著に低下し、早くから占有されている広いなわばりの間に、遅れて到着したオスたちがなわばりを作ることも多い。もし5月初めのオス間競争が激しい時期であれば、なわばりの隙間を狙って侵入すると、なわばりオスから厳しい攻撃を受けることになるだろう。しかし、すでに配偶に成功しているからなのか、子育てに忙しくて周りに気を配る暇がないためか、なわばり所有者はその一部を簡単に引き渡してしまう。遅れて飛来してきたオスは、比較的

図1 オオルリの巣探しの様子。私が指している所に巣がある。

図2 オオルリの営巣場所。白丸内に巣がある。

簡単になわばりを得たとしても，パートナーとして迎えるべき独身メスがまだいるのかが気がかりな問題となる。

メスの美しい鳴き声は悲しい泣き声

　オオルリのメスは巣の近くに人や潜在的な捕食者が近づくと，オスのように鳴くことがある。このような例は，コルリのメスでも知られている（田村・上田 2000）。そこで，オオルリのメスのさえずりについて，2014年に4年生と一緒に調査した。その結果，孵化後5〜6日目まではヒナがいる巣でも，人が近づいてもメスが鳴くことは稀だった。そして，孵化後7日目以降から巣立ちの後にヒナが巣の近くに留まる時期にかけては，ヒナの日齢が進むにつれて親鳥たちの反応が強くなる傾向が見られた。

　オオルリのメスのさえずりに対する影響やヒナの反応については調査しな

かったが，数回の観察によると自分のヒナに気をつけろと伝える親の警戒声と考えられる。

　一度はオオルリ親の哀れな鳴き声が聞こえたので急いで駆けつけてみると，その近くでは高価なカメラをもった観光客がオオルリのメスがさえずるのを不思議そうに眺めながら長時間立ち止まって，写真を撮っていた。私はその近くにオオルリの巣があることを知っていたので，早く通り過ぎてほしいと，親鳥たちほどではないが不安な思いで見ていた。巣があるのでその場を離れてほしいと伝えると，逆効果となって少数の心ない人たちが巣を探し始めたことがあったので，じっと見守るしかなかった。その人たちが立ち去ったあと，急いで巣の様子を見に行った。沢のすぐ隣の木の根元に造られた巣の中には，孵化後9日目で羽がまだ生えそろっておらず巣立つにはまだ早いヒナたちがいた。しかし，脚力もないヒナたちが親鳥の警戒声を聞いて危険を感じて巣を飛び出したのだろう，4羽のヒナのうち2羽は巣のすぐ下の砂の上でうずくまり，残りの2羽は残念ながら巣の下の冷たい沢に落ちていた。1羽はすでに死亡して冷たくなり，もう1羽は，半分水に浸かった状態で体が冷えており，目を開けようと頑張っていた。砂の上にいた2羽のヒナを巣に戻して，まだ生きていたヒナの冷たくなった体を乾かしてすぐ巣に戻して，親が早く戻って来てくれることを願いながらその場を立ち去った。私もその場に長く留まると繁殖を妨害して親から警戒されるので，ヒナたちがまたすぐに巣を飛び出さないことを願うだけだった。

　この巣では，この事故が起きた2日前の夜明けにも，困難な状況に陥っていた。親鳥の警戒声が聞こえたので近くに行ってみると，フクロウが巣の近くを低く飛び，沢沿いを探索していたのである。幸いにも，フクロウはすぐ去り，巣は無事だった。しかし結局，観光客による人為的影響でヒナたちが強制巣立ちしてしまったため，オオルリの調査の中でもっとも辛い日となってしまった。

軽井沢でオオルリの野外調査

　動物や鳥のことが好きで，鳥類生態学の研究を始めた人も多いだろう。私はいろいろな種類の鳥が好きだが，野外調査で毎日観察しているオオルリは私にとって特別な存在になった。オオルリはどこの山にでも生息しているだろうが，その中でも私が捕獲した個体や見つけた巣は，私にとって特別な意

図3 野外で捕獲した鳥の計測時間を最小限に留めるため，測定前に計測道具をあらかじめ準備しておく．

味をもつようになる．だから私が見つけた巣の子供たちが，みな無事に巣立つまで毎日気をもみながら見守っていた．

　オオルリの繁殖生態を調べるときには，私自身もオオルリには脅威となる捕食者と認識される恐れがある．それで親鳥たちのストレスや警戒声によるヒナへの影響を避けるため，できるだけ短時間で作業している（図3）．また，まだ十分成長していないヒナが人為的影響で巣から飛び出してしまうことを避けるために，孵化後10日目以降は，巣の近くをさっと通過しながら，ヒナが巣にいるかどうかだけを速やかに確認するようにしている．そして，すべてのヒナが巣立って空っぽになるのを待って，巣の形状を測定する（図4）．

　野外調査で森に入っている期間は，毎日が新鮮だ．今日の森は，昨日と同じではないからだ．毎日が新しくて楽しいけど，変化が多いので，野外調査は計画どおりにならないことも多々ある．とくに新しい対象種で研究を開始したときの初年度は，鳥の観察と捕獲，巣探しなどの野外調査での困難がもっとも多い．まだ調査地とその種の特性に慣れていないのだ．

　私は修士課程のときに，韓国でカササギの生態および羽の構造色とメラニン

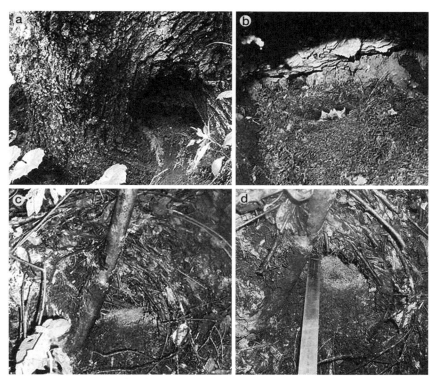

図4 オオルリの巣場所 (a, c), オオルリの巣内ビナ (b), オオルリの巣の測定の様子 (d)。オオルリの巣の形質はヒナが巣立った後で測定する。

色素による色の研究をしていた。カササギは都市でも繁殖する鳥なので、野外調査の方法は森林で繁殖するオオルリとかなり異なった。このためオオルリの野外調査を開始した初年度はさまざまな困難にぶつかった。とくに、オオルリの巣探しがもっとも難しかった。カササギの巣は木の高い枝に縦・横・高さがそれぞれ 80 cm ほどの大きな巣を造るために簡単に見つけることができる。前年度の古い巣か、今年の新しい巣なのかを判別するために、巣を造る時期(通常 1～3 月)にカササギがどこの巣を使っているのかを観察すればよい。また、都市では人の近くで暮らしているために、人に対する警戒心もあまりない。このため造巣期に木の枝や泥などをくわえていく姿を比較的近い距離で観察できる。一方、オオルリの巣は木々の生い茂る森の中の木の根元、木の根、崖な

どに造られる。オオルリの比較的広いなわばりの中には，営巣できそうな場所は数多く存在するので，その中から見えにくい場所に隠された巣を探さなければならいため，巣探しは野外調査の中でもっとも困難だった。

　６月中旬から７月の巣探しは，野外調査の疲れがたまってくることに加えて，暑さと湿気もつらくなってくる。探すのが困難なだけに，多くの情報を得ることができる巣を見つけたときの快感は言葉では表現できないうれしさである。それで私は巣を発見した日には，自分へのご褒美として軽井沢の枝豆ソフトクリームを食べた。

　都市の鳥の調査に慣れた私には，巣探しのほかにも，初年度にはオオルリの捕獲，オオルリのメスの識別も容易でなかった。私は森林性鳥類の調査に慣れていなかったが，初年度からしっかりとデータ収集できたのは，上田先生が丁寧に野外調査のノウハウを教えて下さったおかげだった。オオルリが到着する前から軽井沢に一緒に来て下さって，調査地全体の地形を見てオオルリがなわばりとして利用する条件，営巣場所として好む環境，オオルリの行動の特徴などを一つひとつ教えて下さった（図5）。2013年の野外調査の期間中には忙しい日程の中で毎週軽井沢に来て下さって，オオルリの捕獲方法や外部形態の測定方法，巣探しに至るまで，すべての野外での作業を指導して下さった。

　野外調査は，当初の計画が半分実施できれば成功だと思えるほど困難が多い。より実現可能な計画を立てるためには，経験から培われたノウハウが必要になる。しかし，オオルリの調査を開始した初年度は，私にとってすべてが新たな試みだったので，心配も多かった。そんななかで，上田先生から野外調査の詳細な手法を教わり，研究室の先輩たちからもらったアドバイスのおかげで，より現実的な調査計画を作ることができた。とくに富士山で数年間，キビタキを研究しながら，オオルリの捕獲や巣探しの経験も豊かな岡久雄二さんと，軽井沢の同じ地域で長期にわたってカラ類の野外調査をしている鈴木俊貴さんからのアドバイスにとても助けられた。

　けれど，できるだけ多く情報を集めて野外調査計画を立てても，実際の野外調査のときは計画どおりにいかないこともあった。鳥の気持ちがすべて分かるわけはないので，鳥が好きだというだけではうまくいかない。

　オオルリの捕獲は試行錯誤の連続だった。私はオオルリの羽の色の研究をしているので，メスと配偶することに成功したオスを捕まえて，羽の一部を

図5　長野県軽井沢の森でオオルリが好む営巣場所を教えている上田先生。

集めなければいけなかった。しかしオオルリのオスはたいてい高い木の枝からあまり降りてこない。もっとも良い方法は，可能な限りたくさん観察することだ。それでなわばりをもつペアの繁殖ステージを把握して，なわばり内のオスのお気に入りのポイントを探すことが重要だということが分かった。配偶に成功した後，産卵期にはオスはペア相手のメスを追いかけて近くに寄り添ったり，オスとメスが一緒に採餌する姿が目立つ。しかし産卵が終わってメスが卵を温め始めると，オスはどこにいるのか分からないほど目立たなくなってしまうので，捕獲も難しくなる。

初年度の野外調査のときには，オオルリのメスは，キビタキのメスやコサメビタキと姿が似ているので混同しやすかった。「オオルリのメスは動きが比較的遅くて，一度止まった場所でじっとしている場合が多い」という行動の特徴を初年度に上田先生から教えてもらった。図鑑などで説明されている羽色の違いは光の条件によっては野外では区分が難しいことがあるので，このようなオオルリのメスの行動の特徴は，野外での識別に非常に役立った。

野外調査の楽しみ

思ったほど計画どおりに進まない野外調査で数ヵ月が経過すると，体力的

に疲れもたまってくる。それでも1年の中で一番幸せな時期と言えば，野外調査の期間である。研究対象のオオルリを観察できる喜びも大きいが，軽井沢で豊かな森に抱かれて大自然の一部になった気分でさまざまな鳥類や哺乳類の飾り気のない暮らしを見ると，喜びが増すからである。

オオルリのオスがなわばりを主張するさえずりは4時15分頃の日の出のときが一番美しいので，その歌声を録音するために，いつも日が昇る前に宿舎から出発していた。さえずりの録音を行う軽井沢の4月から5月の夜明けはとても寒いが，夜明け前の暗闇でキツネに2,3度遭遇したこともあり，軽井沢の森で野生動物に今日も出会えるだろうかという期待が，冷たい夜明けの寒さと疲れを忘れさせてくれる。さえずりを録音するときは，歌っているオオルリのオスに静かに近寄って，20分程度じっとマイクを持っている。私の存在に気づかずに目の前まで飛んできたアオゲラが，ようやく私を発見すると驚いて方向を変えて飛び去って行ったこともあった。首をかしげながら近

図6 軽井沢の森の野生動物たち。(a) ムササビ，(b) ニホンジカ，(c) ニホンカモシカ，(d) ニホンザル。

くを歩き回るヒガラなどの行動を観察するのも小さな楽しみだった。

　日が昇る頃は，夜明けともに起床して活動を開始する鳥たちと，闇が薄らいで身を隠そうとする哺乳類たちで，森は1日の中でもっとも活気に満ちている。朝寝坊よりさらに魅力的な夜明けの森の誘惑だ。カモシカ，イノシシはもっともよく見られる動物で，7月からはシカとサルも目立つ（図6）。動物園ではなく実際の自然の中で出会う野生動物は，通り過ぎていくのをしばらく見ているだけでも，そのあふれる活気とエネルギーに心が高鳴る。

美しい構造色の羽

　鳥たちは，哺乳類には見られない，驚くほど多様で美しい色の羽を持っている。私たちが想像できるすべての色を持っている動物が鳥類ではないだろうか。このような多彩な羽の色は，色素による色と構造色に大別できる。色素による色は，文字どおり，羽が持つ色素によって発色している。一方で，構造色は羽の内部のナノ構造による光の回折や干渉によって作られる色だ（Kinoshita & Yoshioka 2005）。

　鳥の羽の構造色は，見る角度によって色が変わる構造色（iridescent structural color）と，見る角度によって色が変化しない構造色（non-iridescent structural color）に区分できる（Newton 1952; Finger 1995; Meadows *et al.* 2009）。前者は，シャボン玉や水の上に浮かんだ油滴が光を反射して虹色に見えることを思い浮かべると理解しやすいだろう。見る角度によって色が変わる構造色のもっとも代表的な例はクジャクの虹色の羽で（Yoshioka & Kinoshita 2002），このタイプの構造色は羽の羽小枝（barbule）で作られている（Greenewalt *et al.* 1960; Yoshioka & Kinoshita 2002; Vigneron *et al.* 2006; Nakamura *et al.* 2008; Lee *et al.* 2009）。一方で，見る角度によって色が変わらない構造色の例としては，カワセミの青い羽が知られており（Kinoshita & Yoshioka 2005; Stavenga *et al.* 2011），このタイプの構造色は羽枝（barb）で作られる（Finger *et al.* 1992; Finger 1995; Prum 2006）。

　私の研究対象であるオオルリは見る角度によって色が変わらない（non-iridescent）青い構造色の羽を持ち，羽枝が鮮やかな青色である（図7）。私は，上田研究室の森本元さん，大阪大学の吉岡伸也先生（現東京理科大学）と一緒に，このオオルリの青い羽の構造を調べた。吉岡先生には私が韓国で修士課程

図7 (a) 青い構造色をもつオオルリのオスの羽。(b) その羽のマイクロ構造。

の学生だったときから、羽の研究に対する基本から、光学顕微鏡や透過型電子顕微鏡の使用方法およびさまざまなノウハウまで、多くのことを教えていただいた。また、森本さんからも走査型電子顕微鏡の使用方法や羽の色の研究に対するいろいろな知識など、多方面からアドバイスしていただいた。経験の多い専門家から直接教えを受けることができた私は非常に運が良かったと思う。

羽の構造と構造色の羽のナノ構造

鳥の羽の基本的な構造となる羽枝と羽小枝の違いを、図7のオオルリのオスの頭羽の光学顕微鏡写真で示した。1枚の羽を見ると、中央の羽軸の両側には多くの羽枝がついている(図7a)。そしてさらに細かく見ると、その羽枝の両側には多くの羽小枝がついている(図7b)。光学顕微鏡で観察すると、オオルリの頭部の青い羽はすべての部分が青いわけではなく、羽枝は青色で、羽小枝は黒い。

図8は、見る角度によって色が変化しない構造色 (non-iridescent structural color) をもつオオルリのオスの羽と (図8a)、見る角度によって色が変わるタイプの構造色 (iridescent structural color) をもつカササギの羽 (図8c) の羽小枝の内部のナノ構造を示している。オオルリの羽は羽小枝では構造色を持たないため、羽小枝の内部のナノ構造を見ると、メラニンの粒子が規則正しく配列していない構造になっている (図8b)。一方、カササギの羽は羽小枝が構造色を持つため、メラニンの顆粒が羽の表面 (皮層：cortex) 付近で規則的に並んだ配列を持つことが分かる (図8d)。このように、羽の内部の規則的なメ

羽の構造と構造色の羽のナノ構造

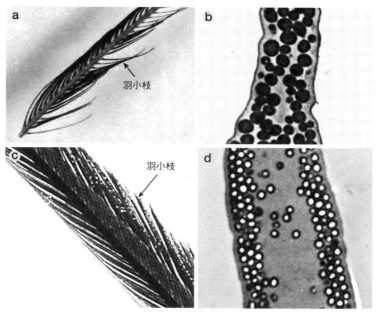

図8 オオルリ (a, b) と，カササギ (c, d) の羽小枝のナノ構造の比較。(a) オオルリのオスの青い羽は羽枝の構造色によるもので，羽小枝は構造色をもたない。(b) 羽小枝のナノ構造を観察すると，メラニン顆粒が不規則に存在している。一方で，見る角度によって色が変化する構造色を持つカササギの羽では，(c) 羽小枝が構造色を持っており，(d) 羽小枝のナノ構造を観察するとメラニン顆粒が表面付近に規則的に配列している。

ラニン粒子の配列が，角度によって色が変化する虹色の構造色を作ることが知られている (Yoshioka & Kinoshita 2002)。

　透過型電子顕微鏡 (transmission electron microscope; TEM) や走査型電子顕微鏡 (scanning electron microscope; SEM) で鳥の羽を観察すると，より詳細な内部構造を調べることができる。そこでオオルリのオスの羽の青い羽枝の内部のナノ構造を透過型電子顕微鏡で観察した。図9bは羽枝の断面で，図9cは羽枝の内部にはベータケラチンのスポンジ状構造，図9dはメラニン顆粒である。見る角度によって色が変化しないタイプの鳥の羽の構造色は，羽枝の内部のナノ構造の中でもベータケラチンのスポンジ状構造によって作られている (Mason 1923; Dyck 1971; Finger et al. 1992; Finger 1995; Prum et al. 1999; Prum et al. 2009; Stavenga et al. 2011)。次に，立体的に内部構造を見

ることができる走査型電子顕微鏡を用いて羽枝の断面を見た。図10の米粒のようなものがメラニン顆粒であり，羽の表面の下にスポンジ状に小さな穴が無数に空いている部分がベータケラチンのスポンジ状構造だ。

羽のマイクロ構造を観察する際には光学顕微鏡をおもに使用して，ナノ構造を観察する際には高倍率の透過型電子顕微鏡と走査型電子顕微鏡を使用する。CCDカメラが装着された光学顕微鏡を利用すれば，観察した部分を写真として保存して，定量的に測定することができるので便利だ。高倍率の観察で使用する2つの電子顕微鏡の中で，透過型電子顕微鏡は，高電圧で放出された電子ビームをナノメートル単位 (nm) の非常に薄く切った試料に当てて，試料を透過した電子の明暗差を利用して白黒の2次元 (2D) の平面画像を得ている。透過型電子顕微鏡では平面画像が得られるので，羽の各ナノ構造の

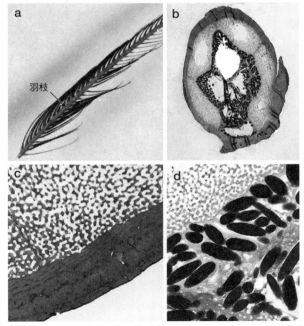

図9 透過型電子顕微鏡で観察した青い構造色をもつオオルリのオスの羽枝のナノ構造。(a) 青い構造色を持つ羽枝，(b) 青い構造色を持つ羽枝の断面，(c) 羽枝の表面のケラチンの皮質 (黒色部) と，その内部にあるベータケラチンのスポンジ状構造，(d) 羽枝の内部のメラニン顆粒。倍率：(b) 3 000倍，(c), (d) 30 000倍。

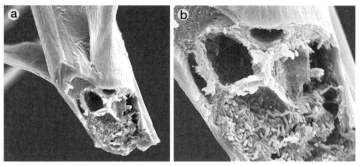

図 10 走査型電子顕微鏡で観察した青い構造色をもつオオルリのオスの羽枝のナノ構造。(a) 青い構造色を持つ羽枝の断面，(b) その拡大図。倍率：(a) 1 000 倍，(b) 3 000 倍。

直径や長さを定量的に測定する際に役立つ．もう一方の走査型電子顕微鏡は，白金などでコーティングされた試料を電子ビームと衝突させて，そのときに放出した2次電子などを利用して3次元(3D)の立体画像を得ている．これら2種類の電子顕微鏡は，何十万倍または百万倍の高倍率まで観察が可能なため，細胞内部の構造やナノ単位の微細粒子の観察に使用される．

おわりに

ヒトは紫外線領域を見ることができないが，鳥類の中でも，とくに昼行性のスズメ目鳥類は，紫外線領域を含む4つの錐体光受容細胞を持っている (Finger & Burkhardt 1994)．そして構造色の羽の紫外線領域の反射率は，配偶相手を引き付ける信号となり，鳥類の性選択に重要な役割を果たすということが報告されている (Hunt *et al.* 1999; Doucet & Montgomerie 2003; Shawkey *et al.* 2003)．

私はオオルリのオスの青い構造色の羽が配偶成功に影響しているという仮説をたて，研究している．また，青い構造色の羽の反射率に影響を及ぼす羽の構造を明らかにするため，羽のマイクロ構造とナノ構造の分析を実施して研究を進めている．

引用文献

1 章

Chiba A, Nakamura M & Morimoto G (2011) Spermiophagy in the male reproductive tract of some passerine birds. Zool. Sci. **28**: 689‐693.

加藤貴大・松井晋・笠原里恵・森本元・三上修・上田恵介 (2013) 都市部と農村部におけるスズメの営巣環境，繁殖時期および巣の空間配置の比較．日本鳥学会誌 **62**: 24‐30.

三上修・森本元 (2011) 標識データに見られるスズメの減少．山階鳥類学雑誌 **43**: 23‐31.

Morimoto G, Yamaguchi N & Ueda K (2006) Plumage colour function as a status signalling on male-male interaction on the Red-franked Bushrobin *Tarsiger cyanurus*. J. Ethol. **24**: 261‐266.

Okahisa Y, Morimoto G, Takagi K & Ueda K (2013) Effect of pre-breeding moult on arrival condition of male Narcissus Flycatchers *Ficedula narcissina*. Bird Study **60**: 140‐144.

Saito DS, Morimoto G, Fukunaga A & Ueda K (2006) Isolation and characterization of micro satellite markers in red-flanked bushrobin, *Tarsiger cyanurus* (Aves: Turdidae). Mol. Ecol. Notes **6**: 425‐427.

Sato NJ, Morimoto G, Noske RA & Ueda K (2010) Nest form, colour, and nesting habitat affect predation rates of Australasian warblers (*Gerygone* spp.) in tropical mangrove. J. Yamashina Inst. Ornithol. **42**: 65‐78.

Takahashi M, Morimoto G, Ebina J & Miya A (2010) A Preliminary Note on Plumage Colouration in the Japanese Marsh Warbler, *Locustella pryeri*: A Comparison between two local population. J. Yamashina Inst. Ornithol. **42**: 102‐106.

Tanaka KD, Morimoto G & Ueda K (2005) Yellow wing-patch of a nestling Horsfield's hawk cuckoo *Cuculus fugax* induces miscognition by hosts: mimicking a gape? J. Avian Biol. **36**: 461‐464.

Ueta T, Fujii G, Morimoto G, Miyamoto K, Kosaku A, Kuriyama T & Hariyama T (2014) Numerical study on the structural color of blue birds by a disordered porous photonic crystal model. EPL: A letters journal exploring the frontiers of Physics **107**: 1‐5.

2 章

Alström P, Saitoh T, Williams D, Nishiumi I, Shigeta Y, Ueda K, Irestedt M, Björklund M & Olsson U (2011) The Arctic Warbler *Phylloscopus borealis*—three anciently separated cryptic species revealed. Ibis **153**: 395‐410.

Gill F & Donsker D (eds.) (2015) IOC World Bird List. ver. 5.3. [http://www.worldbirdnames.org/ioc-lists/master-list-2/]

Saitoh T, Alström P, Nishiumi I, Shigeta Y, Williams D, Olsson U & Ueda K (2010) Old divergences in a boreal bird supports long-term survival through the Ice Ages. BMC Evolutionary Biology **10**: 1‐13.

齋藤武馬・西海功・茂田良光・上田恵介 (2012) メボソムシクイ *Phylloscopus borealis* (Blasius) の分類の再検討－3つの独立種を含むメボソムシクイ上種について－．日本鳥学会誌 **61**: 46‐59.

Saitoh T, Shigeta Y & Ueda K (2008) Morphological differences among populations of the Arctic Warbler with some intraspecific taxonomic notes. Ornithol. Sci. **7**: 135‐142.

3 章

Cramp S & Simmons KEL (1977) *The Birds of the Western Palearctic*. Vol. 1. 1008 pp. Oxford University Press, London & New York.

遠藤菜緒子 (2007) ゴイサギ *Nycticorax nycticorax* の採食に関する生態学的研究－時空間的に変動する環境の利用－．立教大学博士論文.

遠藤菜緒子・佐原雄二 (2000) ゴイサギ (*Nycticorax nycticorax*) の繁殖期の日周活動と採餌場の利

用．日本鳥学会誌 **48**: 183-196.

Endo N, Sawara Y, Komatsu R & Ohtsubo M (2006) Diel activity patterns of radio-tagged Black-crowned Night Herons *Nycticorax nycticorax* in presence and absence at a heronry or post breeding roosts. Ornithol. Sci. **5**: 113-119.

藤岡正博 (1998) サギが警告する田んぼの危機．『水辺環境の保全：生物群集の視点から』（江崎保男・田中哲夫編）．pp. 34-52. 朝倉書店，東京．

端憲二 (1998) 水田灌漑システムの魚類生息への影響と今後の展望．農業土木学会誌 **66**: 143-148.

端憲二 (2005)『メダカはどのように危機を乗りこえるか』．152 pp. 農文協，東京．

石谷孝佑編 (2009)『新版米の事典：稲作からゲノムまで』．336 pp. 幸書房，東京．

片野修 (1998) 水田・農業水路の魚類群集．『水辺環境の保全：生物群集の視点から』（江崎保男・田中哲夫編）．pp. 67-79. 朝倉書店，東京．

Katzer G, Strod T, Schechtman E, Harelis S & Arad Z (1999) Cattle egrets are less able to cope with light reflection than are other herons. Anim. Behav. **57**: 687-694.

Krebs JR & Partidge B (1973) Significance of head tiling in the Great Blue Heron. Nature **242**: 533-535.

Kushlan JA & Hancock JA (2004) *The Herons*. 456 pp. Oxford University Press, New York.

McNeil R, Drapeau P & Pierotti R (1993) Nocturnality in colonial waterbirds: occurrence, special adaptations, and suspected benefits. In: *Current Ornithorogy*. vol. 10 (ed. Power DM). pp.187-246. Plenum Press, New York.

水谷正一 (2007) 生物多様性を維持・回復するための環境基盤づくり．『農村の生きものを大切にする水田生態工学入門』（水谷正一編）．pp. 29-34. 農文協，東京．

森淳 (2007) 水田生態系の変質．『農村の生きものを大切にする水田生態工学入門』（水谷正一編）．pp. 25-28. 農文協，東京．

守山弘 (1997)『水田を守るとはどういうことか：生物相の視点から』．205 pp. 農文協，東京．

成末雅恵・内田博 (1993) 土地改良とサギ類の退行．Strix **12**: 121-130.

田中道明 (1999) 水田周辺の水環境の違いがドジョウの分布と生息密度に及ぼす影響．魚類学雑誌 **46**: 75-81.

Voisin C (1991) *The Herons of Europe*. 384 pp. T. & A. D. Poyser. London.

4 章

Avilés JM (2008) Egg colour mimicry in the common cuckoo *Cuculus canorus* as revealed by modelling host retinal function. Proc. Biol. Sci. **275**: 2345-2352.

Avilés JM & Soler JJ (2009) Nestling colouration is adjusted to parent visual performance in altricial birds. J. Evol. Biol. **22**: 376-386.

Brainard DH & Hurlbert AC (2015) Colour vision: understanding #TheDress. Curr. Biol. **25**: R551-R554.

Cassey P, Ewen JG, Blackburn TM, Hauber ME, Vorobyev M & Marshall NJ (2008) Eggshell colour does not predict measures of maternal investment in egg of *Turdus* thrushes. Naturwissenschaften **95**: 713-721.

Cassey P, Maurer G, Duval C, Ewen JG & Hauber ME. (2010) Impact of time since collection on avian eggshell color: a comparison of museum and fresh egg specimens. Behav. Ecol. Sociobiol. **64**: 1711-1720.

Davies NB (2015) *Cuckoo: Cheating by Nature*. 320 pp. Bloomsbury Public Publisher, London.

Davies NB, Krebs JR & West SA (2012) *An Introduction to Behavioural Ecology* (4th ed.). Wiley, New York.

Endler JA & Mielke PW (2005) Comparing entire colour patterns as birds see them. Biol. J. Linn. Soc. **86**: 405-431.

Goldsmith TH (1990) Optimization, constraint, and history in the evolution of eyes. Q. Rev. Biol. **65**: 281-322.

川名国男 (2009) ミゾゴイの雛の翼開帳行動は分身の術か？ 山階鳥類学雑誌 **41**: 1-2

クレブス JR・デイビス NB (1991)『行動生態学 (原書第2版)』(山岸哲・巌佐庸 訳)，蒼樹書房，東京．

Londoño GA, García DA & Sánchez Martínez MA (2015) Morphological and behavioral evidence of Batesian mimicry in nestlings of a lowland Amazonian bird. Am. Nat. 185: 135-141.

Stevens M (2013) *Sensory Ecology, Behaviour, and Evolution*. 247 pp. Oxford University Press, London & New York.

Stevens M (2016) *Cheats and Deceits*. 300 pp. Oxford University Press, London & New York.

Stoddard MC & Prum RO (2008) Evolution of Avian plumage color in tetrahedral color space: a phylogenetic analysis of New World buntings. Am. Nat. 171: 755-776.

Stoddard MC & Prum RO (2011) How colorful are birds? Evolution of the avian plumage color gamut. Behav. Ecol. 22: 1042-1052.

Stoddard MC & Stevens M (2010) Pattern mimicry of host eggs by the common cuckoo, as seen through a bird's eye. Proc. Biol. Sci. 277: 1387-1393.

田中啓太 (2014) 色を操る悪魔の子．托卵鳥ジュウイチの雛—鳥類による色を用いたコミュニケーションと，寄生者による搾取—．『視覚の認知生態学：生物たちが見る世界』(種生物学会編，牧野崇司・安本 暁子責任編集). pp. 85-110. 文一総合出版，東京．

Tanaka KD (2015) A colour to birds and to humans: why is it so different? J. Ornithol. 156: 433-440.

Tanaka KD & Ueda K (2005) Horsfield's hawk-cuckoo nestlings simulate multiple gapes for begging. Science 308: 653.

田中啓太・上田恵介 (2012) 信号・コミュニケーション．『行動生態学』（日本生態学会編，沓掛展之・古賀庸憲 責任編集). pp. 209-227. 共立出版，東京．

Tanaka KD, Morimoto G, Stevens M & Ueda K (2011) Rethinking visual supernormal stimuli in cuckoos: visual modeling of host and parasite signals. Behav. Ecol. 22: 1012-1019.

Tanaka KD, Morimoto G & Ueda K (2005) Yellow wing-patch of a nestling Horslfield's hawk cuckoo *Cuculus fugax* induces miscognition by hosts: mimicking a gape? J. Avian Biol. 36: 461-464.

Trivers R (2011) *Folly of Fools*: *The Logic of Deceit and Self-Deception in Human Life*. 397 pp. Basic Books, New York.

Vorobyev M & Osorio D (1998) Receptor noise as a determinant of colour thresholds. Proc. Biol. Sci. 265: 351-358.

Welbourne LE, Moarland AB & Wade AR (2015) Human colour perception changes between seasons. Curr. Biol. 25: R646-R647.

5 章

Catchpole CK & Slater PJB (1995) *Bird Song: Biological Themes and Variations*. 248 pp. Cambridge University Press, Cambridge.

Dowsett-Lemaire F (1979) The imitative range of the song of the Marsh Warbler *Acrocephalus palustris*, with special reference to imitations of African birds. Ibis 121: 453-468.

濱尾章二 (1992) 番い関係の希薄なウグイスの一夫多妻について．日本鳥学会誌 40: 51-66.

Hamao S (2000) The cost of mate guarding in the black-browed reed warbler, *Acrocephalus bistrigiceps*: when do males stop guarding their mates? J. Yamashina Inst. Ornithol. 32: 1-12.

Hamao S (2003) Reduction of cost of polygyny by nest predation in the Black-browed Reed Warbler. Ornithol. Sci. 2: 113-118.

Hamao S (2005) Predation risk and nest-site characteristics of the Black-browed Reed Warbler (*Acrocephalus bistrigiceps*): the role of plant strength. Ornithol. Sci. 4: 147-153.

Hamao S (2008a) Syntactical complexity of songs in the Black-browed Reed Warbler *Acrocephalus bistrigiceps*. Ornithol. Sci. 7: 173-177.

Hamao S (2008b) Singing strategies among male Black-browed Reed Warblers *Acrocephalus bistrigiceps* during the post-fertile period of their mates. Ibis 150: 388-394.

Hamao S & Eda-Fujiwara H (2004) Vocal mimicry by the Black-browed Reed Warbler: objective identification of mimetic sounds. Ibis 146: 61-68.

Hamao S & Saito DS (2005) Extrapair fertilizations in the Black-browed Reed Warbler (*Acrocephalus bistrigiceps*): effects of mating status and nesting cycle of cuckolded and cuckolder males. Auk 122: 1086-1096.

伊藤嘉昭 (1986) 大学院生・卒研生のための研究法雑稿．生物科学 38: 154-159.

香川敏明 (1989) 同所性オオヨシキリとコヨシキリの種間関係．日本鳥学会誌 37: 129-144.

引用文献　　379

Orians GH (1969)　On the evolution of mating systems in birds and mammals.　Am. Nat. **103**: 589‒603.

Searcy WA & Andersson M (1986)　Sexual selection and the evolution of song. Ann. Rev. Ecol. Syst. **17**: 507‒533.

Verner J & Willson MF (1966)　The influence of habitats on mating systems of North American passerine birds.　Ecology **47**: 143‒147.

6 章

Quinn JL & Ueta M (2008)　Protective nesting associations in birds.　Ibis **150**: 146-167.

植田睦之 (1992)　ツミ *Accipiter gularis* にとって都市近郊の緑地はよい環境か？ 一都市近郊と山地部の採食環境の比較一.　Strix **11**: 137‒141.

Ueta M (1994)　Azure-winged magpies, *Cyanopica cyana*, 'parasitize' nest defence provided by Japanese lesser sparrowhawks, *Accipiter gularis*.　Anim. Behav. **48**: 871‒874.

植田睦之 (1994)　ツミの巣の防衛行動がなくなった場合のオナガの繁殖成功率.　Strix **13**: 205‒208.

Ueta M (1998)　Azure-winged Magpies avoid nest predation by nesting near a Japanese Lesser Sparrowhawk's nest.　Condor **100**: 400‒402.

Ueta M (1999)　Cost of nest defense in Azure-winged Magpies.　J. Avian Biol. **30**: 326‒328.

Ueta M (2001)　Azure-winged magpies avoid nest predation by breeding synchronously with Japanese lesser sparrowhawks.　Anim. Behav. **61**: 1007‒1012.

Ueta M (2007)　Effect of Japanese lesser sparrowhawks *Accipiter gularis* on the nest site selection of azure-winged magpies *Cyanopica cyana* through their nest defending behavior.　J. Avian Biol. **38**: 427‒431.

植田睦之 (2012)　オナガは好適な営巣場所の有無をもとにツミの巣のまわりに営巣するかどうかを決定する？　Bird Research **8**: A19‒A23.

Ueta M & Hirano T (2006)　Population decline of Japanese Lesser Sparrowhawks breeding in Tokyo and Utsunomiya, central Japan.　Ornithol. Sci. **5**: 165‒169.

7 章

阿部永 (1994)　『日本の哺乳類』.　195 pp. 東海大学出版会，平塚.

阿部永 (2005)　『日本の哺乳類 (改訂版)』.　206 pp. 東海大学出版会，平塚.

阿部學・前田喜四雄・石井信夫・佐野裕彦 (1995)　オガサワラオオコウモリの分布，食性，行動圏.　小笠原研究年報 **18**: 4‒43.

Altringham J (1996)　*Bats: Biology and behaviour*. 262 pp. Oxford University Press, New York.［コウモリの会翻訳グループ 訳 (1998)『コウモリー進化・生態・行動』, 402 pp. 八坂書房，東京］

Ammerman L & Hillis D (1992)　A molecular test of bat relationships: monophyly or diphyly? Systematic and Biology **41**: 222‒232.

Ancel A, Visser H, Handrich Y, Masman D & Maho YL (1997)　Energy saving in huddling penguins.　Nature **385**: 304‒305.

Banack SA & Grant GS (2002)　Spatial and temporal movement patterns of the flying fox, *Pteropus tonganus*, in American Samoa.　J. Wildl. Manage. **66**: 1154‒1163.

Bartholomew GA, Leitner P & Nelson JE (1964)　Body temperature, oxygen consumption, and heart rate in three species of Australian flying foxes.　Physiol. Zool. **37**: 179‒198.

Beechey F (1832)　*Narrative of a Voyage to the Pacific and Beering's Strait, to Co-operate with the Polar Expenditions: Performed in His Majesty's Ship Blossom, under the Command of Captain F. W. Beechey, R. N. R. R. S in the Years 1825, 26, 27, 28.* 493 pp. Authority of the lords commisioners of the admirality, Philadelphia.

Bradbury JW (1977)　Lek mating behavior in the hammer-headed bat.　Zeitschrift für Tierpsychologie **45**: 225‒255.

Brooke AP (2001)　Population status and behaviours of the Samoan flying fox (*Pteropus samoensis*) on Tutuila Island, American Samoa.　J. Zool. **254**: 309‒319.

Brooke AP, Solek C & Tualaulelei A (2000)　Roosting behavior of colonial and solitary flying foxes in American Samoa (Chiroptera: Pteropodidae).　Biotropica **32**: 338‒350.

Carter G & Riskin D (2006)　*Mystacina tuberculata*.　Mammalian Species **790**: 1‒8.

Clutton-Brock T (1989)　Mammalian mating systems.　Proc. Roy. Soc. Lond. B **236**: 339‒372.

Cox PA & Elmqvist T (2000) Pollinator extinction in the Pacific Islands. Conservation Biol. 14: 1237-1239.

Cox PA, Elmqvist T, Pierson ED & Rainey WE (1991) Flying foxes as strong interactors in South Pacific island ecosystems: a conservation hypothesis. Conservation Biol. 1: 448-454.

DeFrees SL & Wilson DE (1988) *Eidolon helvum*. Mammalian Species 312: 1-5.

Findley J (1993) *Bats: a Community perspective*. 167 pp. Cambridge University Press, Cambridge.

Francis CM (2008) *A guide to the mammals of Southeast Asia*. 392 pp. Princeton University Press, Princeton.

Francis CM, Anthony ELP, Brunton JA & Kunz TH (1994) Lactation in male fruit bats. Nature 367: 691-692.

Funakoshi K, Kunisaki T & Watanabe H (1991) Seasonal Changes in Activity of the Northern Ryukyu Fruit Bat *Pteropus dasymallus dasymallus*. J. Mammal. Soc. Japan 16: 13-25.

Gilbert C, McCafferty D, Le Maho Y, Martrette J, Giroud S, Blanc S & Ancel A (2010) One for all and all for one: the energetic benefits of huddling in endotherms. Biol. Rev. Cambridge Phil. Soc. 85: 545-569.

Grant GS & Banack SA (1999) Harem structure and reproductive behaviour of *Pteropus tonganus* in American Samoa. Australian Mammalogy 21: 111-120.

Hanya G, Kiyono M & Hayaishi S (2007) Behavioral thermoregulation of wild Japanese macaques: comparisons between two subpopulations. Am. J. Primatology 69: 802-815.

Hayman DTS, McCrea R, Restif O, Suu-Ire R, Fooks AR, Wood JLN, Cunningham A & Rowcliffe JM (2012) Demography of straw-colored fruit bats in Ghana. J. Mammal. 93, 1393-1404.

平嶋義宏 (2015) 『日本語でひく動物学名辞典』. 520 pp. 東海大学出版部. 平塚.

Inaba M, Odamaki M, Fujii A, Takatsuki S, Sugita N, Fujita T & Suzuki H (2005) Food habits of Bonin flying foxes, *Pteropus pselaphon*, Layard 1829 on the Ogasawara (Bonin) Islands, Japan. Ogasawara Research 30: 15-23.

稲葉慎・高槻成紀・上田恵介・伊澤雅子・鈴木創・堀越和夫 (2002) 個体数が減少したオガサワラオオコウモリ保全のための緊急提言. 保全生態学研究 7: 51-61.

Jones, C (1972) Comparative ecology of three pteropid bats in Rio Mumi, West Africa. J. Zool. 167: 353-370.

環境省 (2012) 植物 I (維管束植物). 環境省第 4 次レッドリスト. 環境省.

Kawakami K (2010) Reconstruction of the Ecosystem in the Bonin Islands. In: *Restoring the Oceanic Island Ecosystem* (Eds. Kawakami K, Okochi I). pp. 113-116. Springer Japan, Tokyo.

Kinjo K & Izawa M (2015) *Pteropus pselaphon* Lay, 1829. In: *The Wild Mammals of Japan* (2nd ed.) (eds. Ohdachi SD, Ishibashi Y, Iwasa MA, Fukui D & Saitoh T). pp. 56-57. 松香堂書店, 京都.

Kinjo K & Nakamoto A (2015) *Pteropus dasymallus* Temminck, 1825. In: *The Wild Mammals of Japan* (2nd ed.) (eds. Ohdachi SD, Ishibashi Y, Iwasa MA, Fukui D & Saitoh T). pp. 52-53. 松香堂書店, 京都.

コウモリの会編 (2011) 『コウモリ識別ハンドブック (改訂版)』. 88 pp. 文一総合出版, 東京.

Krebs J & Davies N (1993) *An Introduction to Behavioral Ecology* (3rd ed.). 420 pp. Blackwell, Oxford.

Kunz T (1982) Roosting ecology of bats. In: *Ecology of bats* (ed. Kunz T). pp.1-55. Plenum Press, New York.

Kunz T & Lumsden L (2003) Ecology of cavity and foliage roosting bats. In: *Bat ecology* (eds. Kunz T & Fenton M). pp. 3-89. University of Chicago Press, Chicago.

Lay TG (1829) Observations on a species of *Pteropus* from Bonin. Zool. Journal 4: 457-459.

前田喜四雄 (1983) 日本産オオコウモリ類の分類学的および生態学的研究 I. 海外博物館所蔵のオガサワラオオコウモリ, *Pteropus pselaphon*, の分類形質の測定値. 日本哺乳動物學雜誌 9: 168-173.

前田喜四雄 (1997) 日本産翼手目 (コウモリ類) の和名再検討. 哺乳類科学 36: 237-236.

Markus N (2002) Behaviour of the black flying fox *Pteropus alecto*: 2. Territoriality and courtship. Acta Chiropterologica 4: 153-166.

McConkey KR & Drake DR (2006) Flying foxes cease to function as seed dispersers long before they become rare. Ecology 87: 271-276.

McConkey KR, Drake DR, Levey DJ, Silva WR & Galetti M (2002) Extinct pigeons and declining bat populations: are large seeds still being dispersed in the tropical Pacific? In: *Seed dispersal and frugivory: Ecology, Evolution and Conservation* (eds. Levey DJ, Silva WR & Galetti M). pp. 381‒395. Wallingford: CABI Publishing, Oxford.

McCraken GF & Wilkinson GS (2000) Bat mating systems. In: *Reproductive Biology of Bats* (eds. Crichton EG & Krutzsch PH). pp. 321‒362. Academic Press, San Diego.

McNab BK & Bonaccorso FJ (1995) The energetics of pteropodid bats. Symposia of the Zoological Society of London no. **67**: 111‒122.

McNab BK & Bonaccorso FJ (2001) The metabolism of New Guinean pteropodid bats. J. Comp. Physiol. B **171**: 201‒214.

Meehan HJ, McConkey KR & Drake DR (2002) Potential disruptions to seed dispersal mutualisms in Tonga, Western Polynesia. J. Biogeogr. **29**: 695‒712.

三浦慎吾 (1998)『哺乳類の生物学. 4. 社会』. 168 pp. 東京大学出版会，東京.

本川雅治・下稲葉さやか・鈴木聡 (2006) 日本産哺乳類の最近の分類体系ー 阿部 (2005) と Wilson and Reeder (2005) の比較ー. 哺乳類科学 **46**: 181‒191.

中村琢磨・藤田卓・鈴木創・杉田典正 (2008) 糞の花粉分析による，南硫黄島・父島における絶滅危惧オガサワラオオコウモリの食性の検討. 日本花粉学会会報 **54**: 53‒60.

Nelson JE (1965a) Movements of Australian flying foxes (Pteropodidae: Megachiroptera). Aust. J. Zool. **13**: 53‒73.

Nelson JE (1965b) Behaviour of Australian pteropodidae (Megacheroptera). Anim. Behav. **13**: 544‒557.

日本鳥学会 (2012)『日本鳥類目録 (改訂第 7 版)』. 438 pp. 日本鳥学会. 三田.

Nowak RM (1994) *Walker's bats of the world*. 287 pp. Johns Hopkins University Press, Baltimore.

小笠原村教育委員会 (1999) 天然記念物緊急調査 オガサワラオオコウモリ緊急調査. 113 pp. 小笠原村教育委員会，東京.

Ohdachi SD, Ishibashi Y, Iwasa MA, Fukui D & Saitoh T (2015) *The Wild Mammals of Japan* (2nd ed.). 松香堂書店，京都.

Ohdachi SD, Ishibashi Y, Iwasa MA & Saito T (2009) *The Wild Mammals of Japan*. 544 pp. 松香堂書店，京都.

Rainey WE, Pierson ED, Elmqvist T & Cox PA (1995) The role of flying foxes (Pteropodidae) in oceanic island ecosystems of the Pacific. Symposia of the Zoological Society of London **67**: 47‒62.

Richardson J (1839) Mammalia. In: *The Zoology of Captain Beechey's Vagage* (ed. Beechey F). pp. 1‒9. Henry G. Bohn, London.

Simmons N (2005) Order Chiroptera. In: *Mammal species of the world: A taxonomic and geographic reference* (eds. Wilson D & Reeder D). pp. 315‒529. Johns Hopkins University, Baltimore.

Speakman JR, Rydell J, Webb PI, Hayes JP, Hays GC, Hulbert IAR & McDevitt RM (2000) Activity patterns of insectivorous bats and birds in northern Scandinavia (69° N), during continuous midsummer daylight. Oikos **88**: 75‒86.

Spencer HJ, Palmer C & Parry-Jones K (1991) Movements of fruit-bats in eastern Australia, determined by using radio-tracking. Wildlife Research **18**: 463‒468.

Springer MS, Teeling EC, Madsen O, Stanhope MJ & de Jong WW (2001) Integrated fossil and molecular data reconstruct bat echolocation. Proc. Nat. Acad. Sci. **98**: 6241‒6246.

Stanhope MJ, Czelusniak J, Si JS, Nickerson J & Goodman M (1992) A molecular perspective on mammalian evolution from the gene encoding interphotoreceptor retinoid binding protein, with convincing evidence for bat monophyly. Mol. Phyl. Evol. **1**: 148‒160.

Sugita N & Ueda K (2013) The role of temperature on clustering behavior and mating opportunity in Bonin flying foxes. Mammalian Biology **78**: 455‒460.

Sugita N & Ueda K (2014) Sexual size dimorphism in Bonin flying foxes *Pteropus pselaphon* on Chichijima, Ogasawara Islands. Mammal Study **39**: 185‒189.

Sugita N, Inaba M & Ueda K (2009) Roosting pattern and reproductive cycle of Bonin flying foxes (*Pteropus pselaphon*). J. Mammal. **90**: 195‒202.

Sugita N, Ootsuki R, Fujita T, Murakami N & Ueda K (2013) Possible spore dispersal of a Bird-Nest Fern *Asplenium setoi* by Bonin flying foxes *Pteropus pselaphon*. Mammal Study **38**: 225‒229.

鈴木創・稲葉慎 (2010) 空飛ぶ森の守り神と島々の未来―オガサワラオオコウモリの生態と保全策. 遺伝 **64**: 61-67.

鈴木創・川上和人・藤田卓 (2008) オガサワラオオコウモリ生息状況調査. Ogasawara Research **33**: 89-104.

Tan M, Jones G, Zhu G Ye J, Hong T, Zhou S, Zhang S & Zhang L (2009) Fellatio by fruit bats prolongs copulation time. PLoS ONE **4**: e7595.

Teeling EC, Scally M, Kao DJ, Romagnoli ML, Springer MS & Stanhope MJ (2000) Molecular evidence regarding the origin of echolocation and flight in bats. Nature **403**: 188-192.

Teeling EC, Springer MS, Madsen O, Bates P, O'brien SJ & Murphy WJ (2005) A molecular phylogeny for bats illuminates biogeography and the fossil record. Science **307**: 580-594.

Thewissen JG & Babcock SK (1991) Distinctive cranial and cervical innervation of wing muscles: new evidence for bat monophyly. Science **251**: 934-936.

van der Ree R, Mcdonnell MJ, Temby I, Nelson J & Whittingham E (2006) The establishment and dynamics of a recently established urban camp of flying foxes (*Pteropus poliocephalus*) outside their geographic range. J. Zool. **268**: 177-185.

Warburg O (1900) Pandanaceae. In: *Das Pflanzenreich*, vol. IV(9) (ed. Engler A). pp. 1-97. Wilhelm Engelmann, Leipzig.

Wilson D, Reeder D (2005) *Mammal Species of the World* (3rd ed.). 2142 pp. The Johns Hopkins University Press, Baltimore.

Yoshiyuki M (1989) *A systematic study of the Japanese Chiroptera*. 242 pp. 国立科学博物館, 東京.

8 章

Alatalo RV, Lundberg A & Björklund M (1982) Can the song of male birds attract other males? An experiment with the Pied Flycatcher *Ficedula hypoleuca*. Bird Behavior **4**: 42-45.

Avilés JM, Rutila J & Møller AP (2005) Should the redstart *Phoenicurus phoenicurus* accept or reject cuckoo *Cuculus canorus* eggs? Behav. Ecol. Sociobiol. **58**: 608-617.

Bourne WRP (1957) The breeding birds of Bermuda. Ibis **99**: 94-105.

Brewer D (2001) *Wrens, Dippers and Thrashers*. 256 pp. Christopher Helm, London.

Burger J (1988) Social attraction in nesting least terns: effects of numbers, spacing, and pair bonds. Condor **90**: 575-582.

千葉一彦・作山宗樹 (2011) 岩手県沿岸南部におけるオオセッカ *Locustella pryeri* の越冬状況. Strix **27**: 89-96.

Collias NE (1997) On the origin and evolution of nest building by passerine birds. Condor **99**: 253-270.

Courchamp F, Clutton-Brock T & Grenfell B (1999) Inverse density dependence and the Allee effect. TREE **14**: 405-410.

Donahue MJ (2006) Allee effects and conspecific cueing jointly lead to conspecific attraction. Oecologia **149**: 33-43.

Fishpool LDC & Tobias JA (2005) Family Pycnonotidae (Bulbuls). In: del Hoyo J, Elliott A & Christie DA (eds.) *Handbook of the Birds of the World*. Vol. 10. *Cuckoo-shrikes to Thrushes*. pp. 124-250. Lynx Edicions, Barcelona.

Fretwell SD & Lucas HL Jr (1970) On territorial behavior and other factors influencing habitat distributions of birds. 1. Acta Biotheoretica **19**: 16-36.

Fujita G & Nagata H (1997) Preferable habitat characteristics of male Japanese marsh warblers *Megalurus pryeri* in breeding season at Hotoke-numa reclaimed area, northern Honshu, Japan. J. Yamashina Inst. Ornithol. **29**: 43-49.

平野敏明 (2015) 渡良瀬遊水地における繁殖期のオオセッカの生息状況の変化と生息環境. Bird Research **11**: A1-A9.

環境省自然環境局野生生物課希少種保全推進室編 (2014) 『レッドデータブック 2014―日本の絶滅のおそれのある野生生物―2 鳥類』. 250 pp. ぎょうせい, 東京.

Kress SW (1997) Using animal behavior for conservation: case studies in seabird restoration from the Maine Coast, USA. J. Yamashina Inst. Ornithol. **29**: 1-26.

Laskey AR (1948) Some nesting data on the Carolina wren at Nashville, Tennessee. Bird-Banding **19**:

101-121.

三上修 (2012) 仏沼干拓地におけるオオセッカの繁殖期環境選択: 植生の季節変化にともなう変化. 山階鳥類学雑誌 **43**: 153-167.

Morioka H & Shigeta Y (1993) Generic allocation of the Japanese Marsh Warbler *Megalurus pryeri* (Aves: Sylviidae). Bull. Nat. Sci. Mus. Ser. A (Zoology) **19**: 37-43.

Muller KL, Stamps JA, Krishnan VV & Willits NH (1997) The effects of conspecific attraction and habitat quality on habitat selection in territorial birds (*Troglodytes aedon*). Am. Nat. **150**: 650-661.

永田尚志 (1997) オオセッカの現状と保護への提言. 山階鳥研報 **29**: 27-42.

中道里絵・上田恵介 (2003) 仏沼湿原におけるオオセッカ個体群の現状と生息地選好. Strix **21**: 5-14.

西出隆 (1975) 八郎潟干拓地におけるオオセッカの生態. 1. 干拓地内の分布と繁殖生態の概要. 山階鳥研報 **7**: 681-696.

オオセッカの生息環境研究グループ (1995) 北国の草原湿地帯のシンボルであるオオセッカの好む環境に関する研究. 第6回トヨタ財団市民研究コンクール助成研究 No.6 C-031.

Rutila J, Jokimäki J, Avilés JM & Kaisanlahti-Jokimäki ML (2006) Responses of parasitized and unparasitized Common redstart (*Phoenicurus phoenicurus*) populations against artificial Cuckoo parasitism. Auk **123**: 259-265.

Saether BE, Ringsby TH & Roskaft E (1996) Life history variation, population processes and priorities in species conservation: towards a reunion of research paradigms. Oikos **77**: 217-226.

Schlossberg SR & Ward MP (2004) Using conspecific attraction to conserve endangered birds. Endangered Species **21**: 132-138.

Seebohm H (1884) Further contributions to the ornithology of Japan. Ibis **2**: 30-43.

Stephens PA & Sutherland WJ (1999) Consequences of the Allee effect for behaviour, ecology and conservation. TREE **14**: 401-405.

高橋雅雄 (2013) オオセッカの個体群動態と繁殖場所選択に関する行動生態学的研究－階層的な空間スケールでの選択要因の解明－. 立教大学博士論文.

Takahashi M, Aoki S, Kamioki M, Sugiura T & Ueda K (2013) Nest types and microhabitat characteristics of the Japanese Marsh Warbler *Locustella pryeri*. Ornithol. Sci. **12**: 3-13.

上田秀雄 (1998) 『野鳥の声 283 (CD版)』. 山と渓谷社. 東京.

上田恵介 (2003) 日本にオオセッカは何羽いるのか. Strix **21**: 1-3.

Ward MP & Schlossberg SR (2004) Conspecific attraction and the conservation of territorial songbirds. Conservation Biol. **18**: 519-525.

9 章

Barnett CA, Sugita N & Suzuki TN (2013) Observations of predation attempts on avian nest boxes by Japanese martens (*Martes melampus*). Mammal Study **38**: 269-274.

Darwin C (1871) *The descent of man, and selection in relation to sex*. pp. 34-69. John Murray. London.

Elgar MA (1986) House sparrows establish foraging flocks by giving chirrup calls if the resources are divisible. Anim. Behav. **34**: 169-174.

Elgar MA (1987) Food intake rate and resource availability: flocking decisions in house sparrows. Anim. Behav. **35**: 1168-1176.

Fisher JB & Hinde RA (1949) The opening of milk bottles by birds. British Birds **42**: 347-357.

Heinrich B & Marzluff JM (1991) Do common ravens yell because they want to attract others? Behav. Ecol. Sociobiol. **28**: 13-21.

Seyfarth RM, Cheney DL & Marler P (1980) Monkey responses to three different alarm calls: evidence of predator classification and semantic communication. Science **210**: 801-803.

Suzuki TN (2011) Parental alarm calls warn nestlings about different predatory threats. Curr. Biol. **21**: R15-R16.

Suzuki TN (2012a) Long-distance calling by the willow tit, *Poecile montanus*, facilitates formation of mixed-species foraging flocks. Ethology **118**:10-16.

Suzuki TN (2012b) Calling at a food source: context-dependent variation in note composition of combinatorial calls in willow tits. Ornithol. Sci. **11**: 103-107.

Suzuki TN (2012c) Referential mobbing calls elicit different predator-searching behaviours in Japanese great tits. Anim. Behav. **84**: 53-57.

Suzuki TN (2014) Communication about predator type by a bird using discrete, graded and combinatorial variation in alarm calls. Anim. Behav. **87**: 59-65.

Suzuki TN (2015) Assessment of predation risk through referential communication in incubating birds. Sci. Rep. **5**: 10239.

Suzuki TN (2016) Referential calls coordinate multi-species mobbing in a forest bird community. J. Ethol. **34**: 79-84.

Templeton CN & Greene E (2007) Nuthatches eavesdrop on variations in heterospecific chickadee mobbing alarm calls. Proc. Nat. Acad. Sci. USA **104**: 5479-5482.

10 章

Kasahara S, Yamaguchi Y, Mikami OK & Ueda K (2014) Conspecific egg removal behaviour in Eurasian Tree Sparrow *Passer montanus*. Ardea **102**: 47-52.

三上修 (2008) 日本にスズメは何羽いるのか？ Bird Research 4: A19-A29.

三上修 (2012) 『スズメの謎―身近な野鳥が減っている!?―』. 143 pp. 誠文堂新光社, 東京.

三上修 (2013) 『スズメ―つかず・はなれず・二千年―』. 128 pp. 岩波書店, 東京.

三上修, 三上かつら, 松井晋, 森本元, 上田恵介 (2013) 日本におけるスズメ個体数の減少要因の解明：近年建てられた住宅地におけるスズメの巣の密度の低さ. Bird Research 9: A13-A22.

11 章

del Hoyo J. Elliot A & Sargatal J (eds.) 1996. *Handbook of the Birds of the World. Vol. 3*. Hoatzin to Auks, Lynx Editions, Barcelona.

傳田正利・山下慎吾・尾澤卓思・島谷幸宏 (2002) ワンドと魚類群集―ワンドの魚類群集を特徴づける減少の考察―. 日本生態学会誌 **52**: 287-294.

Fry CH, Fry K & Harris A (1992) *Kingfishers, bee-eaters, and rollers*. 324 pp. Princeton University Press, Princeton.

羽田健三・堀内俊子 (1970) ヒガラの雛の食物および摂食量について. 信州大学志賀自然教育研究施設研究業績 **9**: 31-43.

環境省自然環境局野生生物課希少種保全推進室編 (2014) 『レッドデータブック 2014―日本の絶滅のおそれのある野生生物―2 鳥類』. 250 pp. ぎょうせい, 東京.

笠原里恵 (2009) 千曲川中流域で繁殖する鳥類の繁殖数に増水が与える影響の検討 (東京大学博士論文).

笠原里恵・加藤和弘 (2007) ヤマセミ *Ceryle lugubris* の育雛に釣り人の存在が与える影響. 日本鳥学会誌 **56**: 51-57.

Kasahara S & Katoh K (2008) Food-niche differentiation in sympatric species of kingfishers, the Common Kingfisher *Alcedo atthis* and the Greater Pied Kingfisher *Ceryle lugubris*. Ornithol. Sci. **7**: 123-134.

中村登流・中村雅彦 (1995) 『原色日本野鳥生態図鑑 (陸鳥編)』. 301 pp. 保育社, 大阪.

西村雅彦 (1979) カワセミとヤマセミの造巣場所選択について. 山階鳥研報 **11**: 39-48.

12 章

Akatani K, Matsuo T & Takagi M (2011) Habitat use and breeding performance of Daito Scops Owl *Otus elegans interpositus* on an oceanic island altered by human activity. J. Raptor Res. **45**: 315-323.

姉崎悟・嵩原健二・松井晋・高木昌興 (2003) 大東諸島産鳥類目録. 沖縄県立博物館紀要 **29**: 25-54.

東清二 (1989) 南大東島の昆虫相に関する若干の考察. 沖縄農業 **24**: 27-39.

Horie S & Takagi M (2012) Male Daito white-eyes improve nest site positioning skills with increasing age which reduce nest predation. Ibis **154**: 285-294.

堀江明香・松井晋・高木昌興 (2005) 南大東島における亜種ダイトウメジロの 11 月の育雛. 日本鳥学会誌 **54**: 58-59.

五十嵐悟・長渡真弓・細井俊宏・松井晋 (2015) 福島市小鳥の森の 2003 年から 10 年間の鳥類相の

変遷と各種鳥類の生態的特徴. 日本鳥学会誌 **64**: 147-160.

池原貞雄 (1973) 大東島の陸生脊椎動物. 大東島天然記念物特別調査報告. pp. 52-63. 文化庁.

伊澤雅子・松井晋 (2011) 生態図鑑イソヒヨドリ. バードリサーチニュース vol. 8 (8): 4-5.

梶田学・真野徹・佐藤文男 (2002) 沖縄島に生息するウグイス *Cettia diphone* の二型について—多変量解析によるリュウキュウウグイスとダイトウウグイスの再評価—. 山階鳥研報 **33**: 148-167.

環境省自然環境局野生生物課希少種保全推進室編 (2014)『レッドデータブック 2014—日本の絶滅のおそれのある野生生物—2 鳥類』. 250 pp. ぎょうせい, 東京.

加藤貴大・松井晋・笠原里恵・森本元・三上修・上田恵介 (2013) 都市部と農村部におけるスズメの営巣環境, 繁殖時期および巣の空間配置の比較. 日本鳥学会誌 **62**: 16-23.

河名俊男 (2001) 南西諸島の地形・地誌の概要と地形区分および研究史.『日本の地形 7. 九州・南西諸島』(町田洋・太田陽子・河名俊男・森脇広・長岡信治編), pp. 26-38. 東京大学出版会, 東京.

河名俊男・大出茂 (1993) 沖大東島 (隆起準卓礁) の第四紀地殻変動に関する一考察. 琉球大学教育学部紀要 **43**: 57-69.

金城和三・伊澤雅子 (2004) ダイトウオオコウモリの生態と保護上の問題点. 平成 15 年度大東諸島環境情報収集調査報告書』(琉球列島鳥類研究会編). pp. 3-27. 環境省沖縄奄美地区自然保護事務所.

Klein GV & Kobayashi K (1980) Geologic summary of the north Philippine Sea, based on Deep Sea Drilling Project Leg 58 result. Init. Rep. DSDP **58**: 951-961.

Klein GV, Kobayashi K, Chamley H, Certis DM, Dick H, Echols DJ, Mizuno A, Nisterenko GV, Okada H, Sloan JR, Waples DW & White SM (1978) Philippine Sea drilled (on Leg 58). Geotimes **23**: 23-35.

Kuroda N (1921) On the three new mammals from Japan. J. Mammal. **2**: 208-211.

Kuroda N (1933) A revision of the genus *Pteropus* found in the islands of the Riukiu Chain, Japan. J. Mammal. **14**: 312-316.

松井晋 (2014) 鳥類の一腹卵数の進化：熱帯性鳥類の免疫機能への投資や温度による制約. 日本鳥学会誌 **63**: 1-14.

Matsui S & Takagi M (2012) Predation risk of eggs and nestlings relative to nest-site characteristics of the Bull-headed Shrike *Lanius bucephalus*. Ibis **154**: 621-625.

Matsui S, Hisaka M & Takagi M (2006) Direct impact of typhoons on the breeding activity of Bull-headed Shrike *Lanius bucephalus* on Minami-Daito Island. Ornithol. Sci. **5**: 227-229.

Matsui S, Hisaka M & Takagi M (2010) Arboreal nesting and utilization of open-cup bird nests by introduced ship rats *Rattus rattus* on an oceanic island. Bird Conserv. Int. **20**: 34-42.

松井晋・笠原里恵・三上かつら・森本元・三上修 (2011a) 秋田県大潟村でみつかったスズメの 9 卵巣. Strix **27**: 83-88.

松井晋・笠原里恵・森本元・三上修・上田恵介 (2011b) スズメ *Passer montanus* の巣内雛の成長様式. 日本鳥類標識協会誌 **23**: 1-11.

Matsui S, Kasahara S, Morimoto G, Mikami OK, Watanabe M & Ueda K (2015) Radioactive contamination of nest materials of the Eurasian Tree Sparrow *Passer montanus* due to the Fukushima nuclear accident: the significance in the first year. Environ. Pollut. **206**: 159-162.

Matsui S, Kikuchi T, Akatani K, Horie S & Takagi M (2009) Harmful effects of invasive yellow crazy ant *Anoplolepis gracilipes* on three land bird species of Minami-daito Island. Ornithol. Sci. **8**: 81-86.

松井晋・Sternalski A・Adam-Guillermin C・笠原里恵・五十嵐悟・横田清美・渡辺守・上田恵介 (2015) 福島第一原発事故後の放射線環境におけるカラ類の蘚類を用いた巣の放射性セシウム濃度. 日本鳥学会誌 **64**: 169-174.

松井晋・高木昌興・上田恵介 (2006) 南大東島におけるヨシゴイの初営巣記録. 日本鳥学会誌 **55**: 29-31.

三上修・三上かつら・松井晋・森本元・上田恵介 (2013) 日本におけるスズメ個体数の減少要因の解明：近年建てられた住宅地におけるスズメの巣の密度の低さ. Bird Research **9**: A13-A22.

三上修・菅原卓也・松井晋・加藤貴大・森本元・笠原里恵・上田恵介 (2014) スズメによる電柱への営巣：地域および環境間の比較. 日本鳥学会誌 **63**: 3-13.

三上修・植田睦之・森本元・笠原里恵・松井晋・上田恵介 (2011) 都市環境に見られる巣立ち後の
　ヒナ数の少なさ――一般参加型調査 子雀ウォッチの解析より―. Bird Research 7: A1-A12.
南大東村誌編集委員会 (1990) 南大東村誌 (改訂). 1230 pp. 南大東村役場, 沖縄.
中川雄三 (2009) 湿地の生物. 『南大東島の人と自然』(中井精一・東和明・ダニエル ロング編).
　pp. 126-137. 南方新社, 鹿児島.
Ohdachi SD, Ishibashi Y, Iwasa MA & Saito T (2009) *The Wild Mammals of Japan*. 544 pp. 松香堂書
　店, 京都.
太田英利・当山昌直 (1992) 南・北大東島の両生・爬虫類相. 『ダイトウオオコウモリ保護対策緊急
　調査報告書－沖縄県天然記念物調査シリーズ No. 31』. pp. 63-72. 沖縄県教育委員会.
Saplis RA & Flint D (1948) Ramparts on the Elevated Atoll of Kita-daito-jima (abstract). Geol. Soc.
　Am. Bull. 60: 1974.
Schlanger SO (1965) Dolomite-evaporite relations on Pacific Islands. Sci. Rep. Tohoku University 2nd
　ser (Geol) 37: 15-29, 9 figs.
下謝名松栄 (1978) 南・北大東島および沖縄島南部地域の洞穴動物相. 『沖縄県洞穴実態調査報告
　I』. pp. 75-111. 沖縄県教育委員会.
白石哲 (1982) イタチによるネズミ駆除とその後. 採集と飼育 44: 414-419.
Steadman DW (2006) *Extinction & biogeography of tropical Pacific birds*. 594 pp. Unversity of Chicago
　Press, Chicago.
Sternalski A・松井晋・Bonzom J-M・笠原里恵・Beaugelin-Seiller K・上田恵介・渡辺守 & Adam-
　Guillermin C (2015) 福島第一原子力発電所事故後のスズメ目鳥類における生活史段階に応じ
　た吸収線量率の評価. 日本鳥学会誌 64: 161-168.
杉山敏郎 (1934) 北大東島試錐について. 東北大学地質古生物学教室邦文報告 1: 1-44.
高木昌興・松井晋 (2009) 鳥類. 『南大東島の人と自然』(中井精一・東和明・ダニエル ロング編).
　pp. 168-181. 南方新社, 鹿児島.
Takagi M, Akatani K, Matsui S & Saito A (2007a) Status of the Daito Scops Owl on Minami-daito
　Island, Japan. J. Raptor Res. 41: 52-56.
Takagi M, Akatani K, Saito A & Matsui S (2007b) Drastic decline of territorial male Daito Scops Owls
　on Minami-daito Island in 2006. Ornithol. Sci. 6: 39-42.
Whittaker RJ & Fernández-palacios JM (2007) *Island biogeography—ecology, evolution, and conserva-
　tion* (2nd ed.). Oxford University Press, Oxford.
Yamashiro S & Toda M & Ota H (2000) Clonal Composition of the Parthenogenetic Gecko, *Lepido-
　dactylus lugubris*, at the Northernmost Extremity of its Range. Zool. Sci. 17: 1013-1020.
吉郷英範 (2004) 南大東島で採集されたタイドプールと浅い潮下帯の魚類. 比和科学博物館研究報
　告 43: 1-51.

13 章

Gill BJ (1998) Behavior and ecology of the shining cuckoo *Chrysococcyx lucidus*. In: *Parasitic Birds
　and Their Hosts: Studies in Coevolution* (Rothstein SI & Robinson SK eds.). pp. 143-151. Oxford
　University Press, Oxford.
Langmore NE, Hunt S & Kilner RM (2003) Escalation of coevolutionary arms race through host rejec-
　tion of brood parasitic young. Nature 422: 157-160.
Langmore NE, Stevens M, Maurer G, Hensohn R, Hall ML, Peters A & Kilner RM (2011) Visual mim-
　icry of host nestlings by cuckoos. Proc. Roy. Soc. Lond. B 278: 2455-2463.
Lotem A (1993) Learning to recognize nestlings is maladaptive for cuckoo *Cuculus canorus* hosts.
　Nature 362: 743-744.
Mikami OK, Sato, NJ, Ueda K & Tanaka DK (2015) Egg removal by cuckoos forces hosts to accept
　parasite eggs. J. Avian Biol. 45: 275-282.
Sato NJ, Mikami OK & Ueda K (2010a) The egg dilution effect hypothesis: a condition under which
　parasitic nestling ejection behaviour will evolve. Ornithol. Sci. 9: 115-122.
Sato NJ, Tanaka KD, Okahisa Y, Yamamichi M, Kuehn R, Gula R, Ueda K & Theuerkauf J (2015)
　Nestling polymorphism in a cuckoo-host system. Curr. Biol. 25: R1164-R1165.
Sato NJ, Tokue K, Noske RA, Mikami OK & Ueda K (2010b) Evicting cuckoo nestlings from the nest:
　a new anti-parasitism behaviour. Biology Letters 6: 67-69.

Tokue K & Ueda K (2010) Mangrove gerygones *Gerygone laevigaster* eject little bronze-cuckoo *Chalcites minutillus* hatchlings from parasitized nests. Ibis **152**: 835-839.

14 章

Akçay E & Roughgarden J (2007) Extra-pair paternity in birds: review of the genetic benefits. Evol. Ecol. Res. **9**: 855-868.

Arnold KE & Owens IPF (1998) Cooperative breeding in birds: a comparative test of the life history hypothesis. Proc. Roy. Soc. B **265**: 739-745.

Blomqvist D, Fessl B, Hoi H & Kleindorfer S (2005) High frequency of extra-pair fertilisations in the moustached warbler, a songbird with a variable breeding system. Behaviour **142**: 1133-1148.

Clutton-Brock T (1991) *The Evolution of Parental Care*. 368 pp. Princeton University Press, Princeton.

Cockburn A (1998) Evolution of helping behavior in cooperatively breeding birds. Ann. Rev. Ecol. Syst. **29**: 141-177.

Cockburn A & Russell AF (2011) Cooperative breeding: a question of climate? Curr. Biol. **21**: R195-R197.

Cornwallis CK, West SA, Davis KE & Griffin AS (2010) Promiscuity and the evolutionary transition to complex societies. Nature **466**: 969-972.

Davies N, Hatchwell B, Robson T & Burke T (1992) Paternity and parental effort in dunnocks *Prunella modularis*: how good are male chick-feeding rules? Anim. Behav. **43**: 729-745.

Dawkins R (1976) *The Selfish Gene*. 224 pp. Oxford University Press, Oxford.

Griffith SC, Owens IPF & Thuman KA (2002) Extra pair paternity in birds: a review of interspecific variation and adaptive function. Mol. Ecol. **11**: 2195-2212.

Hamilton WD (1964) The genetical evolution of social behaviour. II. J. Theor. Biol. **7**: 17-52.

Higuchi H (1998) Host use and egg color of Japanese cuckoos. In: *Parasitic birds and their hosts: studies in coevolution* (eds. Rothstein SI & Robinson SK). pp. 80-93. Oxford University Press. New York.

Kamioki M, Ando H, Isagi Y & Inoue-Murayama (2013) Development of microsatellite markers for the Asian Stubtail *Urosphena squameiceps* by using next-generation sequencing technology. Conservation Genetics Resources **5**: 1027-1029.

上沖正欣・川路則友・河原孝行 (2014) ヤブサメ *Urosphena squameiceps* における繁殖地への帰還率. 鳥類標識誌 **26**: 62-68.

Kamioki M, Kawaji N, Kawaji K & Ueda K (2011) A predation attempt by an Oriental Cuckoo *Cuculus optatus* on Asian Stubtail *Urosphena squameiceps* nestlings. Forktail **27**: 93-95.

上沖正欣・川路則友・川路仁子・上田恵介 (2011) 北海道におけるヤブサメ *Urosphena squameiceps* およびセンダイムシクイ *Phylloscopus coronatus* への赤色卵の托卵例. Strix **27**: 97-103.

Kawaji N, Kawaji K & Hirokawa J (1996) Breeding Ecology of the Short-tailed Bush Warbler in Western Hokkaido. Jpn. J. Ornithol. **45**: 1-15.

Koenig W & Dickinson J (2004) *Ecology and Evolution of Cooperative Breeding in Birds* (eds. Koenig WD & Dickinson JL). 293 pp. Cambridge University Press, Cambridge.

黒田治男 (1980) ヤブサメの育雛観察. 西播愛鳥会ニュース **16**: 1-3.

Lessells CM, Avery MI & Krebs JR (1994) Nonrandom dispersal of kin: why do European bee-eater (*Merops apiaster*) brothers nest close together? Behav. Ecol. **5**: 105-113.

宮脇佳郎 (1997) 夜間さえずるヤブサメの記録. Binos **4**: 77-79.

小川次郎 (1998) ヤブサメモドキ (仮称) について. コマドリ **126**: 2-3.

小川次郎 (1999) ヤブサメモドキ (仮称) のその後について. コマドリ **131**: 4.

Ohara H & Yamagishi S (1984) The First Record of Helping at the Nest in the Short-tailed Bush Warbler *Cettia squameiceps*. Tori **33**: 39-41.

Ohara H & Yamagishi S (1985) A helper at the nest of the Short-tailed Bush Warbler *Cettia squameiceps*. J. Yamashina Inst. Ornithol. **17**: 67-73.

Riehl C (2013) Evolutionary routes to non-kin cooperative breeding in birds. Proc. Roy. Soc. B **280**: 2013-2245.

Schlossberg SR & Ward MP (2004) Using conspecific attraction to conserve endangered birds.

Endangered Species Update **21**: 132-138.

15 章

Emura N, Denda T, Sakai M & Ueda K (2014) Dimorphism of the seed-dispersing organ in a pantropical coastal plant, *Scaevola taccada*: Heterogeneous population structure across islands. Ecol. Res. **29**: 733-740.

Howarth DG, Gustafsson MH, Baum DA & Motley TJ (2003) Phylogenetics of the genus *Scaevola* (Goodeniaceae): implication for dispersal patterns across the Pacific Basin and colonization of the Hawaiian Islands. Am. J. Botany **90**: 915-923.

Howe HF & Smallwood J (1982) Ecology of seed dispersal. Ann. Rev. Ecol. Syst. **13**: 201-228.

Nakanishi H (1988) Dispersal Ecology of the Maritime Plant in the Ryukyu Islands, Japan. Ecol. Res. **3**: 163-173.

Tanaka KD, Denda T, Ueda K & Emura N (2015) Fruit colour conceals endocarp dimorphism from avian seed dispersers in a tropical beach plant, *Scaevola taccada* (Goodeniaceae), found in Okinawa. J. Trop. Ecol. **31**: 335-344.

Whitney KA & Lister CE (2004) Fruit colour polymorphism in *Acacia ligulata*: seed and seedling performance, clinal patterns, and chemical variation. Evol. Ecol. **18**: 165-186.

16 章

Endo S (2012) Nest-site characteristics affect probability of nest predation of Bull-headed Shrikes. Wilson J. Ornithol. **124**: 513-517.

遠藤幸子 (2014) 鳥類における雄から雌への給餌行動の機能. 日本鳥学会誌 **63**: 267-277.

Gill FB (2009)『鳥類学』(山階鳥類研究所訳). 746 pp. 新樹社, 東京 (原著：Gill FB (2006) *Ornithology* (3rd ed.). WH Freeman and Company, New York.)

Hamao S, Nishimatsu K & Kamito T (2009) Predation of bird nests by introduced Japanese Weasel *Mustela itatsi* on an island. Ornithol. Sci. **8**: 139-146.

Kameda K (1994) Identification of nest predators of the Rufous Turtle Dove *Streptopelia orientalis* by video tape recording. Jpn. J. Ornithol. **43**: 29-31.

Ricklefs RE (1969) An analysis of nesting mortality in birds. Smithsonian Contributions to Zoology **9**: 1-48.

Tobias JA & Seddon N (2002) Female begging in *European robins*: do neighbors eavesdrop for extra-pair copulations? Behav. Ecol. **13**: 637-642.

Tojo H & Nakamura S (2011) Photographic evidence of probable mouse predation on a red-billed leiothrix nest. 森林総合研究所研究報告 **10**: 103-108.

Yamagishi S & Saito M (1985) Function of courtship feeding in the Bull-headed Shrike, *Lanius bucephalus*. J. Ethol. **3**: 113-121.

17 章

安座間安史・島袋徳正・嵩原健二 (1991) 沖縄島北部大宜味村夯梁山地部におけるノグチゲラ生息環境調査. 特殊鳥類等生息環境調査 IV. 中間報告書. pp. 68-82. 沖縄県環境保険部自然保護課, 那覇.

Brazil M (2009) *Birds of East Asia: China, Taiwan, Korea, Japan, and Russia.* 528 pp. Princeton University Press, Princeton.

del Hoyo J, Elliott A & Christie DA (2006) *Handbook of the Birds of the World vol. 11.* 800 pp. Lynx Edicions, Barcelona.

Dong L, Wei1 M, Alström P, Huang Xi, Olsson U, Shigeta Y, Zhang Y & Zheng G (2015) Taxonomy of the Narcissus Flycatcher *Ficedula narcissina* complex: an integrative approach using morphological, bioacoustic and multilocus DNA data. Ibis **157**: 312-325.

藤巻裕蔵 (2007a) 北海道中部・南東部におけるキビタキとオオルリの繁殖期の生息状況. Strix **25**: 17-26.

藤巻裕蔵 (2007b) 北海道におけるキビタキの繁殖期の分布. 北海道野鳥だより **149**: 10-11.

花輪伸一・塚本洋三・武田宗也 (1983) ヤンバルクイナの分布域と生息状況に関する調査報告. 昭和 57 年度環境庁委託調査特殊鳥類調査. pp. 1-30. 環境庁, 東京.

Higgins PJ, Peter JM & Cowling SJ (2006) *The Handbook of Australian, New Zealand and Antarctic Birds. Vol. 7: Broadbill to Starlings.* 1992 pp. Oxford University Press, Melbourne.

樋口行雄・花輪伸一・森下英美子 (1987) ノグチゲラの営巣状況と行動圏等に関する調査. 環境庁昭和61年環境庁委託調査特殊鳥類調査. pp. 7-28. 環境庁, 東京.

堀田正敦・鈴木道男 (2006) 『江戸鳥類大図鑑』. 762 pp. 平凡社, 東京.

井上賢三郎 (2014) モウソウチクで繁殖するキビタキ. Strix **30**: 141-148.

環境庁 (1981) 昭和55年度環境庁委託調査 特殊鳥類調査. 環境庁昭和56年2月. 環境庁, 東京.

環境庁 (1982) 昭和56年度環境庁委託調査 特殊鳥類調査. 環境庁昭和57年3月. 環境庁, 東京.

清棲幸保 (1978) 『日本鳥類大図鑑 (増補改訂版)』. pp. 153-158. 講談社, 東京.

Kuroda N (1925) *A Contribution to the Knowledge of the Avifauna of the Riu Kiu Islands and Vicinity.* Published by the Author, Tokyo.

Lundberg A & Alatalo RV (1992) *The Pied Flycatcher.* 267 pp. T. & A.D. Poyser. London.

Mitrus C (2007) Is the later arrival of young male Red-breasted Flycatchers (*Ficedula parva*) related to their physical condition? J. Ornithol. **148**: 53-58.

Mitrus C (2012) Badge size and arrival time predict mating success of red-breasted flycatcher *Ficedula parva* males. Zool. Sci. **29**: 795-799.

森主一 (1946) 『野鳥の囀りと環境』. 177 pp. 富書店, 京都.

Morimoto G, Yamaguchi NM & Ueda K (2006) Plumage color as a status signal in male-male interaction in the red-flanked bushrobin, *Tarsiger cyanurus*. J. Ethol. **24**: 261-266.

Murakami M (1998) Foraging habitat shift in the narcissus flycatcher, *Ficedula narcissina*, due to the response of herbivorous insects to the strengthening defenses of canopy trees. Ecol. Res. **13**: 73-82.

Murakami M (2002) Foraging mode shifts of four insectivorous bird species under temporally varying resource distribution in a Japanese deciduous forest. Ornithol. Sci. **1**: 63-69.

中村登流・中村雅彦 (1995) 『原色日本野鳥生態図鑑 (陸鳥編)』. 301 pp. 保育社, 大阪.

Nechaev VA (1984) Narcissus flycatcher – Ficedula narcissina Temm. of Sachalin Island (distribution & biology). Faunistices & Biology of Birds in the South Far East. 87-95. ［サハリンのキビタキ (分布と生態). 極東の鳥類 (1990) **4**: 92-98 (藤巻裕蔵訳)]

日本鳥学会 (2012) 『日本産鳥類目録 (改訂第7版)』. 230 pp. 日本鳥学会, 三田.

日本野鳥の会 (1979) 第二回自然環境保全基礎調査 動物分布調査報告書 (鳥類) 全国版(昭和53年度調査). 環境庁, 東京.

日本野鳥の会 (1980) 第二回自然環境保全基礎調査 動物分布調査報告書 (鳥類) 全国版. 鳥類繁殖地図調査 1978. 環境庁, 東京.

Okahisa Y (2014) Plumage colour function in the Narcissus Flycatcher *Ficedula narcissina*. Ph.D. thesis. Rikkyo University, Tokyo, Japan.

岡久雄二 (2014) キビタキの求愛ディスプレイ 動物行動の映像データベース.

Okahisa Y & Sato NJ (2013) Mutual feeding by the shining cuckoo (*Chrysococcyx lucidus layardi*) in New Caledonia. Notornis **60**: 252-254.

Okahisa Y, Morimoto G & Takagi K (2012) The nest sites and nest characteristics of Narcissus Flycatchers *Ficedula narcissina*. Ornithol. Sci. **11**: 87-94.

岡久雄二・森本元・高木憲太郎 (2012) キビタキ *Ficedula narcissina* の採餌行動の性差. 日本鳥学会誌 **60**: 91-99.

Okahisa Y, Morimoto G, Takagi K & Ueda K (2013) Effect of pre-breeding moult on arrival condition of yearling male Narcissus Flycatchers *Ficedula narcissina*. Bird Study **60**: 140-144.

Okahisa Y, Okubo K, Morimoto G & Takagi K (2014) Differences in breeding avifauna between Aokigahara lava flow and a kipuka. Mt. Fuji Research 8: 1-6.

沖縄野鳥研究会編 (1986) 『沖縄県の野鳥』. 299 pp. 沖縄野鳥研究会, 那覇.

Outlaw DC (2011) Morphological evolution of some migratory *Ficedula* flycatchers. Contributions to Zoology **80**: 279-284.

Outlaw DC & Voelker G (2006) Systematics of *Ficedula* flycatchers (Muscicapidae): A molecular reassessment of a taxonomic enigma. Mol. Phyl. Evol. **41**: 118-126.

Outlaw DC & Voelker G (2008) Pliocene climatic change in insular Southeast Asia as an engine of diversification in *Ficedula* flycatchers. J. Biogeogr. **35**: 739-752.

Polivanov VM (1981) Ecology of Wood cavity nesting birds in Prmorye. ［プリモーリエの樹洞性鳥類の生態. 極東の鳥類 (2005) **22**: 81-86 (藤巻裕蔵訳)］

茂田良光 (1991) 形態と識別 7. キビタキの亜種. Birder **5** (8): 48-52.

刀禰鼎 (1907) 『改正保護鳥正図解説書』. 37 pp. 文武館, 松坂.

Wang N, Zhang Y & Zheng G (2007) Home ranges and habitat vegetation characters in breeding season of Narcissus Flycatcher and Yellow-rumped Flycatcher. Frontiers of Biology in China **2**: 345-350.

Wang N, Zhang Y & Zheng G (2008) Breeding Ecology of the Narcissus Flycatcher in North China. Wilson J. Ornithol. **120**: 92-98.

18 章

Futahashi R & Fujiwara H (2008) Juvenile hormone regulates butterfly larval pattern switches. Science **319**: 1061.

日高敏隆・木村武二・小野坂紀子 (1959) アゲハチョウ (papilio xuthus L.) の蛹色の保護色的意義. 動物学会誌 **68**: 222-226.

Hiraga S (2005) Two different sensory mechanisms for the control of pupal protective coloration in butterflies. J. Insect Physiol. **51**: 1033-1040.

Hiraga S (2006) Interactions of environmental factors influencing pupal coloration in swallowtail butterfly *Papilio xuthus*. J. Insect Physiol. **52**: 826-838

Hossie TJ & Sherratt TN (2012) Eyespots interact with body colour to protect caterpillar-like prey from avian predators. Anim. Behav. **84**: 167-173.

Hossie TJ & Sherratt TN (2013) Defensive posture and eyespots deter avian predators from attacking caterpillar models. Anim. Behav. **86**: 383-389.

Rowland HM, Cuthill IC, Harvey IF, Speed MP & Ruxton GD (2008) Can't tell the caterpillars from the trees: countershading enhances survival in a woodland. Proc. Roy. Soc. B **275**: 2539-2545.

Skelhorn J, Rowland HM, Speed MP & Ruxton GD (2010a) Masquerade: camouflage without crypsis. Science **327**: 51.

Skelhorn J, Rowland HM, Speed MP, Wert LD, Quinn L, Delf J & Ruxton GD (2010b) Size-dependent misclassification of masquerading prey. Behav. Ecol. **21**: 1344-1348.

19 章

Greenwood P & Harvey P (1982) The Natal and Breeding Dispersal of Birds. Ann. Rev. Ecol. Syst. **13**: 1-21.

加藤貴大・松井晋・笠原里恵・森本元・三上修・上田恵介 (2013) 都市部と農村部におけるスズメの営巣環境, 繁殖時期, および巣の空間配置の比較. 日本鳥学会誌 **62**: 16-23.

Love O, Chin E, Wynne-Edwards, K & Williams T (2005) Stress hormones: a link between maternal condition and sex-biased reproductive investment. Am. Nat. **166**: 751-766.

Morrow E, Arnqvist G, Pitcher T (2002) The evolution of infertility: does hatching rate in birds coevolve with female polyandry? J. Evol. Biol. **15**: 702-709.

Ruxton G, Broom M & Colegrave N (2001) Are Unusually Colored Eggs a Signal to Potential Conspecific Brood Parasites? Am. Nat. **157**: 451-458.

Summers-Smith D (1995) *The Tree Sparrow*. 206 pp. Bath press, England.

Svensson M, Rintamäki P, Birkhead T, Griffith S & Lundberg A (2006) Impaired hatching success and male-biased embryo mortality in Tree Sparrows. J. Ornithol. **148**: 117-122.

21 章

Doucet SM & Montgomerie R (2003) Multiple sexual ornaments in satin bowerbirds: ultraviolet plumage and bowers signal different aspects of male quality. Behav. Ecol. **14**: 503-509.

Dyck J (1971) Structure and colour-production of the blue barbs of Agapornis roseicollis and Cotinga maynana. Zeitschrift für Zellforschung und mikroskopische Anatomie **115**: 17-29.

Finger E (1995) Visible and UV coloration in birds: Mie scattering as the basis of color in many bird feathers. Naturwissenschaften **82**: 570-573.

Finger E & Burkhardt D (1994) Biological aspects of bird colouration and avian colour vision including ultraviolet range. Vision Research **34**: 1509-1514.

Finger E, Burkhardt D & Dyck J (1992) Avian plumage colors. Naturwissenschaften **79**: 187-188.

Greenewalt CH, Brandt W & Friel DD (1960) The iridescent colors of hummingbird feathers. Proc. Am. Phil. Soc. **104**: 249-253.

Hunt S, Cuthill IC, Bennett AT & Griffiths R (1999) Preferences for ultraviolet partners in the blue tit. Anim. Behav. **58**: 809-815.

Kinoshita S & Yoshioka S (2005) Structural colors in nature: the role of regularity and irregularity in the structure. ChemPhysChem **6**: 1442-1459.

Lee E, Aoyama M & Sugita S (2009) Microstructure of the feather in Japanese Jungle Crows (*Corvus macrorhynchos*) with distinguishing gender differences. Anatomical Science International **84**: 141-147.

Mason CW (1923) Structural colors in feathers. I. J. Physic. Chem. **27**: 201-251.

Meadows MG, Butler MW, Morehouse NI, Taylor LA, Toomey MB, McGraw KJ & Rutowski RL (2009) Iridescence: views from many angles. J. Roy. Soc. Interface **6**: 107-113.

中村登流・中村雅彦 (1995)『原色日本野鳥生態図鑑 (陸鳥編)』301 pp. 保育社，大阪.

Nakamura E, Yoshioka S & Kinoshita S (2008) Structural color of rock dove's neck feather. J. Physic. Soc. Japan **77**: 124801.

Newton I (1952) *1704 Opticks*. 348 pp. Dover Publications, Mineola, New York.

Prum RO (2006) *Anatomy, physics, and evolution of structural colors. Bird coloration Vol. 1*, 640 pp. Harvard University Press, London.

Prum RO, Dufresne ER, Quinn T & Waters K (2009) Development of colour-producing β-keratin nanostructures in avian feather barbs. J. Roy. Soc. Interface 6 (Suppl. 2): S253-S265.

Prum RO, Torres R, Kovach C, Williamson S & Goodman SM (1999) Coherent light scattering by nanostructured collagen arrays in the caruncles of the Malagasy asities (Eurylaimidae: Aves). J. Exp. Biol. **202**: 3507-3522.

Shawkey MD, Estes AM, Siefferman LM & Hill GE (2003) Nanostructure predicts intraspecific variation in ultraviolet-blue plumage colour. Proc. Roy. Soc. B **270**: 1455-1460

Stavenga DG, Tinbergen J, Leertouwer HL & Wilts BD (2011) Kingfisher feathers-colouration by pigments, spongy nanostructures and thin films. J. Exp. Biol. **214**: 3960-3967.

田村實・上田恵介 (2000) コルリにおけるメスの囀り. 山階鳥研報 **32**: 86-90.

Vigneron JP, Colomer JF, Rassart M, Ingram AL & Lousse V (2006) Structural origin of the colored reflections from the black-billed magpie feathers. Physical Review E **73**: 021914.

Yoshioka S & Kinoshita S (2002) Effect of macroscopic structure in iridescent color of the peacock feathers. Forma **17**: 169-181.

あとがき

　みなさん，楽しんで読んでいただけましたか？　この本を読んで，鳥の研究がしてみたくなった方はおられますか？

　私のところには高校生やときには中学生や小学生から，「どの大学に行ったら鳥の研究ができますか」という問い合わせがあります。いまはネットの時代ですからネット検索という手がありますが，鳥の研究ができる大学というのは，あまり検索に引っかかって来ません。それは今の日本の大学に鳥の研究者の数がとても少ないこと，それと鳥の研究を標榜する研究室が（1つも）ないことです。けれど，あちこちの大学の農学系，環境系，生命科学系，教育系などを丹念に探すと，鳥の研究をしている教員がいます。鳥の研究をしたい人は，ぜひそういう先生にコンタクトして，助言を受けて下さい。またまったく鳥の先生のいない大学に行って，大学4年生までは鳥とは関係のない生命科学の実験をしていても，大学院で鳥の研究ができる研究室に移ればいいのです。そのとき，大学4年間の経験は必ず役に立ちます。

　私が学生の頃，鳥の研究をしていた先生は，信州大，秋田大，帯広畜産大，専修大，宇都宮大などにわずかにおられたものの，ネットも何もない時代，高校生にとって，そうしたことを知る術もありませんでした。ましてや大学院を持ち，鳥の研究で博士号を取れる大学はありませんでした。私が鳥の研究者になろうと思ったのは，大学院の博士課程に進むときでした。じつは私は「鳥の研究室がないなら，まあ，虫でもいいか」と，大阪府立大学農学部に進学し，卒業研究では昆虫学研究室でブチヒゲヤナギドクガという蛾の個体群生態学を研究していました。それがいくつかの偶然が重なって，修士を修了した後，京都大学農学部の昆虫研究室で1年を過ごし，そのあと大阪市立大学の山岸哲先生のもとで博士課程に進学したのです。

　ところで，大学教員の仕事というのは，多くの人は研究がメインであると考えておられると思います。もちろん今でも大学教員の仕事は，建前上は研究と教育なのですが，昔と比べ，その内容はかなり変化してきています。立教大学はミッション系の大学ですが，きちんと教授会自治の確立した民主的な大学です。しかし「民主的」ということは，一人ひとりのメンバーの義務と責任も重くなるわけで，教授会や学科の会議，山ほどあるさまざまな委員会への出席があります。委員会へも，ただ出ていればすむというものではな

392

あとがき　　　　　　　　　　　　　　　　　　　　　　　　　　　　　　　393

く，資料の準備をして，そしてまじめに委員会に出て発言すれば，「あいつは
仕事ができる」と思われて，また仕事が増えるという繰り返しです。だから
私は「仕事ができないダメ先生（誰が言うとるんや！）」を演じていました。
一部の私学では学生が来ないと経営が成り立たないので，教員に営業（高校回
り）をさせるところまであります。まったく「昔はよかった」と嘆く教員の気
持ちが分かります。

　そんなわけで，研究資金とスタッフの数に恵まれた東京大学や京都大学な
どの旧帝大の一部の研究室をのぞけば，多くの大学の教員は会議と講義と学
生指導と事務書類の作成で 1 日が終わるという状況で，研究時間がほとんど
取れないというのが普通です。しかし私の研究室は，たくさんのいい院生・
研究員が来てくれて，彼らが野外でいいデータをとってくれるので，研究室
からはたくさんの論文（面白い，新しい発見）が発表されてきました。この上
田研の院生・研究員たちに共通していたのは，みな一生懸命に長期間にわた
る地道な野外調査を行い，量的にも質的にもすばらしいデータをとってくれ
たことです。教師冥利につきると思います。

　この本に書かれている研究の多くは，その多くがすでに日本鳥学会誌や山
階鳥研報，Strix などの和文誌，また Science や Current Biology，Biology let-
ters といった，かなりレベルの高い生物学の国際誌に発表されています。し
かし卒業生たちはまだまだ多くのデータを持っています。これら卒論，修論，
博士論文の中で眠っている貴重なデータを掘り起こしてどんどん世に出すの
が，私の定年後の仕事かなと思っています。

　今の日本，若い研究者にとって，なかなか就職の厳しい状況がありますが，
上田研の卒業生たちはそれなりに鳥や自然に関わるいろんな場所でがんばっ
ています。そんな彼らの姿から，現代日本の鳥学や学会の現状，研究者を取
り巻く社会状況を読み取って，将来への指針にしていただければと思います。

　野外での鳥の研究は面白く，楽しいものです。多くの若い方々が，この本
から刺激を受けて，鳥の野外研究の道へと進まれることを願ってやみません。

　終わりに，表紙カバーの絵を描いて下さった東郷なりささん，各章の鳥の
イラストを作成してくれた橋口陽子さんに，執筆者全員を代表して，御礼を
申し上げます。

　　2016 年 10 月 15 日
　　　　冬鳥たちの便り届く日に

　　　　　　　　　　　　　　　　　　　　　　　　　上田　恵介

索 引

■ あ 行 ■

亜高山帯　13, 27
亜種　27, 237, 241, 306, 308
亜種小名　30
網場　26
育雛期　口絵, 117, 218, 269, 271, 273, 297, 351
一般化線形モデル　49
一夫多妻　iii, 83
一夫多妻制　79, 83, 93, 94, 139
遺伝子　96, 97, 169, 274
遺伝子座　97, 276, 277
遺伝子マーカー　275, 276
遺伝的構造　205
遺伝的配偶関係　274
隠蔽色　322, 323
ヴィジランス　172
羽衣遅延成熟　17
羽枝　371-375
羽小枝　371-373
羽色　1, 219, 223, 315-319, 340, 354, 369
羽色二型　17, 20
羽毛　6, 7, 140, 147, 209, 218, 219, 223, 247
営巣地　113, 116, 117
親子間相互作用　71
親子判定　95, 99, 100, 274, 276

■ か 行 ■

海流散布　vii, 284, 287, 291, 292, 294
風散布　282
花粉媒介　129
仮親　55, 59
感覚生態学　55, 68, 69, 73, 76-79, 81
環境指標　196
眼状紋　332

擬傷行動　口絵, 221-223
擬装　71, 322-324, 329
擬態　vi, vii, 67, 71, 247, 258, 322, 323, 325, 328, 357
究極要因　343
給餌量　115
共進化　243, 244, 246, 247
協同繁殖　261, 262, 271, 273-275, 277
擬卵　348, 349
食うもの-食われるものの関係　viii
群集生態　vi
警戒声　口絵, 17, 118, 155, 172, 177, 179, 180, 182, 183, 269, 310, 357, 365, 366
警告色　322, 323
系統地理学　306
血縁者　169, 274
血縁選択説　169, 274
高山帯　206
構造色　ix, 21, 359, 361, 366, 371-375
行動生態学　iv, 6-9, 20, 25, 55, 56, 61, 64, 76, 78, 81, 166, 279, 303, 306, 335
コウモリだんご　123, 131, 132, 135, 136, 138, 139, 141-146
互恵的利他行動　170
子殺し　164
個体群　27, 29, 162, 175, 270, 306, 313, 314, 319, 343
個体識別　89, 91, 100, 112, 115, 122, 137, 138, 144, 151, 183, 197, 274, 301, 308
コルク型　口絵, 203, 284, 286-294
コロニー（集団繁殖地）　25, 41-43, 45, 46, 49-51, 133
婚姻システム　92
コンタクトコール　170, 171, 177, 183

394

索　引　　　　　　　　　　　　　　　　　　　　　395

■ さ 行 ■

採食生態　　36, 41, 42, 207
最適採餌戦略　　7
最適サイズ　　132
サウンドスペクトログラム　　87-89, 171, 177
さえずり　　27, 29, 84-92, 94, 95, 97-101, 103, 159, 161-165, 262, 264, 265, 267, 268, 273, 309, 314, 362-364, 370
錐体光受容細胞　　375
産座　　176, 179, 239, 311, 358
サンプル数　　13, 15, 188, 189, 273
産卵期　　90, 95, 297, 302, 352, 369
GLM　　49
ジェノタイピング　　276, 277
色彩二型　　1, 7
湿性草原　　147, 149, 150, 161
社会性　　131, 133, 306, 319
社会生物学　　iv
社会的一夫一妻　　273, 274
社会的配偶関係　　274
集団ねぐら　　133, 135-137, 139, 144
宿主　　iv, vii, 243-247, 249-255, 258, 270
種子散布　　vii, 129, 130, 281-284, 286, 290, 294
種小名　　30, 124
受精可能期　　95, 99
主成分分析　　87-89, 158
樹洞営巣性　　121
樹洞営巣性鳥類　　口絵, 335, 340, 351
順位　　115
上種　　28-30
初卵日　　299
人工巣　　108-110, 118, 119
巣穴　　207-209, 218, 346, 352, 358
巣外育雛期　　90
巣内育雛期　　90, 363
巣箱　　v, viii, 174-183, 197, 269, 312, 335, 340, 345-347, 350-353, 357-359
生活史進化　　228, 242
性選択　　2, 7, 9, 16, 20, 56, 80, 307, 318, 375

精巣サイズ　　7
生態系　　36, 204
性的二型　　1, 16, 305, 340
性比　　130, 137, 346, 347
性比調節　　344
声紋分析　　87
絶滅　　8, 123, 124, 149, 235-238
相同器官　　126

■ た 行 ■

体温調節　　139, 141, 143, 146
タイプ標本　　30
托卵　　iv, vii, 10, 16, 33, 57, 58, 61, 80, 81, 243-249, 252-254, 257, 270
托卵鳥　　口絵, 64, 80, 81, 185
多型種　　27
騙し戦略　　55, 67
地位伝達信号仮説　　317
地鳴き　　29
中止換羽　　315
超音波　　126-129
重複托卵　　254
鳥類群集　　vi
つがい外交尾　　90, 92, 95-100, 277, 278, 302, 309
DNA　　5, 21, 22, 27-32, 95, 96, 101, 128, 274-277
DPM　　17
適応度　　iv, 81, 132, 133, 139, 159
同種誘引　　147, 159-164
動物行動学　　109, 166, 279
動物被食散布　　282, 284, 286, 292
独立種　　30
都市鳥　　1, 7, 20
止め卵　　341, 342
トレードオフ　　132, 316

■ な 行 ■

ナノ構造　　371-375
日周期活動　　42
日本鳥学会　　vi, 21, 24, 31, 192

■ は 行 ■

配偶システム　v, 25, 26, 123, 139, 141, 143, 145, 146, 273
配偶者選択　164
配偶者防衛　90
胚発生　343, 344, 346-349
発色メカニズム　21
ハドリング行動　139-141, 143
繁殖期　iv, v, 16, 17, 27, 42, 45, 53, 83, 91, 93, 149, 174, 175, 184, 207, 225, 232, 264, 295, 296, 299, 302, 309, 312, 313, 315
繁殖システム　86, 89, 95, 100
繁殖ステージ　42, 94, 100, 113, 359, 362, 369
繁殖戦略　7
繁殖分布　v, 27, 147, 306
繁殖密度　338, 344-348, 350
バンディング　26, 83
半倍数性　169, 274
反復配列　275
光受容体細胞　79
一腹卵　341-343, 347, 348
一腹卵数　311, 346, 348, 363
ヒナ排除　vii, 250, 252, 254
飛膜　126
標識調査　7, 26, 91
フェノロジー　133
孵化率　viii, 311, 342, 343, 353
複なわばり　89
ふゆみずたんぼ　54
孵卵器　348, 349
分岐　28
分子系統　28, 128
ペリット　209, 210
ヘルパー　261, 262, 272, 275, 277, 278
包括適応度　274
抱卵開始　112, 113, 222
抱卵期　口絵, 90, 97, 100, 219, 269, 295, 297, 299, 311, 363
抱卵交代　208, 221

捕食回避　171, 172, 299, 321, 322, 324, 328, 329
保全生物学　7

■ ま 行 ■

マイクロサテライト　96, 97, 275
ミトコンドリア DNA　28
無コルク型　口絵, 284, 287-294
網膜　79

■ や 行 ■

野外鳥類学　279, 350
夜行性　41, 42, 45, 46, 48, 50, 222, 262
幼鳥歌　314
翼角　10, 16

■ ら 行 ■

ラジオトラッキング法　133
利己的　173, 261
利己的遺伝子　261
利他的　169
留鳥　139, 273, 277, 286, 306, 311, 340

■ わ 行 ■

渡りの衝動　54

■ 著者紹介 (五十音順)

植田睦之 (うえた　むつゆき) 博士 (理学)
　2010年3月　立教大学より博士 (理学) を取得
　現　在　　特定非営利活動法人バードリサーチ代表
　研究テーマ　日本の鳥の分布や個体数, 生態の変化とその要因
　　　　　　の解明

栄村奈緒子 (えむら　なおこ) 博士 (理学)
　2015年3月　立教大学大学院理学研究科博士後期課程修了
　現　在　　京都大学生態学研究センター研究員
　研究テーマ　小笠原諸島の鳥類の生態, クサトベラの種子散布

遠藤幸子 (えんどう　さちこ) 博士 (理学)
　2016年3月　立教大学大学院理学研究科博士後期課程退学
　現　在　　神奈川県立自然環境保全センター特別研究員
　研究テーマ　社会的一夫一妻のモズの繁殖生態に関する研究,
　　　　　　鳥類における雌の餌乞いの機能の解明

遠藤菜緒子 (えんどう　なおこ) 博士 (理学)
　2007年3月　立教大学大学院理学研究科博士後期課程修了
　現　在　　只見町ブナセンター指導員・東北工業大学非常勤講師
　研究テーマ　サギ類の採食生態・群れ行動・人との軋轢問題,
　　　　　　環境教育手法についての研究・教材開発

岡久雄二 (おかひさ　ゆうじ) 博士 (理学)
　2014年9月　立教大学大学院理学研究科博士後期課程修了
　現　在　　環境省佐渡自然保護官事務所野生生物専門員
　研究テーマ　キビタキの羽にまつわる行動生態学, 佐渡島にお
　　　　　　けるトキの再導入生物学的研究

笠原里恵 (かさはら　さとえ) 博士 (農学)
　2009年3月　東京大学大学院農学生命科学研究科博士課程修了
　現　在　　弘前大学農学生命科学部研究機関研究員
　研究テーマ　河川生態系の機構や維持・回復に関わる研究, 鳥類
　　　　　　の生態や生き物同士のつながりの解明

加藤貴大 (かとう　たかひろ)
　2014年3月　立教大学大学院理学研究科博士前期課程修了
　現　在　　総合研究大学院大学先導科学研究科5年一貫制博士課程
　研究テーマ　スズメの孵化率, アリスイの生活史, コムクドリの
　　　　　　繁殖生態など

上沖正欣（かみおき　まさよし）
　　　　　2016年3月　立教大学大学院理学研究科博士後期課程修了
　　　　　現　在　　東京環境工科専門学校専任講師
　　　　　研究テーマ　行動生態学・音声コミュニケーション，カンムリ
　　　　　　　　　　　シロムクの保全生態学

齋藤武馬（さいとう　たけま）博士（理学）
　　　　　2012年3月　立教大学より博士（理学）を取得
　　　　　現　在　　（公財）山階鳥類研究所自然誌研究室研究員
　　　　　研究テーマ　主にスズメ目鳥類の分子系統地理学・分類学

櫻井麗賀（さくらい　れいか）博士（理学）
　　　　　2011年3月　京都大学大学院理学研究科博士後期課程修了
　　　　　現　在　　兵庫県立大学特任助教
　　　　　研究テーマ　鱗翅目昆虫の捕食回避戦略

佐藤　望（さとう　のぞむ）博士（理学）
　　　　　2013年9月　立教大学大学院理学研究科博士後期課程修了
　　　　　現　在　　特定非営利活動法人バードリサーチ研究員
　　　　　研究テーマ　オセアニアに生息するセンニョムシクイ類とそれら
　　　　　　　　　　　に托卵するテリカッコウ属の共進化

杉田典正（すぎた　のりまさ）博士（理学）
　　　　　2011年3月　立教大学大学院理学研究科博士後期課程修了
　　　　　現　在　　国立科学博物館非常勤研究員
　　　　　研究テーマ　コウモリ類の行動生態学・島の植物とコウモリの
　　　　　　　　　　　相互作用・鳥類の系統地理学

鈴木俊貴（すずき　としたか）博士（理学）
　　　　　2012年3月　立教大学大学院理学研究科博士後期課程修了
　　　　　現　在　　京都大学生態学研究センター機関研究員
　　　　　研究テーマ　鳥類の行動生態学・比較認知科学，カラ類の音声
　　　　　　　　　　　コミュニケーション

徐　敬善（せお　きょんそん）
　　　　　2013年2月　ソウル大学大学院生命科学部修士課程修了
　　　　　現　在　　立教大学大学院理学研究科博士後期課程
　　　　　研究テーマ　鳥類の羽の構造色，オオルリの生態

高橋雅雄（たかはし　まさお）博士（理学）
2013年3月　立教大学大学院理学研究科博士後期課程修了
現　在　　弘前大学農学生命科学部（日本学術振興会特別研究員）
研究テーマ　農地棲鳥類（ケリ・トキ）や湿性草原棲鳥類（オオセッカ・シマクイナ）の行動生態学と保全生態学

田中啓太（たなか　けいた）博士（理学）
2006年3月　立教大学大学院理学研究科博士後期課程修了
現　在　　（株）野生動物保護管理事務所
研究テーマ　托卵鳥による騙しや宿主との軍拡競争，鳥類の色覚に関する認知・行動・進化生物学

橋間清香（はしま　さやか）
2015年3月　立教大学大学院理学研究科博士前期課程修了
現　在　　秋田大学工学資源学研究科生命科学専攻技術職員
研究テーマ　アリスイの繁殖生態，食物となるアリの種類に選好性があるのか

濱尾章二（はまお　しょうじ）博士（理学）
2001年3月　立教大学より博士（理学）を取得
現　在　　国立科学博物館動物研究部脊椎動物研究グループ
研究テーマ　ウグイスの繁殖システム・対托卵戦略，南西諸島鳥類のさえずりの地理的変異および進化

松井　晋（まつい　しん）博士（理学）
2010年3月　大阪市立大学大学院理学研究科後期博士課程修了
現　在　　北海道海鳥センター自然保護専門員
研究テーマ　南大東島のモズの生活史形質，都市と農村にすむスズメの生態，天売島のウミスズメ科鳥類の保全

三上　修（みかみ　おさむ）博士（理学）
2004年3月　東北大学大学院理学研究科博士後期課程修了
現　在　　北海道教育大学教育学部函館校准教授
研究テーマ　鳥類，特に都市の鳥類の行動生態学および生態学

森本　元（もりもと　げん）博士（理学）
2007年3月　立教大学大学院理学研究科博士後期課程修了
現　在　　（公財）山階鳥類研究所保全研究室研究員，他
研究テーマ　山地鳥類・都市鳥の生態・行動・進化，鳥類個体群構造，構造色などの発色・羽毛機能の研究など

野外鳥類学を楽しむ

2016 年 11 月 15 日　初 版 発 行

編　者　　上田恵介

発行者　　本間喜一郎

発行所　　株式会社 海游舎
　　　　　〒151-0061 東京都渋谷区初台 1-23-6-110
　　　　　電話 03 (3375) 8567　　FAX 03 (3375) 0922
　　　　　http://kaiyusha.wordpress.com/

印刷・製本　凸版印刷 (株)

© 上田恵介 2016

本書の内容の一部あるいは全部を無断で複写複製すること
は，著作権および出版権の侵害となることがありますので
ご注意ください.

ISBN978-4-905930-83-9　　PRINTED IN JAPAN